普通高等教育"十一五"国家级规划教材

全国高等学校自动化专业系列教材
教育部高等学校自动化专业教学指导分委员会牵头规划

Electrical Machinery and Motion Control Systems

电机与运动控制系统
（第2版）

杨 耕 罗应立 编著
Yang Geng, Luo Yingli

清华大学出版社
北京

内容简介

本书是清华大学出版社 2006 年出版的《电机与运动控制系统》的第 2 版,以适应新形势下对电机及控制系统的知识需求。

本书的主要内容有:(1)机电能量转换的基本原理;(2)直流、交流电机基本工作原理、外特性及建模;(3)直流、交流电机传动及其控制系统的原理、分析和设计方法。本书在体现知识的系统性、理论性和实用性的基础上,突出了"少学时、重基础,将电机原理与控制系统融为一体"的特色。

本书可作为大学自动化、电气自动化专业的本科生教材,或相关或相邻专业的研究生教材,也可供工程技术人员参考。

图书在版编目(CIP)数据

电机与运动控制系统/杨耕,罗应立编著.—2 版.—北京:清华大学出版社,2014(2023.8重印)
(全国高等学校自动化专业系列教材)
ISBN 978-7-302-34477-3

Ⅰ.①电… Ⅱ.①杨… ②罗… Ⅲ.①电力传动—自动控制系统—高等学校—教材
Ⅳ.①TM921.5

中国版本图书馆 CIP 数据核字(2013)第 270287 号

责任编辑:王一玲
封面设计:傅瑞学
责任校对:李建庄
责任印制:杨 艳

出版发行:清华大学出版社
      网　　　址:http://www.tup.com.cn,http://www.wqbook.com
      地　　　址:北京清华大学学研大厦 A 座　　　邮　　编:100084
      社 总 机:010-83470000　　　邮　　购:010-62786544
      投稿与读者服务:010-62776969,c-service@tup.tsinghua.edu.cn
      质量反馈:010-62772015,zhiliang@tup.tsinghua.edu.cn
      课件下载:http://www.tup.com.cn,010-83470236
印 装 者:三河市龙大印装有限公司
经　　销:全国新华书店
开　　本:175mm×245mm　印　张:24　插　页:4　字　数:548 千字
版　　次:2006 年 2 月第 1 版　2014 年 3 月第 2 版　印　次:2023 年 8 月第 14 次印刷
定　　价:65.00 元

产品编号:038049-03

为适应我国对高等学校自动化专业人才培养的需要,配合各高校教学改革的进程,创建一套符合自动化专业培养目标和教学改革要求的新型自动化专业系列教材,"教育部高等学校自动化专业教学指导分委员会"(简称"教指委")联合了"中国自动化学会教育工作委员会"、"中国电工技术学会高校工业自动化教育专业委员会"、"中国系统仿真学会教育工作委员会"和"中国机械工业教育协会电气工程及自动化学科委员会"四个委员会,以教学创新为指导思想,以教材带动教学改革为方针,设立专项资助基金,采用全国公开招标方式,组织编写出版一套自动化专业系列教材——《全国高等学校自动化专业系列教材》。

本系列教材主要面向本科生,同时兼顾研究生;覆盖面包括专业基础课、专业核心课、专业选修课、实践环节课和专业综合训练课;重点突出自动化专业基础理论和前沿技术;以文字教材为主,适当包括多媒体教材;以主教材为主,适当包括习题集、实验指导书、教师参考书、多媒体课件、网络课程脚本等辅助教材;力求做到符合自动化专业培养目标、反映自动化专业教育改革方向、满足自动化专业教学需要;努力创造使之成为具有先进性、创新性、适用性和系统性的特色品牌教材。

本系列教材在"教指委"的领导下,从 2004 年起,通过招标机制,计划用 3～4 年时间出版 50 本左右教材,2006 年开始陆续出版问世。为满足多层面、多类型的教学需求,同类教材可能出版多种版本。

本系列教材的主要读者群是自动化专业及相关专业的大学生和研究生,以及相关领域和部门的科学工作者和工程技术人员。我们希望本系列教材既能为在校大学生和研究生的学习提供内容先进、论述系统和适于教学的教材或参考书,也能为广大科学工作者和工程技术人员的知识更新与继续学习提供适合的参考资料。感谢使用本系列教材的广大教师、学生和科技工作者的热情支持,并欢迎提出批评和意见。

《全国高等学校自动化专业系列教材》编审委员会

2005 年 10 月于北京

《全国高等学校自动化专业系列教材》编审委员会

　　自动化学科有着光荣的历史和重要的地位,20世纪50年代我国政府就十分重视自动化学科的发展和自动化专业人才的培养。五十多年来,自动化科学技术在众多领域发挥了重大作用,如航空、航天等,两弹一星的伟大工程就包含了许多自动化科学技术的成果。自动化科学技术也改变了我国工业整体的面貌,不论是石油化工、电力、钢铁,还是轻工、建材、医药等领域都要用到自动化手段,在国防工业中自动化的作用更是巨大的。现在,世界上有很多非常活跃的领域都离不开自动化技术,比如机器人、月球车等。另外,自动化学科对一些交叉学科的发展同样起到了积极的促进作用,例如网络控制、量子控制、流媒体控制、生物信息学、系统生物学等学科就是在系统论、控制论、信息论的影响下得到不断的发展。在整个世界已经进入信息时代的背景下,中国要完成工业化的任务还很重,或者说我们正处在后工业化的阶段。因此,国家提出走新型工业化的道路和"信息化带动工业化,工业化促进信息化"的科学发展观,这对自动化科学技术的发展是一个前所未有的战略机遇。

　　机遇难得,人才更难得。要发展自动化学科,人才是基础、是关键。高等学校是人才培养的基地,或者说人才培养是高等学校的根本。作为高等学校的领导和教师始终要把人才培养放在第一位,具体对自动化系或自动化学院的领导和教师来说,要时刻想着为国家关键行业和战线培养和输送优秀的自动化技术人才。

　　影响人才培养的因素很多,涉及教学改革的方方面面,包括如何拓宽专业口径、优化教学计划、增强教学柔性、强化通识教育、提高知识起点、降低专业重心、加强基础知识、强调专业实践等,其中构建融会贯通、紧密配合、有机联系的课程体系,编写有利于促进学生个性发展、培养学生创新能力的教材尤为重要。清华大学吴澄院士领导的《全国高等学校自动化专业系列教材》编审委员会,根据自动化学科对自动化技术人才素质与能力的需求,充分吸取国外自动化教材的优势与特点,在全国范围内,以招标方式,组织编写了这套自动化专业系列教材,这对推动高等学校自动化专业发展与人才培养具有重要的意义。这套系列教材的建设有新思路、新机制,适应了高等学校教学改革与发展的新形势,立足创建精品教材,重视实践性环节在人才培养中的作用,采用了竞争机制,以激励和推动教材建设。在此,我谨向参与本系列教材规划、组织、编写的老师致以诚挚的感谢,并希望该系列教材在全国高等学校自动化专业人才培养中发挥应有的作用。

吴澄迪 教授

2005 年 10 月于教育部

《全国高等学校自动化专业系列教材》编审委员会在对国内外部分大学有关自动化专业的教材做深入调研的基础上,广泛听取了各方面的意见,以招标方式,组织编写了一套面向全国本科生(兼顾研究生)、体现自动化专业教材整体规划和课程体系、强调专业基础和理论联系实际的系列教材,自2006年起将陆续面世。全套系列教材共50多本,涵盖了自动化学科的主要知识领域,大部分教材都配置了包括电子教案、多媒体课件、习题辅导、课程实验指导书等立体化教材配件。此外,为强调落实"加强实践教育,培养创新人才"的教学改革思想,还特别规划了一组专业实验教程,包括《自动控制原理实验教程》、《运动控制实验教程》、《过程控制实验教程》、《检测技术实验教程》和《计算机控制系统实验教程》等。

自动化科学技术是一门应用性很强的学科,面对的是各种各样错综复杂的系统,控制对象可能是确定性的、也可能是随机性的,控制方法可能是常规控制、也可能需要优化控制。这样的学科专业人才应该具有什么样的知识结构,又应该如何通过专业教材来体现,这正是"系列教材编审委员会"规划系列教材时所面临的问题。为此,设立了《自动化专业课程体系结构研究》专项研究课题,成立了由清华大学萧德云教授负责,包括清华大学、上海交通大学、西安交通大学和东北大学等多所院校参与的联合研究小组,对自动化专业课程体系结构进行深入的研究,提出了按"控制理论与工程、控制系统与技术、系统理论与工程、信息处理与分析、计算机与网络、软件基础与工程、专业课程实验"等知识板块构建的课程体系结构。以此为基础,组织规划了一套涵盖几十门自动化专业基础课程和专业课程的系列教材。从基础理论到控制技术,从系统理论到工程实践,从计算机技术到信号处理,从设计分析到课程实验,涉及的知识单元多达数百个、知识点几千个,介入的学校50多所,参与的教授120多人,是一项庞大的系统工程。从编制招标要求、公布招标公告,到组织投标和评审,最后商定教材大纲,凝聚着全国百余名教授的心血,为的是编写出版一套具有一定规模、富有特色的、既考虑研究型大学又考虑应用型大学的自动化专业创新型系列教材。

然而,如何进一步构建完善的自动化专业教材体系结构?如何建设基础知识与最新知识有机融合的教材?如何充分利用现代技术,适应现代大学生的接受习惯,改变教材单一形态,建设数字化、电子化、网络化等多元形态、开放性的"广义教材"? 等等,这些都还有待我们进行更深入的研究。

　　本套系列教材的出版,对更新自动化专业的知识体系、改善教学条件、创造个性化的教学环境,一定会起到积极的作用。但是由于受各方面条件所限,本套教材从整体结构到每本书的知识组成都可能存在许多不当甚至谬误之处,还望使用本套教材的广大教师、学生及各界人士不吝批评指正。

吴澄 院士

2005 年 10 月于清华大学

《电机与运动控制系统》第1版于2006年3月出版，主要用于自动化、电气自动化等专业少学时的有关电机原理、电力拖动、运动控制系统的教学，并供相关工程技术人员参考。

如今，我国正在从一个经济大国向经济强国迈进；世界范围内能源和环境问题日益凸显，新能源发电技术与产业日新月异；电机拖动领域也正面临许多新的技术挑战，如车、船、飞机的全电化（electrification）、智能化等；在大学专业教学中，培养知识融合和创新能力的需求与日俱增。为了适应新形势的要求，我们完成了本书的第2版，希望继续体现"少学时，重基础，将电机原理与运动控制系统融为一体"的特色，以满足时代发展对基本教学的要求。对第2版的体系以及内容改动的说明如下。

1. 依然保持第1版的"一个主题、两条主线"体系。一个主题是运动控制系统或电力拖动控制系统，两条主线分别是以电机为核心的能量变换装置原理及外特性和运动控制系统的原理及其设计。与两条主线相关的具体内容详见第1版前言。为了便于由浅入深的学习，内容安排上分两个步骤，先讨论"直流电机及其控制系统"，再阐述"交流电机及其控制系统"。交流部分中，把同步电机原理及其控制单独设立了一章。

2. 在具体内容的选择上，继续坚持"强筋健骨、删繁就简"的原则。例如，简化了对电动机各种运行状况的介绍、精简了与《电力电子技术》课程相关的内容，强化了两自由度控制、空间矢量概念、交流同步电动机原理与控制、工程设计方法等内容，新增了对"传统的电机建模方法和现代的电机建模方法"要点的说明、"带饱和的数字式PI调节器"、对时间相量的定义、多质量块负载和汽车车轮负载特性、永磁同步机的典型转子结构等内容。对于比较深入的内容，如有关交流电动机绕组的知识、空间电压矢量调制方法、变频电源驱动电机的其他问题等，在其标题前标注"＊"号。

3. 改进知识点的展开方法，注意分散难点，注意这些知识点与前期课程相关知识的结合、与工程实际问题的结合。例如，对于"空间矢量"的概念和使用方法，有层次地在传统的交流电机建模部分（5.2节）、空间电压矢量调制方法（6.2.3节）以及在第7章的现代交流电机建模的内容中分别介绍；对于异步电动机转子磁链定向控制的思想，则在V/F控制（6.3节）以及7.1节和7.3节逐步深入地讨论。

4. 本书力图在概念介绍、数学推导中做到严谨、简洁（如明确说明了空间矢量方法适用的条件等),但是,作者认为,教学中的一个重要内容是,使学生掌握相关知识的同时,理解物理概念与数学描述的关系,知识要点之间以及与体系的相互关系;了解重点内容发明时的理论背景以及工程技术背景。因此,本书在重要章节的小结中力图归纳出上述两点内容。也建议在教学过程中省略一些数学推导、适当地深化这些要点。

5. 修改、补充了部分典型例题、习题以及彩色插图等,以便学生深入理解核心内容或难点内容。在第 4 章~第 7 章的习题中,强化了综合性习题或仿真习题。我们还充实了参考文献,使之包含近几年出版的与本书内容相关的优秀文献。

6. 考虑到本书的定位和学时数,没有展开关于系统的数字控制技术的阐述,只是介绍了几个典型的知识点,如带饱和环节的数字式 PI 调节器、由数字控制器有限字长而产生的次谐波以及交流变换器死区的影响等。如果要学习运动控制系统数字控制的系统性知识,请参考近年国内外的其他专著。

作者建议,对于自动化专业本科 64 学时的教学,可重点讲述第 2 章~第 6 章的核心内容、适当介绍 7.1 节、7.2 节和 7.3 节的要点。而 2.5 节、4.6 节、6.2.3 节、6.3.4 节和第 7 章可以作为本科生毕业设计的参考内容或作为硕士研究生相关课程的部分内容。

本书由清华大学杨耕教授、华北电力大学罗应立教授编著,由上海大学陈伯时教授主审。参加第 2 版部分工作的还有清华大学自动化系副教授耿华博士、肖帅博士、郑重博士、奚鑫泽博士、李隆基硕士和潘淼硕士等。本书的大部分彩图仍然采用罗应立教授课题组在第 1 版时完成的工作。

在本书第 1 版的使用以及第 2 版的编著过程中,得到了许多国内外同行和读者的帮助。作者借此机会表示最诚挚的感谢。尤其感谢国内的陈伯时教授、黄立培教授、李发海教授、马小亮教授、苏文成教授、王兆安教授、邬伟扬教授、徐文立教授、袁登科教授、张兴教授、陈亚爱教授、窦曰轩教授,以及加拿大的吴斌教授、日本的金东海教授、松濑贡规教授多年来对我的指导和帮助。感谢清华大学出版社王一玲女士团队对我的鞭策以及对原稿的仔细审阅! 感谢在清华大学自动化系杨耕课题组以及在罗应立课题组先后工作过的博士后、博士生和硕士生们,感谢他们为本书所做出的各种贡献!

作 者

2014 年 1 月

基于清华大学教学改革的需求,将原自动化专业本科课程"电机与电力拖动"(64 学时,内容:直流电机、变压器、交流电机原理、拖动基础)和"运动控制系统"(48 学时,内容:直流、交流电机控制系统)重组为新课"电力拖动与运动控制"。本书是为该课程服务的教科书。

　　本书的主要内容可归纳为一个主题和两条主线。

　　一个主题:运动控制系统或称电力拖动控制系统。

　　在前期课程控制理论、计算机技术、数据处理、电力电子等课程的基础上,学习以电动机为被控对象的控制系统,培养学生的系统观念、运动控制系统的基本理论和方法、初步的工程设计能力和研发同类系统的能力。

　　两条主线:一是能量变换装置原理和外特性,一是运动控制系统原理及其设计。

　　对于能量变换装置,直流、交流电机等机电能量变换机器是本书讨论的主要内容。主要教学目标是在讲述直流、交流电动机原理的基础上建立适应于不同控制目的电机的模型,讨论其外特性。由于实现电气能量形态变换的电力电子变换装置已由前期课程"电力电子技术"完成,本书仅简单复习所要用到的有关内容。

　　对于运动控制系统,知识点较多。本书在介绍直流、交流电动机速度控制系统的一般性知识的同时,重点讨论了当今几个具有典型意义的内容:一个是以单输入单输出、线性系统为特征的直流电机转速、电流双闭环系统,另一个是以多输入单输出、非线性系统为特征的交流感应电机控制系统。在编写中试图体现控制理论与工程实践的结合,同时注意建立基本的控制系统分析与综合的概念和方法。

　　围绕上述两条主线,本书内容分为两大部分:

　　1. 直流、交流电机等电磁能量变换装置的原理及建模

　　由于大学工科普通物理、电路原理课程中大多不讲述磁路的内容,所以第 2 章补充与电机原理有关的机电能量变换的基本内容,藉此为第 3、5、7 章的内容打下基础。第 3、5 章的核心内容为电机的工作原理、外特性和静态模型。

　　本书试图从使用电机的角度安排和讲述上述相关内容。同时,作者为基本原理的讲解制作了大量多媒体动画,以便高效率授课。

2. 直流、交流电机控制系统

第4章从直流控制系统入门,建立控制系统分析与设计的概念和方法。在讲述闭环系统时,注意联系线性控制理论,同时注意结合经典的工程设计概念和方法。

对于交流调速系统,第6章基于感应电机的稳态模型重点叙述了应用最广的恒压频比(V/F)控制方法。第7章则着力于基于动态模型的高动态性能控制方法。7.2节首先建立鼠笼式感应电机多输入多输出的动态模型;7.3和7.4节着重说明实现转矩控制的两种策略:以解耦为主要特征的转子磁链定向控制和以定子磁链控制为特征的直接转矩控制;在7.5节则重点讲述永磁同步电机的动态模型和转矩、速度控制系统。

对于第4、5、6、7章的核心内容都设计了采用MATLAB仿真的例题或作业,对仿真时应注意的问题做了必要的说明。

在讲述的顺序上,试图通过第3、4章的"直流电机及其控制系统"和第5、6、7章的"交流电机及其控制系统"两个循环,使学生由浅入深地学习本课程的主要内容。

本书按64学时编写。为了满足多种需求,本书包含了比较全面的内容,而在次要章节前标注"＊"以便于读者选择。作者建议,对于本科生重点讲述第2、3、4、5、6章的核心内容,而将第2.5节、第4.6节和第7章作为硕士生课或本科生毕业设计的参考内容。

本书由清华大学杨耕教授、华北电力大学罗应立教授共同构思并主编。上海大学陈伯时教授为本书的结构提出了重要意见。第2章,第3.1、5.1、5.2节由华北电力大学罗应立教授负责编写;第5.3、5.4节由北京交通大学张和生副教授编写。参加这部分编写的还有华北电力大学的刘晓芳教授、王昊、马波、王靖、康锦萍、张新丽等同志。第4章由陈伯时教授指导,由清华大学窦曰轩教授与杨耕教授编写。其余各章节由杨耕教授编写。与本书相关的动画模型等由罗应立教授课题组完成,由陈希强、牛印锁制作。清华大学王焕钢博士、耿华博士、于艾和王云飞硕士等为书中的MATLAB内容做了设计和仿真。

上海大学陈伯时教授主审了本书,此外许多老师参加了审稿工作,在此谨致衷心的感谢。本书还参考了大量文献,其中有以下具有代表性的著作,在此对有关作者谨表谢意。

(1) 陈伯时. 电力拖动自动控制系统.(第3版).北京:机械工业出版社,2003

(2) Leonhard W. Control of Electrical Drives. 3rd ed.. Springer-Verlag,2001

(3) Bimal K. Bose. Modern Power Electronics and AC Drives. Prentice Hall PTR Prentice-Hall Inc.,2002

(4) P. C. Sen. Principle of Electric Machines and Power Electronics. John Wiley & Sons,Inc.,1997

(5) 李发海,陈汤铭等. 电机学. 北京:科学出版社,1995

(6) 汤蕴璆,史乃. 电机学. 北京:机械工业出版社,1999

　　为了在大约减少一半学时的条件下,精化原有的知识体系、融入该领域近年的成果,作者在以下几个方面进行了大量的探索:

　　(1)试图编著好面向电机应用类专业的机电能量转换装置知识体系:对选择出的内容重新设计,由浅入深,力求避免知识块的无序堆积。

　　(2)对于控制系统部分,力图体现与前期课程的结合、与工程实际的结合,注意由浅入深地揭示物理本质。

　　(3)为了提高学习效率,设计、制作了大量多媒体动画和综合作业。例如,电机动画课件不但用以描述电机的空间结构,而且试图用以实现从电压、电流到磁场再到输出力矩这一能量转换过程的动画建模;空间电压矢量的动画直观地表述了脉冲电压输出与空间矢量以及基波电压之间的对应关系。

　　(4)对于交流电机控制系统中的一些前沿性的内容做了简单的介绍,以便相关人员参考。

　　我们在第 3 次印刷时纠正了许多错误,但仍难免有错误与不足之处,殷切期望广大读者批评指正。

作　者

2007 年 6 月

目录

CONTENTS >>>>>

第1章 绪言 ……………………………………………………… 1

1.1 教材背景 ………………………………………………… 1

1.2 教材的目的、内容体系以及学习要点 ………………… 4

第2章 机电能量转换基础 …………………………………… 8

2.1 电机中的能量转换与磁路 ……………………………… 9

2.1.1 电机中能量转换的两个实例 ………………… 9

2.1.2 能量转换装置中的磁场与磁路 ……………… 10

2.2 磁场的建立 ……………………………………………… 10

2.2.1 安培环路定律及其简化形式 ………………… 11

2.2.2 磁路的欧姆定律 ……………………………… 12

2.2.3 铁心的作用和铁心磁路的磁化特性 ………… 13

2.3 电磁感应定律与两种电动势 …………………………… 19

2.3.1 电磁感应定律 ………………………………… 19

2.3.2 变压器电动势与运动电动势 ………………… 20

2.4 磁场储能与电感 ………………………………………… 22

2.4.1 磁场储能与磁共能 …………………………… 22

2.4.2 用电感表示磁场能量 ………………………… 24

2.5 机电能量转换与电磁转矩 ……………………………… 26

2.5.1 典型的机电能量转换装置 …………………… 26

2.5.2 电磁力和电磁转矩 …………………………… 28

2.6 稳态交流磁路和电力变压器分析 ……………………… 31

2.6.1 稳态交流磁路分析 …………………………… 31

2.6.2 电力变压器的建模 …………………………… 34

本章习题 ………………………………………………… 43

第3章 直流电机原理和工作特性 …………………………… 46

3.1 直流电机原理 …………………………………………… 46

3.1.1 直流电机的用途、主要结构和额定值 ……… 46

3.1.2 直流电机的基本工作原理 …………………… 48

3.1.3　直流电机的磁路和电枢绕组 ················· 50

3.1.4　电枢电动势与电磁转矩 ···················· 53

*3.1.5　关于直流电机更多的基本知识 ·············· 54

3.2　电动机与拖动负载 ·························· 58

3.2.1　单轴电力拖动系统以及运动方程 ·············· 58

3.2.2　常见的负载特性 ························· 60

3.2.3　电力拖动系统的稳定运行问题 ··············· 63

3.3　他励直流电机的稳态方程和外特性 ··············· 65

3.3.1　他励直流电机的稳态方程 ·················· 65

3.3.2　他励直流电动机的机械特性 ················· 67

3.3.3　他励直流电机的功率关系 ·················· 71

3.4　他励直流电动机的运行特征 ··················· 74

3.4.1　他励直流电动机的起动和调速 ··············· 74

3.4.2　他励直流电动机的典型运行 ················· 77

*3.5　电动机机械特性与负载转矩特性的配合 ············· 87

本章习题 ································· 90

第4章　直流电动机调速系统 ······················ 94

4.1　可控直流电源及其数学模型 ··················· 94

4.1.1　直流调速系统常用可控直流电源 ·············· 95

4.1.2　可控直流电源的数学模型 ·················· 97

4.2　对调速系统的要求和开环系统的问题 ·············· 100

4.2.1　对调速系统的要求 ······················ 100

4.2.2　开环调速系统的性能和存在的问题 ············· 104

4.3　转速负反馈单闭环直流调速系统 ················· 105

4.3.1　单闭环调速系统的组成及静特性 ·············· 105

4.3.2　单闭环调速系统动态特性的分析和校正 ·········· 109

4.3.3　单闭环调速系统的限电流保护 ··············· 116

4.4　转速、电流双闭环调速系统 ··················· 119

4.4.1　双闭环调速系统的组成及其静特性 ············· 119

4.4.2　双闭环调速系统的起动和抗扰性能 ············· 124

4.5　一种调速系统动态参数工程设计方法 ·············· 127

4.5.1　基本思路 ···························· 127

4.5.2　典型系统及其参数与性能指标的关系 ············ 129

4.5.3　非典型系统的典型化 ····················· 137

4.5.4　工程设计方法在双环调速系统调节器设计中的应用 ······· 141

*4.5.5　具有输出饱和环节的调节器设计 ·············· 150

4.6 抗负载扰动控制 ……………………………………………… 154
　　4.6.1 转速微分负反馈控制 ……………………………………… 155
　　4.6.2 基于扰动计算器的负载转矩抑制 ………………………… 157
本章习题 ………………………………………………………………… 164

第 5 章　三相交流电机原理 ……………………………………… 167
5.1 交流电机的基本问题以及基本结构 …………………………… 167
　　5.1.1 本章的基本问题以及展开方法 …………………………… 167
　　5.1.2 交流电机的主要类型及基本结构 ………………………… 170
5.2 交流电机的磁动势与电动势 …………………………………… 176
　　5.2.1 电枢电流建立的磁场和磁动势 …………………………… 176
　　5.2.2 电枢绕组的感应电动势 …………………………………… 187
　　5.2.3 分布绕组的磁动势和电动势 ……………………………… 195
　　*5.2.4 三相交流电动机建模方法讨论 …………………………… 201
5.3 异步电动机原理及特性 ………………………………………… 204
　　5.3.1 异步电动机的稳态模型 …………………………………… 204
　　5.3.2 异步电动机的功率与转矩 ………………………………… 217
　　5.3.3 异步电动机的机械特性 …………………………………… 221
本章习题 ………………………………………………………………… 225

第 6 章　交流异步电动机恒压频比控制 ……………………… 229
6.1 交流调速系统的特点和类型 …………………………………… 230
　　6.1.1 交流、直流调速系统的比较 ……………………………… 230
　　6.1.2 交流调速系统的分类 ……………………………………… 231
6.2 电压源型 PWM 变频电源及控制方法 ………………………… 235
　　6.2.1 变频电源主电路的基本结构 ……………………………… 235
　　6.2.2 正弦波脉宽调制 …………………………………………… 238
　　*6.2.3 空间电压矢量调制 ………………………………………… 242
6.3 异步电动机恒压频比控制 ……………………………………… 252
　　6.3.1 恒压频比控制的基本原理 ………………………………… 253
　　6.3.2 基频以下的电压-频率协调控制 ………………………… 254
　　*6.3.3 基频以上的恒压变频控制 ………………………………… 259
　　6.3.4 系统构成与动静态特性 …………………………………… 261
*6.4 变频电源供电的一些实际问题 ………………………………… 264
　　6.4.1 与 PWM 变频电源相关的问题 …………………………… 265
　　6.4.2 谐波引发的电动机转矩波动问题 ………………………… 266
本章习题 ………………………………………………………………… 269

第 7 章　具有转矩闭环的异步电动机调速系统 ·········· 272

　　7.1　坐标变换 ·········· 273

　　　　7.1.1　三相静止坐标系——两维正交静止坐标系变换 ·········· 273

　　　　7.1.2　平面上的静止坐标——旋转坐标变换 ·········· 275

　　7.2　异步电动机的动态数学模型 ·········· 279

　　　　7.2.1　异步电动机的基本动态模型及其性质 ·········· 279

　　　　7.2.2　两维正交静止坐标系($\alpha\beta$ 坐标系)上的数学模型 ·········· 284

　　　　7.2.3　两维正交旋转坐标系(dq 坐标系)上的数学模型 ·········· 289

　　7.3　异步电动机按转子磁链定向的矢量控制系统 ·········· 292

　　　　7.3.1　基本原理 ·········· 293

　　　　7.3.2　间接型矢量控制系统 ·········· 298

　　　*7.3.3　直接型矢量控制系统 ·········· 302

　　7.4　异步电动机的直接转矩控制系统 ·········· 307

　　　　7.4.1　直接转矩控制系统的原理 ·········· 307

　　　　7.4.2　基本型直接转矩控制系统 ·········· 310

　　　*7.4.3　DTC 特点分析以及一种新型 DTC ·········· 316

　　本章习题 ·········· 320

第 8 章　同步电动机及其调速系统 ·········· 323

　　8.1　同步电动机原理和结构 ·········· 323

　　　　8.1.1　同步电动机基本原理回顾 ·········· 323

　　　　8.1.2　同步电动机的典型结构 ·········· 324

　　8.2　同步电动机的稳态模型和特性 ·········· 327

　　　　8.2.1　同步电动机的电磁关系 ·········· 327

　　　　8.2.2　同步电动机的功率、转矩和功(矩)角特性 ·········· 333

　　　　8.2.3　同步电动机稳定运行的必要条件 ·········· 337

　　8.3　同步电动机的动态模型以及控制方法 ·········· 339

　　　　8.3.1　励磁式同步电动机的动态模型 ·········· 339

　　　　8.3.2　励磁式同步电动机的控制方法 ·········· 342

　　8.4　永磁同步电动机调速系统 ·········· 344

　　　　8.4.1　正弦波永磁同步电动机变频调速系统 ·········· 344

　　　　8.4.2　梯形波永磁同步电动机的变频调速系统 ·········· 347

　　本章习题 ·········· 352

附录 A　专业术语中英文对照 ·········· 354

附录 B　本书所用符号一览 ·········· 357

参考文献 ·········· 361

第1章

绪　　言

　　本章首先介绍本书内容的技术和产业背景,然后介绍本书的目的和内容体系,最后说明学习这些内容时应该注意的要点。对于初学者而言,本章的一些内容可能一时不易理解,建议在开始学习本书时先粗读一遍,在学完本书主要内容之后,再仔细阅读本章。这将有助于对本书整体内容和基本方法的理解。

1.1　教材背景

1. 电力拖动及其控制系统

　　电气机器(electrical machines)中的电动机、变压器等设备是电能和机械能之间的能量变换以及电能本身变换的装置,自发明以来已有一百多年的历史。在当今社会,电动机被广泛应用于工业、农业、家电、交通、航空航天等各个领域中的电力拖动设备(electric drives)之中。为了实现系统性的功能,如电动机的输出转矩、速度,将电动机及负载、用于电气能量形态变换(如 DC-DC、DC-AC、AC-DC…)的功率变换装置以及系统控制器三部分组合在一起,就构成了电力拖动控制系统(electric drive system),也称为运动控制系统(motion control system)。该系统的典型结构如图 1.1.1 中阴影部分所示。

　　从狭义上讲,运动控制系统可定义为:以电动机及其拖动的机械设备为控制对象,以控制器为核心,以电力电子功率变换装置为执行机构,实现所要求的电力拖动功能的自动控制系统。

　　运动控制系统就是电力拖动控制系统,也被称为电力传动控制系统或电气传动系统。此外,由今后的内容可知,由于电动机可以运行于发电状态,该系统也可以将电动机轴上的机械能转换成电能输出至供电系统。更一般地,若系统的功能主要是将原动机(如风力机、水轮机)的机械能转换成电能输出至供电系统,则被称为发电系统。

　　通常,一个发达国家中生产的总电能一半以上都由电动机转换为机械能,所以电力拖动控制系统或运动控制系统的应用已相当普及,到处可以

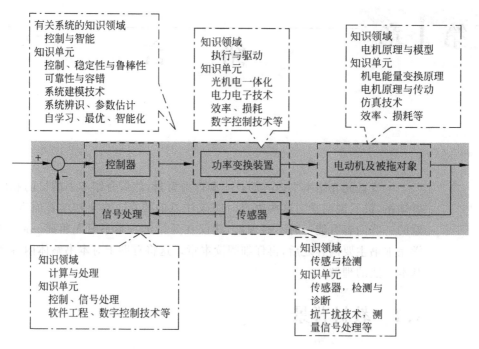

图 1.1.1　运动控制系统的构成及相关知识领域(参照文献[1-1]作出)

看到以此系统为动力核心的各种机械、设备或系统。例如:

(1)制造业:钢铁行业的轧钢机,机电行业的各种机床、自动生产线,纺织行业的各种纺织机械,流程工业的各种旋转机械,矿山、油田等处的电力拖动机械等;

(2)日常生活:冰箱、空调、洗衣机、电梯、电动自行车的电驱动系统等;

(3)高新技术产业:各种机器人的移动及关节姿态控制,计算机光盘驱动器,电动汽车、电动船舰、轻轨、高速列车的电驱动系统,各种类型的风力发电系统等。

以下介绍运动控制系统应用的两个实例。图 1.1.2 是一个普通电梯的构成示意图。其中,控制柜中的变频电源用以控制电动机,通过减速箱拖动轿厢做平稳而快速的起动、停止定位以及上下运动。图 1.1.3 是一个用于混合动力(汽油引擎＋电动)汽车的串联式动力系统的示意图。其中,两个极端的运行模式是:加速时,引擎与电动机一起向驱动轮提供转矩从而拖动汽车运动;快速制动或车辆下坡时,电动机通过变频器将机械动力转化为电能输送到蓄电池中储存。

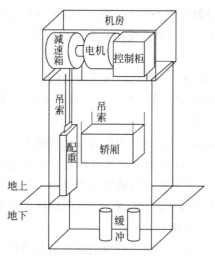

图 1.1.2　普通电梯构成示意

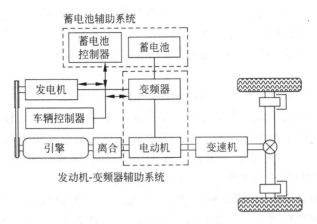

图 1.1.3 混合动力汽车动力系统示意

2. 运动控制系统的发展过程和趋势

历史上最早出现的是直流电机,在 19 世纪 80 年代以前,直流电动机拖动是唯一的电气传动方式。19 世纪末,出现了交流电,解决了三相制交流电的输送和分配问题;以后又研制成了经济实用的鼠笼型异步电动机。异步电动机的优点非常突出:坚实、少维护、适应环境广、容量大、电压和转速高,但由于当时无法解决其非线性性质的高性能转矩控制问题,所以近百年来交流电气传动主要应用于恒速运行场合。此外,同步电机的诞生和使用也解决了大容量发电和电力系统的功率因数调整等问题。

随着技术的发展,对电气传动在起制动、正反转以及调速精度、调速范围、静态特性、动态响应等方面都提出了更高的要求,这就要求大量使用调速系统。由于直流电机易于实现速度调节和转矩控制,因此 20 世纪 30 年代起就开始使用直流调速系统。它的发展过程是这样的:由最早的旋转变流机组供电、引燃管和汞弧整流器供电、磁放大器控制,再进一步,用静止的晶闸管变流装置和模拟控制器实现直流电机调速。大约在 20 世纪 80 年代,采用大功率晶体管组成的脉宽调制电路并实现数字化控制,使直流调速系统的快速性、可靠性、经济性不断提高,从而使之非常广泛地应用于许多场合。然而,由于直流电机具有电刷和换向器、制造工艺复杂且成本高等缺点,使之维护麻烦、使用环境受到限制,并且很难向进一步的高转速、高电压、大容量发展,因而难以满足现代社会对调速系统的需求。

20 世纪 70 年代以来,电力电子技术和微电子技术的发展大大促进了交流调速系统的研究开发,使交流调速系统逐步得到广泛的应用。仅以占传动总容量 1/3 强的风机、水泵设备为例,过去采用交流传动时都工作在恒速运行状态,如果改恒速为按需调速的话,不仅可以提高工艺水平,还可节电 30% 左右。随着现代控制理论以及电机理论和技术的提高,交流调速更具备了宽调速范围、高稳速精度、快动态响应和四象限运行等技术性能,并实现了产品的系列化。由于在调速性能上完全可以与直流调速系统相媲美,目前交流调速系统已占据电机速度控制系统市场的主导地位[1-2]。

如今,尽管运动控制系统的应用已相当普及,由于世界范围内能源和环境问题日益凸显,新能源发电技术与产业日新月异,运动体如车、船的全电化浪潮不可阻挡[1-3]。因此,电力拖动领域也正面临许多新的技术挑战。可以看出该领域的发展有以下几个趋势:

(1) 交流变频拖动系统已经渗透到各种电气传动领域。

(2) 系统硬件的集成化和多样化。随着新材料、新工艺和集成技术的进步,功率变换装置不断向高频化和模块化发展;各类新型结构的电动机不断出现,以满足以前所不能及的高转速(上万转每分)、大功率(上万千瓦)要求;另一方面,超小型运动控制系统正在被应用于小型机器人、微型飞行器等领域。

(3) 控制的数字化、智能化和网络化。全数字化控制已成为运动控制系统的基本技术;各种智能控制方法已经大量应用于运动控制系统中,大大地改善了系统的性能;随着系统规模的扩大和复杂性的提高,单机的控制系统逐步被大规模多机协同工作的高度自动化系统取代。在工业网络的支持下,电气传动设备及其控制器作为一个个的节点被连接到工业控制网上。

1.2　教材的目的、内容体系以及学习要点

1. 目的和内容体系

本书用于电气自动化、自动化等本科专业中被称为"电机原理"、"电机与拖动"、"电力拖动控制系统"、"运动控制系统"等课程作为教材或参考教材,这些课程的目的主要是为了培养这些专业学生在电气自动化领域的基本专业素养。

在前期课程中已经学习了运动控制系统中所涉及的控制理论、计算机及数字技术、信号处理以及实现电气能量形态变换的电力电子技术等课程。本书主要从系统应用的角度讨论:作为被控对象的电机(机电能量变换机器)的原理性内容;在上述知识的基础上构成图1.1.1阴影部分所示的系统以及实现系统功能所需的基本知识单元。

此外,在提倡通识教育的今天,运动控制系统课程的另一个作用可以从以下两个角度看出:

(1) 从控制系统的角度:运动控制系统具有系统的典型性和应用的广泛性。由上一节对运动控制系统的介绍可知,该系统在国民经济中应用广泛、作用重大;而且,许多其他类型的控制系统都具有与图1.1.1阴影部分相似的结构,只是控制目标、执行机构和被控对象不同而已。

(2) 从知识体系的角度:该知识体系和内容具有较好的代表性和综合性。对于自动化或电气自动化专业的学生而言,具有系统控制及工程方面的知识和能力十分重要。图1.1.1中的点划线方框说明了设计和构成一个运动控制系统所涉及的知识领域以及自动化专业的知识单元或课程。经过本课程把以前所学的知识综合起来,应用起来,才能明白所学过的知识到底有什么用处,是怎样应用的。经过这样的综合和应用,所学的知识才是完整的。

因此,掌握本书的主要内容对本科学生的专业知识和素养的建立以及系统能力、综合能力和工程能力的培养具有重要的作用和意义。

在图 1.1.1 中,本书涉及的知识单元用点划线方框中的黑体字部分表示。内容体系可大致归纳为:

(1) 一个主题:运动控制系统。

(2) 两条主线:以电动机为核心的能量转换装置原理与外特性;运动控制系统的原理及其设计方法。与两条主线相关的具体内容详见第 1 版前言。

为了便于由浅入深的学习,在内容讲述的顺序上,先讨论"直流电机及其控制系统",再讨论"交流电机及其控制系统"。对于比较深入的内容,本书在其标题前标注"＊"号。这些内容可以作为本科生、研究生课题研究时的参考资料。书中还给出了许多重要的参考文献,以便于深入学习之用。

此外,为了便于学习本书内容,在第 2 章中集中总结了学习电机原理所需的物理知识。

2. 学习要点

与本书相关的课程属于工程技术类课程。因此,本书涉及面广,理论与实际结合紧密,数学建模方法多,列举的系统方案典型。为了学好主要内容和方法,有以下两方面的建议。

(1) 对知识单元的掌握。

学习电机原理时要注意:①直流、交流电动机的原理以及所包含的物理定律,基本结构,基本电磁参数和机械参数以及其相互关系;②需要从使用角度掌握的电动机外特性,能量流程以及效率问题;③电动机静、动态数学模型的建立及其方法。

学习控制系统时要注意:①系统的稳定性,动静态特性,基于某种控制目标的系统建模方法、分析方法和设计方法;②对重点系统的学习:书中的重点系统都具有代表性,一个是以单输入单输出、线性系统为特征的直流电机转速、电流双闭环控制系统,另一个是以多输入单输出、非线性系统为特征的交流电机控制系统;③实现控制系统所需的电力电子技术、计算机技术、检测与信号处理等相关技术。

(2) 对知识体系和工程方法的掌握和贯通。

首先,要系统掌握各部分知识体系。以"同步电动机原理及其控制系统"为例,所涉及的知识体系可用图 1.2.1 表示。图 1.2.1(a)是同步电机的实物,图 1.2.1(b)是旋转磁动势矢量或电流矢量图;图 1.2.1(c)是用于控制的电机模型;图 1.2.1(d)是基于转子磁场定向的电机模型;图 1.2.1(e)是实现速度和转矩控制的典型控制系统方框图。如果在学习完相关内容之后能够理解各个分图的含义,以及从图 1.2.1(a)到图 1.2.1(e)的演化的内涵,那就可以祝贺你已经掌握了这些内容。

其次,要掌握本书内容的工程性概念和方法。

本书中的概念有工程意义上的概念和物理学意义上的概念。例如,就发电和电动两种物理现象而言,有表 1.2.1 所述的多种工程性描述。

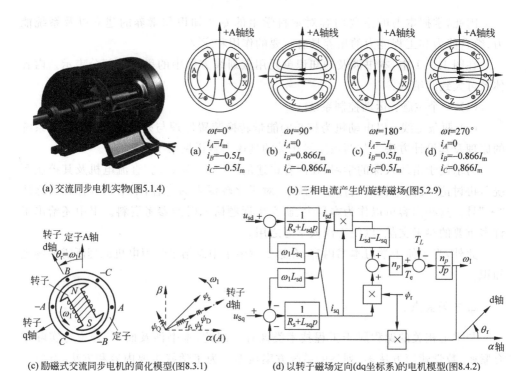

(a) 交流同步电机实物(图5.1.4)　　　　　(b) 三相电流产生的旋转磁场(图5.2.9)

(c) 励磁式交流同步电机的简化模型(图8.3.1)　　(d) 以转子磁场定向(dq坐标系)的电机模型(图8.4.2)

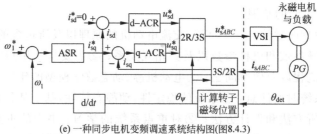

(e) 一种同步电机变频调速系统结构图(图8.4.3)

图 1.2.1　　由电机实物到模型、再到运动控制系统构成

表 1.2.1　　物理描述与工程描述

物理现象以及物理概念	电动:功率从电端口输送到机械端口	发电:与左栏所述现象相反的现象
工程上的相关描述	① 电动:定义为电磁功率为正,或电磁转矩与转子转速同方向; ② 电动运行:指"电动"运行状态; ③ 电动机:指电机的用途是作为电动机拖动负载,但其工作状态可以有发电运行也可以有电动运行。	① 发电:定义为电磁功率为负,或电磁转矩与转子转速反方向; ② 发电运行:指"发电"运行状态。此外,对于电力拖动系统,常常根据发电量的去向使用专有名词进行描述,如"回馈制动"、"能耗制动"等; ③ 发电机:指电机的用途是被原动机拖动用于发电。但其工作状态可以有发电运行也可以有电动运行。

再次,注意工程问题的提出与解决。

本书的所有控制系统都是源自于实际的工程应用需求。对于重要内容,本书一般以"问题的提出"、"解决问题的思路或方法"的顺序,讨论其工程背景、系统设计思路、相关的物理本质以及数学描述的特点。因此,希望学生不仅掌握基本内容,而且注重掌握解决实际工程问题的思路、方法,从而提高自己的创新性思维和能力。例如,①内容的工程背景:所述装置或系统的提出以及完善都基于当时的经济、技术条件和重大需求;②理论与实际相结合:例如,研究控制策略时,不但要基于自动控制理论,还要基于实际系统的物理规律。往往还要注重简单实用;③典型工程方法:如在分析中忽略次要矛盾、抓住主要矛盾;再如三相交流供电系统(发电、配电、用电)及其工程内涵等。

第2章 机电能量转换基础

作为本书主要内容的基础,本章主要讨论以下内容:

(1) 机电能量转换基础。

① 基本物理定律:安培环路定律和法拉第电磁感应定律;

② 磁路欧姆定律和铁磁材料特性;

③ 磁场能量和电感,机电能量转换原理,电磁转矩的计算。

(2) 数学表示方法:相量和矢量。

(3) 以单相变压器为例,介绍静止型能量转换装置的建模方法。

本章的知识结构如图 2.0.1 所示。图中点划线框中的部分是本章的主要内容。框的上面是本章所需的主要先修课程,下面是与本章有关的本书的后续内容。

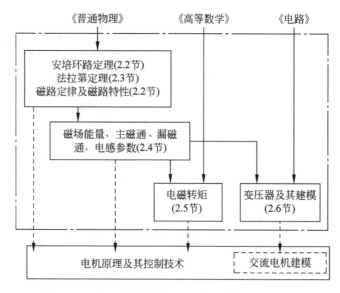

图 2.0.1　第 2 章内容之间以及与其他章内容的关系

2.1 电机中的能量转换与磁路

2.1.1 电机中能量转换的两个实例

电机是一种进行电能传递或机电能量转换的电磁机械装置。根据电机是否旋转,可将其分为静止电机和旋转电机两大类。静止电机主要是指各种类型的变压器。其基本作用是完成电能的传递,即将一种电压下的电能变为另一种电压下的电能。图 2.1.1 是最简单的单相变压器的示意图。

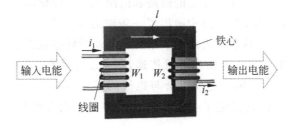

图 2.1.1 单相变压器示意图(参见书末彩图)

从图 2.1.1 中可知,匝数为 W_1 与 W_2 的两个相互绝缘的线圈,被套在呈四方框架形状的闭合铁心(称为磁路)上。这样,当其中一个线圈接交流电源而另一个线圈接上负载阻抗时,电能就可以从前者源源不断地传到后者,也就实现了电能的传递。

图 2.1.2(a)是一类可以将电能和机械能互相转换的旋转电机主体部分示意图。图 2.1.2(b)是简化的立体图。旋转电机主体部分包括可以自由转动的部分(转子)和静止部分(定子)。定子主要由定子铁心和由绝缘导线绕制成的定子绕组构成。定子铁心内圆有均匀分布的定子槽,定子绕组嵌入定子槽内。图 2.1.2(a)的定子绕组包括 3 个线圈,它们的一端分别用字母 A、B 与 C 标示,另一端连接在一起,成为中点。为清晰起见,图 2.1.2(b)中定子绕组只画出了一个线圈,转子则由磁极、励磁绕组与转子轴构成。在这一类旋转电机中,励磁绕组通过直流电流,转子磁极呈现 N 极与 S 极。旋转电机的工作是可逆的,当定子绕组的出线端 A、B、C 分别与电源的

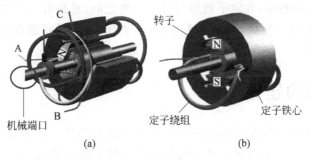

(a)　　　　　　　(b)

图 2.1.2 旋转电机示意图(参见书末彩图)

A、B、C 相连接时,如果从定子绕组输入电能,从转子轴上输出机械能,则工作在电动机状态;如果从转子轴上输入机械能,而从定子绕组输出电能,就工作在发电机状态。

2.1.2 能量转换装置中的磁场与磁路

在图 2.1.1 所示的变压器中,电能为什么能在两个彼此绝缘的线圈之间传递? 在图 2.1.2 所示的旋转电机中,定子的电能和转子的机械能之间为什么能够互相转换? 机电能量转换原理可以回答这些问题。下面先从磁场与磁路开始讨论。

首先观察图 2.1.1 单相变压器的磁路和由图 2.1.2 简化所得图 2.1.3 旋转电机的转子磁路。在图 2.1.1 的磁路中画出了一条磁力线 l,在图 2.1.3 的转子磁路中,画出了磁力线 l_1 与 l_2。这些磁力线代表了变压器及旋转电机铁心中磁通的走向。可以看出,在变压器中之所以能实现能量传递,一个基本条件是两个线圈被磁场耦合起来了。在旋转电机中,电能之所以会与机械能互相转换,一个重要条件也是因为其中存在着耦合磁场,它把定子与转子耦合在一起。耦合场与能量端口的关系如图 2.1.4 所示。

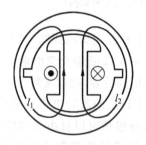

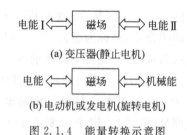

(a) 变压器(静止电机)

(b) 电动机或发电机(旋转电机)

图 2.1.3 旋转电机的励磁磁路 　　图 2.1.4 能量转换示意图

在研究以磁场为耦合场的能量转换装置时,一个重要的物理量是磁场的磁通(flux)。而磁通所通过的路径就是磁路(magnetic circuit)。从图 2.1.1 与图 2.1.3 可以看出,变压器和旋转电机中的磁路主要由铁磁材料构成。在变压器中,沿着图 2.1.1 所示的磁路上,可以没有空气隙,即磁路可以完全由铁磁材料构成,称为铁心磁路;在旋转电机中,在定子磁路与转子磁路之间,总是有一个空气隙存在,这是带气隙的铁心磁路。当然,对某些型式的变压器而言,为了制造方便,也可以采用带气隙的铁心磁路。

2.2 磁场的建立

在通电导线周围存在磁场(magnetic field),磁场与建立该磁场的电流之间的关系可由安培环路定律来描述。建立磁场的电流称为励磁电流(或激磁电流)。下面具体讲述安培环路定律及其简化形式。

2.2.1　安培环路定律及其简化形式

安培环路定律(Ampere's circuit law)也称为全电流定律,可借助图 2.2.1 来描述它:沿空间任意一条有方向的闭合回路 l,磁场强度(magnetic field intensity)为矢量 H 的线积分等于该闭合回路所包围的电流的代数和。用公式表示,有

$$\oint_l H \cdot \mathrm{d}l = \sum i \tag{2.2-1}$$

式中,若电流的方向与闭合回路正方向符合右手螺旋关系,则 i 取正号,否则取负号。显然,图 2.2.1 中 i_1 与 i_2 为正,而 i_3 为负。

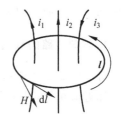

图 2.2.2 所示为均匀密绕螺管线圈构成的磁路,设回路 l 与圆环的中心圆重合,则沿着回线 l,磁场强度 H 处处相等,且其方向处处与回线切线方向相同,同时闭合回线所包围的总电流由通有电流 i 的 W 匝线圈提供,对于这种类型的磁路,则式(2.2-1)可简化成

图 2.2.1　安培环路定律

$$Hl = Wi \tag{2.2-2}$$

式中,H 为磁场强度的大小,单位为 A/m;l 为回路的长度,单位为 m;Wi 为作用在磁路上的安匝数,可定义为 $F=Wi$,称作磁路的磁动势或磁势(magnet motive force, MMF),单位为安匝,由于匝数不是电量,没有量纲,通常直接用"安"表示。这是安培环路定律的一种广泛采用的简化形式。

图 2.2.3 是带气隙的铁心磁路。设其四周横截面积处处相等,且气隙长度 δ 远远小于两侧的铁心截面的边长,可以近似地认为这是一个分段均匀的磁路,即沿铁心中心线(长度为 l_{Fe})处处磁场强度 H_{Fe} 大小相等,沿气隙长度 δ 各处的磁场强度 H_δ 大小也相等,于是,安培环路定律可以简化为

$$F = Wi = H_{Fe}l_{Fe} + H_\delta\delta \tag{2.2-3}$$

式中,$H_{Fe}l_{Fe}$ 和 $H_\delta\delta$ 分别为铁心和气隙中的磁压降。可见,作用在磁路上的总磁动势等于该磁路各段磁压降之和。

图 2.2.2　螺管线圈

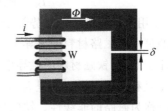

图 2.2.3　带气隙的铁心磁路

对于图 2.1.1 所示的情况,铁心上绕有匝数为 W_1 与 W_2 两个绕组,分别通入电流 i_1 与 i_2,作用于磁路上的总磁动势为两个线圈安匝数的代数和,于是,全电流定律

的形式相应地变为

$$F = \pm W_1 i_1 \pm W_2 i_2 = Hl \qquad (2.2\text{-}4)$$

对于图 2.1.1 中所示的电流方向,上式中两项安匝均取正号。对于一般的情况需要仔细判断各线圈电流的方向,以便正确选择磁动势求和的正负号。

2.2.2 磁路的欧姆定律

在安培环路定律简化形式的基础上,通过定义磁阻与磁导,可以进一步得到描述磁动势与磁通之间关系的磁路的欧姆定律。

1. 均匀磁路的欧姆定律

对于图 2.2.4 所示的铁心磁路,如果认为沿磁路长度各处的磁通及铁心的横截面积都近似相等,且磁力线垂直于铁心横截面,则该铁心磁路也可认为是均匀磁路,

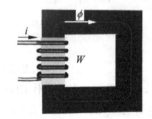

图 2.2.4 铁心磁路

其磁通 Φ 与磁通密度 B(magnetic flux density)和横截面积 A 的关系为

$$\Phi = BA \qquad (2.2\text{-}5)$$

式中,Φ 的单位为韦伯(Wb),B 的单位为特斯拉(T,1T = $1\text{Wb}/\text{m}^2$)。

通常,磁通密度和磁场强度之间的关系可以表示为[1]

$$B = \mu H \qquad (2.2\text{-}6)$$

式中,μ 是磁导率,单位为 H/m,真空磁导率 $\mu_0 = 4\pi 10^{-7}\text{H}/\text{m}$,铁心磁导率 $\mu_{\text{Fe}} \gg \mu_0$,空气的磁导率近似等于 μ_0。于是式(2.2-2)可改写为

$$Wi = \frac{B}{\mu}l = \Phi \frac{l}{\mu A} \qquad (2.2\text{-}7)$$

定义磁路的磁阻 R_{m}(reluctance)(单位为 A/Wb)和磁导 Λ_{m}(单位为 Wb/A)分别为

$$R_{\text{m}} = \frac{l}{\mu A}, \quad \Lambda_{\text{m}} = \frac{1}{R_{\text{m}}} = \frac{\mu A}{l} \qquad (2.2\text{-}8)$$

则有磁路欧姆定律

$$F = R_{\text{m}}\Phi \quad \text{或} \quad \Phi = F\Lambda_{\text{m}} \qquad (2.2\text{-}9)$$

这说明,作用于磁路上的磁动势等于磁阻乘以磁通。显然,磁阻 R_{m} 和磁导 Λ_{m} 取决于磁路的尺寸和磁路材料的磁导率。

需注意的是,铁磁材料的磁导率 μ_{Fe} 通常不是一个常数,所以由铁磁材料构成的磁路的磁阻和磁导通常也不是常数,它随磁通密度大小的变化而具有不同的数值,这种情况称为磁路的非线性。铁磁材料的特性将在 2.2.3 节中介绍。

---

[1] 电机磁路主要由软磁材料构成,可以认为其 B 与 H 的方向相同且近似地认为 $B \sim H$ 曲线是单值曲线,此时式(2.2-6)成立。在本节后面部分将要介绍两者的关系不是单值函数而是磁滞回线的情况,更加详细的知识可参见电磁学或者电机磁场方面的书籍。

2. 分段均匀磁路的欧姆定律

图 2.2.3 所示磁路可以认为是分段均匀的磁路。在满足 2.2.1 节所述假定条件时，可以认为铁心柱中的磁通等于气隙中的磁通，则式（2.2-3）可以改写为

$$F = \Phi \frac{l_{\text{Fe}}}{A\mu} + \Phi \frac{\delta}{A\mu_0} = \Phi(R_{\text{m}} + R_{\text{m}\delta}) \tag{2.2-10}$$

式中，R_{m}、$R_{\text{m}\delta}$ 分别是铁心部分和气隙部分所对应的磁阻。

组成该磁路的各分段的磁通是同一个磁通，这种磁路称为串联磁路。显然，串联磁路的总磁阻等于各段磁阻之和。

2.2.3　铁心的作用和铁心磁路的磁化特性

1. 铁心的作用

（1）铁心的增磁功能

铁心是用高磁导率的铁磁材料制成的，这就决定了其基本功能是增强磁场，即采用铁心磁路后，可以在一个较小的励磁电流作用下产生较多的磁通。以下通过两个实例说明铁心的增磁功能。

在通有电流 i 的直导线周围套有两个大小相等的圆环：铁环和塑料环，如图 2.2.5 所示。它们均以该导线为圆心。设环的半径为 r，根据安培环路定律，两环截面中心（半径 r）的磁场强度 H 均为 $H = \dfrac{i}{2\pi r}$。由于铁磁材料的磁导率为真空磁导率的数千倍，而塑料的磁导率约等于真空磁导率，根据式（2.2-6）可知，铁环中的磁通为塑料环中磁通的数千倍。

图 2.2.5　套在同一电路上的铁环和塑料环

在图 2.2.6 中，两个螺管线圈串联，通入电流 i，左边为铁环，右边为塑料环。如果两个环上导线的匝数相等，与图 2.2.5 的分析过程相同，可知铁环中的磁通可以达到塑料环中的数千倍。

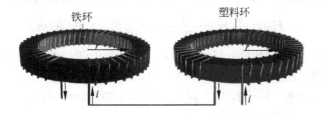

图 2.2.6　带有铁环和塑料环的串联螺管

这两个实例反映出一个普遍的情况：铁心具有增磁功能。这是由于在正常情况下铁磁材料磁导率远远大于各种非铁磁材料的磁导率，故在磁场强度相同的情况

下,铁心中的磁通密度远远大于非铁磁材料中的磁通密度。于是,对于图 2.2.3 所示的带气隙的铁心磁路,因为气隙的磁导率很低,只有铁心的数千分之一,所以一个很短的气隙就可能使得铁心磁路的增磁作用显著降低。这是因为气隙的存在增加了磁路的总磁阻,从而在励磁磁动势不变的情况下,使得磁通减少,在磁通不变的情况下,使励磁磁动势增加。

(2) 铁心磁路使磁通在空间按一定形状分布

对图 2.1.1 所示的变压器,利用铁心的增磁功能,使得同时与两个线圈交链的磁通得以增强;而在图 2.1.2 与图 2.1.3 中,则使得定、转子之间的耦合场得以增强,并可以使定子内圆表面的磁感应强度按一定规律在圆周上分布。

上面的分析说明,在图 2.1.1 与图 2.1.2 所示的变压器和旋转电机中,如果采用高磁导率的铁磁材料来制成铁心,就可以以较小的励磁电流为代价,产生为了实现能量转换所需的磁通。实际上,旋转电机和变压器的铁心一般都是用具有很高磁导率的硅钢片制成的。

例 2.2-1 有一闭合的铁心磁路(参见图 2.2.4),铁心截面积 $A=1\times10^{-2}\,\mathrm{m}^2$,磁路的中心线平均长度 $l_{\mathrm{Fe}}=1\mathrm{m}$,铁心的磁导率 $\mu_{\mathrm{Fe}}=5000\mu_0$,套装在铁心上的励磁绕组为 100 匝,试求在铁心中产生 $1.0\mathrm{T}$ 的磁通密度时所需的励磁磁动势和励磁电流。

解 可以直接用安培环路定律求解。

磁场强度:由 $B=\mu H$ 知,$H=\dfrac{B}{\mu_{\mathrm{Fe}}}=\dfrac{1}{5000\times4\pi\times10^{-7}}=159.2\mathrm{A/m}$

由式(2.2-2)可知,磁动势:$F=Hl_{\mathrm{Fe}}=159.2\times1=159.2\mathrm{A}$

励磁电流:$i=\dfrac{F}{W}=\dfrac{159.2}{100}=1.592\mathrm{A}$

当然,也可以用磁路欧姆定律求解,结果是一致的。

例 2.2-2 若在例 2.2-1 的磁路中,开一个长度 $\delta=1\mathrm{mm}$ 的气隙(参见图 2.2.3),忽略气隙的边缘效应,求铁心中磁通密度为 $1.0\mathrm{T}$ 时,所需的励磁磁动势和励磁电流。

解

(1) 由于磁感应强度未变,铁心内的磁场强度 H 仍为 $159.2\mathrm{A/m}$;

(2) 气隙磁通密度与铁心磁通密度相等,所以气隙中的磁场强度为

$$H_\delta=\frac{B}{\mu_0}=\frac{1}{4\pi\times10^{-7}}=7.958\times10^5\,\mathrm{A/m}$$

由式(2.2-3)知,铁心磁压降:$H_{\mathrm{Fe}}l_{\mathrm{Fe}}=159.2\times(1-0.001)=158.8\mathrm{A}$

气隙磁压降:$H_\delta\delta=7.958\times10^5\times1\times10^{-3}=795.8\mathrm{A}$

总的励磁磁动势:$F=H_{\mathrm{Fe}}l_{\mathrm{Fe}}+H_\delta\delta=158.8+795.8=954.6\mathrm{A}$

励磁电流:$i=F/W=9.546\mathrm{A}$

从上面的例子可以看出,铁心磁路中的气隙虽然很短,其磁压降却显著大于铁心的磁压降,使得总的励磁电流显著大于没有气隙的情况。在本例中,气隙长度仅仅为磁路总长度的千分之一,所消耗的磁压降却达到了铁心磁压降的 5 倍。这导致

总的励磁电流与没有气隙时相比,增加了 5 倍。

2. 铁磁材料的磁化特性

铁磁材料的磁通密度 B 与磁场强度 H 之间的关系曲线,称为 B-H 曲线(B-H curve),是铁磁材料最基本的特性,也被称为材料的磁化曲线(magnetization curve)。

假设图 2.2.2 所示铁心磁路中原来没有磁场,现在施加一个直流电流且逐步增大,则其中磁场强度 H 与磁通密度 B 逐渐增大。相应的曲线

$$B = f_B(H) \tag{2.2-11}$$

就称为**起始磁化曲线**,如图 2.2.7 所示的曲线 oabcd。

图中线段 oa 为起始段,开始磁化时,B 随 H 的增大而缓慢增加,所以,磁导率较小。继续增大 H,到达线段 ab,此时可以近似认为磁导率迅速增大到最大值并基本保持不变,B-H 曲线便可近似看作是直线,称为线性区。若励磁继续增加,B 值增加逐渐变慢,如 bc 段,这种现象称为饱和。在饱和程度很高的情况下,磁化曲线基本上与非铁磁材料的特性(即图中虚线)相平行,如线段 cd 所示。磁化曲线开始拐弯的点(图 2.2.7 中的 b 点),称为**膝点**。通常,电机磁路中的铁磁材料工作在膝点附近。

由于铁磁材料的磁化曲线不是直线,所以如图 2.2.7 中的点划线所示,磁导率 $\mu_{Fe} = f_\mu(H)$ 也随 H 值的变化而变化。

若将铁磁材料进行周期性磁化,例如在图 2.2.2 中所施加的电流不是逐渐增大的直流电流而是交流电流,则在电流及相应的磁场强度 H 增大与减小这两种情况下,磁通密度就有两个不同的数值,B-H 曲线就不再是单值函数,而成为封闭曲线,称为磁滞回线(magnetic hysteresis loops),如图 2.2.8 所示。

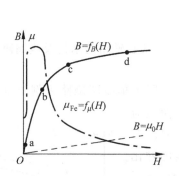

图 2.2.7　铁磁材料的起始磁化曲线和
$\mu_{Fe} = f(H)$ 曲线

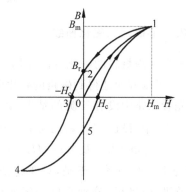

图 2.2.8　磁滞回线

为了理解磁滞回线所反映的物理现象,令图 2.2.2 中的励磁电流从零上升到最大值后开始减小,则磁场强度 H 和磁通密度 B 也相应减小。我们发现,当 H 从某一数值 H_m 减小到零时,相应的 B-H 曲线并不沿原来的曲线从点 1 返回点 0,而是从点 1 到达点 2,即当电流与相应的 H 从正的最大值减小到零值时,B 并不减小到零

值,而仅仅减小到一个正值的 B_r;只有当电流从零值向反方向变化,达到某一负值,使 H 也达到某一负值,即达到图中的 $-H_c$ 时,磁通密度 B 才从 B_r 减小到零。可见,磁通密度的变化落后于磁场强度的变化,亦即磁通落后于励磁电流。从图中可以看出,在 H 从负的最大值增加到零,再继续增加的过程中,磁通密度的变化也落后于磁场强度的变化。这种磁通密度落后于磁场强度,亦即磁通落后于励磁电流的现象,称为磁滞(magnetic hysteresis)现象。去掉励磁之后(在图 2.2.4 中,就是 $i=0$ 的情况),铁磁材料内仍然保留的 B_r,称为剩余磁通密度,简称剩磁。要使 B 从 B_r 减小到零,所需施加的负的磁场强度 H_c,称为矫顽力(coercive force)。

　　剩磁 B_r 和矫顽力 H_c 较小的铁磁材料,称为软磁材料,而剩磁 B_r 和矫顽力 H_c 较大的铁磁材料,称为硬磁材料。变压器及大部分旋转电机的磁路均由软磁材料制成。硬磁材料可用于制造永久磁铁。

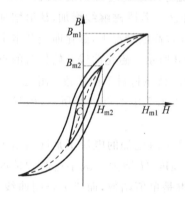

图 2.2.9　磁滞回线与基本磁化曲线

　　对同一铁磁材料,选择不同的 H 进行反复磁化,可以得到一系列大小不同的**磁滞回线**,如图 2.2.9 中实线所示,再将各磁滞回线顶点连接起来,所得曲线(图中的虚线)称为**基本磁化曲线**或平均磁化曲线。基本磁化曲线不是起始磁化曲线,但差别不大。

　　在分析励磁电流与磁通之间的关系时,通常采用基本磁化曲线。在必须应用磁滞回线分析问题时,往往根据所研究问题的特点,采用某种简化方法,例如在本节后续部分将要介绍的包含永久磁铁的磁路,一般采用其磁滞回线位于第二象限的部分进行磁路分析。

3. 铁心磁路的磁化曲线

　　根据铁磁材料的磁化特性,即 B-H 曲线,在铁心磁路的结构及线圈匝数已知的情况下,可以方便地得到磁路的磁化曲线。

　　先看磁路中没有气隙的情况,以图 2.2.2 所示单线圈磁路为例予以说明。在图 2.2.10 中,设已知材料的磁化特性 B-H 曲线为曲线 1,根据 $\Phi=BA$ 及 $Wi=HL$,可知 Φ 与 B、i 与 H 均为正比例关系。于是,只要将铁磁材料的磁化特性的纵、横坐标,分别乘以一定的比例系数,就可以将该曲线作为铁心磁路的磁化曲线 i-Φ。电流 i 的作用是产生磁场 Φ,我们称该电流为励磁电流。

　　对于磁路中包含气隙的情况,例如图 2.2.3 所示带有微小气隙 δ 的磁路,从式(2.2-3)可知磁路中的总磁动势等于铁心磁压降与气隙磁压降之和,即

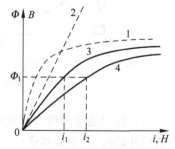

图 2.2.10　带气隙铁心磁路的磁化曲线

$$F = Wi = H_{Fe}l + H_\delta\delta$$

为了分析方便起见,将励磁电流 i 也表示为两部分之和,分别记为 i_{Fe} 与 i_δ,即

$$i = i_{Fe} + i_\delta \tag{2.2-12}$$

令 i_{Fe} 满足

$$Wi_{Fe} = H_{Fe}l = R_{mFe}\Phi \tag{2.2-13}$$

i_δ 满足

$$Wi_\delta = H_\delta\delta = R_{m\delta}\Phi \tag{2.2-14}$$

于是 i_{Fe} 与 i_δ 就有了明显的物理意义:i_{Fe} 是在磁路中没有气隙的情况下、为产生一定的磁通,铁心磁路所需的励磁电流;而 i_δ 是在忽略铁心磁压降的情况下,为产生同样大小的磁通,气隙磁路所需的励磁电流。可以将 i_{Fe} 与 i_δ 分别称为铁心励磁电流与气隙励磁电流。于是,总的励磁电流可以看作铁心励磁电流和气隙励磁电流之和。这样,在图 2.2.10 中,对于任一给定磁通 Φ,从铁心磁路的磁化曲线 1 上查出铁心励磁电流后,只要加上对应的气隙励磁电流,就可得到总的励磁电流。根据式(2.2-7)与式(2.2-14),气隙励磁电流为

$$i_\delta = \frac{\delta}{\mu_0 WA}\Phi \tag{2.2-15}$$

从上式可见,Φ 与 i_δ 成正比,于是,可以在图 2.2.10 中画出相应的气隙磁化曲线 2。这样,对于磁通 Φ 的不同给定值,就不必逐点计算气隙励磁电流,只需将曲线 1 与曲线 2 上对应的横坐标相加,即可得到铁心磁路中有气隙时的磁化曲线 3。

显然,若气隙增大,按式(2.2-15)求出的气隙励磁电流较大,于是整个磁化曲线向右偏斜,如图 2.2.10 中曲线 4 所示。可以看出,由于气隙的存在,使得磁通与励磁电流之间呈现线性关系的区域变宽了,而且,气隙越大线性区域越宽。

4′. 永磁磁路

硬磁材料一经磁化,能长时间保持磁性,故可以用于制造永久磁铁(permanent magnet)。图 2.2.11 表示包含一块永久磁铁和一段气隙的简单永磁磁路。图中上下两块为普通软磁铁心,左侧中间长度为 l_m 的颜色较深的一段为永久磁铁,其极性已经标示在图中。现在分析如何确定永久磁铁中的磁通密度及磁场强度。

将图 2.2.8 磁滞回线的剩磁及矫顽力加大,就可以得到形象地表示永久磁铁磁化特性的磁滞回线如图 2.2.12(a)所示。如后面所述,一般只需要用磁滞回线位于第二象限的部分分析永磁回路,其放大图如图 2.2.12(b)中的圆弧曲线所示。通常将这一段曲线称为去磁磁化曲线。图 2.2.11 所示永磁磁路的磁通密度与磁场强度总是对应于去磁曲线上的一个点,称为永磁磁路的工作点。以下分析在若干简化条件下确定其工作点的方法。

设已知永磁体的去磁曲线及其长度 l_m、气隙长度 δ 及两者的横截面积 A,假设各部分磁通密度与磁

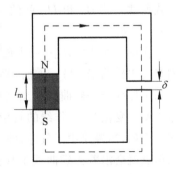

图 2.2.11　永磁磁路

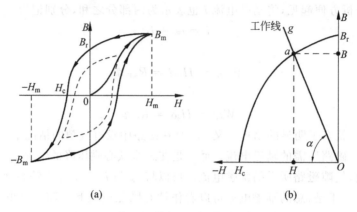

图 2.2.12　永磁磁滞曲线以及磁路工作图

场强度的正方向与图 2.2.11 中用虚线表示的闭合回路的正方向相同,考虑到在该回路上没有外部的励磁电流,所以在忽略铁心磁压降的情况下,根据安培环路定律可以得到 $F = H_m l_m + H_\delta \delta = 0$。于是有

$$H_m = -\frac{\delta}{l_m} H_\delta \qquad (2.2\text{-}16)$$

这说明气隙磁场强度与永磁体磁场强度的符号相反。

考虑到永磁体的磁通密度是从 N 极表面向外进入外部磁路,再从 S 极表面进入永磁体,在永磁体内部从 S 极再到 N 极,所以无论是永磁体磁通密度 B_m 还是气隙磁通密度 B_δ,其实际方向都是沿着回路的正方向,即两者磁通密度都为正。在气隙中,磁通密度方向与磁场强度方向一致,所以气隙磁场强度 H_δ 取正号而 H_m 为负号。这说明,在永磁体内部,磁通密度与磁场强度的方向相反,前者为正,后者为负,所对应的点在其磁滞回线的第二象限,即工作点位于图 2.2.12(b) 的去磁曲线段上。

根据磁通连续性原理可知 $B_m = B_\delta$,于是,根据式(2.2-16)可知,B_m 和 H_m 还满足

$$B_m = B_\delta = \mu_0 H_\delta = -\mu_0 \frac{l_m}{\delta} H_m \qquad (2.2\text{-}17)$$

该式所建立的 B_m 和 H_m 间的直线关系,称为永磁磁路的工作线,如图 2.2.12 中直线 Og 所示。

在图 2.2.12(b) 中,一方面,永磁体的磁通密度与磁场强度之间的关系需满足其固有的去磁曲线;另一方面,两者又满足由式(2.2-17)所决定的永磁磁路的工作线。所以工作线与去磁曲线的交点 a 就是永磁磁路的工作点。可以看出,当外磁路中气隙长度 δ 变化时,工作线的斜率相应变化,工作点以及对应的 B_m 和 H_m 亦将随之改变。例如,当磁路中无气隙,即 $\delta = 0$ 时,工作点为图中的剩磁点;当 δ 逐渐增大时,工作点就会沿着去磁曲线下移。由此可见,作为一个磁动势源,永久磁铁对外磁路提供的磁动势 $H_m l_m$ 并非恒值,而与外磁路有关,这是永久磁铁的一个特点。

2.3　电磁感应定律与两种电动势

在图 2.1.1 中,只有当铁心中的磁场是随时间变化的磁场时,变压器才能传递电功率;在图 2.1.2 和图 2.1.3 中,也只有当磁力线"切割"定子线圈时,电能才有可能转变为机械能。前者是由于磁通交变在变压器的两个线圈中产生感应电动势;后者则是由于"切割"的作用,在定子线圈上产生了感应电动势。在一般情况下,若有一个线圈放在磁场中,不论是什么原因,例如线圈本身的移动、转动或磁场本身的变化等,只要造成了和线圈交链的磁通随时间发生变化,线圈内都会产生感应电动势(induced e. m. f),这种现象就是电磁感应。前述两个示例说明电磁感应是实现电机中能量转换的基础。

2.3.1　电磁感应定律

在图 2.3.1 中,令随时间变化的磁通 ϕ 的正方向与每个线匝上感应电动势 e_{turn} 的正方向符合右手螺旋关系,就得到各线匝感应电动势的正方向如图中的几个从左指向右的箭头所示。由于线圈是 W 匝串联,所以整个线圈的电动势 e 是 W 个线匝电动势之和,这样,整个线圈的感应电动势的正方向就是图 2.3.1 中从上到下的方向。在这种条件下,电磁感应定律可表示为

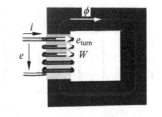

图 2.3.1　感应电势的正方向

$$e = -\frac{\mathrm{d}\Psi}{\mathrm{d}t} = -W\frac{\mathrm{d}\phi}{\mathrm{d}t} \qquad (2.3\text{-}1)$$

式中,Ψ 为线圈的**磁链**(flux linkage),单位也为韦伯(与韦伯-匝等效);在图 2.3.1 中,与每个线匝交链的磁通相等,磁链就等于匝数乘以磁通:$\Psi = W\phi$。

以下说明如何理解式(2.3-1)所决定的感应电动势的方向。由楞次定律(Lenz's law),感应电动势在闭合回路中产生的感生电流对应的磁通要反抗原磁通的变化。所以,在图 2.3.2(a)中,当磁铁向下运动而导致闭合回路磁通减少时,感应电动势和感生电流为顺时针方向。为了应用式(2.3-1),首先给定磁通的正方向,例如向上为正;然后,按照右手螺旋关系规定感应电动势的正方向如图所示。显然,在这样规定正方向的前提下,当磁铁向下运动时 $\mathrm{d}\phi/\mathrm{d}t$ 必为负,而根据式(2.3-1),感应电动势则为正,即实际方向与其正方向一致。可见,根据电磁感应定律式(2.3-1)所确定的感应电动势的方向与根据楞次定律所判断的方向相同。这里要特别注意,式(2.3-1)右边有一个负号;同时要理解,只有当**磁通的正方向与线圈中感应电动势的正方向符合右手螺旋关系**时,才会出现该负号。

为了便于记忆,在图 2.3.2(b)中借助于一个常用的右螺旋螺钉来形象地表示在本书变压器与电机磁路分析中所用的右手螺旋关系:在研究线圈中电流产生磁通的问题时,两者的正方向表现为,电流沿着螺钉旋转方向,线圈内部的磁通沿着螺钉前

进方向;在研究磁通变化产生感应电动势的问题时,两者的正方向表现为,磁通仍然沿着螺钉前进方向,而感应电动势沿着螺钉旋转方向。

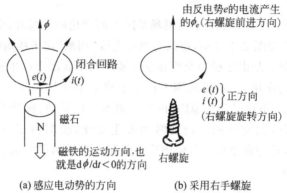

(a) 感应电动势的方向　　　　(b) 采用右手螺旋

图 2.3.2　感应电动势的方向

进一步以图 2.3.1 为例,分析线圈上的外加电压与线圈中的电流以及线圈磁链之间的关系。当在图 2.3.1 所示的线圈上外加**交流**电压时,通常采用所谓"电动机惯

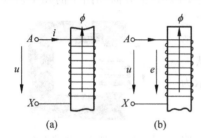

图 2.3.3　交流电流引起的感应
电动势的方向

例"来规定电压和电流的正方向,如图 2.3.3(a)所示。进而根据电流的正方向由右手螺旋关系可得到该电流所产生磁通 ϕ 的方向,以及该磁通随时间变化在线圈中产生的感应电动势的方向。可以看出,线圈中感应电动势的方向与线圈中电流的方向一致。从线圈的端点观察,感应电动势的方向就必然与外加电压的方向相同,如图 2.3.3(b)所示。考虑到电压的正方向是从正电位指向负电位的方向,而电动势的正方

向是从负电位指向正电位的方向,所以,在图 2.3.3 中,当忽略线圈电阻时,外加电压与电动势的关系为

$$u = - e = - \left(- \frac{\mathrm{d}\Psi}{\mathrm{d}t} \right) = \frac{\mathrm{d}\Psi}{\mathrm{d}t} \qquad (2.3\text{-}2)$$

$$u = ri - e \qquad (2.3\text{-}3)$$

或表示为

$$u = ri + \frac{\mathrm{d}\Psi}{\mathrm{d}t} \qquad (2.3\text{-}4)$$

2.3.2　变压器电动势与运动电动势

研究一个简单的、以磁场作为耦合场的机电装置——电磁铁,如图 2.3.4 所示。该装置由固定铁心、可动铁轭以及两者之间的气隙组成一个磁路,通过套装在固定

铁心上的线圈从电源输入电能。当线圈中通入电流时,磁路中就有磁通。当电流变化时,磁链也随之变化;当电流不变,改变距离 x 时,因为磁路的磁阻发生变化,根据磁路的欧姆定律,可知磁通也会发生变化。可见,磁路的磁链随电流和可动部分的移动而变化,即 $\Psi = \Psi(i, x)$。于是感应电动势为

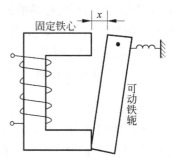

图 2.3.4 电磁铁

$$e = -\frac{\mathrm{d}\Psi}{\mathrm{d}t} = -\left(\frac{\partial \Psi}{\partial i}\frac{\mathrm{d}i}{\mathrm{d}t} + \frac{\partial \Psi}{\partial x}\frac{\mathrm{d}x}{\mathrm{d}t}\right) \quad (2.3\text{-}5)$$

式中第一项是由电流随时间变化所引起的感应电动势,通常称为变压器电动势(transformer e. m. f);第二项是由可动部分的运动引起的感应电动势,通常称为运动电动势(motional e. m. f)。

若线圈和磁场相对静止,如图 2.1.1 所示变压器及图 2.3.1 所示铁心线圈,则感应电动势纯粹是由于和线圈交链的磁链随时间的变化而产生,所以只有变压器电动势,即

$$\Psi = \Psi(i) \quad \text{与} \quad e = -\frac{\mathrm{d}\Psi}{\mathrm{d}t} = -\left(\frac{\mathrm{d}\Psi}{\mathrm{d}i} \cdot \frac{\mathrm{d}i}{\mathrm{d}t}\right)$$

对于线性且只有一个线圈的情况,考虑到 $\Psi = Li$(在 2.4 节叙述),就可得到我们所熟悉的公式 $e = -L\dfrac{\mathrm{d}i}{\mathrm{d}t}$。

若导线切割磁力线的速度为 v,导线处的磁感应强度为 $\boldsymbol{B}$,假设 B 在空间的分布不随时间变化,则导线中感应电动势只有运动电动势。当磁力线、导线与导线运动方向三者垂直,感应电动势的大小为

$$e = Blv \qquad\qquad\qquad (2.3\text{-}6)$$

也称上式为 Blv 公式。其运动电势的方向习惯用右手定则确定,即把右手手掌伸开,四指并拢,大拇指与四指垂直。若让磁力线指向手心,大拇指指向导线运动方向,其他四指的指向就是导线中感应电动势的方向,如图 2.3.5 所示。

式(2.3-5)是一个通用式,而式(2.3-6)则在特定情况下适用。现在借助图 2.3.6分析两者的基本关系以及后者的适用对象。

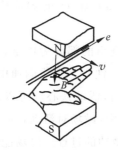

图 2.3.5 运动电动势与右手定则

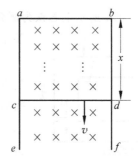

图 2.3.6 运动电动势的产生

设导体 ab 与 cd 长为 l,其中 cd 可以沿导体 ae 与 bf 向下以速度 v 匀速运动,图中"×"表示均匀恒定磁场的方向,其磁通密度为 B。定义回路电动势的正方向与磁通正方向符合右手螺旋关系,即回路电动势的正方向为顺时针方向,则闭合回路 $abdca$ 的磁链为 $\Psi = Blx$。

设 cd 的起始位置为 x_0 处,则有 $x = x_0 + vt$。根据式(2.3-5),运动电势为

$$e = -\frac{\mathrm{d}\Psi}{\mathrm{d}x} \cdot \frac{\mathrm{d}x}{\mathrm{d}t} = -Blv \tag{2.3-7}$$

上式表明电动势的方向与其正方向相反,说明电动势实际方向为反时针方向。这就表明在导体 cd 上是从左向右的方向。该结果与按右手定则及式(2.3-6)得到的结果相同。

进一步考虑磁通密度 B 随坐标 x 变化(是 x 的函数),而与时间 t 无关的情况。设任意点 x 处磁通密度为 $B(x)$,则有

$$\Psi = \int_0^x B(x)l\mathrm{d}x$$

所以,感应电动势

$$e = -\frac{\mathrm{d}\Psi}{\mathrm{d}t} = -\frac{\mathrm{d}\Psi}{\mathrm{d}x}\frac{\mathrm{d}x}{\mathrm{d}t} = -\frac{\mathrm{d}}{\mathrm{d}x}\left(\int_0^x B(x)l\mathrm{d}x\right)\frac{\mathrm{d}x}{\mathrm{d}t}$$

$$= -B(x)lv \tag{2.3-8}$$

可见,即使磁通密度 $B(x)$ 是位置 x 的函数,只要不是时间 t 的函数,Blv 公式仍然适用。此外,该公式要求导体及其运动方向均与磁通密度方向垂直,而且在导体长度 l 上各点的磁通密度相等。

在一般情况下,应优先考虑用式(2.3-5)计算电动势。例如,在图2.3.6中,空间均匀分布的磁场如果是由随时间变化的电流产生,那么导体 cd 向下运动时,就会同时产生运动电动势和变压器电动势,此时,就应该用式(2.3-5)进行分析。

2.4　磁场储能与电感

2.4.1　磁场储能与磁共能

以图2.4.1所示电磁铁为例介绍磁场能量(magnetic energy)及其与各个变量的关系。

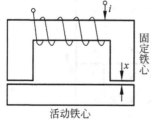

假设图中带有绕组的部分为固定铁心,其下面为具有一定重量的活动铁心。当线圈通电后,使电流逐渐增大达到一定数值,活动铁心就可以被吸引向上运动。显然,在此过程中,磁场对活动铁心的作用力克服重力作用而完成了做功的过程。磁场能够克服重力做功,就说明磁场有能量。

图2.4.1　电磁铁

以下先分析影响磁场能量的因素。

首先假定活动铁心（可动部分）静止，也即可动部分与固定部分之间的气隙 x 为定值 x_1。设线圈电阻为 r，线圈磁链为 Ψ，现在分析在此条件下的磁场能量。根据式(2.3-4)，即 $u=ri+\mathrm{d}\Psi/\mathrm{d}t$，可知在 $\mathrm{d}t$ 时间段内从电源输入的电能为

$$ui\,\mathrm{d}t = i^2r\,\mathrm{d}t + i\,\mathrm{d}\Psi \tag{2.4-1}$$

显然，该式右端第一项为电阻发热所消耗的能量。根据能量守恒原理

电源输入的能量 — 电阻消耗的能量 = 系统吸收的能量 + 系统对外做的功

由于系统可动部分静止不动，所以系统对外做的功为零，于是式中第二项 $i\,\mathrm{d}\Psi$ 必然是被由铁心、气隙及周围空间所构成的磁场系统所吸收的能量。通常，在研究磁场储能相关问题时，往往忽略铁心损耗（磁滞损耗及涡流损耗，见 2.6.1 节）[2-1~2-3]，所以磁场系统所吸收的能量就是磁场储能的增量，即在 $\mathrm{d}t$ 时间内磁场储能的增量为 $i\,\mathrm{d}\Psi$。

假设 $t=0$ 时，磁场储能为零，则 t_1 时刻的磁场储能为

$$W_\mathrm{m} = \int_0^{t_1} (ui - i^2r)\,\mathrm{d}t = \int_0^{\Psi_1} i\,\mathrm{d}\Psi \tag{2.4-2}$$

若磁路的磁化曲线如图 2.4.2 所示，则面积 $0ab0$ 就可以代表磁场储能 W_m。显然，当 x 固定时，W_m 是 Ψ 的函数。

其次分析磁场储能与气隙大小的关系。令气隙 x 为另一个定值 x_2，且 $x_2 > x_1$，则根据图 2.2.10 可知，相应的磁化曲线就会相对于图 2.4.2 所示磁化曲线向右偏斜，如图 2.4.3 所示，则当 $\Psi = \Psi_1$ 时，磁场储能就由曲边三角形 $0ab0$ 面积变为曲边三角形 $0cab0$ 的面积。这说明气隙增大后，在磁链不变的情况下，由于励磁电流增大了，磁场储能也相应增大了。

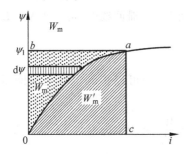

图 2.4.2　磁场储存的能量

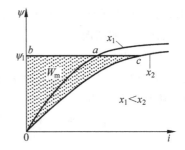

图 2.4.3　不同气隙时磁场储存的能量

综合上述情况可知，图 2.4.1 所示磁路中的磁场储能由动铁心位置 x 和磁路中的磁链 Ψ 确定。因为对应于一定的 x，磁链 Ψ 与建立磁场的电流 i 是一一对应的，也就是说，Ψ 与 i 相互并不独立，所以相对于磁场储能而言，独立变量可以取为 Ψ 与 x 或 i 与 x，通常取为 Ψ 与 x，于是，磁场储能可以表示为

$$W_\mathrm{m} = W_\mathrm{m}(\Psi, x) \tag{2.4-3}$$

基于磁场能 W_m，以下讨论磁共能。

在图 2.4.2 中，若以电流为自变量，对磁链进行积分，则可得到

$$W'_{\mathrm{m}} = \int_0^i \Psi \mathrm{d}i \tag{2.4-4}$$

该积分对应于面积 $0ca0$，从量纲分析，它也代表能量，但物理意义并不明显。在计算电机的力矩时，有时通过它进行计算要比通过磁场储能进行计算来得方便。为此，将其作为一个计算量，称为磁共能(magnetic co-energy)。

参照磁场能的表达式(2.4-3)，磁共能可以表示为

$$W'_{\mathrm{m}} = W'_{\mathrm{m}}(i,x) \tag{2.4-5}$$

从图 2.4.2 可见，磁能与磁共能之和满足

$$W_{\mathrm{m}} + W'_{\mathrm{m}} = i\Psi \tag{2.4-6}$$

不难看出，在一般情况下，磁能与磁共能互不相等。但是，若所研究的机电装置的磁路为线性，即磁化曲线是一条过原点的直线，则代表磁能和磁共能的两块面积相等，即

$$W_{\mathrm{m}} = W'_{\mathrm{m}} = \frac{1}{2}i\Psi \tag{2.4-7}$$

2.4.2　用电感表示磁场能量

根据《电路》课程对线性电感的概念所做的介绍可知，当穿过一个线圈的磁链 Ψ 与建立该磁链的线圈中电流 i 两者的正方向满足右手螺旋关系时，可以得到如下关系

$$\Psi = Li \tag{2.4-8}$$

式中 L 为线圈的线性电感，也称自感(self-inductance)。当"$i-\Psi$ 关系"为曲线时(例如图 2.4.2 中"$0a$"曲线)$\Psi = L(i) \cdot i$；当"$i-\Psi$ 关系"为磁滞回线时，可写为 $\Psi = L(i)$。以下讨论线性电感的情况。

(1) 单线圈的情况

根据磁路欧姆定理 $Wi = \phi R_{\mathrm{m}} = \phi/\Lambda_{\mathrm{m}}$，由式(2.4-8)可以得到电感与线圈匝数、磁路磁阻、磁导的关系为

$$L = \frac{\Psi}{i} = \frac{W\phi}{i} = \frac{W}{i} \cdot \frac{Wi}{R_{\mathrm{m}}} = \frac{W^2}{R_{\mathrm{m}}} = W^2 \Lambda_{\mathrm{m}} \tag{2.4-9}$$

可见，电感的大小与线圈匝数的平方成正比，与磁路的磁导成正比，而与线圈所加的电压、电流或频率无关。

将式(2.4-8)代入式(2.4-2)，则用电感表示的磁场能量为

$$W_{\mathrm{m}} = \int_0^\Psi i\mathrm{d}\Psi = \int_0^\Psi \frac{\Psi}{L}\mathrm{d}\Psi = \frac{1}{2L}\Psi^2 \tag{2.4-10}$$

代入式(2.4-4)，则磁共能为

$$W'_{\mathrm{m}} = \int_0^i \Psi \mathrm{d}i = \int_0^i Li\mathrm{d}i = \frac{1}{2}Li^2 \tag{2.4-11}$$

若气隙 x 可变，则电感 L 是 x 的函数，于是磁场能量为

$$W_{\mathrm{m}} = W_{\mathrm{m}}(x, \Psi) = \frac{1}{2L(x)}\Psi^2 \tag{2.4-12}$$

磁共能则为

$$W'_{\mathrm{m}} = W'_{\mathrm{m}}(x, i) = \frac{1}{2}L(x)i^2 \tag{2.4-13}$$

对于线性磁路，磁场能等于磁共能，可以统一地表示为

$$W'_{\mathrm{m}} = W_{\mathrm{m}} = \frac{1}{2}Li^2 = \frac{1}{2L}\Psi^2 \tag{2.4-14}$$

(2) 多线圈的情况

以存在两个线圈的单相变压器模型为例说明（见图 2.4.4）。与初级线圈相链的磁通 ϕ_{11} 及磁链 Ψ_{11}

$$\phi_{11} = \phi_{\sigma1} + \phi_{12}, \quad \Psi_{11} = W_1\phi_{11} \tag{2.4-15}$$

式中，$\phi_{\sigma1}$，ϕ_{12} 分别为漏磁通（只交链本线圈的磁通）和主磁通。与次级线圈相链的磁通 Φ_{22} 及磁链 Ψ_{22} 分别为

$$\phi_{22} = \phi_{\sigma2} + \phi_{21}, \quad \Psi_{22} = W_2\phi_{22} \tag{2.4-16}$$

上两式中，两个线圈交链的主磁通的关系为

$$\phi_{21} = \phi_{12} = \phi_{\mathrm{m}} \tag{2.4-17}$$

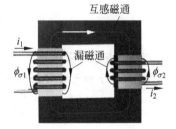

图 2.4.4　变压器模型

可用互感 M（mutual inductance）来表征这种特性。根据电感的定义以及磁路欧姆定理，线圈 1 对线圈 2 的互感系数 M_{12} 为

$$M_{12} = \frac{\Psi_{12}}{i_1} = \frac{W_2\phi_{12}}{i_1} = \frac{W_2 W_1 \Lambda_{\mathrm{m}} i_1}{i_1} = W_2 W_1 \Lambda_{\mathrm{m}} \tag{2.4-18}$$

同理，线圈 2 对线圈 1 的互感系数 M_{21} 为 $M_{21} = W_2 W_1 \Lambda_{\mathrm{m}}$，由此可见，$M_{12} = M_{21}$，也符合式(2.4-17)。所以，计算互感 M 的公式为

$$M = W_1 W_2 \Lambda_{\mathrm{m}} \tag{2.4-19}$$

此外，在图 2.4.4 中，与漏磁通相应的电感称为漏电感（leakage inductance）。容易得到线圈 1 和线圈 2 的漏电感表达式分别为

$$\begin{cases} L_{\sigma1} \stackrel{\mathrm{def}}{=} W_1\phi_{\sigma1}/i_1 = W_1^2 \Lambda_{\sigma1} \\ L_{\sigma2} \stackrel{\mathrm{def}}{=} W_2\phi_{\sigma2}/i_2 = W_2^2 \Lambda_{\sigma2} \end{cases} \tag{2.4-20}$$

其中，$\Lambda_{\sigma1}$、$\Lambda_{\sigma2}$ 为漏磁路的磁导。在此基础上，得出线圈 1 和线圈 2 的自感表达式为

$$L_1 \stackrel{\mathrm{def}}{=} W_1\phi_{11}/i_1 = W_1(\phi_{12} + \phi_{\sigma1})/i_1$$
$$= (W_1/W_2)M + L_{\sigma1} \tag{2.4-21}$$

$$L_2 \stackrel{\mathrm{def}}{=} W_2\phi_{22}/i_2 = \cdots = (W_2/W_1)M + L_{\sigma2} \tag{2.4-22}$$

在电机分析中，常常会遇到具有两个线圈或多个线圈的情况。对于考虑位移 x、线性磁路情况下，这里不加说明仅仅给出式(2.4-23)所述的磁场储能及磁共能表达式[2-1]。

$$W'_{\mathrm{m}} = W_{\mathrm{m}} = \frac{1}{2}L_1(x)i_1^2 + M(x)i_1 i_2 + \frac{1}{2}L_2(x)i_2^2 \tag{2.4-23}$$

例 2.4-1 计算以下内容：

（1）例 2.2-1 中绕组的电感和磁场储能；

（2）例 2.2-2 中绕组的电感以及铁心部分和气隙部分储存的磁场能量。

解

（1）例 2.2-1 中 W 匝线圈的电感和磁场储能为

$$L_{\mathrm{Fe}} = \frac{\psi}{i} = \frac{WBA}{i} = \frac{100 \times 1.0 \times 0.01}{1.592} = 0.628\mathrm{H}$$

或者采用磁阻的方法计算电感：

$$L_{\mathrm{Fe}} = W^2 \Lambda_{\mathrm{Fe}} = 100^2 \times (5000 \times 4\pi \times 10^{-7} \times 10^{-2} / 1) = 0.628\mathrm{H}$$

$$W_{\mathrm{m,Fe}} = \frac{1}{2} L_{\mathrm{Fe}} i^2 = \frac{1}{2} \times 0.628 \times 1.592^2 = 0.796\mathrm{J}$$

（2）例 2.2-2 中带有气隙的铁心线圈中，其总电感为

$$L = \frac{\psi}{i} = \frac{WBA}{i} = \frac{100 \times 1.0 \times 0.01}{9.546} = 0.105\mathrm{H}$$

由此可见，当铁心带有气隙时，其总电感显著减小。

铁心部分和气隙部分储存的总的磁场储能为

$$W_{\mathrm{m}} = \frac{1}{2} L i^2 = \frac{1}{2} \times 0.105 \times 9.546^2 = 4.784\mathrm{J}$$

虽然铁芯长度有所减少，但可以忽略不计。此外，磁通密度和铁芯截面积没有变化，所以铁心部分的磁场储能几乎没有变化，为 0.796J。由此，气隙部分磁场储能为

$$W_{\mathrm{m,\delta}} = W_{\mathrm{m}} - W_{\mathrm{m,Fe}} = 4.784 - 0.796 = 3.988\mathrm{J}$$

由这个例题可见，**对于由铁心部分和气隙部分构成的磁路，其磁场能量大部分存储在气隙空间中**。注意，虽然这个结论来自一个例题，但适用于各类磁路。例如今后讲述的电动机的磁场储能的绝大部分就存储在气隙空间内。

2.5   机电能量转换与电磁转矩

2.4 节讨论了在磁路中可动部分静止时输入的电能作为磁能存储在磁路的情况。以下讨论磁路中有可动部分运动时的能量变换问题，也就是电能与机械能相互转换的问题。

2.5.1   典型的机电能量转换装置

1. 结构简图及能量流

无论是大型的同步电机还是小型的机电信号变换装置均属于机电能量转换装置。根据用途来分，有用于测量和控制的机电能量转换装置，如各种机电传感器等；

有断续输出机械力(力矩)的装置,如继电器和电磁铁等;还有连续进行能量转换的装置,如各种旋转电机,包括电动机和发电机。旋转电机内部的能量转换过程是我们关心的主要内容。

　　根据系统的电端口的个数,机电能量转换装置又可分为单一电端口和多个电端口的系统,通常,将其分别称为单边励磁系统和多边励磁系统[2-1]。多边励磁系统常以双边励磁系统为代表。图 2.5.1(a)和图 2.5.2(a)所示为单边励磁系统和双边励磁系统的示意图。图 2.5.1(b)和图 2.5.2(b)是各自对应的机电能量转换装置结构示意图。从结构上可以看出,图 2.5.1(b)为电磁继电器,它仅有一个电端口,属于单边励磁机电能量转换装置,其可动部分的运动形式可以近似认为是平移。图 2.5.2(b)代表了一台最简单的双边励磁的机电装置,在工作时,可动部分作旋转运动。

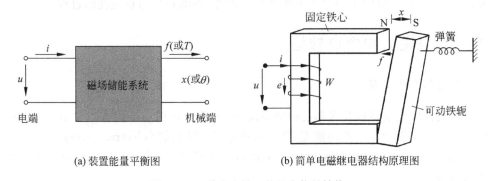

(a) 装置能量平衡图　　　　　　　(b) 简单电磁继电器结构原理图

图 2.5.1　单个电端口的机电能量转换

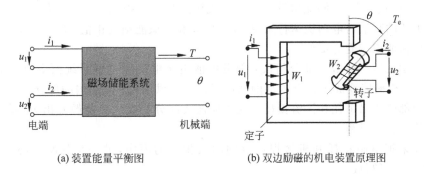

(a) 装置能量平衡图　　　　　　(b) 双边励磁的机电装置原理图

图 2.5.2　双边励磁系统

2. 电磁继电器工作原理

　　图 2.5.1(b)的装置称为电磁继电器,在匝数为 W 的绕组中流过一定大小的电流时,固定铁心和可动铁轭构成的磁路中就会产生磁通。假设某瞬间线圈中电流方向如图所示,则固定铁心的上端为 N 极,而可动铁轭上端为 S 极,两者通过磁场力的作用而产生吸引力 f。

　　显然,线圈中电流越大,产生的磁场越强,吸引力也就越大;当电流达到一定的数值时,该磁场力可以克服弹簧的拉力而使可动铁轭上端向左运动,从而完成作机械功的过程。从本质上看,该装置中实际上是经过了电能转化为磁能,磁能转化为机械能的过程。

3. 双边励磁机电装置的工作原理

在图 2.5.2(b)中,电磁装置的"C"型铁心固定不动,是定子;而呈"I"型的铁心可以绕轴线转动,是转子。定、转子上各有一个匝数分别为 W_1 和 W_2 的绕组。如果在定转子绕组上各施加一定电压,绕组中就会有相应的电流并在磁路中产生磁通。假设某瞬间定转子电流方向如图所示,则转子下端表现为 N 极,转子上端表现为 S 极,而定子正好相反。因而在转子上会产生一个反时针方向的电磁力矩 T_e,驱使转子旋转。假设转子轴上带有一定的机械负载,转子旋转过程就是对外作机械功的过程。于是,在该装置中也经过了电能转化为磁能,磁能转化为机械能的过程。

2.5.2　电磁力和电磁转矩

1. 能量平衡关系

任何机电能量转换装置都是由电系统、机械系统和耦合场组成。在不考虑电磁辐射能量的前提下,装置的能量涉及四种形式,即电能(electric energy)、机械能(mechanical energy)、磁场储能(magnetic energy)和损耗(loss),可用能量平衡方程式表示为

$$\begin{pmatrix}\text{电源输入}\\\text{的能量}\end{pmatrix}=\begin{pmatrix}\text{耦合电磁场内}\\\text{储能增量}\end{pmatrix}+\begin{pmatrix}\text{输出的}\\\text{机械能}\end{pmatrix}+\begin{pmatrix}\text{机电系统内部的}\\\text{总损耗}\end{pmatrix} \qquad (2.5\text{-}1)$$

上式的写法对电动机运行来说,规定电能和机械能项为正值;用于发电机时,电能和机械能项应变为负值。

式中最后一项由三部分组成:部分电能由于电流经过电系统而变成了电阻损耗;部分机械能变成了机器内部的摩擦损耗和通风损耗;磁场内的部分能量变成了铁心内部的磁滞损耗和涡流损耗。这些损耗大部分都变成热能散发出去,属于不可逆的能量转换过程。

如果把电阻损耗和机械损耗分别归入相应的项中,进一步忽略铁心损耗,则式(2.5-1)可写成

$$\begin{pmatrix}\text{电源输入能量}\\-\text{电阻能量损耗}\end{pmatrix}=(\text{耦合场内储能增量})+\begin{pmatrix}\text{输出的机械能}\\+\text{机械能量损耗}\end{pmatrix} \quad (2.5\text{-}2)$$

写成时间 dt 内各项能量的微分形式如下

$$dW_{elec} = dW_m + dW_{mech} \qquad (2.5\text{-}3)$$

式中,dW_{elec} 为时间 dt 内输入机电装置的净电能;dW_m 为时间 dt 内耦合场储能增量;dW_{mech} 为时间 dt 内转换为机械能的总能量。

虽然在能量转换过程中总有损耗伴随产生,但是损耗并不影响能量转换的基本过程。上面把损耗分类并进行相应的扣除和归并,实质上相当于把损耗移出,使整个系统成为"无损耗系统"。

2. 根据磁场能量计算电磁力和电磁转矩

2.4 节以单边激磁装置为例已经说明,磁场储能是变量 ψ 与 x 的函数。同时,多种关于机电能量转换的文献[2-1,2-2]已经表明,在不计铁心损耗的情况下,对磁场储能而言,ψ 和 x 是相互独立的变量,对磁共能而言,i 和 x 是相互独立的变量。据此,就可以根据磁场储能或磁共能方便地求出单边激磁装置以及双边或多边励磁装置的电磁力及电磁转矩。

（1）由磁场储能来确定力和转矩

由于

$$\begin{cases} \mathrm{d}W_{\mathrm{elec}} = -ei\mathrm{d}t = W\dfrac{\mathrm{d}\phi}{\mathrm{d}t}\cdot i\cdot\mathrm{d}t = \dfrac{\mathrm{d}\psi}{\mathrm{d}t}i\cdot\mathrm{d}t = i\mathrm{d}\psi \\ \mathrm{d}W_{\mathrm{mech}} = f\cdot\mathrm{d}x \end{cases} \tag{2.5-4}$$

根据 $W_{\mathrm{m}} = W_{\mathrm{m}}(\psi,x)$ 和式(2.5-3),则

$$\mathrm{d}W_{\mathrm{m}}(\psi,x) = i\mathrm{d}\psi - f\mathrm{d}x \tag{2.5-5}$$

该式与 2.4 节的式(2.4-2)相比,等式右边多出了一项 $f\mathrm{d}x$,这是因为式(2.4-2)是假定 x 为定值的情况下得到的结果,所以 $f\mathrm{d}x$ 项等于零。把 $\mathrm{d}W_{\mathrm{m}}$ 用偏导数表示时得到

$$\mathrm{d}W_{\mathrm{m}}(\psi,x) = \frac{\partial W_{\mathrm{m}}}{\partial\psi}\bigg|_x\mathrm{d}\psi + \frac{\partial W_{\mathrm{m}}}{\partial x}\bigg|_\psi\mathrm{d}x \tag{2.5-6}$$

在此仿照文献[2-1,2-2]的方法,通过将式(2.5-5)与式(2.5-6)进行对比(因为它们对任意的 $\mathrm{d}\psi$ 与 $\mathrm{d}x$ 均适合),有

$$i = \frac{\partial W_{\mathrm{m}}(\psi,x)}{\partial\psi}\bigg|_{x=C} \tag{2.5-7}$$

与

$$f = -\frac{\partial W_{\mathrm{m}}(\psi,x)}{\partial x}\bigg|_{\psi=C} \tag{2.5-8}$$

式中,"C"表示常数。于是,只要知道了 $W_{\mathrm{m}}(\psi,x)$ 的函数关系式,就可以由式(2.5-8)求出机械力 f。

同理,对于具有旋转端口的系统来说,其机械变量变成了角位移 θ 和转矩 T_{e},在这种情况下容易得到

$$T_{\mathrm{e}} = -\frac{\partial W_{\mathrm{m}}(\psi,\theta)}{\partial\theta}\bigg|_{\psi=C} \tag{2.5-9}$$

进一步考虑在线性电感条件下有 $W'_{\mathrm{m}} = W_{\mathrm{m}} = \dfrac{1}{2L}\psi^2$,得到简化公式为

$$T_{\mathrm{e}} = -\frac{1}{2}\psi^2\frac{\mathrm{d}}{\mathrm{d}\theta}\left(\frac{1}{L(\theta)}\right) \tag{2.5-10}$$

（2）由磁共能来确定力和转矩

类似于式(2.5-8),经过简单推导,可以得到根据磁共能求磁场力的公式

$$f = \frac{\partial W'_\mathrm{m}(i,x)}{\partial x}\bigg|_{i=c} \tag{2.5-11}$$

同样,对于具有旋转机械端的系统来说,则有

$$T_\mathrm{e} = \frac{\partial W'_\mathrm{m}(i,\theta)}{\partial \theta}\bigg|_{i=c} \tag{2.5-12}$$

进一步考虑式(2.4-14),得到在线性电感条件下计算转矩的简化公式为

$$T_\mathrm{e} = \frac{1}{2}i^2\frac{\mathrm{d}L(\theta)}{\mathrm{d}\theta} \tag{2.5-13}$$

需要注意的是,根据磁场储能计算力时,所用的磁场储能是磁链 ψ 和位移 x 的函数,而根据磁共能计算力时,所用的磁共能是电流 i 和位移 x 的函数。在具体应用时,可以根据已知条件灵活选择适合的公式。

(3) 双边励磁系统中力矩的求解

仿照单边励磁系统中力或转矩的公式推导过程,经过一定的推导[2-1,2-2],容易得到求解双边励磁系统中力与力矩的计算公式。下面给出力矩公式的结论,其推导以及力的公式从略。

利用磁场储能求力矩的公式为

$$T_\mathrm{e} = -\frac{\partial W_\mathrm{m}(\psi_1,\psi_2,\theta)}{\partial \theta}\bigg|_{\psi_1=\mathrm{C},\psi_2=\mathrm{C}} \tag{2.5-14}$$

利用磁共能求力矩的公式为

$$T_\mathrm{e} = \frac{\partial W'_\mathrm{m}(i_1,i_2,\theta)}{\partial \theta}\bigg|_{i_1=c,i_2=c} \tag{2.5-15}$$

在线性电感条件下,利用磁共能计算转矩的常用公式为

$$T_\mathrm{e} = \frac{1}{2}i_1^2\frac{\mathrm{d}L_1(\theta)}{\mathrm{d}\theta} + i_1 i_2\frac{\mathrm{d}M(\theta)}{\mathrm{d}\theta} + \frac{1}{2}i_2^2\frac{\mathrm{d}L_2(\theta)}{\mathrm{d}\theta} \tag{2.5-16}$$

写为矩阵形式则为

$$T_\mathrm{e} = \frac{1}{2}\boldsymbol{I}^\mathrm{T}\frac{\mathrm{d}\boldsymbol{L}}{\mathrm{d}\theta}\boldsymbol{I} \tag{2.5-17}$$

式中,$\boldsymbol{I}=\begin{bmatrix}i_1\\i_2\end{bmatrix}$,$\boldsymbol{L}=\begin{bmatrix}L_1(\theta) & M(\theta)\\ M(\theta) & L_2(\theta)\end{bmatrix}$,上标"T"为转置算子。

本节所介绍的方法在物理学中称为虚位移(virtual displacement)方法。根据文献[2-7],虚位移是假想发生而实际并未发生的无穷小位移。有关进一步的知识,可见文献[2-1,2-2,2-7]。

3. 计算电磁力和电磁转矩的其他方法

(1) 公式"iBL"及其适用范围

我们比较熟悉的公式为 iBL,即:长度为 L 的直线导体有电流 i 流动时,在磁通密度为 $\boldsymbol{B}$ 的磁场中受到的电磁力为 $\boldsymbol{f}=(\boldsymbol{i}\times\boldsymbol{B})l$。当电流方向与磁通密度 $\boldsymbol{B}$ 的方向垂直时,力的方向按左手定则确定,其大小为

$$f = iBl \tag{2.5-18}$$

式(2.5-18)是在电机分析中常用的公式。需要注意的是,该公式要求沿载流导体 l 在同一时刻其长度范围内磁通密度 B 处处相等且磁通密度与电流两者方向垂直,但没有要求 B 为常数。B 可以是时间和空间的函数。

(2) 根据功率计算转矩

如果能求出具有旋转端口(如电动机)的装置中与转矩 T_e 对应的电磁功率 P 和机械转速 Ω,则可以方便地得到其电磁转矩的大小

$$T_e = \frac{P}{\Omega} \tag{2.5-19}$$

在电动机分析中,通常根据电气系统的分析,首先求出产生电磁转矩的电磁功率,进而根据该公式求取电磁转矩。

(3) 根据磁场数值计算结果计算转矩

在电磁装置结构及运行方式很复杂的情况下,电磁力、电磁转矩的数值计算方法得到广泛应用。为此,通常先用有限元等方法求出磁场的分布,进而用麦克斯韦应力法等方法求出电磁转矩[2-6]。

2.6 稳态交流磁路和电力变压器分析

稳态交流磁路是进行电机稳态分析的必备知识。根据这一分析以及前述的基本定律,本节将建立变压器的模型。建模所使用的方法也是本书的基础内容之一。

2.6.1 稳态交流磁路分析

2.1 节已经说明了磁场的作用。本节讨论交流磁路外加稳态交流电压时,交流电压、励磁电流及相应磁通之间的关系。所用参考图为图 2.3.1。

1. 电压与磁通的关系

首先分析电压与磁通之间的关系,包括大小、相位及波形三个方面。电压源供电的交流磁路中,通常外加电压 u 为正弦波。若忽略线圈电阻与漏磁通,则有

$$u \approx -e \tag{2.6-1}$$

在稳态情况下,磁通没有稳定直流分量,根据电磁感应定律,磁通也为正弦波。

设磁通 $\phi = \Phi_m \sin\omega t$,则感应电动势为

$$e = -W\frac{\mathrm{d}\phi}{\mathrm{d}t} = -\omega W\Phi_m\cos\omega t = E_m\sin\left(\omega t - \frac{\pi}{2}\right) \tag{2.6-2}$$

式中,电动势幅值 $E_m = \omega W\Phi_m$。用电路原理中的相量表示上式则有

$$\dot{E} = \frac{\dot{E}_m}{\sqrt{2}} = -\mathrm{j}\frac{\omega W\dot{\Phi}_m}{\sqrt{2}} = -\mathrm{j}\frac{2\pi f W\dot{\Phi}_m}{\sqrt{2}} \approx -\mathrm{j}4.44 f W\dot{\Phi}_m \tag{2.6-3}$$

可见,电动势的有效值为

$$E \approx 4.44 fW\Phi_{\mathrm{m}} \tag{2.6-4}$$

根据式(2.6-1),有

$$U \approx 4.44 fW\Phi_{\mathrm{m}} \tag{2.6-5}$$

式(2.6-4)和式(2.6-5)表示磁通幅值与电动势、电压有效值之间的关系。之所以采用磁通的幅值(最大值)而不用有效值,是因为磁路的饱和程度是由相应磁通的最大值,或磁通密度的最大值确定的。所以为了方便地掌握磁路的饱和程度,在电气工程中常常用磁通或磁通密度的最大值来表示磁通的大小。

2. 磁通与励磁电流之间的关系

(1) 磁路不饱和且不计铁心损耗时的情况

当磁路不饱和且不计铁心损耗时,磁化曲线是直线,磁通与励磁电流之间是线性关系,当磁通为正弦波时,电流也是正弦波,且相位相同;反之亦然。根据安培环路定律可知,磁通幅值(最大值)与励磁电流有效值之间满足$\sqrt{2}WI = R_{\mathrm{m}}\Phi_{\mathrm{m}}$。

(2) 磁路饱和而不计铁心损耗时的情况

当磁通为正弦波时,若铁心中主磁通的幅值使磁路达到饱和,不计铁心损耗,可按铁心的基本磁化曲线分析励磁电流的大小、波形与相位。图2.6.1(a)表示主磁通随时间作正弦变化。当时间$t=t_0$时,可查出磁通为Φ_0,由图2.6.1(b)查出对应的电流i_0;同理可以确定其他瞬间的电流,从而得到励磁电流的曲线,如图2.6.1(c)所示。由图可见,当主磁通随时间作正弦变化时,由于磁路饱和引起的非线性关系导致励磁电流成为与磁通同相位的尖顶波;磁路越饱和,励磁电流的波形越尖,即畸变越严重。

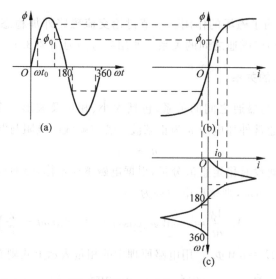

图2.6.1　磁通为正弦波时,磁路饱和对励磁电流的影响

如果励磁电流为正弦波,磁路饱和非线性的影响将使得铁心中的磁通成为平顶波,如图 2.6.2 所示。由随时间变化的平顶波磁通所感应的电动势将成为尖顶波,其最大值可能明显大于基波电压的幅值,对电气设备的绝缘带来不利影响。

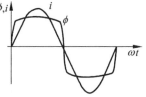

(3) 磁路饱和且计及铁心损耗时的情况

若考虑铁心损耗,磁化曲线应为磁滞回线。当磁通为正弦波时,利用图解法可得到电流为超前于磁通某一角度的尖顶波,如图 2.6.3 所示。

图 2.6.2　电流为正弦波时磁饱和对磁通的影响

根据前面分析可知,不计铁心的磁滞效应而仅仅考虑其饱和效应时,磁通 ϕ 和电流 i 的基波分量同相位;考虑磁滞效应时,磁通 ϕ 滞后于电流 i 的基波分量。

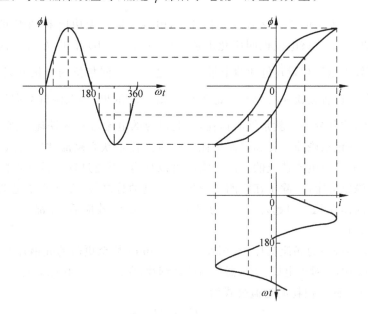

图 2.6.3　磁通为正弦波时铁心损耗对励磁电流的影响

3. 等效正弦波与铁心损耗

在工程上,为了方便地分析交流磁路中电压、电流、磁通的相互关系,对于非正弦量常引入等效正弦波来表示,其频率与相应非正弦量的基波频率相等。最常见的情况是引入等效正弦波来表示尖顶波的励磁电流,这样就可以完全用正弦电路的分析方法来分析电压、电流及磁通的大小和相位。

如果尖顶波励磁电流用 i_0 表示,等效正弦波用相量 $\dot{I}_0$ 表示。等效正弦波的有效值 $I_0 = \sqrt{I_{01}^2 + I_{03}^2 + I_{05}^2 + \cdots}$ 其中 I_{01}、I_{03}、I_{05} 分别为励磁电流的基波、3 次谐波、5 次谐波的有效值;在相位上,若不考虑铁心损耗,则相量 $\dot{I}_0$ 与主磁通相量同相位;若考虑铁心损耗,相量 $\dot{I}_0$ 超前于主磁通相量一个很小的角度,则通常称为铁耗角,记作 α_{Fe},

相量图如图 2.6.4 所示。在图中同时画出外加电压和励磁电动势。

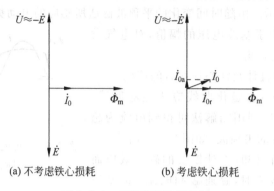

(a) 不考虑铁心损耗　　　　　(b) 考虑铁心损耗

图 2.6.4　交流磁路的相量图

由图 2.6.4(a)可知,不考虑铁心损耗时,电源仅提供无功功率,相应的电流只起建立磁场的作用,故该电流也叫磁化电流。由图 2.6.4(b)可知,在考虑铁心损耗的情况下,等效正弦波相量 $\dot{I}_0$ 包括两个量:一个是与磁通同相位的磁化电流分量,记为 $\dot{I}_{0r}$;另一个是超前磁通 90° 的分量,记为 $\dot{I}_{0a}$。由于 $\dot{I}_{0a}$ 的出现,电源就会向铁心线圈输入有功功率,这部分功率就是铁心损耗,与此对应的电流 $\dot{I}_{0a}$ 称为铁耗电流。

铁心损耗包括磁滞损耗和涡流损耗。磁滞损耗是铁心磁滞效应所致,而涡流损耗是铁心中的感应电流造成的。因为铁心可以导电,当通过铁心的磁通随时间变化时,根据电磁感应定律,除了在线圈中产生感应电动势之外,在铁心中也会产生感应电动势,并因而在其中引起环流,称为涡流。考虑涡流效应后,磁滞回线面积变大,详见文献[2-1]。

为了减小铁心的涡流损耗,常用厚度为 0.5mm 甚至更薄的硅钢片叠成铁心,片与片间是绝缘的。对于电机、变压器常用的硅钢片,在正常的工作磁通密度($1T<B_m<1.8T$)范围内,铁心损耗的近似公式为

$$p_{Fe} = C_{Fe} f^{1.3} B_m^2 G \tag{2.6-6}$$

式中,C_{Fe} 为铁心的损耗系数,G 为铁心重量,f 为交变磁场的频率,B_m 为最大磁通密度。

2.6.2　电力变压器的建模

变压器(transformer)的一个绕组与电压源连接,称为原绕组(也称为原边或一次绕组),另一个绕组与负载相连,称为副绕组(也称为副边或二次绕组)。通常将原绕组的电磁量加以下标"1",副绕组的电磁量加以下标"2"。在电气工程中广泛使用单相变压器与三相变压器。下面以单相变压器为例,讨论变压器的建模方法。在没有特殊说明的情况下,认为电源电压是正弦稳态电压。

由于变压器的各物理量都是交变量,在建模时需要首先规定它们的正方向。在

电机理论中,通常按习惯方式选择正方向。在 2.3 节"电磁感应定律"中,已对铁心磁路的线圈接电源时,感应电动势、励磁电流、磁通的正方向进行了规定,这种规定完全适合于变压器运行的原边物理量。以下如图 2.6.5 所示,通过原副边对比的方式,将各物理量正方向的规定归纳如下:

(1) 原绕组看成所接电源的负载,表示吸收功率,电压和电流正方向一致,称为"电动机惯例";

(2) 磁通的正方向与电流的正方向之间符合右手螺旋关系;

(3) 绕组的感应电动势与所交链的磁通正方向之间符合右手螺旋关系;

(4) 副绕组看成所接负载的电源,表示释放功率,电压和电流正方向相反,称为"发电机惯例"。

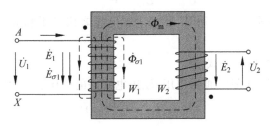

图 2.6.5　变压器空载运行

1. 变压器空载运行

变压器空载运行是指原边接在电源上,副边开路的状态。此时,变压器的物理过程与上述交流磁路的基本相同。于是,变压器模型由**一个原边电路、一个励磁磁路以及副边的感应电动势组成**。原副边感应电动势之间的关系由与它们同时交链的磁通决定。但是原边励磁电流产生的磁通并不是全部与副边交链,如图 2.6.5 所示。为分析方便起见,在变压器分析中将磁通分为主磁通和漏磁通。由电流 $\dot{I}_0$ 产生的互感磁通 $\dot{\Phi}_m$ 称为主磁通,其所走的路径为主磁路。显然,主磁路是铁心磁路。由电流 $\dot{I}_0$ 产生的漏磁通 $\dot{\Phi}_{\sigma 1}$ 通过的路径为漏磁路,原边的漏磁路可以看作是由部分铁心和变压器油(或空气)构成的串联磁路,其总的磁阻为两部分磁路的磁阻之和。由于铁磁材料的磁导率很大,磁阻很小,因此,与主磁路的磁阻相比,漏磁路的磁阻要大得多,漏磁通远远小于主磁通,通常在空载时两者相差数千倍。

以下对空载运行建模。

(1) 忽略绕组电阻与漏磁通时的电压关系

因为外加电压为正弦波时,变压器铁心中的磁通随时间作正弦变化,所以主磁通在原、副绕组中产生感应电动势。根据式(2.6-4),这两个电动势的相量表达式为

$$\begin{cases} \dot{E}_1 = -\mathrm{j}4.44fW_1\dot{\Phi}_m \\ \dot{E}_2 = -\mathrm{j}4.44fW_2\dot{\Phi}_m \end{cases} \tag{2.6-7}$$

将上两式相除,得到

$$k = \frac{\dot{E}_1}{\dot{E}_2} = \frac{E_1}{E_2} = \frac{4.44 f W_1 \Phi_{\mathrm{m}}}{4.44 f W_2 \Phi_{\mathrm{m}}} = \frac{W_1}{W_2} \tag{2.6-8}$$

式中,k 称为变压器的变比,即原、副边电动势大小之比,它等于原、副边匝数之比。

忽略绕组电阻与漏磁通时,根据电路的基尔霍夫定律,空载运行的变压器原、副边的关系为

$$\dot{U}_1 = -\dot{E}_1, \quad \dot{U}_{20} = \dot{E}_2 \tag{2.6-9}$$

所以

$$\frac{U_1}{U_{20}} = \frac{E_1}{E_2} = \frac{W_1}{W_2} = k \tag{2.6-10}$$

可见,在忽略绕组电阻与漏磁通时,原副边端电压之比等于感应电动势之比,即等于变比 k。

(2) 空载运行电压方程式

考虑原绕组电阻和漏磁通的作用,原边电回路的电压、电动势关系为

$$\dot{U}_1 = \dot{I}_0 r_1 - \dot{E}_1 - \dot{E}_{\sigma 1} \tag{2.6-11}$$

其中,$\dot{I}_0$ 是励磁电流的等效正弦波的相量,$\dot{E}_1$、$\dot{E}_{\sigma 1}$ 分别为主磁通和漏磁通产生的感应电动势。考虑到漏磁通随时间做正弦交变,即 $\phi_{\sigma 1} = \Phi_{\sigma 1} \sin \omega t$,所以它产生的感应电动势为

$$e_{\sigma 1} = -W_1 \frac{\mathrm{d}\phi_{\sigma 1}}{\mathrm{d}t} = \omega W_1 \Phi_{\sigma 1} \sin\left(\omega t - \frac{\pi}{2}\right) = E_{\sigma 1 \mathrm{m}} \sin\left(\omega t - \frac{\pi}{2}\right) \tag{2.6-12}$$

式中,$E_{\sigma 1 \mathrm{m}} = \omega W_1 \Phi_{\sigma 1}$ 为漏磁电动势的幅值。上式的相量形式为

$$\dot{E}_{\sigma 1} = \frac{\dot{E}_{\sigma 1 \mathrm{m}}}{\sqrt{2}} = -\mathrm{j} \frac{\omega W_1}{\sqrt{2}} \dot{\Phi}_{\sigma 1} = -\mathrm{j} 4.44 f W_1 \dot{\Phi}_{\sigma 1} \tag{2.6-13}$$

由于漏磁路的磁阻近似认为是个常数,所以漏磁通与励磁电流成正比。这样就可以用一个电感来表示二者之间的关系

$$L_{\sigma 1} = \frac{W_1 \Phi_{\sigma 1}}{\sqrt{2} I_0} \tag{2.6-14}$$

显然,$L_{\sigma 1}$ 是在 2.4 节介绍的原绕组的漏电感,它是一个不随励磁电流大小变化的常数。将式(2.6-14)代入式(2.6-13)得

$$\dot{E}_{\sigma 1} = -\mathrm{j}\omega L_{\sigma 1} \dot{I}_0 = -\mathrm{j} x_{\sigma 1} \dot{I}_0 \tag{2.6-15}$$

式中,$x_{\sigma 1} = \omega L_{\sigma 1}$ 是原绕组的漏电抗。上式说明,原绕组漏磁通在原绕组上感应的电动势 $\dot{E}_{\sigma 1}$,可以看作励磁电流在漏电抗上的电压降 $-\mathrm{j}\dot{I}_0 x_{\sigma 1}$。将上式代入式(2.6-11)即为变压器原边电压方程式

$$\dot{U}_1 = \dot{I}_0 r_1 - \dot{E}_1 - \dot{E}_{\sigma 1} = \dot{I}_0 (r_1 + \mathrm{j} x_{\sigma 1}) - \dot{E}_1 = \dot{I}_0 z_1 - \dot{E}_1 \tag{2.6-16}$$

式中,$z_1 = r_1 + \mathrm{j} x_{\sigma 1}$ 称为原绕组的漏阻抗。

（3）空载运行相量图

根据式(2.6-16)，可以在图 2.6.4 所示交流铁心磁路相量图的基础上画出变压器空载运行相量图如图 2.6.6 所示。实际上 $\dot{I}_0 r_1$ 和 $j\dot{I}_0 x_{\sigma 1}$ 的数值都很小，为了清楚起见，图中把它们夸大了。

图中先画出主磁通 $\dot{\Phi}_m$，其初相位为 $0°$，再画出感应电动势 $\dot{E}_1$，它落后于主磁通 $90°$，而感应电动势 $\dot{E}_2$ 与 $\dot{E}_1$ 同相位，大小相差 k 倍。$\dot{I}_0$ 超前于 $\dot{\Phi}_m$ 一个很小的铁耗角。为了得到原边电压，先画出 $-\dot{E}_1$，再加上与 $\dot{I}_0$ 同相位的 $\dot{I}_0 r_1$ 和相位领先 $\dot{I}_0$ $90°$ 的 $j\dot{I}_0 x_{\sigma 1}$，三相量之和等于 $\dot{U}_1$。

电源电压 $\dot{U}_1$ 与励磁电流 $\dot{I}_0$ 之间的夹角为 θ_0，是空载运行的功率因数角。由于 $\dot{U}_1 \approx -\dot{E}_1$，且铁耗角 α_{Fe} 也很小，所以，通常 $\theta_0 \approx 90°$。说明变压器空载运行时，功率因数（$\cos\theta_0$）很低，即从电源吸收很大的滞后性无功功率。

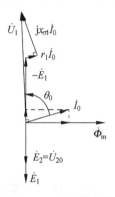

图 2.6.6　变压器空载运行相量图

（4）变压器空载运行的等效电路

主磁路的励磁电动势 $\dot{E}_1$ 也可看成励磁电流 $\dot{I}_0$ 在励磁电抗和等效铁心铁耗的励磁电阻上的压降，即 $-\dot{E}_1$ 为 $\dot{I}_0$ 流过励磁阻抗 $z_m = r_m + j x_m$ 时所引起的阻抗压降

$$-\dot{E}_1 = \dot{I}_0 z_m = \dot{I}_0 (r_m + j x_m) \tag{2.6-17}$$

式中，r_m 称为励磁电阻，是对应铁耗的等效电阻（$I_0^2 r_m$ 等于铁耗）；x_m 称为励磁电抗，是表征铁心磁化性能的一个集中参数。

将式(2.6-17)代入式(2.6-16)，得

$$\dot{U}_1 = -\dot{E}_1 + \dot{I}_0 z_1 = \dot{I}_0 z_m + \dot{I}_0 z_1 = \dot{I}_0 (z_m + z_1) \tag{2.6-18}$$

由此可画出相应的等效电路(equivalent circuit)图如图 2.6.7 所示。由图可见，空载运行的变压器，可看成两个阻抗串联的电路。

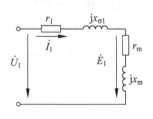

图 2.6.7　变压器空载运行等效电路

现在通过一个实例，了解图 2.6.7 中各元件的相对大小。由于主磁路的磁导远远大于漏磁路的磁导，所以，变压器的励磁电抗 x_m 远远大于其一次绕组的漏电抗 $x_{\sigma 1}$。以电力系统中向居民供电的容量为 100kVA 的 S9 系列三相配电变压器为例，其励磁电抗 x_m 大约 50kΩ，励磁电阻 r_m 大约 1kΩ，而一次绕组的漏电抗大约 20Ω，电阻大约 7.5Ω。需要指出的是，由于铁心磁路存在饱和现象，如果变压器的电压发生显著变化，则磁路中的磁通大小及磁通密度、铁磁材料的磁导率都会相应变化，这会导致励磁电抗 x_m 和励磁电阻 r_m 也随工作电压的变化而变化；但在实际运行中，电源电压的变化不大，铁心中主磁通的变化也不大，所以 Z_m 的数值基本上可以认为不变。

2. 变压器负载运行

变压器原边接入交流电源、副边接上负载的运行方式称为变压器的负载运行，如图 2.6.8 所示。此时，变压器的**模型由原边、副边两个电回路和一个磁回路构成**。磁回路中变比同式(2.6-8)。

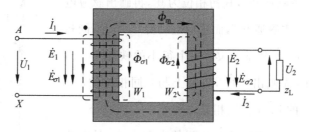

图 2.6.8   变压器的负载运行

首先，对两个电路建模。注意：将磁通分为主磁通与漏磁通；主磁通对应于原、副边感应电动势；漏磁通感应的电动势可用漏电抗压降表示。这样，就很容易列出原、副边电压方程

$$\dot{U}_1 = \dot{I}_0 z_1 - \dot{E}_1 \tag{2.6-19}$$

$$\dot{U}_2 = \dot{E}_2 - \dot{I}_2 z_2 \tag{2.6-20}$$

式中

$$\frac{E_1}{E_2} = k, \quad \dot{U}_2 = \dot{I}_2 z_L, \quad z_1 = r_1 + jx_{\sigma1}, \quad z_2 = r_2 + jx_{\sigma2}, \quad \dot{U}_2 = \dot{I}_2 z_L \tag{2.6-21}$$

其次，对磁路建模。与空载运行的励磁不同，根据图 2.6.8 所示正方向和安培环路定律，合成磁动势 $\dot{F}_m$ 为

$$\dot{F}_m = \dot{F}_1 + \dot{F}_2 = \dot{I}_1 W_1 + \dot{I}_2 W_2 \tag{2.6-22}$$

由于合格的变压器原绕组的漏阻抗 z_1 很小，使得漏阻抗压降 $\dot{I}_1 z_1$ 也很小(在额定运行条件下一般也只有额定电压的 2%～6%)，所以，$\dot{U}_1$ 与 $\dot{I}_1 z_1$ 相量相减时所得 $-\dot{E}_1$ 与 $\dot{U}_1$ 相差甚微，故可认为负载运行时仍有 $\dot{U}_1 \approx -\dot{E}_1$，因此，从空载到满载，只要电源电压不变，就可以认为主磁通 $\dot{\Phi}_m$ 和产生它的磁动势基本不变，即 $\dot{F}_m = \dot{F}_0$。因此，负载运行时的磁动势平衡方程式可写成

$$\dot{F}_1 + \dot{F}_2 = \dot{F}_0 \quad \text{或} \quad \dot{I}_1 W_1 + \dot{I}_2 W_2 = \dot{I}_0 W_1 \tag{2.6-23}$$

需要说明的是，条件 $\dot{U}_1 \approx -\dot{E}_1$ 只是一个运行工况(也称工作点)，在一些运行下并不成立(例如副边短路)。但是，由于建模对象是线性系统，所以基于该工况建立的模型适用于任何运行工况。

变换式(2.6-23)的形式，可得

$$\dot{I}_1 = \dot{I}_0 + \left(-\frac{W_2}{W_1}\dot{I}_2\right) = \dot{I}_0 + \left(-\frac{\dot{I}_2}{k}\right) = \dot{I}_0 + \dot{I}_L \tag{2.6-24}$$

式中，$\dot{I}_L = -\dot{I}_2/k$。上式说明，负载运行时原绕组的电流 $\dot{I}_1$ 由两个分量组成。一个分量 $\dot{I}_0$ 用来产生主磁通 $\dot{\Phi}_m$，是励磁分量；另一个分量 $\dot{I}_L$ 用来抵消副绕组的电流 $\dot{I}_2$ 对主磁通的影响，以便在副边出现电流之后，仍然维持铁心中的磁通基本不变，该分量称为负载分量。

最后，分析主磁通产生的感应电动势与负载电流励磁分量的关系。根据空载运行分析所得结果可知

$$\dot{E}_1 = -z_m \dot{I}_0 \tag{2.6-25}$$

由于假设负载运行时主磁通产生的感应电动势仍然近似等于电源电压，所以，用以描述负载励磁电动势 $\dot{E}_1$ 与负载电流励磁分量 $\dot{I}_0$ 之间的关系所用的阻抗 Z_m，通常就直接采用空载运行时的励磁阻抗 z_m。

式(2.6-19)~式(2.6-21)，再加上式(2.6-24)与式(2.6-25)，这 6 个方程就是变压器的基本方程或者基本模型，其电路模型如图 2.6.9 所示。

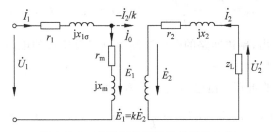

图 2.6.9　变压器负载运行的等效电路

3. 基于绕组折算的等效电路

上述变压器模型含有两个电路以及联系原边和副边的磁回路，电机原理上希望**用一个等效电路表示变压器模型**，以便于应用。为此，需要将副边电路和磁路折合到原边，或将原边电路和磁路折合到副边。在电机原理中将这个折算称为**绕组折算**。

1) 绕组折算

以下介绍将副边电量折合到原边，从而得到一个从原边看到的等效电路的绕组折算方法。

由于要得到等效电路，因此折算的本质是"恒等变换"，也就是说变换前后的功率传递不变。此外，折算后的等效电路形式中应该保留副边电路的结构，磁路不再存在，取而代之的是磁动势的电流表达，也就是磁动势平衡式的电流形式(式(2.6-24)) $\dot{I}_1 = \dot{I}_0 - \dot{I}_2/k$。很明显，这需要一个 T 形等效电路来表示，如图 2.6.9 中虚线箭头处的节点所示。以下讨论具体折算方法。

从磁动势平衡式可以看出，副边与原边之间通过副边磁动势 $\dot{F}_2 = \dot{I}_2 W_2$ 联系在一起。如果把副边的匝数 W_2 和电流 $\dot{I}_2$ 换成另一匝数和电流值，只要保持副边的磁动势 $\dot{F}_2$ 不变，那么，变换后从原边观察到的副边状态与变换前观察到的状态完全一样，也即，变换的原则是"**变换前后磁动势不变**"。今后会看到这个原则与"变化前后功

率传递不变"是等价的。可以想象为实际的副绕组被另一个匝数为 W_1 的等效副绕组替代,即常说的将副边折算到原边。为此,副绕组的各个物理量数值都应相应改变,这种改变后的量称为折算值,用原来符号加"′"表示。

(1)电动势的折算　由于电动势和匝数成正比,故得出

$$\frac{\dot{E}_2'}{\dot{E}_2} = k, \quad 或 \quad \dot{E}_2' = k\dot{E}_2 \tag{2.6-26}$$

(2)电流的折算　要使折算后的变压器能产生同样的 $\dot{F}_2$,即要求 $W_1\dot{I}_2' = W_2\dot{I}_2$,即

$$\dot{I}_2' = \frac{W_2}{W_1}\dot{I}_2 = \frac{1}{k}\dot{I}_2 \tag{2.6-27}$$

(3)阻抗的折算　从电动势和电流的关系,可找出阻抗的关系。要在电动势 $\dot{E}_2'$ 下产生电流 $\dot{I}_2'$,则副边的阻抗折算值

$$z_2' + z_L' = \frac{\dot{E}_2'}{\dot{I}_2'} = \frac{k\dot{E}_2}{\dot{I}_2/k} = k^2(z_2 + z_L) = k^2 z_2 + k^2 z_L \tag{2.6-28}$$

从上式可以看出,副边回路的电阻和漏电抗以及负载的电阻和电抗都必须分别乘以 k^2 才能折算到原边回路。

(4)副边电压的折算　由电路电压平衡式可知

$$\dot{U}_2' = \dot{E}_2' - \dot{I}_2'z_2' = k\dot{E}_2 - \frac{1}{k}\dot{I}_2 k^2 z_2 = k(\dot{E}_2 - \dot{I}_2 z_2) = k\dot{U}_2 \tag{2.6-29}$$

综上所述,折算后变压器负载运行时的基本方程式可以归纳为如下形式

$$\begin{cases} \dot{U}_1 = -\dot{E}_1 + \dot{I}_1 z_1 & (原边电压方程) \\ \dot{U}_2' = \dot{E}_2' - \dot{I}_2'z_2' & (副边电压方程) \\ \dot{U}_2' = \dot{I}_2'z_L' & (负载的欧姆定律) \\ \dot{E}_1 = \dot{E}_2' & (变比) \\ \dot{I}_1 = \dot{I}_0 + (-\dot{I}_2') & (磁动势方程) \\ \dot{I}_0 = \dfrac{-\dot{E}_1}{z_m} & (励磁回路欧姆定律) \end{cases} \tag{2.6-30}$$

2)等效电路与相量图

根据基本方程式(2.6-30)可以做出图 2.6.10 所示的负载运行时基于绕组折算的变压器等效电路。也称为 T 形等效电路。这个等效电路的特征是:①各个电支路有明确的实物对应。即用三个等效电支路分别表示磁回路、原边电路和副边电路;②每个参数分别与实物中的某个物理量对应。本书今后所述的其他建模方法或变换方法也将具有这个特征。

在对变压器负载运行进行分析时,如果所关心的问题是原边与副边电压、电流之间的关系,例如已知原边电压和负载阻抗,要计算负载电压,由于 I_0 在原边漏阻抗

z_1 上产生的压降很小，所以通常可以忽略励磁支路对副边电量的影响，也即忽略励磁支路，从而得到图 2.6.11 所示的更简单的串联电路，称为变压器的简化等效电路，也称为"一字形"等效电路。将图中原副边漏阻抗合并在一起后，代表副边短路时从原边观察得到的等效阻抗，称为短路阻抗 z_k。$z_k = r_k + jx_k$，$r_k = r_1 + r_2'$ 为短路电阻，$x_k = x_{\sigma 1} + x_{\sigma 2}'$ 为短路电抗。

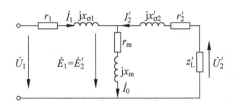　　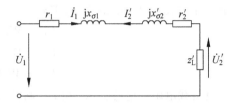

图 2.6.10　变压器负载运行等效电路　　　图 2.6.11　变压器的简化等效电路

变压器的相量图包括三个部分：副边电路相量图、对应于磁动势方程的电流相量图和原边电路相量图。画相量图时，认为电路参数为已知，且负载已给定。具体作图步骤如下：

（1）首先选定一个参考相量。常以 $\dot{U}_2'$ 为参考相量，根据给定的负载性质画出负载电流相量 $\dot{I}_2'$；

（2）根据副边电压平衡式 $\dot{U}_2' = \dot{E}_2' - \dot{I}_2' z_2'$，可画出相量 $\dot{E}_2'$，由于 $\dot{E}_1 = \dot{E}_2'$，因此也可以画出相量 $\dot{E}_1$；

（3）主磁通 $\dot{\Phi}_m$ 应超前 $\dot{E}_1$ $90°$，励磁电流 $\dot{I}_0$ 又超前 $\dot{\Phi}_m$ 一铁耗角 $\alpha_{Fe} = \arctan(r_m/x_m)$；

（4）由磁动势平衡式 $\dot{I}_1 = \dot{I}_0 + (-\dot{I}_2')$，可求得 $\dot{I}_1$；

（5）由原边电压平衡式 $\dot{U}_1 = -\dot{E}_1 + \dot{I}_1 Z_1$，可求得 $\dot{U}_1$。

图 2.6.12 是按感性负载画出的变压器相量图。为观察方便，已经将 $\dot{\Phi}_m$ 相量转到了水平位置，这就使得参考相量 $\dot{U}_2'$ 相应地被转到了倾斜位置。

4. 与控制理论建模方法的比较

与上节内容相比，在电类本科专业课程"控制理论"中所述的变压器建模方法有所不同。

控制理论基于图 2.6.8 所示的变压器建立数学模型时，直接给出原、副边的微分方程

$$\begin{cases} R_1 i_1 + \dfrac{d(\psi_{11} + \psi_{12})}{dt} = u_1 \\[2mm] R_2 i_2 + u_2 + \dfrac{d(\psi_{22} + \psi_{21})}{dt} = 0 \end{cases}$$

$(2.6\text{-}31)$

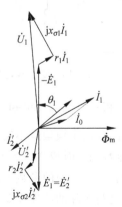

图 2.6.12　感性负载时变压器
相量图

其中,ψ_{11},ψ_{22}分别为电流i_1,i_2产生的自感磁链,ψ_{12}为电流i_2产生的交链于原边绕组的互感磁链,ψ_{21}为电流i_1产生的交链于副边绕组的互感磁链。

对于可以不考虑铁心饱和的情况,磁链与产生它的电流之间有线性关系,即

$$\psi_{11} = L_1 i_1, \quad \psi_{22} = L_2 i_2, \quad \psi_{12} = M i_2, \quad \psi_{21} = M i_1 \tag{2.6-32}$$

式中,L_1、L_2分别为原副边的自感,M为互感。设Λ_{m}为主磁路对应的磁导,$\Lambda_{1\sigma}$、$\Lambda_{2\sigma}$分别为原副绕组对应的漏磁导,则有,

$$\begin{cases} L_1 = W_1^2 (\Lambda_{1\sigma} + \Lambda_{\mathrm{m}}) \\ L_2 = W_2^2 (\Lambda_{2\sigma} + \Lambda_{\mathrm{m}}) \\ L_{\mathrm{m}} = W_1 W_2 \Lambda_{\mathrm{m}} \end{cases} \tag{2.6-33}$$

设负载电阻和电感为R_{L}和L_{L},将式(2.6-32)代入式(2.6-31),得到

$$\begin{cases} R_1 i_1 + L_1 \dfrac{\mathrm{d}i_1}{\mathrm{d}t} + L_{\mathrm{m}} \dfrac{\mathrm{d}i_2}{\mathrm{d}t} = u_1 \\ (R_2 + R_{\mathrm{L}}) i_2 + (L_2 + L_{\mathrm{L}}) \dfrac{\mathrm{d}i_2}{\mathrm{d}t} + L_{\mathrm{m}} \dfrac{\mathrm{d}i_1}{\mathrm{d}t} = 0 \end{cases} \tag{2.6-34}$$

据此,可得变压器模型如图2.6.13所示。把式(2.6-34)变形为

$$\begin{cases} R_1 i_1 + (L_1 - L_{\mathrm{m}}) \dfrac{\mathrm{d}i_1}{\mathrm{d}t} + L_{\mathrm{m}} \dfrac{\mathrm{d}(i_1 + i_2)}{\mathrm{d}t} = u_1 \\ (R_2 + R_{\mathrm{L}}) i_2 + (L_2 - L_{\mathrm{m}} + L_{\mathrm{L}}) \dfrac{\mathrm{d}i_2}{\mathrm{d}t} + L_{\mathrm{m}} \dfrac{\mathrm{d}(i_1 + i_2)}{\mathrm{d}t} = 0 \end{cases} \tag{2.6-35}$$

根据式(2.6-35),可做出用自感和互感表示的变压器去互感的等效电路,如图2.6.14所示。这个方法就是控制理论的建模方法。与图2.6.10比较,图2.6.13中的参数都用的是原边和副边的实际值,并没有进行绕组折算。那么,两个模型是否一致呢?

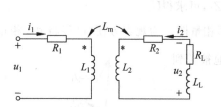

图2.6.13 变压器耦合电路模型

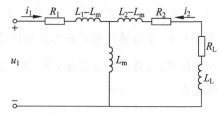

图2.6.14 与图2.6.13对应的电路表示

分析式(2.6-31)可知,这个模型只包含两个电路的电压方程式,并没有对磁路建模,因此这个**模型是不完整的**。由$\dot{I}_1 = \dot{I}_0 - \dot{I}_2 / k$可知这个模型只能在变压器的原副边匝数相等时成立。当原副绕组匝数不等、且漏感$L_{\sigma 1}$、$L_{\sigma 2}$很小时,由式(2.6-33)可知图2.6.13中的参数$L_1 - L_{\mathrm{m}}$或$L_2 - L_{\mathrm{m}}$可能出现负值。也就是说电路中的漏感为负,这与实际的物理现象不符。

如果将式(2.6-31)中再添加磁动势方程、将图2.6.13的副边电路变换到原边时,结果如何呢?此时,基于图2.6.13和式(2.6-33),原边漏感、折算到原边的互感

以及副边的所有参数为

$$
\begin{cases}
L_2' = W_1^2(\Lambda_{\sigma2} + \Lambda_{\mathrm{m}}) = k^2 W_2^2(\Lambda_{\sigma2} + \Lambda_{\mathrm{m}}) = k^2 L_2 \\
L_{\mathrm{m}}' = W_1^2 \Lambda_{\mathrm{m}} = k^2 W_2^2 \Lambda_{\mathrm{m}} = k^2 L_{\mathrm{m}} \\
L_1 - L_{\mathrm{m}}' = W_1^2(\Lambda_{\sigma1} + \Lambda_{\mathrm{m}}) - W_1^2 \Lambda_{\mathrm{m}} = W_1^2 \Lambda_{\sigma1} = L_{\sigma1} \\
L_2' - L_{\mathrm{m}}' = W_1^2(\Lambda_{\sigma2} + \Lambda_{\mathrm{m}}) - W_1^2 \Lambda_{\mathrm{m}} = W_1^2 \Lambda_{\sigma2} = L_{\sigma2}' \\
r_2' = k^2 r_2
\end{cases} \tag{2.6-36}
$$

式中,变比 $k = W_1/W_2$。于是,折算后变压器的等效电路如图 2.6.15 所示,此图与图 2.6.10 完全一致。

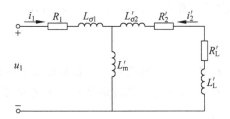

图 2.6.15 变压器去互感模型的等效电路

本节小结

(1) 讨论了考虑磁路的非线性特性下,交流磁路以及单相变压器的等效电路建模方法。由于用于分析电力(电功率)传输,所以模型是一个基波模型。

(2) 由于是对正弦稳态运行进行分析,使用了电路原理中的相量方法。与等效电路对应的有相量图,该图常用于电力装置或系统的稳态分析。

(3) 比较了"控制理论"课程与电机原理中,变压器建模方法异同。由此说明了建模应注意的问题以及本书涉及的建模方法的特点。

本章习题

有关 2.2 节与 2.3 节

2-1 磁路的基本定律有哪几条?当磁路上有几个磁动势同时作用时,磁路计算能否用叠加原理,为什么?

2-2 说明磁阻、磁导与哪些因素有关?

2-3 两个铁心线圈的铁心材料、匝数以及磁路平均长度都相同,但截面积 $A_2 > A_1$。问(1)绕组中通过相等的直流电流时,哪个铁心中的磁通及磁感应强度大?(2)如果电阻及漏电抗也相同,将它们接到同一正弦交流电源,试比较两个铁心中的磁通及磁感应强度大小?

2-4 说明:

(1) 为什么设计使电机工作在"电机磁路铁磁材料的膝点附近(图 2.2.7 中的

b 点)"?

(2) 起始磁化曲线、磁滞回线和基本磁化曲线有何区别? 它们是如何形成的?

有关 2.4 节与 2.5 节

2-5　试述磁共能的意义。磁能和磁共能有什么关系?

2-6　试回答:

(1) 为什么式(2.5-1)和式(2.5-2)中写的是"耦合场内储能增量"而不是"耦合场内储能"?

(2) 如果考虑铁损,试改写式(2.5-2)。

2-7　在采用磁场能量计算电磁转矩时,可以采用几种方式? 各自的约束条件是什么?

2-8　试回答

(1) 采用公式 $f=(i\times B)l$ 得到电磁力是瞬态值还是平均值?

(2) 采用公式 $T_e=P/\Omega$ 得到的电磁转矩是瞬态值还是平均值(提示:功率的概念是平均值还是瞬态值)?

有关 2.6 节

2-9　变压器空载运行时,电源送入什么性质的功率? 消耗在哪里? 为什么空载运行时功率因数很低?

2-10　试回答

(1) 什么叫变压器的主磁通和漏磁通? 空载和负载时,主磁通大小取决于哪些因素?

(2) 两绕组变压器的励磁电感、漏感与绕组的自感和互感有何关系?

2-11　在推导变压器等效电路时,为什么要进行绕组折算? 折算在什么条件下进行? 为何是"T 型"等效电路?

2-12　变压器的励磁电抗 x_m 的物理意义是什么? 在变压器中希望 x_m 大好,还是小好?

2-13　变压器原边漏阻抗 $z_1=r_1+jx_1$ 的大小是哪些因素决定的? 是常数吗?

2-14　一台 50Hz 的变压器接到 60Hz 的电源上运行时,若额定电压不变,问励磁电流、铁耗、漏抗会有什么变化?

2-15　变压器初级电压超过额定电压时,其励磁电流、励磁电抗和铁耗将如何变化?

2-16　什么原因使得图 2.6.13 所示的等效电路模型与 $N_1\neq N_2$ 时的实际变压器不符?

分析计算题

2-17　已知磁路截面 $A=5cm^2$,平均长度 $l=100cm$,设铁心的磁导率为 $1000\mu_0$,线圈匝数为 500 匝,电流为 2A,求磁路的磁通、线圈的电感、磁路存储的磁场能。

2-18　有一个单相变压器铁心,其导磁截面积为 $90cm^2$,取其磁通密度最大值为 1.2T,电源频率为 50Hz。现要用它制成额定电压为 1000/220V 的单相变压器,计算原、副绕组的匝数应为多少？

2-19　有一台 50Hz 的变压器,电压比 $k=W_1/W_2=2.4$,自感 $L_2=301H$,$L_2=18H$,耦合系数 $K=L_m/\sqrt{L_1L_2}=0.95$,不计电阻和铁耗,试计算:

(1) 用自感和互感表示时,等效电路的各参数;

(2) 用漏感和励磁电感表示时,T 形等效电路的参数。

2-20　在题图 2.20 的磁路中,线圈 W_1、W_2 中通入直流电流 I_1、I_2,试问:

(1) 电流方向如图所示时,该磁路上的总磁动势为多少？

(2) W_2 中电流 I_2 反向,总磁动势又为多少？

(3) 若在图中 a、b 处切开,形成一空气隙 δ,总磁动势又为多少？

(4) 比较(1)、(3)两种情况下铁心中的磁感应强度 B 和磁场强度 H 的相对大小及(3)中铁心和气隙中 H 的相对大小？

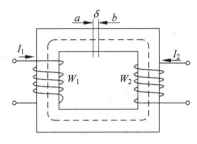

题图　2.20

直流电机原理和工作特性

本章 3.1 节首先采用最简单的直流电机模型讨论直流电机原理并推导出直流电机的感应电动势和电磁转矩的表达式。作为今后讨论拖动系统的基础之一，在 3.2 节讨论电动机与拖动负载的关系。然后在 3.3 节中讨论他励直流电机的稳态方程和外特性，并在此基础上在 3.4 节讨论他励直流电机的运行特性。本章各节的关系如图 3.0.1 所示。

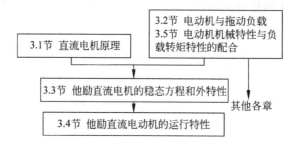

图 3.0.1　第 3 章内容之间的关系

3.1　直流电机原理

3.1.1　直流电机的用途、主要结构和额定值

直流电机是指发出直流电流的发电机或通以直流电流而转动的电动机，是电机的主要类型之一。

由于直流电动机能在宽广的范围内平滑而经济地调节速度，所以它在轧机、精密机床和以蓄电池为电源的小型起重运输机械等设备中应用较多；在机器人等领域，小容量直流电动机的应用亦很广泛。与交流电机相比，由于直流电机结构较复杂，成本较高，维护不便，尤其是存在 3.1.5 节将要介绍的换向问题，使得它的发展和应用受到限制。近年来出现了交流调速系统在许多部门取代直流调速系统的情况。但是，因为直流调速技术比较成熟，迄今它的应用仍然广泛。

直流电机的基本结构如图 3.1.1 所示，主要由定子(静止部分，stator)和转子(转动部分，rotor)以及对转子起支撑作用和对整体起遮盖作用的端盖组成。定子主要包括机座和固定在机座内圆表面的主磁极两部分。主磁极的作用是用来产生磁场,机座既是主磁路的一部分,也作为电机的机械支撑。去掉图 3.1.1(a)中电机的机座和端盖,就可以更清楚地看到主磁极和转子等实现能量转换的主要部件,如图 3.1.1(b)所示。

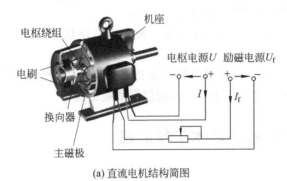

(a) 直流电机结构简图

(b) 直流电机主要结构部件图

图 3.1.1　直流电机的结构(参见书末彩图)

在图 3.1.1(b)中,有两个主磁极,主磁级上有励磁绕组。绝大部分直流电机都是由励磁绕组通以直流电流来建立主磁场。通常,只有小功率直流电机的主磁极才用永久磁铁,这种电机叫永磁直流电机。在两个主磁极内表面之间,有一个由硅钢片叠成的圆柱体,称为电枢铁心。电枢铁心与磁极之间的间隙称为气隙。电枢铁心表面的槽内嵌入的每个线圈的首末端分别连接到两片相邻且相互绝缘的圆弧形铜片即换向片上。与一个线圈的末端相连的换向片同时与下一个线圈的首端连接,于是,各线圈通过换向片连接起来构成电枢绕组。各换向片固定于转轴上且与转轴绝缘。这种由换向片构成的整体称为换向器。与换向器滑动接触的电刷将电枢绕组和外电路接通,实现直流电机与外部电路之间的能量传递。直流电机工作时,电枢绕组切割气隙磁场而产生感应电动势,进而实现能量转换。

根据国家标准,直流电机的额定数据有:

(1) 额定电压 $U_N(V)$:在正负电刷间的电枢电压;

（2）额定电流 I_N(A)：流过电枢绕组的总电流；

（3）额定转速 n_N(r/min)：输出额定功率时电机轴的转速；

（4）额定容量(功率) P_N(kW)：对电动机,额定功率是电机轴上输出的机械功率：$P_N = U_N I_N \eta_N$；对发电机,则是电刷端的输出电功率：$-P_N = U_N I_N$；

（5）励磁方式和额定励磁电流 I_f(A)；

（6）电机的额定效率 η_N,如果额定输入功率为 P_1,则电机额定效率 η_N 的定义为 $\eta_N = P_N / P_1$。

直流电机运行时,如果各个物理量都是额定值,这种运行状态称为额定运行状态。电机铭牌上标出的上述物理量的值都是额定值。

3.1.2　直流电机的基本工作原理

1. 发电机

如图 3.1.2(a)和(b),当原动机拖动电枢以恒定转速 n 逆时针方向旋转时,根据电磁感应定律可知,在构成线圈的导体 ab 和 cd 上有感应电势,在假设磁通密度、导体和运动方向三者相互垂直的条件下,根据式(2.3-3),感应电势的大小为

$$e = Blv \qquad (3.1-1)$$

式中,B 是导体所在处的磁通密度,l 是导体 ab 或 cd 的长度,v 是导体 ab 或 cd 与磁通密度 B 之间的相对线速度。

首先讨论图 3.1.2(a)所示模型电机的感应电势。图中线圈的两端分别与两个导电的圆环连接；圆环 A 与线圈 a 端焊在一起、与 A 电刷接触。圆环 B 与线圈 b 端焊在一起、与 B 电刷接触。

感应电势的方向用右手定则确定。当导体 ab 在 N 极下时,感应电动势方向由 b 指向 a,由 d 指向 c,这时电刷 A 呈高电位,电刷 B 呈低电位。当电枢逆时针方向转过 $180°$ 时,导体 ab 和 cd 互换了位置。用感应电势的右手定则判断,在这个瞬间,导体 ab、cd 的感应电势方向都与刚才的相反,这时电刷 B 呈高电位,电刷 A 呈低电位。如果电枢继续逆时针方向旋转 $180°$,导体 ab 回到 N 极下,电刷 A 又呈高电位,电刷 B 呈低电位。由此可见,电机电枢每转一周,线圈 $abcd$ 中感应电势方向交变一次。由此,输出的感应电势如图 3.1.2(b)所示。

为了得到直流电,现在与线圈连接的是两个相互绝缘的半圆环,如图 3.1.2(c)所示、电刷 A 只与处于 N 极下的导体相接触,而电刷 B 只与处于 S 极下的导体相接触。当 ab 导体在 N 极下时,电势方向由 b 到 a 引到电刷 A,电刷 A 的极性为正；在另一时刻,当 cd 导体转到 N 极下时,A 电刷则与 cd 导体相接触,电势方向由 c 到 $-d$ 引到电刷 A,其极性仍为正。可见 A 的极性永远为正；同理,电刷 B 则永远为负极性。故电刷 A 与 B 之间的电势如图 3.1.2(d)所示,交变电势的负半波被改变了方向,也就是说,A、B 电刷间的电势成为脉动的直流电势。为了使电势的脉动程度减低,在实际电机中,电枢不是只有一个线圈,而是由许多线圈组成电枢绕组。这些

线圈均匀分布在电枢表面,按一定的规律串联起来,使感应电势的脉动大大降低。图 3.1.2(e)表示更多(6 组)线圈组成的电枢绕组电势波形图。

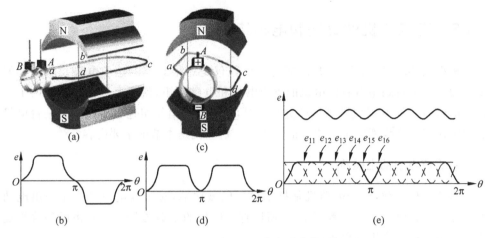

图 3.1.2　直流电机换向器的作用

以上分析只说明直流发电机感应电势的产生过程,现在研究有电流的情况。当电刷 A、B 接到负载时,就有电流流过 ab、cd 线圈。这时导体 ab 和 cd 均处于磁场之中,必然受到一电磁力。由**左手定则**可知此电磁力是阻碍电枢旋转的。原动机为了保持电机以恒定转速旋转,就必须克服此电磁力而做功。正是由于存在这种反抗原动机旋转的电磁力,我们才有可能把原动机的机械能变成电能以供负载使用。

2. 电动机

若把电机模型作为电动机,由外电源从电刷 A、B 引入直流电流,使电流从正电刷 A 流入,而由负电刷 B 流出。如图 3.1.3 所示,此时,由于电流总是经过 N 极下的导体流进去,而经过 S 极下的导体流出来,假设电流的方向与磁通密度的方向垂直,根据左手定则可以判断出上、下两根导体分别受到的电磁力的方向。由此得知,力矩方向永远是反时针方向。根据第 2 章式(2.5-16),电磁力的大小为

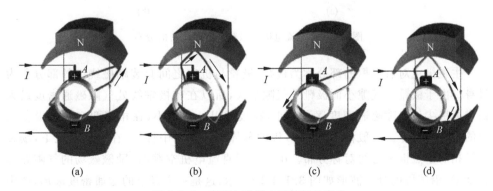

图 3.1.3　直流电动机电磁转矩的产生

$$f = IBl \tag{3.1-2}$$

显然,这台电机可以带动别的机械旋转,把电能转换为机械能,成为一台直流电动机。

3.1.3 直流电机的磁路和电枢绕组

根据式(3.1-1)与式(3.1-2)所得到的仅仅是一根导体的感应电势及所受到的电磁力。为了得到整台直流电机的感应电势和电磁转矩,就需要进一步知道两个公式中的磁通密度 B 沿气隙圆周的分布情况,还需要知道绕组连接情况以及一台电机总的电流与一个线圈的电流之间的关系等。这些就是本节的主要内容。

1. 直流电机的主磁路

直流电机空载,对于电动机是指不输出机械功率,对于发电机是指不输出电功率。这时电枢电流很小或者等于零,所以直流电机的空载磁场就是指由励磁绕组通入励磁电流单独产生的磁场。

图 3.1.4(a)所示是一台两极直流电机主磁路示意图。通入励磁电流,这样就在电机中产生一个励磁磁场。实际的励磁磁通可分为主磁通 Φ_0 和漏磁通 Φ_σ 两部分。

图 3.1.4(a)中只画出了主磁通 Φ_0 的路径,即从定子 N 极出发,经气隙进入电枢铁心,再经气隙进入定子 S 极铁心,然后由定子轭回到 N 极,形成闭合回路。可见主磁通 Φ_0 既与励磁绕组交链,又与电枢绕组交链。

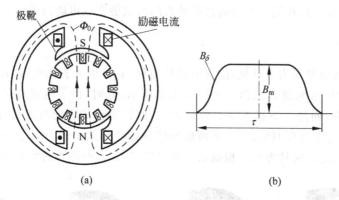

(a)   (b)

图 3.1.4   直流电机主磁路及气隙磁密的分布

主磁极正对着电枢的部分称为极靴,极靴与机座之间套装励磁绕组的部分称为极身。由于极靴下气隙小而极靴外气隙很大,所以在磁极轴线处气隙磁通密度最大而靠近极尖处气隙磁通密度逐渐减小,在极靴以外则很小,在相邻两个磁极极靴之间的中线处为零。一般称 N 极与 S 极的分界线为几何中性线,在空载情况下,励磁磁场相对于磁极中心线对称分布。由此可得直流电机空载时,励磁磁场的气隙磁通密度 B_δ 沿圆周的分布波形如图 3.1.4(b)所示,这是一个极下的磁通密度波形,图中的 τ 代表极距。极距是用电枢外圆弧长表示的相邻磁极轴线间距离。设定子内径为

D,磁极极对数为 n_p,则电机极距 τ 为

$$\tau = \frac{\pi D}{2n_p} \tag{3.1-3}$$

空载主磁通 Φ_0 与励磁磁动势 F_f 之间的关系曲线,叫做**电机的磁化曲线**,如图 3.1.5 所示。根据 2.4 节的介绍,当主磁通 Φ_0 较小时,由于铁心没有饱和,因此磁化曲线接近于直线。随着 Φ_0 的增长,铁心逐渐饱和,磁化曲线逐渐弯曲。随着 Φ_0 的进一步增长,铁心进入饱和状态,此时,即使励磁电流 I_f 成倍增加,主磁通 Φ_0 也只是略有增加。

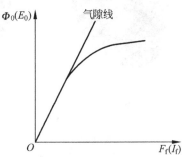

图 3.1.5 直流电机的磁化曲线

2. 直流电机的电枢绕组

(1) 线匝、线圈与绕组

构成绕组的基本单元是线圈,也称为元件。元件可以是单匝的,也可以是多匝的(图 3.1.6)。元件镶嵌在图 3.1.6(d)所示的转子槽内的部分切割气隙磁通、感生出电动势,是它的有效部分,称为元件边。嵌放于槽内上层的元件边称为上层边,嵌放在下层的称为下层边。元件按一定规律连接起来,即构成绕组(图 3.1.6(c))。

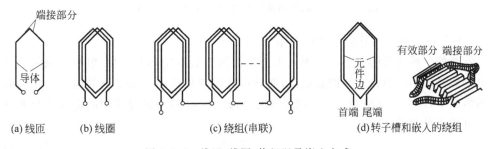

(a)线匝   (b)线圈   (c)绕组(串联)   (d)转子槽和嵌入的绕组

图 3.1.6 线匝、线圈、绕组以及嵌入方式

(2) 从实例看电枢绕组连接的基本方式

实际电机转子铁心上布满了绕组。现以图 3.1.7 所示具有 6 个槽的电枢绕组为例,介绍直流电枢绕组的连接方式。

从图 3.1.7(a)中可以看出,上层边位于 1 号槽的元件,其首端接到 1 号换向片上,我们将其称为 1 号元件。1 号元件的尾端接到 2 号换向片上,而 2 号换向片又与 2 号元件的首端相连接。以此类推,最后,6 号元件的首端与 5 号元件的尾端相连,而尾端与 1 号元件的首端连接。于是,全部 6 个元件通过换向片依次串联最后构成一个闭合回路,如图 3.1.7(b)所示,其简化的示意图则为图 3.1.7(d)。

图 3.1.7(c)表示当定子磁极的位置在正上下方位置时,对应的换向器的位置;图 3.1.7(e)是对应的绕组连接示意图。而图 3.1.7(f)则是更简化的示意图。可以看出,装上一对电刷后,绕组就具有两条并联支路。

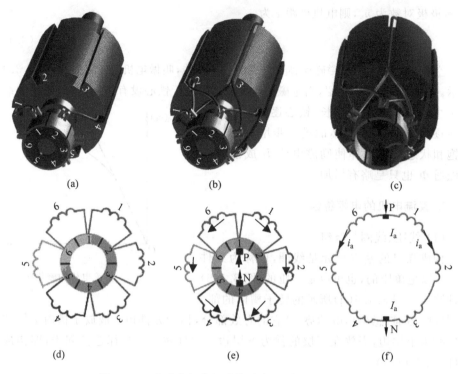

图 3.1.7   直流电枢绕组连接示意图(参见书末彩图)

（3）电枢电流与导体电流的关系

首先分析两者的大小。从图 3.1.7(f)与图 3.1.8(b)容易看出，电枢电流是通过电刷流经电枢绕组各支路的总电流，而导体电流则是其中一条支路的电流。在一般的情况下，设并联支路对数为 a，即并联支路数为 $2a$，则一根导体中的电流 i_a 与电枢总电流 I_a 的关系为

$$i_a = I_a/2a \tag{3.1-4}$$

至于电流的方向，从图 3.1.7(e)与(f)可以看出，虽然从电刷外面看进去电枢电流的方向在电枢旋转过程中是固定不变的，在图中总是从上到下的方向，但是在导体内电流的方向在电枢旋转过程中却是变化的：右边支路的电流从线圈的首端流到尾端，而左边支路的电流从尾端流到首端。所以，在电枢旋转的过程中，当一根导体从一个支路进入另一个支路时，其中的电流会改变方向。根据该特点，在设计电枢绕组时，总是尽可能使得同一个磁极下的导体电流具有相同的方向，以便获得较大的电磁转矩。

3. 极对数

以上的电机结构中只有一对磁极。磁极对数用 n_p 表示，一对磁极就记为 $n_p=1$。对于两对极(四极)电机，其定子**主磁路**结构如图 3.1.8(a)所示。与之对应的电枢结构也不同了。例如，对应于图 3.1.2(c)或者图 3.1.3 的单根导体的电机电枢结构，

图 3.1.8(a)的转子上需要两组单根导体（a_1-b_1 组和 a_2-b_2 组）分别与两对磁极对应。同时也需要两组换向器。此外，这两组导体（表示两组绕组），可采用串联方式连接，也可以采用并联方式连接。采用并联方式时的示意图为图 3.1.8(b)，对应 4 条并联支路的示意图如图 3.1.8(c)所示。

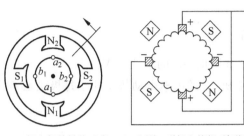 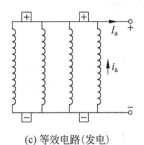

(a) 4 极电机的结构示意　　(b) 电刷、磁极和绕组(并联)的位置　　(c) 等效电路(发电)

图 3.1.8　四极电机的构造

有关电枢绕组的连接规律的更加详细的内容，可参考有关电机学方面的教材，如参考文献[3-1,3-3]。

3.1.4　电枢电动势与电磁转矩

直流电机运行时，一方面，电枢绕组的导体在磁场中运动，会产生电动势；另一方面，电枢绕组导体中有电流，会受到电磁力，产生电磁转矩。电动势和电磁转矩是分析直流电机运行所需要的最重要的两个物理量。为了简化分析，假设电枢绕组的运动方向与磁通密度 B 的方向及电枢导体之间成直交。

1. 电动势

电枢电动势是指直流电机正、负电刷之间的感应电势。

设 Φ 为每极磁通，l_i 为导体的有效长度，也是电枢铁心的长度，则每极的平均磁通密度为 $B_{av} = \Phi/(\tau l_i)$，其中 τl_i 是在电枢铁心表面上每极对应的面积。

根据式(3.1-1)，电枢以线速度 v 旋转时，一根导体的平均电动势为

$$e_{av} = B_{av} l_i v \tag{3.1-5}$$

式中各量的单位：B_{av} 为特拉斯，v 为 m/s，l_i 为 m，e_{av} 为 V。

线速度 v 可以写成

$$v = \Omega \frac{D}{2} = \left(2\pi \frac{n}{60}\right)\left(\frac{2n_p\tau}{\pi}\right)\Big/2 = 2n_p\tau \frac{n}{60} \tag{3.1-6}$$

式中，n_p 是极对数，n 是电枢的转速，单位为 r/min。

将式(3.1-6)代入式(3.1-5)后，可得一根导体的平均电动势

$$e_{av} = 2n_p\Phi \frac{n}{60} \tag{3.1-7}$$

设电枢绕组的全部导体数为 W,则电枢电动势等于一根导体的平均电动势乘上串联支路上的导体数 $W/2a$,

$$E_{av} = \frac{W}{2a}e_{av} = \frac{W}{2a} \times 2n_p\Phi\frac{n}{60} = \frac{n_pW}{60a}\Phi n = C_E\Phi n \tag{3.1-8}$$

式中,常数

$$C_E = \frac{n_pW}{60a} \tag{3.1-9}$$

称为**电动势常数**。当转速 n 的单位为 r/min 时,E_{av} 的单位是 V。

由式(3.1-8)看出,已经制造好的电机,它的电枢电动势正比于每极磁通 Φ 和转速 n。

2. 电磁转矩

由于电枢绕组各导体中电流的方向均与磁通密度 B 的方向成直交,根据式(3.1-2),一根导体所受平均电磁力为

$$f_{av} = B_{av}l_ii_a \tag{3.1-10}$$

需要注意,式中 i_a 是一根导体里流过的电流,而不是电枢总电流 I_a。

一根导体受的平均电磁力 f_{av} 乘上电枢的半径 $D/2$ 为转矩 $T_{e,1}$,即

$$T_{e,1} = f_{av}D/2 \tag{3.1-11}$$

W 根导体的总电磁转矩 T_e 为

$$T_e = WT_{e,1} = WB_{av}l_i\frac{I_a}{2a}\frac{D}{2} \tag{3.1-12}$$

将 $B_{av} = \dfrac{\Phi}{\tau l_i}$ 代入式(3.1-12),得

$$T_e = \frac{n_pW}{2a\pi}\Phi I_a = C_T\Phi I_a \tag{3.1-13}$$

式中

$$C_T = \frac{n_pW}{2a\pi} \tag{3.1-14}$$

是一个常数,称为**转矩常数**。由电磁转矩表达式看出,直流电动机制成后,它的电磁转矩的大小正比于每极磁通和电枢电流。容易得出转矩常数和电动势常数的关系为

$$C_T = \frac{60}{2\pi}C_E \doteq 9.55C_E \tag{3.1-15}$$

*3.1.5　关于直流电机更多的基本知识

1. 直流电机的励磁方式

直流电机按励磁方式可分为**他励**和**自励**两大类。所谓他励是指励磁电流由另外的电源供给,与电枢电路没有电的连接,如图 3.1.9(a)所示。作为发电机运行时,自励

是指发电机励磁所需的励磁电流由该电机本身电枢供给。自励发电机按励磁绕组与电枢连接方式的不同而分为**串励**、**并励**和**复励**。串励发电机的励磁绕组与电枢串联,如图 3.1.9(b)所示。并励发电机的励磁绕组与电枢并联,如图 3.1.9(c)所示。复励发电机既有并励绕组又有串励绕组,如图 3.1.9(d)所示。

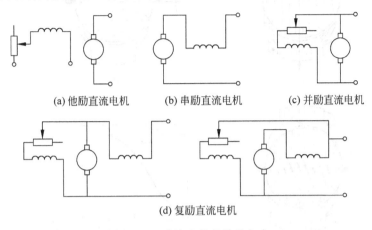

(a) 他励直流电机　　(b) 串励直流电机　　(c) 并励直流电机

(d) 复励直流电机

图 3.1.9　直流电机的励磁方式

2. 电枢反应

直流电机空载运行时的磁场,是由励磁电流建立的,如图 3.1.10(a)。电机负载运行时,电枢电流也会产生磁场,它会影响励磁电流所建立的磁场的分布情况,在某些情况下,还可能使每极磁通的大小发生变化,这种现象称为电枢反应(armature reaction)。

(1) 电枢磁场的方向

直流电机负载运行时,在一个磁极下电枢导体的电流都是一个方向,相邻的不同极性的磁极下,电枢导体电流方向相反。电枢电流单独作用产生的磁场如图 3.1.10(b)所示。电枢是旋转的,但是电枢导体中电流在各磁极下的分布情况不变,因此电枢磁场的方向是不变的。由图 3.1.10(a)和图 3.1.10(b)可见,电枢反应磁场的轴线,即图中的 q 轴,与主磁场的轴线(d 轴)相互垂直。

(2) 电枢磁场对主磁场的影响

电枢磁场对主磁场的影响包括对磁通密度分布曲线形状的影响以及对每极磁通多少的影响这两个方面。由图 3.1.10(c)定性可见,在电枢磁场作用下,主极磁场在磁极下的一半区域被削弱(图 3.1.10(c)的左上侧),另一半增强(图 3.1.10(c)的右上侧)。所以,电枢反应使气隙磁通密度沿电枢表面的分布发生了畸变,它不再对称于磁极轴线。与此对应,气隙磁通密度过零的地方也偏离了几何中心线。

如果电机磁路不饱和,即工作于磁化曲线的近似直线段,则半个磁极范围内磁通密度增加的数值与另半个磁极范围内磁通密度减少的数值相等,合成磁通密度的平均值不变,每极磁通的大小不变。若电机的磁路饱和,例如空载工作点在磁化曲

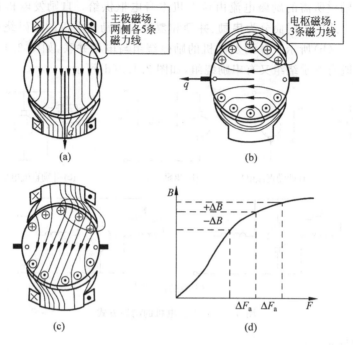

图 3.1.10　他励直流电动机电枢反应去磁效应示意图

线的拐弯处,则半个磁极范围内合成磁通密度增加得很少,另半个磁极范围内合成磁通密度减少得较多,一个磁极下平均磁通密度减少。如图 3.1.10(c) 与 (d) 所示。可见,在磁路饱和的情况下,电枢反应使每极磁通减少,这就是电枢反应的去磁效应。

3. 换向问题

在 3.1.3 节已经指出,电枢旋转时,组成电枢绕组的元件将从一条支路转入另一条支路,此时元件内的电流要改变方向。元件电流改变方向的过程,称为**换向过程**。

首先说明电流换向过程。

在图 3.1.11 中,假设换向器连同各元件从右向左运动。在图中共有 3 个元件,位于中间的元件记为 1 号元件,其首端与 1 号换向片相连接,而尾端与 2 号换向片连接。当电刷与换向片 1 接触时,如图 3.1.11(a) 所示,元件 1 属于右边一条支路,元件中电流的方向为从尾端流到首端,定为 $+i_a$。随着电枢的旋转,电刷将与换向片 1、2 同时接触,如图 3.1.11(b) 所示,此时元件 1 被电刷短路,元件进入换向过程。接下去,电刷与换向片 2 接触,如图 3.1.11(c) 所示,元件 1 就进入左边一条支路,元件中的电流反向,变为 $-i_a$。图中正在进行换向的 1 号元件,称为换向元件;换向过程经历的时间则称为换向周期,用 T_c 表示。换向过程很短,通常只有几毫秒。

在理想情况下,若换向回路内无任何电动势作用,且设电刷与换向片之间的接地电阻与接触面积成反比,则换向元件中的电流从 $+i_a$ 变为 $-i_a$ 的过程中,随时间变化的规律大体为一条直线,这种情况称为直线换向,如图 3.1.12(a) 中直线 1 所示。

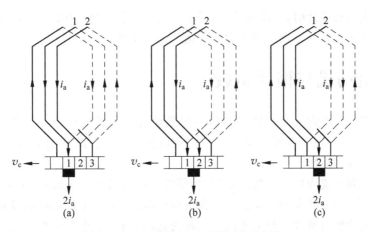

图 3.1.11　元件 1 中电流的换向过程

直线换向的特点是,在换向周期内,电流的变化是均匀的,因此整个电刷接触面上电流密度的分布也是均匀的,换向情况良好。

　　实际的换向过程要复杂得多,对此在文献[3-1,3-3]有较详细的介绍。以下对一种称为延迟换向的情况予以简单说明。由于换向元件具有漏电感,因此换向元件中电流变化时将产生电动势,一般称为电抗电势,记为 e_r;根据楞次定则,该电动势总是阻碍电流变化的,故 e_r 的方向与换向前的电流方向相同。与此同时,在几何中性线处还存在一定的交轴电枢磁场,换向元件"切割"该磁场时,将产生电枢反应电动势 e_c。不难确定,无论是发电机还是电动机,e_c 和 e_r 方向总是相同。

　　由于电动势 e_r 与 e_c 的出现,换向元件中电流改变方向的时刻将比直线换向时延后,这种情况称为延迟换向,如图 3.1.12(a)中的曲线 2 所示。严重延迟换向时,在图 3.1.12(b)中电刷离开换向片 1 的瞬间,在其后刷端,会出现火花,使换向器表面受到损伤。

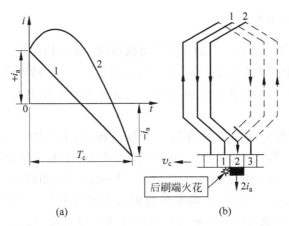

图 3.1.12　换向元件中电流的变化

在直流电机设计时,为改善换向,最主要的方法有①加装换向极;②安装补偿绕组。这些方法的具体原理以及工程实现请见参考文献[3-1,3-3]。

3.2　电动机与拖动负载

本课程的核心内容是讲述电动机如何拖动机械负载运行。因此除了要学习电动机的工作原理,还要考察电动机与被拖负载的关系。在此基础上,才能讨论运动控制系统的各种运行。

运动控制系统或称电力拖动系统,其硬件一般如图3.2.1所示,由电动机、传动轴、传动机构(如电动车的变速箱)、工作机构(如电动车的车轮)、控制设备和电源组成。表述电动机与负载之间关系的方程称为运动方程(也称为动力学方程),反映了电动机电磁转矩、负载转矩、系统转动惯量和转速的关系。

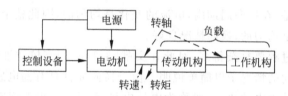

图 3.2.1　电力拖动系统的组成

本节首先讨论运动控制系统的运动方程,然后介绍几种典型的负载特性,最后基于电机的运动方程和负载特性讨论拖动系统的稳定工作的必要条件。

注意,本节的内容不但适合于直流电动机系统,也适用于其他电动机系统。

3.2.1　单轴电力拖动系统以及运动方程

1. 单轴电力拖动系统

实际中,电动机可通过多个轴以及传动机构与工作机构相连(系统被称为多轴系统),也可通过一个机械轴直接连接工作机构。图3.2.1为两轴系统,而图3.2.2(a)为单轴系统。通常,通过折算将多轴系统变换为一个单机械轴的系统,具体参照文献[3-3]第2章。

本书所讨论的运动系统是**理想的单轴系统**,以下以图3.2.2(a)为例说明。图3.2.2(a)中标示的物理量主要有:电动机机械角度 θ 和角速度 Ω(单位:rad/s)或转速 n(单位:r/min)、电动机电磁转矩 T_e(单位:Nm)、电动机负载转矩 T_L(单位:Nm)。

理想单轴系统的特征为,①电动机转轴与被称为负载的工作机构直接刚性连接,所以电动机与负载为同一个轴、同一转速;整个刚性部分的转动惯量、也就是电动机转子、轴以及负载的转动惯量之和为 J,单位是 kgm^2;②虽然在实际系统中有各种各样的负载,在理想单轴系统中把这些影响抽象成为一个施加于这个单轴上的负

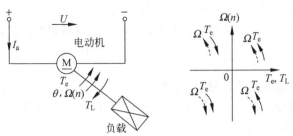

(a) 直流电动机单轴系统示意　　(b) 单轴系统运行的四象限示意

图 3.2.2　单轴电力拖动系统

载转矩 T_L。如果把这个负载转矩 T_L 看作为一个独立输入,则系统在轴上的数学模型就可以表述为下面将要讨论的运动方程。

注意,①非理想的单轴系统各式各样,一个例子可见习题 3-7;②将一个复杂系统中的一个子系统建模时,如果系统的其他部分对该子系统的影响是一个叠加关系,一般将这些影响抽象为子系统的一个独立输入。

此外,为了定量分析,需要假定各个物理量的正方向。在图 3.2.2(a)规定的正方向下,若转速和电磁转矩为同方向,那么电磁转矩是拖动性质的转矩,负载转矩属于制动性质的转矩。工程上定义这个状态为电动状态(motoring)。反之,若转速和电磁转矩为反方向,则定义这个状态为发电状态(generating)。于是,系统的各种运行状态就都可以采用图 3.2.2(b)所示的四象限坐标系表示。

2. 理想单轴系统的运动方程

忽略电动机轴上的各种摩擦,则单轴电力拖动系统中电磁转矩 T_e、负载转矩 T_L 与转速 Ω 的关系为[3-2]

$$T_e - T_L = \frac{\mathrm{d}}{\mathrm{d}t}(J\Omega) = J\frac{\mathrm{d}\Omega}{\mathrm{d}t} + \Omega\frac{\mathrm{d}J}{\mathrm{d}t}$$

式中,$J\Omega$ 是动量矩。有关电动机轴上各种摩擦项的具体内容以及研究现状见文献[3-4]。

对于上式,称 $(T_e - T_L)$ 为动转矩。动转矩等于零时,系统处于恒转速运行的稳态;动转矩大于零时,系统处于加速运动的过渡过程中;动转矩小于零时,系统处于减速运动的过渡过程中。电磁转矩 T_e 的特性由电动机的类型和控制方法决定,而负载转矩 T_L 特性多种多样,本书在下节中仅介绍几种常见的类型。

上式右端第二项反映了转动惯量变化对运动的影响。例如离心机和卷取机的传动装置中,转动部分的几何形状与转速和时间有关,再如几何形状可变的机器人的转动惯量也随姿态的变化而变化。对于理想的单轴系统,转动惯量 J 可看作一个常数,于是运动方程可简化为

$$T_e - T_L = J\frac{\mathrm{d}\Omega}{\mathrm{d}t} \tag{3.2-1}$$

在实际工程计算中,经常用转速 n 代替角速度 Ω 来表示系统转动速度,用飞轮惯量或称飞轮矩 GD^2 代替转动惯量 J 来表示系统的机械惯性。换算方法如下

$$\Omega = \frac{2\pi n}{60}, \quad J = m\rho^2 = \frac{GD^2}{4g} \tag{3.2-2}$$

式中,m 为系统转动部分的质量,单位为 kg;ρ 为系统转动部分的转动惯性半径,单位为 m;GD^2 为飞轮矩,工程单位(在过去的设计中使用,已不提倡使用);g 为重力加速度,北京地区取 $g = 9.80\text{m/s}^2$。

对常数性质的 J(或 GD^2)的计算或者工程测试方法,请参考文献[3-2]。

把式(3.2-2)代入式(3.2-1),化简后得

$$T_e - T_L = \frac{GD^2}{375} \frac{\mathrm{d}n}{\mathrm{d}t} \tag{3.2-3}$$

此外,工程上用图 3.2.2(b)所示的坐标系表示运动系统或电力拖动系统的稳态运行特性 $n = f(T_e)$,也称为机械特性(torque-speed characteristic)。基于图 3.2.2(a)的正方向,图 3.2.2(b)表示了各量的实际运行方向及其对应的象限。例如,如果假定转速为逆时针方向时为正,当转速为正时,系统运行在坐标系的上半平面,反之为下半平面。当系统的实际电磁转矩与实际转速的方向为同方向时,由于是将电能变换为机械能,所以称系统为电动运行,反之称为发电(或称为制动)运行。所以,系统在第Ⅰ、Ⅱ、Ⅲ和Ⅳ象限运行时分别称为正向电动、正向发电、反向电动和反向发电运行。

3.2.2　常见的负载特性

负载转矩与转速之间的关系称为负载的转矩特性,也称 $T_L \sim n$ 关系曲线、或 $T_L = f(n)$。由于拖动系统都可简化为单轴系统,只要知道电动机轴上的转矩与转速的关系就行了。因此,本教材所说的负载转矩特性,都是指**折算到电动机轴上**的 $T_L = f(n)$ 曲线。并且该特性也可以用图 3.2.2(b)所示坐标系表示。

一般而言,电动机轴上的负载转矩 T_L 由电机空载时的阻转矩 T_0 与相连接的折算为单轴上的实际负载 T_L' 构成,即

$$T_L = T_0 + T_L' \tag{3.2-4}$$

空载转矩 T_0 表示电动机转子旋转时,转子本身由于风阻、轴承摩擦等原因产生的空载损耗。所以即使电动机不拖动负载(即空载运行),空载损耗也存在。空载转矩 T_0 中的摩擦转矩一般被简化为下述的反抗性恒转矩特性,而风阻转矩为泵类负载特性。为了简化,本书假定空载转矩 T_0 为常数。T_L' 表示加在电机轴上的负载,其类型各式各样。以下介绍几种常见的负载转矩特性。

1. 恒转矩负载(constant-torque load)的转矩特性

(1) 反抗性恒转矩负载

皮带运输机、轧钢机、机床的刀架平移和行走机构等由摩擦力产生转矩的机械,

都是反抗性恒转矩负载。它的特点是工作转矩 T'_L 的绝对值大小是恒定不变的,转矩的性质是阻碍运动的制动性转矩,即

$$n > 0 \text{ 时}, T'_L > 0; \quad n < 0 \text{ 时}, T'_L < 0 \quad (\mid T'_L \mid = \text{常数}) \qquad (3.2\text{-}5)$$

T'_L 转矩特性如图 3.2.3(a)所示,位于第 Ⅰ、Ⅲ 象限内。

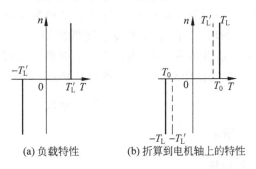

(a) 负载特性   (b) 折算到电机轴上的特性

图 3.2.3   反抗性恒转矩负载的转矩特性

考虑到传动机构损耗的转矩 T_0 的方向总是与电机的运行方向相反,折算到电动机轴上的负载转矩 T_L 特性如图 3.2.3(b)所示。

(2) 位能性恒转矩负载

起重机提升、下放重物以及电梯的负载都属于这个类型,它的特点是工作机构转矩 T'_L 的绝对值恒定、而且方向不变。当 $n > 0$ 时,$T_L > 0$ 是阻碍运动的制动性转矩,当 $n < 0$ 时,$T_L > 0$,是帮助运动的拖动性转矩,其转矩特性如图 3.2.4(a)所示,位于第 Ⅰ、Ⅳ 象限内。考虑传动机构转矩损耗,折算到电动机轴上的负载转矩特性如图 3.2.4(b)所示。

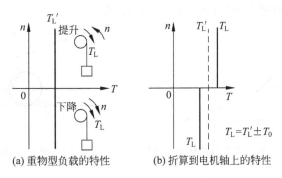

(a) 重物型负载的特性   (b) 折算到电机轴上的特性

图 3.2.4   位能性恒转矩负载的转矩特性

2. 泵类负载的转矩特性

水泵、油泵、通风机和螺旋桨等,其转矩的大小与转速的平方成正比,即

$$T'_L \propto n^2 \qquad (3.2\text{-}6)$$

其转矩特性如图 3.2.5 所示。

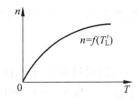

图 3.2.5   泵类负载的转矩特性

3. 恒功率负载(constant-power load)的转矩特性

车床进行切削加工,具体到每次切削的切削转矩都属恒转矩负载。但是当我们考虑精加工时,需要较小吃刀量和较高速度;粗加工时,需要较大吃刀量和较低速度。这种加工工艺要求,体现为负载的转速与转矩之积为常数,即所需的机械功率为常数。轧钢机轧制钢板时,工件小需要高速度低转矩,工件大需要低速高转矩。同样,由于汽车发动机的输出功率一定,当爬坡时需要低速运行,而在平路则可高速行驶。工程上称上述负载为恒功率负载。忽略空载转矩 T_0,有

$$P = T_L \Omega = T_L \frac{2\pi n}{60} = 常数 \tag{3.2-7}$$

其转矩特性如图 3.2.6 所示。

4. 车辆轮子的转矩特性

车辆(火车、汽车等)的轮子与路面摩擦所产生的负载转矩是一种典型的非线性转矩。以图 3.2.7 所示的电动车为例,化简后轮胎受力方程和车体动力方程分别为

$$M_w \frac{dV_w}{dt} = F_m - F_d \tag{3.2-8}$$

$$M \frac{dV}{dt} = F_d - F_r \tag{3.2-9}$$

式中,V_w 为轮速(可看作是电机转速);V 为车体速度;M_w 和 M 分别为车轮和车体的质量;F_m 为车轮输出的驱动力(大约正比于电机输出转矩);F_d 为路面给与车轮的摩擦力、也就是车轮的负载力;$F_r = \sigma_v M g V$ 为滚动阻力,其中 g 为重力系数、σ_v 为滚动阻力系数(σ_v 不确定,一般有 $\sigma_v = \sigma_0 + \sigma_\Delta$,$|\sigma_\Delta| \leqslant l_1$)。

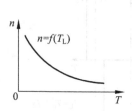

图 3.2.6　恒功率负载的转矩特性

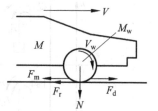

图 3.2-7　汽车驱动力的分析

车轮受到的摩擦力为

$$F_d = M g \mu(\lambda) \tag{3.2-10}$$

式中,摩擦系数 $\mu = \mu(\lambda)$ 是滑差率(slip ratio)λ 的函数,而 λ 定义为

$$\lambda = \frac{V_w - V}{V_w}, \quad V_w > V \tag{3.2-11}$$

$\mu = \mu(\lambda)$ 与路面材质以及 λ 的大小有关,几种典型的 $\mu\text{-}\lambda$ 曲线如图 3.2.8 所示。由此可知,车轮在 λ 较小时可得到较大的摩擦力,而在 λ 较大($V_w \gg V$)以及在冰雪路面上由于摩擦力小,容易使车轮打滑。所以,为了得到大的摩擦力,需要根据 $\mu\text{-}\lambda$ 曲线和

车速控制电动机的转矩以得到合适的车轮速度。

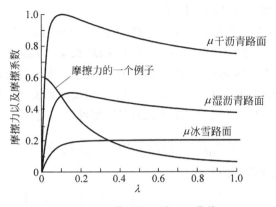

图 3.2.8　典型的几种 μ-λ 曲线

　　以上所述负载都是从各种实际负载中概括出来的典型形式,实际的负载可能是以某种典型为主或几种典型的结合。例如通风机,主要是泵类负载特性,但是其轴承摩擦又是反抗性的恒转矩负载特性,只是运行时后者数值较小而已。再例如,当电动机与某个机械负载之间用比较长的轴连接时,两者之间就会存在一个扭转矩 $T_L' = T_\theta$,$T_\theta = K_\theta \theta$,$K_\theta$ 为变形系数。

　　本书在分析电力拖动系统时,如果不特别说明,**负载转矩都作为特性已知的独立的输入量对待**。

3.2.3　电力拖动系统的稳定运行问题

　　要分析电力拖动系统的稳定性,需要基于图 3.2.1 所示的整个系统的数学模型进行。一些具体内容将在第 4 章和第 7 章中进行讲解。本节仅对系统中的一部分模型即运动方程进行分析,希望通过这个例子使读者重视电动机系统的稳定性分析。

　　由式(3.2-1)可知,电磁转矩和负载转矩的具体形式决定该方程的稳定性。负载转矩多种多样,这里将其表述为更为一般的形式,即 $T_L(\theta, \Omega, t)$。式中,θ 为机械转角(单位:rad),Ω 为机械角速度。因此,比式(3.2-1)更为一般的运动方程式为

$$J \frac{\mathrm{d}\Omega}{\mathrm{d}t} = T_e - T_L(\theta, \Omega, t) \tag{3.2-12}$$

$$\frac{\mathrm{d}\theta}{\mathrm{d}t} = \Omega \tag{3.2-13}$$

如果忽略负载转矩 T_L 对转角 θ 的依赖关系,式(3.2-13)便成为一个不影响传动装置其他物理量的不定积分。如果我们再忽略电机中电磁部分的过渡过程和负载自身的动态特性,余下的机械系统便可用式(3.2-14)所示的一阶非线性微分方程来描述

$$J \frac{\mathrm{d}\Omega}{\mathrm{d}t} = T_e(\Omega, t) - T_L(\Omega, t) \tag{3.2-14}$$

注意,由于所作的简化,该方程限于用在转速变化较慢、即电动机电磁转矩的动态过程与负载的动态过程可以忽略的情况。

显然,拖动系统在某个恒定转速 $\Omega = \Omega_1$ 上的稳定运行是可能的。此时,相当于电动机的特性曲线 $T_e(\Omega)$ 和 $T_L(\Omega)$ 在该转速点 Ω_1 相交,即满足 $T_e(\Omega_1) = T_L(\Omega_1)$。为了检验在该点是否稳定运行,可以在假设有一个微小扰动引起偏移量 $\Delta\Omega$ 后,系统是否能够回到原来的工作点 $T_e = T_L(\Omega_1)$。为了利用线性系统理论分析,将式(3.2-14)在工作点 Ω_1 处线性化。利用 $\Omega = \Omega_1 + \Delta\Omega$,我们便可得到线性化方程

$$J\frac{\mathrm{d}\Delta\Omega}{\mathrm{d}t} = \frac{\partial T_e}{\partial \Omega}\bigg|_{\Omega_1}\Delta\Omega - \frac{\partial T_L}{\partial \Omega}\bigg|_{\Omega_1}\Delta\Omega$$

也可将上式改写成规范化的形式

$$\frac{J}{k}\frac{\mathrm{d}\Delta\Omega}{\mathrm{d}t} + \Delta\Omega = 0, \quad k = \frac{\partial}{\partial \Omega}(T_L - T_e)\bigg|_{\Omega_1} \tag{3.2-15}$$

由控制理论知,如果 $k>0$,该工作点是稳定的(stable)。此时由短暂的扰动引起的小偏移量 $\Delta\Omega$ 将会按照时间常数为 $\tau = J/k$ 的指数函数衰减,使 $\Omega \to \Omega_1$。

图 3.2.9 中给出了几种转速-转矩曲线,用以说明稳定和不稳定工作点。当 $k<0$ 时,工作点 Ω_1 是不稳定的,即某个假设的转速偏移将会随时间而增加。可能达到一个新的稳定工作点,也可能根本达不到。对于 $k=0$,由于转矩的随机变化转速一定会有波动,没有确定的工作点。

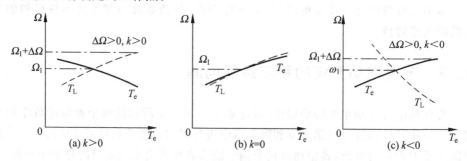

图 3.2.9　稳定工作点和不稳定工作点

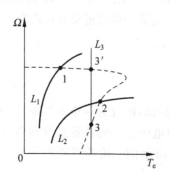

图 3.2.10　感应电机拖动不同类型负载时的工作点

上述分析的依据是电机拖动系统中的一部分模型即运动方程,只是根据线性化微分方程判定了工作点附近(局部)的稳定性,也没有考虑如电机的电回路过渡过程以及当负载转矩与角度有关时系统可能存在的不稳定性。所以,$k>0$ 的条件只应理解为在局部(线性化处)稳定性的**必要条件**。

例 3.2-1　图 3.2.10 中的虚线表示交流感应电动机的"电磁转矩-转速特性"曲线 $\Omega = f(T_e)$(也称为机械特性曲线,将在 5.3 节说明)在第 Ⅰ 象限的部分。负载曲线 L_1、L_2 是通风机的特性,

L_3 是恒转矩负载曲线。试分析图上的各个工作点是否是稳定工作点。

解　系统在工作点 1 是稳定的,大致与额定负载相符。对于负载 L_2,点 2 处的工作点是稳定的,但是由 5.3 节的知识可知电动机会严重过载(原因将在 5.3 节讨论)。对于理想的恒转矩负载 L_3,系统存在一个不稳定的工作点 3 和一个稳定的工作点 $3'$。

例 3.2-2　在实验室中常常构建图 3.2.11(a)所示的负载作为调速系统的负载。即用它励直流发电机 M_g 与被试电动机 IM 同轴相连。发电机的输出接一个较为理想的电阻作为发电机的负载。设发电机电枢回路的总电阻为 R_g,如果忽略发电机电枢回路电感引起的动态、忽略发电机电枢回路电阻和轴上消耗的功率等,则由 $E_a = C_E \Phi n$ 可知,发电机电枢电流 I_{dL} 为

$$I_{dL} = I_{generator} = E_a/R_g = (C_E\Phi/R_g)n = n/K_{dL} \tag{3.2-16}$$

式中,$K_{dL} = R_g/(C_E\Phi)$ 可由额定运行状态求得。试分析该负载特性,并考察采用感应电机拖动这个负载时的稳定工作区。

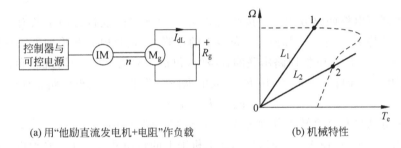

(a) 用"他励直流发电机+电阻"作负载　　　(b) 机械特性

图 3.2.11　性质为 $I_{dL} \infty n$ 的负载

解

(1) 由他励发电机的转矩 $T_e = C_T\Phi I_a$ 知,负载转矩大约为 $T_L = C_T\Phi n/K_{dL}$,也就是说负载转矩与转速成正比,特性曲线为过坐标零点的直线。

(2) 采用感应电动机 IM 拖动这个负载时,两个稳定工作点的例子如图 3.2.11(b) 所示。所以系统满足稳定运行的必要条件。

由该例题可知,由于这个负载具有 $T_L \infty n$ 的特性,在转速为零时,负载转矩也为零。即使在动态过程中,负载转矩也会抑制转速的上升,**也就不会发生俗称的飞车现象**。所以在做系统实验时较为安全,常常被用于实验平台。

3.3　他励直流电机的稳态方程和外特性

3.3.1　他励直流电机的稳态方程

1. 直流发电机

在列写直流电机运行时的基本方程之前,需要事先规定各有关物理量的正方向。

如图 3.3.1(a),标出了直流发电机各量的正方向,图中 U 是电机负载两端的端电压,I_a 是电枢电流,T_1(也就是上节中的 T'_L)是原动机的拖动转矩,T_e 是电磁转矩,T_0 是空载转矩,n 是电机电枢的转速,Φ 是主磁通,U_f 是励磁电压,I_f 是励磁电流。

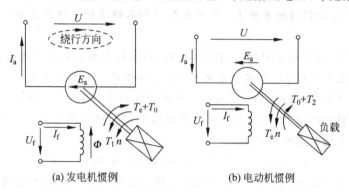

(a) 发电机惯例   (b) 电动机惯例

图 3.3.1   直流电机各个物理量的正方向

首先列写电枢回路方程式。按照图 3.3.1(a)确定的绕行方向上共有三个压降及一个电动势 E_a。这三个压降是:负载上的压降 U,正负电刷与换向器表面的接触压降,电枢电流 I_a 在电枢回路串联的各绕组(包括电枢绕组、换向器绕组和补偿绕组等)总电阻上的压降。一般地,用 R_a 代表电枢回路总电阻。电枢回路方程式为

$$E_a = U + I_a R_a \tag{3.3-1}$$

电枢电动势和电磁转矩分别为式(3.1-8)和式(3.1-13)。

由 3.2 节知,在稳态运行时,作用在电机轴上的转矩共有三个:原动机供给发电机的轴转矩 T_1、电磁转矩 T_e 和空载转矩 T_0,即

$$T_1 = T_e + T_0 \tag{3.3-2}$$

并励或他励电机的励磁电流为

$$I_f = U_f / R_f \tag{3.3-3}$$

式中,U_f 为励磁绕组的端电压,R_f 为励磁回路总电阻。

气隙每极磁通为 $\Phi = f(I_f, I_a)$,不考虑电枢反应时,有

$$\Phi = f(I_f) \tag{3.3-4}$$

将上述公式汇总于表 3.3.1 的左列。

2. 直流电动机

同理,可分析直流电动机的各个稳态方程。图 3.3.1(b)标出了直流电动机各量的正方向。电枢电流 I_a 由电源供给,T_2 为轴上输出的转矩,电动机空载转矩 T_0 与轴上转矩 T_2 加在一起为负载转矩 T_L。直流电动机的稳态方程汇总于表 3.3.1 右侧。

与发电机不同,电动机运行的目的是拖动负载运行。直流电动机稳态运行时,负载转矩 T_L 是已知量,当电机的参数确定后,稳态运行时各物理量的大小和方向都取决于负载。**稳态运行时,电磁转矩一定与负载转矩大小相同,方向相反,即** $T_e =$

T_L。T_L 为已知，T_e 也为定数；由于 $T_e = C_T\Phi I_a$，在每极磁通 Φ 为常数的前提下，电枢电流 I_a 决定于负载转矩；I_a 由电源供给，电压 U、电枢回路电阻 R_a 是确定的，电枢电动势 $E_a = U - I_aR_a$ 也就确定了；而 $E_a = C_E\Phi_N n$，由此电机转速 n 也就确定了。这就是说，负载确定后，电机的电枢电流及转速等相应地全确定了。

表 3.3.1　他励直流发电机和电动机的稳态方程

	发　电　机	电　动　机
机电能量变换(3.1节)	$E_a = C_E\Phi n$	$E_a = C_E\Phi n$
	$T_e = C_T\Phi I_a$	$T_e = C_T\Phi I_a$
励磁和主磁通(3.1节)	$I_f = U_f/R_f$	$I_f = U_f/R_f$
	$\Phi = f(I_f)$	$\Phi = f(I_f)$
电枢回路电平衡(3.3节)	$E_a = U + I_aR_a$	$U = E_a + I_aR_a$
机械系统转矩平衡(3.3节)	$T_1 = T_e + T_0$	$T_e = T_2 + T_0 = T_L$

3.3.2　他励直流电动机的机械特性

1. 机械特性的一般表达式

他励直流电动机机械特性是指电动机运行时，电磁转矩与转速之间的关系，即 $n = f(T_e)$。为了推导机械特性的一般公式，人为在电枢回路中串入另一电阻 R。把 $I_a = \dfrac{T_e}{C_T\Phi}$ 代入转速表达式，得

$$n = \frac{U - I_a(R_a + R)}{C_E\Phi} = \frac{U}{C_E\Phi} - \frac{R_a + R}{C_EC_T\Phi^2}T_e = n_0 - \beta T_e \qquad (3.3\text{-}5)$$

式中，$n_0 = \dfrac{U}{C_E\Phi}$ 称为理想空载转矩；$\beta = \dfrac{R_a + R}{C_EC_T\Phi^2}$ 是机械特性的斜率。式(3.3-5)为他励直流电动机**机械特性的一般表达式**。

2. 固有机械特性

当电枢两端加额定电压 U_N、气隙每极磁通量为额定值 Φ_N、电枢回路不串电阻时，即

$$U = U_N, \quad \Phi = \Phi_N, \quad R = 0$$

时的机械特性，称为固有机械特性。其表达式为

$$n = \frac{U_N}{C_E\Phi_N} - \frac{R_a}{C_EC_T\Phi_N^2}T_e \qquad (3.3\text{-}6)$$

他励直流电动机固有机械特性曲线如图 3.3.2 所示，是一条斜直线，跨三个象限，具有以下几个特点：

(1) 随电磁转矩 T_e 增大，转速 n 降低，其特性是一条下斜直线。原因是 T_e 增大，电枢电流 I_a 与 T_e 成正比关系，I_a 也增大；电枢电动势 $E_a = C_E\Phi_N n = U_N - I_aR_a$ 则减小，转速 n 则降低。

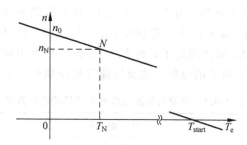

图 3.3.2   他励直流电动机的固有机械特性

（2）当 $T_e=0$ 时，$n=n_0=\dfrac{U_N}{C_E\Phi_N}$ 为理想空载转速。此时 $I_a=0$，$E_a=U_N$。

（3）斜率 $\beta=\dfrac{R_a}{C_E C_T \Phi_N^2}$，其值很小，特性较平，习惯上称为硬特性，转矩变化时，转速变化较小。斜率 β 大时的特性则称为软特性。

（4）当 T_e 为额定值 T_N 时，对应的转速为额定转速 n_N，转速降 $\Delta n_N=n_0-n_N=\beta T_N$，为额定转速降。一般地说，$n_N$ 约为 $0.95n_0$，而 Δn_N 约为 $0.05n_0$，这是硬特性的数量体现。

（5）$n=0$，即电动机起动时，$E_a=C_E\Phi_N n=0$，此时电枢电流 $I_a=U_N/R_a=I_{start}$，称为起动电流；电磁转矩 $T_e=C_T\Phi_N I_{start}=T_{start}$，称为起动转矩。由于电枢电阻 R_a 很小，I_{start} 和 T_{start} 都比额定值大很多。若 $\Delta n_N=0.05n_0$，则

$$\Delta n_N=\frac{R_a}{C_E C_T \Phi_N^2}T_N=\frac{R_a}{C_E\Phi_N}I_N=0.05\frac{U_N}{C_E\Phi_N}$$

即 $R_a I_N=0.05U_N$，$I_N=0.05U_N/R_a$；那么起动电流 $I_{start}=20I_N$，起动转矩 $T_{start}=20T_N$。这样大的起动电流和起动转矩会烧坏换向器。

以上分析的是特性在第Ⅰ象限的情况，在第Ⅰ象限中，$0<T_e<T_{start}$，$n_0>n>0$，$U_N>E_a>0$，电机为**电动状态**（motoring）。

（6）$T_e>T_{start}$，$n<0$：当 $T_e>T_{start}$，则 $I_a>I_{start}$，即 $I_a=\dfrac{U_N-E_a}{R_a}>I_{start}=\dfrac{U_N}{R_a}$，$U_N-E_a>U_N$，所以 $E_a<0$，也就是 $n<0$，机械特性在**第Ⅳ象限**，电动机工作在**发电状态**（generating），在工程上也被称为反向制动（breaking），也就是实际转速与理想空载转速反方向。

（7）$T_e<0$，$n>n_0$。这种情况是电磁转矩实际方向与转速相反了，由电动性变为制动性转矩，这时 $I_a<0$。因此，$E_a=U_N-I_a R_a>U_N$，转速 $n>n_0$，机械特性在**第Ⅱ象限**。实际上这时他励直流电动机的电磁功率 $P_M=E_a I_a=T\Omega<0$，输入功率 $P_1=U_N I_a<0$，电动机处于发电状态，在工程上也被称为回馈制动。

机械特性只表征电动机电磁转矩和转速之间的函数关系，是电动机本身的能力，至于电动机具体运行状态，还要看拖动什么样的负载。

例 3.3-1   他励直流电动机额定功率 $P_N=22\text{kW}$，额定电压 $U_N=220\text{V}$，额定电

流 $I_N=115A$,额定转速 $n_N=1500r/min$,电枢回路总电阻 $R_a=0.1\Omega$,忽略空载转矩 T_0,电机拖动恒转矩负载 $T_L=0.85T_{e,N}$(T_N 为额定电磁转矩)运行。求稳态运行时电动机转速 n、电枢电流 I_a 和电动势 E_a 的值。

解

$$C_E\Phi_N=\frac{U_N-I_N R_a}{n_N}=\frac{220-115\times0.1}{1500}=0.139$$

$$n_0=\frac{U_N}{C_E\Phi_N}=\frac{220}{0.139}=1582.7r/min$$

$$\Delta n=n_0-n_N=1582.7-1500=82.7r/min$$

$$T_L=0.85T_N \text{ 时的 } \Delta n=\beta T_L=\beta\cdot 0.85T_{e,N}=0.85\Delta n_N$$
$$=0.85\times82.7=70.3r/min$$

所以

$$I_a=\frac{T_L}{C_T\Phi_N}=\frac{0.85T_N}{C_T\Phi_N}=0.85I_N=0.85\times115=97.75A$$

$$E_a=C_E\Phi_N n=0.139\times(1582.7-70.3)=210.2V$$

3. 人为机械特性

他励直流电动机的参数如电压、励磁电流、电枢回路电阻大小等改变后,其固有机械特性就会被改变,称为人为机械特性。主要的人为机械特性有三种。

(1) 电枢回路串电阻

电枢加额定电压 U_N,每极磁通为额定值 Φ_N,电枢回路串入电阻 R 后,机械特性表达式为

$$n=\frac{U_N}{C_E\Phi_N}-\frac{R_a+R}{C_E C_T\Phi_N^2}T_e \tag{3.3-7}$$

电枢串入电阻值不同时的人为机械特性如图 3.3.3(a)所示。其中,理想空载转速 $n_0=\dfrac{U_N}{C_E\Phi_N}$ 与固有机械特性的 n_0 相同,斜率 $\beta=\dfrac{R_a+R}{C_E C_T\Phi_N^2}$ 与电枢回路电阻有关,串入的阻值越大,特性越倾斜。电枢回路串电阻的人为机械特性是一组放射形直线,都过理想空载点。

(2) 改变电枢电压

保持每极磁通为额定值不变,电枢回路不串电阻,只改变电枢电压时,机械特性表达式为

$$n=\frac{U}{C_E\Phi_N}-\frac{R_a}{C_E C_T\Phi_N^2}T_e \tag{3.3-8}$$

显然,电压 U 不同,理想空载转速 $n_0=\dfrac{U}{C_E\Phi_N}$ 随之变化并成正比关系,但斜率都与固有机械特性斜率相同,因此各条特性彼此平行。改变电压 U 的人为机械特性是一组平行直线,如图 3.3.3(b)所示。

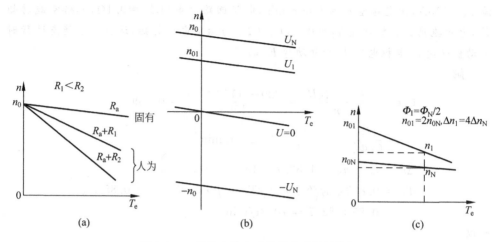

图 3.3.3　他励直流电动机的人为机械特性

(3) 减小气隙磁通量

电枢电压为额定值不变,电枢回路不串电阻,仅改变每极磁通的人为机械特性表达式为

$$n = \frac{U_{\mathrm{N}}}{C_{\mathrm{E}}\Phi} - \frac{R_{\mathrm{a}}}{C_{\mathrm{E}}C_{\mathrm{T}}\Phi^2} T_{\mathrm{e}} \tag{3.3-9}$$

显然理想空载转速 n_0 与 Φ 成反比,Φ 越小,n_0 越高;而斜率 β 与 Φ^2 成反比,Φ 越低,特性越倾斜。改变每极磁通的人为机械特性是既不平行又不成放射形的一组直线,如图 3.3.3(c)所示。

减小气隙每极磁通的方法是用减小励磁电流来实现的。前面讲过,额定工作条件下电机磁路接近于饱和,增大每极磁通是难以做到的。所以改变磁通,都是减少磁通。

从以上三种人为机械特性看,电枢回路串电阻和减弱磁通,机械特性都变软了。

4. 根据铭牌估算机械特性

在设计电力拖动系统时,首先应知道所选择电动机的机械特性。但是电机的产品目录或铭牌中都没有直接给出机械特性的数据。于是我们就要利用产品目录或者铭牌中给出的数据估算出电机的固有机械特性,有了固有机械特性,其他各种人为机械特性也就知道了。

我们知道,他励直流电机的固有机械特性是一条斜直线。如果事先知道这条直线上的两点,例如空载点 $(n_0, 0)$ 和额定工作点 $(n_{\mathrm{N}}, T_{\mathrm{N}})$,通过这两点连成的直线,就是固有机械特性。

上述两个特殊点中,额定转速 n_{N} 能在产品目录或者电机的铭牌数据中找到,而理想空载转速 n_0、额定转矩 T_{N} 未知。

理想空载转速 n_0 中的 $C_{\mathrm{E}}\Phi_{\mathrm{N}}$ 是对应于额定运行状态的数值,可用下式计算

$$C_{\mathrm{E}}\Phi_{\mathrm{N}} = \frac{E_{\mathrm{aN}}}{n_{\mathrm{N}}} = \frac{U_{\mathrm{N}} - I_{\mathrm{N}}R_{\mathrm{a}}}{n_{\mathrm{N}}} \tag{3.3-10}$$

从上式看出,如果能知道额定电枢电动势 E_{aN},或者知道电枢回路电阻 R_a,便可算出 $C_E\Phi_N$ 来,从而计算出理想空载转速 n_0,有两种计算方法:

(1) 根据经验估算额定电枢电动势 E_{aN}

$$E_{aN} = (0.93 \sim 0.97)U_N \tag{3.3-11}$$

一般中等容量电机取 0.95 左右。

(2) 实测电枢回路电阻 R_a

由于电刷与换向器表面接触电阻是非线性的,电枢电流很小时,表现的电阻值很大,不反映实际情况。因此**不能用万用表直接测正、负电刷之间的电阻**。一般用降压法测量,即在电枢回路中通入接近额定值的电流,用低量程电压表测量正、负电刷间的压降,再除以电枢电流即为电枢回路总电阻。实测时,励磁绕组要开路,并卡住电枢使其不旋转。为了提高精度,在测量的过程中可以让电枢转动几个位置进行测量,然后取其平均值。

关于额定转矩 T_{eN} 可以按下式计算

$$T_{eN} = C_T\Phi_N I_N = 9.55C_E\Phi_N I_N \tag{3.3-12}$$

得到了 $(n_0,0)$,(n_N,T_{eN}) 两点,过此两点连成直线,即为该直流电动机的固有机械特性。

3.3.3　他励直流电机的功率关系

1. 发电机

下面分析直流发电机稳态运行时的功率关系。依据表 3.3.1,把电压方程式 $E_a = U + I_a R_a$ 乘以电枢电流得

$$E_a I_a = UI_a + I_a^2 R_a = P_2 + p_{Cua} \tag{3.3-13}$$

式中,$P_2 = UI_a$ 是直流发电机输送给负载的电功率;$p_{Cua} = I_a^2 R_a$ 是电枢回路总的铜损耗。把表 3.3.1 中的转矩方程式 $T_1 = T_e + T_0$ 乘以电枢机械角速度 Ω 得

$$T_1\Omega = T_e\Omega + T_0\Omega \tag{3.3-14}$$

改写成

$$P_1 = P_\Omega + p_0 = P_M + p_0 \tag{3.3-15}$$

式中,$P_1 = T_1\Omega$ 是原动机输送给发电机的轴机械功率。

$P_\Omega = T_e\Omega$ 为转化为电磁功率的机械功率(mechanical power),P_M 称为**电磁功率**(electro-magnetic power)

$$P_M = P_\Omega = E_a I_a = T_e\Omega \tag{3.3-15a}$$

p_0 是发电机**空载损耗功率**

$$p_0 = T_0\Omega = p_m + p_{Fe} \tag{3.3-16}$$

其中,p_m 是发电机机械摩擦损耗,p_{Fe} 是铁损耗,即电枢铁心在磁场中旋转时,铁心中的磁滞与涡流损耗(可参考 2.6 节)。

从式(3.3-15)中看出,原动机输送给发电机的机械功率 P_1 分成两部分:一小部分供给发电机的空载损耗 p_0;大部分机械功率 P_Ω 转变为电磁功率 P_M。

从 P_M 中扣除电枢回路总铜损耗 p_{Cua} 后即为发电机端的**输出电功率** P_2。在额定运行条件下,P_2 就是 3.1.1 节定义的发电机额定功率 P_N。

综合这些功率关系,可得

$$P_1 = P_M + p_0 = (P_2 + p_{Cua}) + (p_m + p_{Fe}) \tag{3.3-17}$$

图 3.3.4 画出了他励直流发电机功率流程,图中还画出了励磁功率 p_{Cuf}。

2. 电动机

把表 3.3.1 中电动机的电压方程式 $U = E_a + I_a R_a$ 两边都乘以 I_a 得到

$$UI_a = E_a I_a + I_a^2 R_a \tag{3.3-18}$$

可以改写成

$$P_1 = P_M + p_{Cua} \tag{3.3-19}$$

式中,$P_1 = UI_a$ 是从电源**输入的电功率**,$P_M = E_a I_a$ 是**电磁功率**,并转化为机械功率 $P_\Omega = T_e \Omega$,$p_{Cua} = I_a^2 R_a$ 是电枢回路总的铜损耗。

将表 3.3.1 中的转矩方程式 $T_e = T_2 + T_0$ 两边都乘以机械角速度 Ω,得

$$T_e \Omega = T_2 \Omega + T_0 \Omega \tag{3.3-20}$$

改写成

$$P_M = P_\Omega = P_2 + p_0 \tag{3.3-21}$$

式中,电磁功率转化的机械功率为 $P_M = T_e \Omega$;$P_2 = T_2 \Omega$ 是转轴上输出的机械功率,在额定运行条件下为额定输出功率 P_N;$p_0 = T_0 \Omega = p_m + p_{Fe}$ 是电动机空载损耗功率,其各分量的含义同发电机的空载损耗功率;P_Ω 扣除 p_0 为轴上输出的机械功率 P_2。

他励直流电动机稳态运行时的功率关系如图 3.3.5 所示。

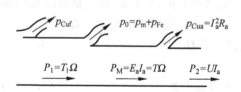
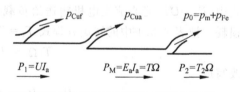

图 3.3.4　他励直流发电机的功率流程　　　图 3.3.5　他励直流电动机的功率流程

例 3.3-2　试证明直流电动机的电磁功率 $P_M = E_a I_a$ 和机械功率 $P_\Omega = T_e \Omega$ 相等。

解　由式(3.1-9),$P_M = E_a I_a = \dfrac{n_p N n \Phi}{60a} I_a$

由式(3.1-13),$P_\Omega = T_e \Omega = \left(\dfrac{n_p N}{2\pi a} \Phi I_a \right) \left(\dfrac{2\pi n}{60} \right) = \dfrac{n_p N n \Phi}{60a} I_a$

所以 $P_M = P_\Omega$

3. 电机的效率

无论是发电机还是电动机,其效率都可用下式计算

$$\eta = \frac{P_2}{P_1} = 1 - \frac{\sum p}{P_1} \tag{3.3-22}$$

例 3.3-3　试说明他励直流电动机的电动状态和发电状态的判定方法。

解　根据直流电动机原理可知,电动状态时电磁功率 $E_a I_a$(或 $T_e \Omega$,也就是图 3.2.2(b)的表示方法)大于零,反之,在发电状态时电磁功率小于零。所以判断电动或发电状态时,可以用电端口的电磁功率 $E_a I_a$ 或机械端口的电磁功率 $T_e \Omega$ 判断。

例 3.3-4　一台四极他励直流电机,电枢采用单波绕组,并联支路对数 $a=1$,电枢总导体数 $W=372$,电枢回路总电阻 $R_a=0.208\Omega$。当此电机运行在电源电压 $U=220\text{V}$,电机的转速 $n=1500\text{r/min}$,气隙每极磁通 $\Phi=0.011\text{Wb}$,此时电机的铁损耗 $p_{Fe}=362\text{W}$,机械摩擦损耗 $p_m=204\text{W}$(忽略附加损耗)。问:

(1) 该电机运行在发电状态,还是电动状态?

(2) 电磁转矩、输入功率和效率各是多少?

解　(1) 先计算电枢电势 E_a

已知并联支路对数 $a=1$,所以

$$E_a = \frac{n_p W}{60a}\Phi n = \frac{2 \times 372}{60 \times 1} \times 0.011 \times 1500 = 204.6\text{V}$$

按图 3.3.1 发电机惯例,$E_a = U + I_a R_a$,于是

$$I_a = \frac{E_a - U}{R_a} = \frac{204.6 - 220}{0.208} = -74\text{A}$$

在发电机惯例下 $E_a I_a < 0$,所以电机运行于电动状态。

(2) 下面改用电动机惯例进行计算

电磁转矩 $T_e = \dfrac{P_M}{\Omega} = \dfrac{E_a I_a}{2\pi n/60} = \dfrac{204.6 \times 74}{2\pi \times 1500/60} = 96.38\text{N·m}$

输入功率 $P_1 = UI_a = 220 \times 74 = 16280\text{W}$

输出功率 $P_2 = P_M - p_{Fe} - p_m = 204.6 \times 74 - 362 - 204 = 14574\text{W}$

总损耗 $\sum p = P_1 - P_2 = 16280 - 14574 = 1706\text{W}$

效率 $\eta = \dfrac{P_2}{P_1} = 1 - \dfrac{\sum p}{P_1} = 1 - \dfrac{1706}{16280} = 89.5\%$

3.1 节和 3.3 节小结

(1) 描述直流发电机(或电动机)特性的基本关系式有:两个机电能量变换式、三个平衡方程(稳态)。这些关系式如表 3.3.2 所示。

(2) 他励直流电动机的外特性(固有、人为)

$$n = \frac{U - I_a(R_a + R)}{C_E \Phi} = \frac{U}{C_E \Phi} - \frac{R_a + R}{C_E C_T \Phi^2} T_e = n_0 - \beta T_e$$

为改变其特性,使用者可调节的物理量为 U、R 和 Φ。3.4 节将讲述与之对应的三种调速方法,其中降压调速优点突出、应用最为普遍。

表 3.3.2　他励直流电机特性的基本关系式

	发　电　机	电　动　机
机电能量变换(3.1节)	$E_a = C_E \Phi n$ $T_e = C_T \Phi I_a$	$E_a = C_E \Phi n$ $T_e = C_T \Phi I_a$
励磁和主磁通(3.1节)	$I_f = U_f / R_f$ $\Phi = f(I_f, I_a)$	$I_f = U_f / R_f$ $\Phi = f(I_f, I_a)$
电枢回路电平衡(3.3节)	$E_a = U + I_a R_a$	$U = E_a + I_a R_a$
机械系统转矩平衡(3.3节)	$T_1 = T_e + T_0$	$T_e = T_2 + T_0 = T_L$
功率平衡(无励磁功率)	$P_1 = P_M + p_0 = (P_2 + p_{Cua}) + p_0$ $p_0 = p_m + p_{Fe}$	$P_1 = P_M + p_{Cua}$ $P_M = P_\Omega = P_2 + p_0$

3.4　他励直流电动机的运行特征

从使用的角度,要关心改变电动机拖动负载时的转速(调速)的方法以及相对应的电动机输入、输出的转矩或功率的特性。

本节将依据他励直流电动机的调速方法,**定性分析**几种过去或目前在实际中用到的典型调速工况。分析中如果不作特别说明,则以恒转矩型负载为例。同时,不考虑电机电枢回路的动态,对于由式(3.2-3)表示的由飞轮矩引起的速度变化只作**定性分析**。即,动转矩"$T_e - T_L$"不为零时,转速不发生突变,但将从原有稳态变化到另一"$T_e = T_L$"的稳态。

为了帮助读者从物理概念上把握本节内容,先依据表 3.3.2 中电动机的前 3 组公式和式(3.2-3)做出电机的模型如图 3.4.1。注意图中的电磁回路是稳态模型。

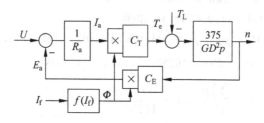

图 3.4.1　他励直流电动机的模型(不考虑电回路的动态)

需要注意的是,为了使他励式直流电机安全运行,在电枢回路通电前必须切实完成励磁电路的励磁工作;反之,如果要使电机不再工作,需要在电枢回路断电之后,再切除励磁。

3.4.1　他励直流电动机的起动和调速

直流电动机接到电源后,转速从零达到稳态转速的过程称为起动过程。但就原理而言,他励直流电动机的起动只是调速的一个特例。为了便于理解以下分别叙述。

1. 他励直流电动机的起动

对电动机起动的基本要求是：起动转矩要大；起动电流要小；起动设备要简单、经济、可靠。

若对静止的他励直流电动机加额定电压 U_N、电枢回路不串电阻即直接起动。此时 $n=0$，$E_a=0$，由式(3.3-9)，起动电流 I_{start} 和起动转矩 T_{start} 分别为

$$\begin{cases} I_{start} = U_N/R_a \gg I_N \\ T_{start} = C_T \Phi_N I_{start} \gg T_N \end{cases} \tag{3.4-1}$$

由于电流太大，使得电机不能正常换向，并且还会急剧发热；另外由于转矩太大，还会造成所拖机械的撞击，这些都是不允许的。因此除了微型直流电机由于其 R_a 大可以直接起动外，一般直流电机都不允许直接起动。直流电动机常用的起动方法有两种，下面分别叙述。

（1）电枢回路串电阻起动

如果电枢回路串电阻 R，起动电流被限制为 $I_{start}=U_N/(R_a+R)$，若负载 T_L 已知，根据对起动转矩的要求，可确定所串入电阻 R 的大小。有时为了保持起动过程中电磁转矩持续足够大、电枢电流在电机允许的范围内，可以逐段切除起动电阻，起动轨迹如图 3.4.2(a)所示。起动完成后，起动电阻全部被切除、电机稳定运行在固有特性的 A 点。

（2）降电压起动

采用可调电压源降低电压到 U。负载 T_L 已知时，根据式(3.4-1)可以确定电压 U 的大小。有时为了保证起动过程中电磁转矩一直较大及电枢电流一直较小，可以逐渐升高电压 U，直至最后升到 U_N，这样的起动轨迹如图 3.4.2(b)所示。

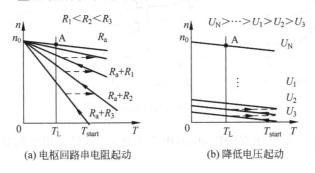

(a) 电枢回路串电阻起动　　　　(b) 降低电压起动

图 3.4.2　他励直流电动机的起动

2. 他励直流电动机的调速

电动机是用以驱动某种生产机械的，所以需要根据工艺要求调节其转速。不但要求速度调节的范围广、精度高、过程平滑，而且要求调节方法简单、经济。

由式(3.2-1)和式(3.3-5)可知，他励直流电动机的稳态转速是由稳定工作点 $\{T_L(=T_e),n\}$ 决定的。工作点改变了，电动机的转速也就改变了。如果负载一定，

其转矩特性是一定的。但是他励直流电动机的机械特性却可以人为地改变。通过人为改变电机机械特性而使其与负载特性的交点随之变动,可以达到调速的目的。

由3.3.2节知,人为改变机械特性的方法有:变电枢电压、变励磁电流弱磁和在电枢回路中串电阻。以下详细讨论这三种方法的特点。

(1) 电枢串电阻调速(armature resistance control)

他励直流电动机拖动负载运行时,保持电源电压及磁通为额定值不变,在电枢回路中串入不同的电阻时,电动机运行于不同的转速,如图3.4.3(a)所示。图中负载是恒转矩负载。比如串电阻前的工作点为A,转速为n,电枢中串入电阻R_1后,工作点就变成了A_1,转速降为n_1。电枢中串入的电阻若加大为R_2,工作点变成A_2,转速则进一步下降为n_2。显然,串入电枢回路的电阻值越大,电动机的转速越低。由此该方法有以下特点:

① 通常把电动机固有机械特性上的转速称为基速,所以,电枢回路串电阻调速的方向只能是从基速向下调;

② 电枢回路串电阻调速时,所串的调速电阻上通过电枢电流,会产生很大的损耗$I_a^2 R_1$、$I_a^2 R_2$等;

③ 由于I_a较大,调速电阻的容量也较大、较笨重,不易做到阻值连续调节,因而电动机转速也不能连续调节(**有级调速**);

④ 机械特性过理想空载点的n_0,并且串入的电阻越大,机械特性越软。这样在低速运行时,即使负载在不大的范围内变动,也会引起转速发生较大的变化,也就是说转速的稳定性较差。

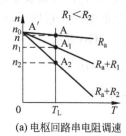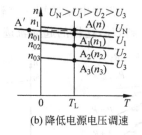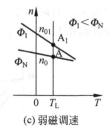

(a) 电枢回路串电阻调速　　(b) 降低电源电压调速　　(c) 弱磁调速

图3.4.3　他励直流电动机的调速

尽管电枢串电阻调速方法简单,但由于上述缺点,只应用于调速性能要求不高的场合。

(2) 降低电源电压调速(voltage control)

保持他励直流电动机磁通为额定值不变,电枢回路不串电阻,降低电枢的电源电压为不同大小时,电动机拖动负载运行于不同的转速上,如图3.4.3(b)所示。图中所示的负载为恒转矩负载。当电源电压为额定值U_N时,工作点为A,转速n;电压降到U_1后,工作点为A_1,转速为n_1;电压为U_2,工作点为A_2,转速为n_2。该方法的特点为:

① 电源电压越低,转速也越低,调速方向也是从基速向下调。

② 电动机机械特性的硬度不变。这样,比起电枢回路串电阻调速使机械特性变软这一点,降低电源电压可以使电动机在低速范围运行时,转速随负载变化而变化的幅度较小,转速稳定性要好得多。

③ 当电源电压连续变化时,转速可随之连续变化,这种调速称为**无级调速**。与串电阻时的有级调速相比,这种调速要平滑得多,并且还可以得到任意多级的转速。因此降压调速的方法在直流电力拖动系统中被广泛采用。

(3) 弱磁调速(field weakening control)

由 3.3.2 节知,调节励磁电流可以改变磁通从而改变速度。可以通过调节励磁电压以实现对磁通的连续调节。此外,还可在励磁回路中串电阻调节励磁电流。以下讨论弱磁调速的特性。

由式(3.3-9)知,保持他励直流电动机电源电压不变,电枢回路也不串电阻,降低他励直流电动机的磁通 Φ 可以使电动机理想空载转速升高。图 3.4.3(c)所示的曲线为他励电机带恒转矩负载时弱磁调速的机械特性。显然,在负载转矩较小时,磁通减少得越多,转速升高得越大。

如果磁通减少得太多,则由于空载转速太高,有可能使得电机转速太高。由此,在使用这类电机时要注意:**在运行过程中,励磁回路绝不可断开,即绝不可失磁**。因为如果失磁,在负载转矩很小时,由于剩磁的作用电机的转速将迅速升高,有可能引发严重的事故;而在负载转矩较大时,速度的变化问题较为复杂,需要定量分析。在电枢电压和负载转矩一定的条件下,由式(3.3-9)可得以磁通为自变量、电磁转矩为参数、转速为因变量的关系式为

$$n = \frac{U_N}{C_E \Phi} - \frac{R_a}{C_E C_T \Phi^2} T_e = -A\left(\frac{1}{\Phi} - B\right)^2 + \frac{C_T U_N^2}{4 R_a C_E T_e} \tag{3.4-2}$$

式中

$$A = \frac{R_a T_e}{C_E C_T} > 0, \quad B = \frac{U_N}{2 A C_E} = \frac{C_T U_N}{2 R_a T_e} > 0 \tag{3.4-3}$$

为两个常数,$T_e = T_L$。由式(3.4-2)可以看出,弱磁后转速是否增减与弱磁前的工作点 $\{T_e(=T_L), 1/\Phi\}$ 有关。

基于式(3.4-2),对于不同负载转矩 T_{L1},T_{L2}($T_{L1} < T_{L2}$),弱磁时的速度变化曲线如图 3.4.4 中的 $n_{T_{L1}}(\Phi)$ 和 $n_{T_{L2}}(\Phi)$ 所示。图中,B_1 对应 T_{L1}、B_2 对应 T_{L2}。可以看出,在区间 $1/\Phi \leqslant B$ 内转速将升高;而在区间 $B < 1/\Phi$,如果进一步弱磁则使得转速降低。因此,在设计控制方案时一定要注意弱磁调速的这种非线性性质。

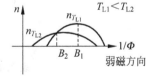

图 3.4.4 弱磁调速的非线性特性

3.4.2 他励直流电动机的典型运行

从前面的分析,我们知道:

(1) 电动机稳态工作点是指满足 3.2 节所述的稳定运行条件的那些电动机机械

特性与负载转矩特性的交点,电动机在稳定工作点恒速运行;

（2）电动机运行在工作点之外的机械特性上时,由于动转矩不为零,系统处于加速或减速的过渡过程;

（3）他励直流电动机固有机械特性与各种人为机械特性,分布在机械特性的四个象限内;而负载的转矩特性,也可分布在四个象限之内。

本节将分析他励直流电动机拖动典型负载进行调速时,典型的稳态运行以及过渡过程,以加深对调速系统特性以及功率变换过程的认识。下列标题中的"**运行**"是指上述（1）的稳定工作点**稳速**运行;"**过程**"是指上述（2）中电动机从一个稳定工作点变化到另一个稳定工作点时变速的**过渡**过程;"制动"一词是一个等同于"发电"一词的工程用语,表示在电动机惯例下、电动机在Ⅱ、Ⅳ象限的运行或过渡过程。

1. 正向电动运行和反向电动运行

正向电动运行与反向电动运行是电动机最基本的运行状态。

在假定他励直流电动机转向的正方向后,如果电机电磁转矩 $T_e > 0$、转速 $n > 0$,则工作在第Ⅰ象限,如图3.4.5所示的A点和B点所示。这种运行状态称为正向电动运行。由于 T_e 和 n 同方向,T_e 为拖动性转矩。电动运行时,电动机把电源送进电机的电功率通过电磁作用转换为机械功率,再从轴上输出给负载。在这个过程中,电枢回路中存在着铜损耗和空载损耗。功率关系如表3.4.1所示。

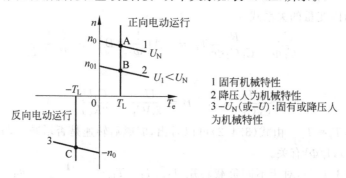

图 3.4.5　电动运行

表 3.4.1　他励电动机电动运行下的功率关系

输入电功率 P_1	电枢回路总损耗 P_{Cua}	电磁功率（电→机）P_M	电动机空载损耗 p_0	输出机械功率 P_2
UI_a =	$I_a^2 R_a$ +	$E_a I_a$		
		$T_e \Omega$ =	$T_0 \Omega$ +	$T_2 \Omega$
+	+	+	+	+

电动机拖动反抗性恒转矩性质的负载,反转时工作点则在第Ⅲ象限,如图3.4.5中C点所示,这时电动机电源电压为负值,电磁转矩 $T_e < 0$,转速 $n < 0$,T_e 与 n 仍旧

同方向,T_e 仍为拖动性负载,其功率关系与正向电动运行完全相同,如表 3.4.1 所示。这种运行状态称为**反向电动运行**。

2. 能耗制动过程和能耗制动运行

他励直流电机拖动**反抗性**恒转矩负载运行于正向电动运行状态时,其接线如图 3.4.6(a)中刀闸接在电源上的情况,电动机工作在图 3.4.6(b)中的第Ⅰ象限 A 点。当刀闸拉至电阻侧时,也就突然切除了电动机的电源电压并为了限制电流在电枢回路中串入了电阻 R。于是电动机的机械特性不再是图 3.4.6(b)中的曲线 1 而成了曲线 2。在切换后的瞬间,由于转速 n 不能突变,电动机的运行点从 A→B,磁通 $\Phi=\Phi_N$ 不变,电枢感应电动势 E_a 保持不变,即 $E_a>0$,而此刻电压 $U=0$。因此 B 点的电枢电流 I_{aB} 和电磁转矩 T_{eB} 分别为

$$I_{aB} = \frac{-E_a}{R_a + R} < 0 \tag{3.4-4}$$

$$T_{eB} = C_T \Phi_N I_{aB} < 0 \tag{3.4-5}$$

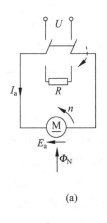

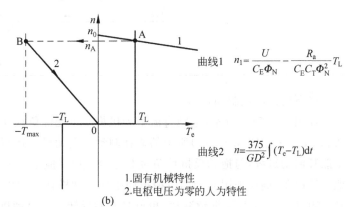

曲线1　$n_1 = \dfrac{U}{C_E\Phi_N} - \dfrac{R_a}{C_E C_T \Phi_N^2} T_L$

曲线2　$n = \dfrac{375}{GD^2}\displaystyle\int(T_e - T_L)\mathrm{d}t$

1.固有机械特性
2.电枢电压为零的人为特性

(a)　　　　　　　　(b)

图 3.4.6　能耗制动过程

用于制动的电磁转矩 $T_{eB}<0$,并且根据运动方程

$$T_{eB} - T_L = -|T_{eB}| - T_2 - T_0 = \frac{GD^2}{375}\frac{\mathrm{d}n}{\mathrm{d}t} \tag{3.4-6}$$

加速度<0,系统减速。此时转速的表达式为

$$n = \frac{375}{GD^2}\int(T_e - T_L)\mathrm{d}t \tag{3.4-7}$$

在减速过程中,E_a 逐渐下降,I_a 及 T_e 的绝对值减逐渐小,电动机运行点沿着曲线 2 从 B 趋向零点。速度为零时,$E_a=0$,负载转矩 T_L 变为零,所以 $I_a=0$,$T_e=0$,$n=0$,即稳定工作在原点上。上述过程是把正转的拖动系统停车的制动过程。在整个过程中,电动机的电磁转矩 $T_e<0$,而转速 $n>0$,T_e 与 n 是反方向的,T_e 始终是起制动作用的,是制动运行状态的一种,称为**能耗制动过程**。

在能耗制动过程,依据式(3.4-6),他励直流电动机的功率关系如表 3.4.2 所示。

电源输入的电功率 $P_1=0$,也就是电动机与电源没有功率交换;注意此时的机械功率为

$$\left(T_L + \frac{GD^2}{375}\frac{dn}{dt}\right)\Omega = \left(T_0 + T_2 + \frac{GD^2}{375}\frac{dn}{dt}\right)\Omega \tag{3.4-8}$$

而电磁功率 $P_M<0$,也就是在电动机内,电磁作用是把机械功率转变为电功率。这说明了负载向电动机输入了机械功率,扣除了空载损耗以及加速度功率,其余的通过电磁作用转变成电功率了。从把机械功率转换成电功率这一点上讲,能耗制动过程中电动机好像是一台发电机,但它与一般发电机又不同,表现在没有原动机输入机械功率,而只有转速降低时所释放出来的动能。所得到的电功率消耗在电枢回路的总电阻 (R_a+R) 上了。

表 3.4.2　能耗制动时的功率关系

输入电功率 P_1	电枢回路总损耗 P_{Cua}	电磁功率(电→机) P_M	电机空载损耗 p_0	输出机械功率 P_2	动转矩功率
UI_a =	$I_a^2(R_a+R)$ +	E_aI_a			
		$T_e\Omega$ =	$T_0\Omega$ +	$T_2\Omega$ +	$\dfrac{GD^2}{375}\dfrac{dn}{dt}\Omega$
0	+	−	+	图 3.4.7 的Ⅰ象限为正、Ⅳ象限为负	对于过程为负、对于运行为零

以下讨论能耗制动运行。

如图 3.4.7(a)所示,他励直流电动机拖动位能性负载 T_{L1},本来运行在正向电动状态,突然采用图 3.4.6(a)所示的能耗制动。电动机的运行点从 A→B→0,从 B→0 是**能耗制动过程**,与拖动反抗性负载时完全一样。但是到了 0 点以后,如果不采用其他办法停车(例如采用外加的机械抱闸抱住电动机轴),则由于负载转矩 $T_L>0$ 而电磁转矩 $T_e=0$,系统会继续减速,也就是开始反转了。电动机的运行点沿着能耗制动机械特性曲线 2 从 0→C,C 点处 $T_e=T_L$,系统稳定运行于工作点 C。该处电动机电磁转矩 $T_e>0$,转速 $n<0$,T_e 与 n 方向相反,T_e 为制动性转矩,这种稳态运行状况称为能耗制动运行。在这种运行状态下,T_{L2} 方向与系统转速 n 同方向,为拖动性转矩。

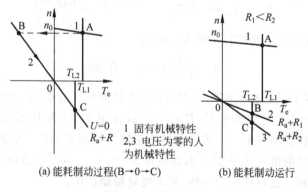

(a)能耗制动过程(B→0→C)　　　(b)能耗制动运行

图 3.4.7　能耗制动

能耗制动运行时电动机电枢回路串入的制动电阻不同时,运行转速也不同。制动电阻 R 越大,为了得到相同的制动电磁转矩 T_e 所需反电势越高,所以转速绝对值 $|n|$ 越高,如图 3.4.7(b)所示。

由他励直流电动机拖动位能性负载运行时,怎样理解工作点在第 Ⅳ 象限的稳态运行状态呢? 为什么转速 $n<0$ 了,而电磁转矩仍旧是 $T_e>0$ 呢? 以起重机提升或下放重物为例,提升和下放都是恒速,重物本身受力的合力为零,作用在卷筒上的电磁转矩与负载转矩大小相同,方向相反,因此 $T_e>0$。

能耗制动运行时的功率关系与能耗制动过程时类似(表 3.4.2 所示)。不同的是能耗制动运行状态下,机械功率的输入是靠位能性负载减少位能(位置下降)来提供,并且动转矩功率项为零。

3. 反接制动过程

电气制动除了采用能耗制动外,还可以采用反接制动。如图 3.4.8(a),反接制动是把正向运行的他励直流电动机的电源电压突然反接、同时串入(或不串入)限流电阻 R 来实现的。拖动反抗性恒转矩负载反接制动停车时,其机械特性如图 3.4.8(b)所示。本来电动机的工作点在 A,反接制动后,电动机运行点从 A→B→C,到 C 点后电动机转速 $n=0$,制动停车过程结束,将电动机的电源切除。这一过程中,电动机运行于第 Ⅱ 象限,$T_e<0$,$n>0$,T_e 与 n 反方向,T_e 是制动性转矩。上述过程称为反接制动过程。

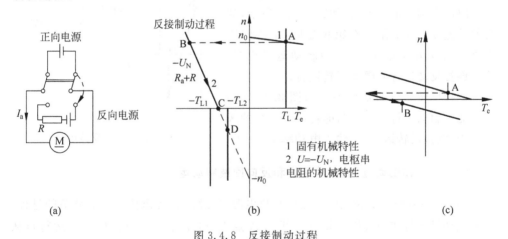

图 3.4.8　反接制动过程

在第 Ⅱ 象限时,反接制动过程中的功率关系如表 3.4.3 所示。反接制动过程中电源输入的电功率 $P_1>0$,但是电动机轴上输入的机械功率 $P_M<0$;从电源送入的电功率 P_1 以及机械能转变成的电功率 P_M,都消耗在电枢回路电阻(R_a+R)上了。

如果在 $n=0$ 后不切除电动机电源,并且反抗性恒转矩负载 T_{L2} 与机械特性 2 有交点 D(图 3.4.8(b)所示),则电机会在 D 点作反向电动运行。对于位能性恒转矩,

运行点从 A→B→C,若要在 C 点停车就应及时切除电动机的电源并同时接入机械抱闸装置以保证可靠停车。如若不然,沿箭头过 C 点后,由于 $T_e-T_L<0$,系统会反向起动到Ⅳ象限、变为下面将要讨论的"反向回馈制动运行"。

表 3.4.3　反接制动过程中的功率关系

输入电功率 P_1	电枢回路总损耗 P_{Cua}	电磁功率(电→机)P_M	电动机空载损耗 p_0	输出机械功率 P_2	动转矩功率
$U_N I_a$ =	$I_a^2\{R_a+(R)\}$ +	$E_a I_a$ $T_e\Omega=$	$T_0\Omega$ +	$T_2\Omega$ +	$\frac{GD^2}{375}\frac{dn}{dt}\Omega$
+	+	−	+	+	−

对于采用可调节电压源的电力拖动系统,常常采用先降压减速(避免接限流电阻)、再反接低电压从而反接制动停车并接着反向(或正向)起动的运行方式,达到迅速制动并反转(正转)的目的。图 3.4.8(c)表示了接反抗性恒转矩负载 T_L 条件下,低速正转运行时反接电源使得工作点由Ⅰ象限的 A 点变化到Ⅱ象限、并最终在Ⅲ象限 B 点的制动过程。

4. 倒拉反转运行

他励直流电动机如果拖动位能性负载运行,电枢回路串入电阻时,转速 n 下降,但是如果电阻值大到一定程度后,如图 3.4.9 所示,就会使转速 $n<0$,工作点在第Ⅳ象限,电磁转矩 $T_e>0$,与 n 方向相反,是一种制动运行状态,称为**倒拉反转运行**或**限速反转运行**。

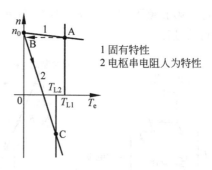

1 固有特性
2 电枢串电阻人为特性

图 3.4.9　倒拉反转运行

倒拉反转运行的功率关系与图 3.4.7(b)所示能耗制动运行类似。与能耗制动运行的区别在于,倒拉反转运行中,输入电功率 $P_1>0$。

5. 正向回馈制动过程、制动运行和反向回馈制动运行

图 3.4.10(a)所示为他励直流电动机电源电压降低,转速从高向低调节的过程。原来电动机运行在固有机械特性曲线的 A 点上,电压降为 U_1 后,电动机运行点从 A→B→C→D,最后稳定运行在 D 点。在这一降速过渡过程中,从 B→C 这一阶段,电动机的转速 $n>0$,而电磁转矩 $T_e<0$,T_e 与 n 的方向相反,T_e 是制动性转矩,是一种正向回馈制动过程。

B→C 这一段运行时的功率关系如表 3.4.4 所示,其功率流程与直流发电机的功率流程一致,所不同的是,①机械功率的输入不是原动机送进,而是系统从高速向低速降速过程中释放出来的动能所提供;②电功率送出不是给用电设备,而是给直流电源,"回馈"指电动机把功率回馈电源。

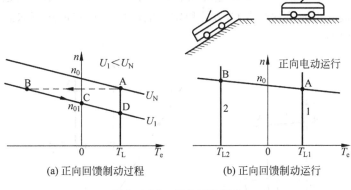

图 3.4.10　正向回馈制动

表 3.4.4　正（反）向回馈制动时的功率关系

输入 电功率 P_1	电枢回路 总损耗 P_{Cua}	电磁功率 （电→机）P_{M}	电机空载 损耗 p_0	输出机械 功率 P_2	动转矩功率
$U_{\mathrm{N}}I_{\mathrm{a}}$ =	$I_{\mathrm{a}}^2 R_{\mathrm{a}}$ +	$E_{\mathrm{a}}I_{\mathrm{a}}$			
		$T_{\mathrm{e}}\Omega$ =	$T_0\Omega$ +	$T_2\Omega$	$+\dfrac{GD^2}{375}\dfrac{\mathrm{d}n}{\mathrm{d}t}\Omega$
$-$	$+$	$-$	$+$	对于图 3.4.10(a) 为 正、图 3.4.10(b) 为负	对于图 3.4.10(a) 为 负、图 3.4.10(b) 为零

　　如果让他励直流电动机拖动一台小电动车，规定小车向左前进时转速 n 为正，电磁转矩 T_{e} 与 n 同方向为正，负载转矩 T_{L} 与 n 反方向为正。小车在平路上前进时，负载转矩为摩擦性阻转矩 T_{L1}，$T_{\mathrm{L1}}>0$，小车在下坡路上前进时，负载转矩为一个摩擦性阻转矩与一个位能性的拖动转矩之合成转矩。一般后者数值（绝对值）比前者大，二者方向相反。因此下坡时小车受到的总负载转矩为 T_{L2}，$T_{\mathrm{L2}}<0$，如图 3.4.10(b) 所示，负载机械特性为曲线 1 和曲线 2。平路时电动机运行在正向电动运行状态，工作点为固有机械特性与曲线 1 的交点 A；走下坡路时，电动机则运行在正向回馈运行状态，工作点为固有机械特性与曲线 2 的交点 B。回馈制动运行时的电磁转矩 T_{e} 与 n 反向相反，T_{e} 与 T_{L} 平衡，使小车能够恒速行驶。这种稳定运行时的功率关系与上面回馈制动过程时是一样的，区别仅仅是机械功率不是由负载减少动能来提供，而是由小车减少位能来提供。

　　对于图 3.4.10(b)，小车向右前进时必然施加反向直流电压，此时如果下坡前进，则 $T_{\mathrm{e}}\Omega<0$ 时，称为反向回馈制动运行。另一个例子是，对于图 3.4.11(a) 拖动位能性负载在 A 点进行正向电动运行，当电源电压反接后使系统工作在图 3.4.11(a) 的 B 点，这时电磁转矩 $T_{\mathrm{e}}>0$，转速 $n<0$，也称为反向回馈制动运行。

　　反向回馈制动运行的功率关系与正向回馈制动运行时是一样的，如表 3.4.4 所示。

　　他励直流电动机拖动位能性负载进行反接制动，当转速下降到 $n=0$ 时，如果不及时切除电源，也不抱闸抱住电动机轴，那么由于电磁转矩与负载转矩不相等，系统

不能维持 $n=0$ 的恒速,而继续减速即反转,如图 3.4.11(b)所示直到达到反接制动机械特性与负载机械特性交点 C,方才稳定。电动机在 C 点的运行状态也是反向回馈制动运行状态。

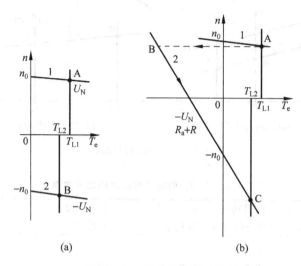

图 3.4.11　反向回馈制动运行

到此为止,介绍了他励直流电动机在四个象限的几种典型运行。以下给出两个综合例题加以说明。

例 3.4-1　已知他励直流电动机的参数同例 3.3-1($P_N=22$kW,$U_N=220$V,$I_N=115$A,$n_N=1500$r/min,$R_a=0.1\Omega$),$I_{amax}=2I_N$。若运行于正向电动状态时,$T_L=0.9T_N$,要求计算:

(1) 负载为反抗性恒转矩时,采用能耗制动过程停车时,电枢回路应串入的制动电阻最小值是多少?

(2) 负载为位能性恒转矩时,例如起重机,传动机构的转矩损耗 $\Delta T=0.1T_N$,要求电动机运行在 $n_1=-200$r/min 匀速下放重物,采用能耗制动运行,电枢回路应串入的电阻值是多少?该电阻上的功率损耗是多少?

(3) 负载同(1),若采用反接制动停车,电枢回路应串入的制动电阻最小值是多少?

(4) 负载同(2),电动机运行在 $n_2=-1000$r/min 匀速下放重物,采用倒拉反转运行,电枢回路应串入的电阻值是多少?该电阻上的功率损耗是多少?

(5) 负载同(2),采用反向回馈制动运行,电枢回路不串电阻时,电动机转速是多少?

解　(1)反抗性恒转矩负载能耗制动过程应串入电阻值的计算

由例 3.3-1 中知 $C_E\Phi_N=0.139$,$n_0=1582.7$r/min,$\Delta n_N=82.7$r/min。额定运行状态时感应电动势为

$$E_{aN}=C_E\Phi_N n_N=0.139\times1500=208.5\text{V}$$

负载转矩 $T_L = 0.9 T_N$ 时的转速降落

$$\Delta n = \frac{0.9 T_N}{T_N} \Delta n_N = 0.9 \times 82.7 = 74.4 \text{r/min}$$

负载转矩 $T_L = 0.9 T_N$ 时的转速

$$n - n_0 - \Delta n = 1582.7 - 74.4 = 1508.3 \text{r/min}$$

制动开始时的电枢感应电动势

$$E_a = \frac{n}{n_N} E_{aN} = \frac{1508.9}{1500} \times 208.5 = 209.7 \text{V}$$

能耗制动应串入的制动电阻最小值

$$R_{min} = \frac{E_a}{I_{amax}} - R_a = \frac{209.7}{2 \times 115} - 0.1 = 0.812 \Omega$$

（2）位能性恒转矩负载能耗制动运行时，电枢回路串入电阻及其上功率损耗的计算。反转时负载转矩

$$T_{L1} = T_L - 2\Delta T = 0.9 T_N - 2 \times 0.1 T_N = 0.7 T_N$$

负载电流

$$I_{a1} = \frac{T_{L1}}{T_N} I_N = 0.7 I_N = 0.7 \times 115 = 80.5 \text{A}$$

转速为 -200 r/min 时电枢感应电动势

$$E_{a1} = C_E \Phi_N n = 0.139 \times (-200) = -27.8 \text{V}$$

串入电枢回路的电阻

$$R_1 = \frac{-E_{a1}}{I_{a1}} - R_a = \frac{27.8}{80.5} - 0.1 = 0.245 \Omega$$

R_1 上的功率损耗

$$p_{R1} = I_{a1}^2 R_1 = 80.5^2 \times 0.245 = 1588 \text{W}$$

（3）反接制动停车，电枢回路串入电阻的最小值

$$R'_{min} = \frac{U_N + E_a}{I_{amax}} - R_a = \frac{220 + 209.7}{2 \times 115} - 0.1 = 1.768 \Omega$$

（4）位能性恒转矩负载倒拉反转运行时，电枢回路串入电阻值及其上功率损耗的计算转速为 -1000 r/min 时的电枢感应电动势

$$E_{a2} = \frac{n_2}{n_N} E_{aN} = \frac{-1000}{1500} \times 208.5 = -139 \text{V}$$

应串入电枢回路的电阻

$$R_2 = \frac{U_N - E_{a2}}{I_{a1}} - R_a = \frac{220 + 139}{80.5} - 0.1 = 4.36 \Omega$$

R_2 上的功率损耗　$p_{R2} = I_{a1}^2 R_2 = 80.5^2 \times 4.36 = 28254 \text{W}$

（5）位能性恒转矩负载反向回馈制动运行，电枢不串电阻时，电动机转速为

$$n = \frac{-U_N}{C_E \Phi_N} - \frac{I_a R_a}{C_E \Phi_N} = -n_0 - \frac{I_a}{I_N} \Delta n_N$$

$$= -1582.7 - 0.7 \times 82.7 = -1640.6 \text{r/min}$$

例 3.4-2　典型电梯的机械结构如图 3.4.12 所示,分为由电机拖动的定滑轮、载物轿厢和配重(图中用黑框表示)。此外,还在定滑轮上设置了抱闸装置用于停车时将定滑轮抱死以保证可靠停车。配重的重量一般为载物轿厢满载重量的一半,于是轿厢空载时负载转矩的方向为拖动轿厢上升的方向,轿厢满载时负载转矩的方向为拖动轿厢下降的方向。试分析采用调压调速的直流电机拖动电梯轿厢(1)作四象限运行;(2)举例说明其降速或升速过程;(3)举例说明系统有可能有反接制动过程。

解　首先,按电动机惯例设定电端口以及机械端口各个物理量的正方向如图 3.4.12 中的说明(注意:若不假定正方向,则无法讨论)。其次,如果是稳态运行,电磁转矩 T_e 和负载转矩 T_L 必然大小相等、方向相反。

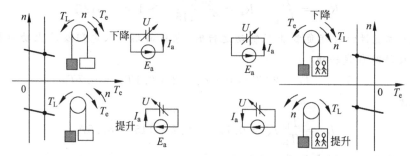

说明:设 T_L 逆时针为正, 顺时针为负;n 下降(顺时针)为正, 上升为负;电压 U 右正时为加正电压,右负时为加反电压。

图 3.4.12　电梯的四象限运行示意

(1) 如果工作在图 3.4.13 所示的工作点,轿厢空载下降时,电机为正向电动运行(n 与 T_e 同向且为下降,所以为 Ⅰ 象限);空载上升时,电机为反向回馈制动运行(Ⅳ 象限);轿厢满载下降时,电机为正向回馈制动运行(Ⅱ 象限);满载上升时,电机为反向电动运行(Ⅲ 象限)。

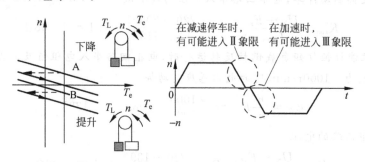

图 3.4.13　轿厢空载下降并降压停车和加速上升(假定正方向同图 3.4.12)

(2) 如图 3.4.14 所示,当空载轿厢下降(电动运行)在 Ⅰ 象限 A 工作点时,如果降压停车并且降压太急,电机就有可能在一段时间内工作在 Ⅱ 象限(正向回馈制动过程)。同理,当在 Ⅳ 象限工作点 B 反向回馈运行的空载轿厢加速上升时,如果升压太急,电机就有可能在一段时间内工作在 Ⅲ 象限(反向电动过程)。

（3）如图 3.4.14 所示，当空载轿厢下降（电动运行）在Ⅰ象限 A 工作点时，突然为了改为上升要将电源反接。所以电机首先在一段时间内工作在Ⅱ象限（反接制动过程），之后在Ⅳ象限工作点 B 处作反向回馈运行。当然，为了使电梯运行平稳，一般不允许电梯有这种运行方式。

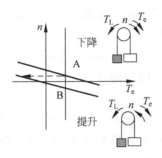

图 3.4.14　轿厢空载由下降突然改为上升（假定正方向同图 3.4.12）

本节小结

定性分析了他励直流电动机的调速方法以及相对应的电动机转矩或功率的特性。讨论中不考虑电枢回路的动态，只定性考虑动转矩（$T_e - T_L$）的影响。

（1）通过调速，系统（电动机＋负载）可在四象限运行。电动机的能量流向决定了其工作状态。电动机的工作状态分为电动（电磁转矩 T_e 和转速 n 同方向）和制动（或称为发电，T_e 和 n 不同方向）。这个结论适用于任何类型的电动机。

（2）根据电动机工作在稳态或暂态，可把工作状态分为"稳态运行"和"过渡过程"。

*3.5　电动机机械特性与负载转矩特性的配合

在电动机拖动负载运行时，除了要考虑 3.2 节所述的两者转矩之间的关系之外，为了充分利用电动机，还需要考察电动机机械特性与负载转矩特性的配合问题。

在讨论之前，需要明确直流电动机额定电枢电流 I_N 的含义是什么？我们知道，电动机运行时内部有损耗，这些损耗最终变成热能、使电动机温度升高。若损耗过大，长期运行时，由于电动机温度太高会损坏电动机的绝缘，从而损坏电机。电动机损耗可分为不变损耗与可变损耗。可变损耗主要取决于电枢电流的大小，电枢电流大，损耗就大；电枢电流小，损耗也小。为了不致损坏绝缘而导致损坏电动机，对电枢电流规定了上限值。在长期运行的条件下，电枢电流的上限值就是电枢额定电流 I_N。此外，如果带负载时电机电枢电流小，则其输出也小，导致电机的利用率不高。因此为了充分利用电动机，希望让它工作在 $I_a = I_N$ 附近。由 3.4 节可知，它励直流电动机运行时电枢电流 I_a 的大小取决于所拖动的负载的转矩特性和电机的调速方法。所以为了充分利用电动机，需要具体分析采用不同的调速方法下电动机拖动不同特性的负载时电枢电流 I_a 的情况。

1. 恒转矩调速与恒功率调速

调速方法的转矩特性是在 $I_a = I_N$ 不变的前提下,用来表征电动机采用某种调速方法时带负载能力(转矩、功率)的性能指标。一般地,电动机调速方法有两种转矩特性,即恒转矩与恒功率调速。

(1)恒转矩调速(constant-torque operation)　采用某种调速方法时,在保持电枢电流 $I_a = I_N$ 不变条件下,若电机的电磁转矩恒定不变,则称这种调速方法为恒转矩调速。

(2)恒功率调速(constant-power operation)　采用某种调速方法时,在保持电枢电流 $I_a = I_N$ 不变的条件下,若电机的电磁功率 P_M 恒定不变,则称这种调速方法为恒功率调速。

那么,3.4.1 节中所述的他励直流电动机的串电阻调速、降电压调速以及弱磁调速这三种调速方法各具有哪些转矩特性呢? 将直流电动机电磁功率表达式 $P_M = T_e\Omega$ 改写如下

$$P_M = T_e\Omega = C_T\Phi I_a\Omega \tag{3.5-1}$$

也就是

$$P_M = E_a I_a = UI_a - R_a I_a^2 \tag{3.5-2}$$

对于电枢串电阻调速和降压调速方法,由式(3.5-1)知,I_a 为常数时,由于磁通幅值 Φ 为常数,对应的电磁转矩 $T_e(=T_L)\propto I_a$ 是恒转矩,所以是恒转矩调速;而弱磁调速时,由式(3.5-2)知,I_a 为常数时,由于电压 U 为常数,所以 P_M 为常数,也即该方法具有恒功率调速的性质。此时,由式(3.5-1)可知 T_e 反比于转速 Ω。

2. 电动机机械特性与负载转矩特性的配合

电动机采用恒转矩调速时,如果拖动额定的恒转矩负载 T_L 运行,在稳态时必然有 $T_N = T_L$,那么不论运行在什么转速上,电动机的电枢电流 $I_a = I_N$ 不变,如图 3.5.1(a) 所示,电动机得到了充分利用。我们称电机的恒转矩调速特性与负载恒转矩特性相匹配(matching)。当电动机采用恒功率调速时,如果拖动恒功率负载运行,可以使电动机电磁功率 $P_M = T_N\Omega_N$ 不变,那么不论运行在什么转速上,电枢电流 $I_a = I_N$ 也不变,电动机被充分利用。所以电机的恒功率调速与恒功率负载也可以作到匹配。

电机做恒转矩调速拖动恒功率负载、或做恒功率调速拖动恒转矩负载时,两者是否也匹配呢? 答案是否定的。恒转矩性质的调速如果拖动恒功率负载运行,必须按照"低速运行时电机额定转矩等于负载转矩、电枢电流等于额定电流"的原则选择电机。但是,如图 3.5.1(b) 所示,由于负载是恒功率的,即当系统运行在高速段时负载转矩将低于额定转矩,电动机电磁转矩也低于额定转矩。此时由于磁通 Φ_N 不变,$T_e = C_T\Phi_N I_a$ 减小,I_a 也必然减小,结果 $I_a < I_N$,电动机的利用就不充分了。这种情况被称为电机的调速特性与被拖负载特性之间**不匹配**。

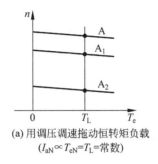
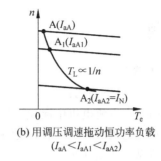

(a) 用调压调速拖动恒转矩负载
$(I_{aN} \propto T_{eN} = T_L = 常数)$

(b) 用调压调速拖动恒功率负载
$(I_{aA} < I_{aA1} < I_{aA2})$

图 3.5.1 电动机与负载的匹配和不匹配

恒功率调速的电动机若拖动恒转矩负载运行,情况会怎样呢? 由于最高转速 n_{max} 处所需功率最大,只能按点 $\{T_L, n_{max}\}$ 选配合适的电动机,从而使系统在高速运行时负载转矩等于电动机允许的转矩、电机电枢电流等于额定电流 I_N。但是,由于负载是恒转矩性质的,当系统运行到较低速时,虽然电动机电磁转矩 $T_e = T_L$ 不变,但此时磁通 Φ 增大到了 Φ_N,根据 $T_e = C_T \Phi_N I_a$,电枢电流 $I_a < I_N$,电动机没能得到充分利用。所以该调速特性与负载特性也不匹配。

对于既非恒转矩、也非恒功率的泵类负载,那么无论采用恒转矩调速还是恒功率调速都不能做到与其转矩特性的匹配。

对于某些应用场合(如电动汽车、电气牵引火车),需要在低速段实现恒转矩特性、在高速段实现恒功率特性。对应这类负载,他励直流电动机调速系统可采用**降压调速和弱磁调速组合**的方法。即,在额定转速以下恒定额定磁通并降低电枢电压调速、而在额定转速以上恒定额定电压并弱磁以得到额定转速以上的调速。这时的功率、转矩曲线如图 3.5.2 所示。该方法不但有很宽的调速范围,而且调速时电机的损耗较小、运行效率较高。

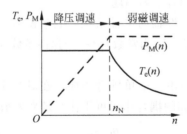

图 3.5.2 将降压调速和弱磁调速相结合的机械特性

以上关于调速方法特性的讨论归纳起来主要是:

(1) 恒转矩调速与恒功率调速是用来表征电动机某种调速方法的负载能力,不是指电动机的实际负载。

(2) 只有使电动机的调速特性与实际负载特性相匹配,电动机才可以得到充分利用。从理论上讲,匹配时,可以让电动机的额定转矩或额定功率与负载实际转矩与功率相等,但实际上,由于电动机容量分成若干等级,有时也只能尽量接近而不能相等。

本章习题

有关 3.1 节

3-1　试回答以下问题：

(1) 换向器在直流电机中起什么作用？

(2) 从直流电机的结构上看,其主磁路包括哪几部分？磁路未饱和时,励磁磁通势主要消耗在哪一部分上？

3-2　直流电机铭牌上的额定功率是指什么功率？他励直流发电机和电动机的电磁功率指什么？

3-3　选择填空：一台他励直流发电机由额定运行状态转速下降到原来的 60%,而励磁电流、电枢电流都不变,这时,请问以下结果正确否？

(1) 反电势 E_a 下降到原来的 60%；

(2) 电磁转矩 T_e 下降到原来的 60%；

(3) E_a 和 T_e 都下降到原来的 60%；

(4) 端电压 U 下降到原来的 60%。

3-4　直流发电机的损耗主要有哪些？铁损耗存在于哪一部分？电枢铜损耗随负载变化吗？

3-5　根据电枢反应说明电机的主磁场由哪两个电流产生？电枢反应的去磁作用明显时,主磁通的大小会怎样变化？这时,电机还能够工作在额定状态吗？

有关 3.2 节

3-6　电动机的电动状态和发电状态是如何定义的？如何采用图 3.2.2(b)的正交坐标表示这些状态？在用该坐标表示时,为什么先要假定转速的正方向？

3-7　对于单轴系统,回答下列问题

(1) 题图 3.7 为一个弹性轴的单轴系统的数学模型。转动惯量为 J_1 的电动机和转动惯量为 J_2 的负载(J_1,J_2 为常数)由一个弹性系数为 K_θ 的轴连接。试写出该系统的运动方程。

(2) 一个三轴机器臂是由三个单轴臂构成。在对其建模时,是否可以分解为三个理想单轴系统？各轴之间的耦合作用可用什么量来表示？

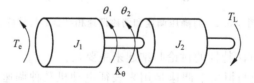

题图　3.7

3-8　在 3.2.3 节讨论"电力拖动系统稳定运行问题"时,仅仅依据式(3.2-14)进行了分析。这个分析并没有基于系统整体的数学模型展开,于是将结论归结为稳定性的"必要条件"。当系统满足这个必要条件时,请举例说明还有哪些问题有可能引起系统不稳定?

有关 3.3 节

3-9　额定转速 $n_N = 1500 r/min$ 的他励直流电动机拖动额定的恒转矩负载($T_L = T_N$),在固有机械特性、电枢回路串电阻、降低电源电压及减弱磁通的人为特性上运行,请在下表中填满有关数据。

U	Φ	$(R+R)/\Omega$	$n_0/r \cdot min^{-1}$	$n/r \cdot min^{-1}$	I_a/A
U_N	Φ_N	0.5	1650	1500	58
U_N	Φ_N	2.5			
$0.6U_N$	Φ_N	0.5			
U_N	$0.8\Phi_N$	0.5			

有关第 3.4 节

3-10　一般地,他励直流电动机起动时,

(1) 施加电枢电压与励磁电压的时序是什么?

(2) 为什么不能直接用额定电压起动?采用什么起动方法比较好?

3-11　判断下列各结论是否正确,正确者在括号内填入"+"号,错误者填入"−"号。

(1) 他励直流电动机降低电源电压调速属于恒转矩调速方式,因此只能拖动恒转矩负载运行。(　　)

(2) 他励直流电动机电源电压为额定值,电枢回路不串电阻,减弱磁通时,无论拖动恒转矩负载还是恒功率负载,只要负载转矩不过大,电动机的转速都升高。(　　)

(3) 他励直流电动机拖动的负载,只要转矩不超过额定转矩 T_N,不论采用哪一种调速方式,电动机都可以长期运行而不致过热损坏。(　　)

(4) 他励直流电动机降低电源电压调速与减少磁通升速,都可以做到无级调速。(　　)

(5) 降低电源电压调速的他励直流电动机带额定转矩运行时,不论转速高低,电枢电流 $I_a = I_N$。(　　)

3-12　他励直流电动机在准备起动时进行励磁,之后不久就发生励磁绕组断线但没有被发现。断线后马上起动时,在下面两种情况下会有什么后果:(1)空载起动;(2)带反抗性恒转矩负载起动,$T_L = T_N$。

3-13　不考虑电动机运行在电枢电流大于额定电流时电动机是否因过热而损坏的问题,他励电动机带很大的负载转矩运行,减弱电动机的磁通,电动机转速是否会升高?电枢电流怎样变化?(提示:依据式(3.4-2))

3-14　他励直流电动机拖动恒转矩负载调速机械特性如图 3.4.3(b)所示。请分析工作点从 A 向 A_1 调节时,电动机可能经过哪些不同运行状态?

3-15　采用电动机惯例时,他励直流电动机电磁功率 $P_M = E_a I_a = T\Omega < 0$,说明

了电动机内机电能量转移的方向是由机械功率转换成电功率。那么是否可以认为该电动机运行于回馈制动状态，或者说此时该直流电动机就是一台直流发电机？为什么？

3-16　说明下列各种情况下采用电动机惯例的一台他励直流电动机运行在什么状态？

(1) 输入功率 $P_1 > 0$，电磁功率 $P_M > 0$；

(2) $P_1 > 0$，$P_M < 0$；

(3) 电枢电压为 U_N、且输入功率 $U_N I_a < 0$，$E_a I_a < 0$；

(4) 电枢电压 $U = 0$，转速 $n < 0$；

(5) $U = +U_N$，电枢电流 $I_a < 0$；

(6) 反电势 $E_a < 0$，电磁功率 $E_a I_a > 0$；

(7) 电磁转矩 $T_e > 0$，$n < 0$，$U = U_N$；

(8) $n < 0$，电枢电压 $U = -U_N$，$I_a > 0$；

(9) 反电势 $E_a > U_N$，$n > 0$；

(10) 电磁功率 $T_e \Omega < 0$，$P_1 = 0$，$E_a < 0$。

3-17　他励直流电动机的 $P_N = 7.5\text{kW}$，$U_N = 220\text{V}$，$I_N = 41\text{A}$，$n_N = 1500\text{r/min}$，$R_a = 0.376\Omega$，拖动恒转矩负载运行，$T_L = T_N$，把电源电压降到 $U = 150\text{V}$，问：

(1) 电源电压降低了但电动机转速还来不及变化的瞬间，电动机的电枢电流及电磁转矩各是多大？电力拖动系统的动转矩是多少？

(2) 稳定运行转速是多少？

3-18　上题中的电动机，拖动恒转矩负载运行，若把磁通减小到 $\Phi = 0.8\Phi_N$，不考虑电枢电流过大的问题，计算改变磁通前（Φ_N）和改变后（$0.8\Phi_N$），电动机拖动负载稳定运行的转速各是多少？

(1) $T_L = 0.5T_N$；(2) $T_L = T_N$。

3-19　一台他励直流电动机的额定功率 $P_N = 17\text{kW}$，$U_N = 110\text{V}$，$I_N = 185\text{A}$，$n_N = 1000\text{r/min}$，已知电动机最大允许电流 $I_{amax} = 1.8I_N$，电动机拖动 $T_L = 0.8T_N$ 负载电动运行，求：

(1) 若采用能耗制动停车，电枢应串入多大电阻？

(2) 若采用反接制动停车，电枢应串入多大电阻？

(3) 两种制动方法在制动开始瞬间的电磁转矩各是多大？

(4) 两种制动方法在制动到 $n = 0$ 时的电磁转矩各是多大？

3-20　请指出题图 3.20 中以调压调速运行的电梯工况题图 3.20(a) 和题图 3.20(b) 各工作在哪个象限？此时的电枢回路对应题图 3.20(c~f) 的哪个图？

要求：按电动机惯例，设定：n 上升为正，下降为负；电压 U 右正时为加正电压，右负时为加反电压。

提示：对应于题图 3.20(b) 的运行状态，可能的机械特性曲线有两条，如题图 3.20(g) 所示。

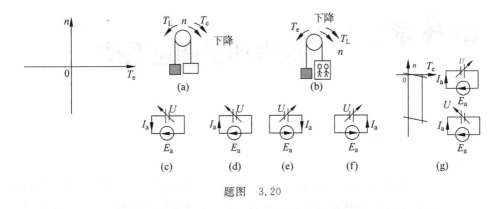

题图　3.20

3-21　定性地作出题图 3.21 中电动机恒功率运行段两个运行点上的电机弱磁调速机械特性曲线(注意是否与恒转矩段机械特性平行?)。

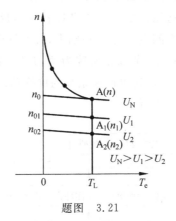

题图　3.21

第 4 章

直流电动机调速系统

本章讲述基于电枢电压变压调速的他励直流电动机调速系统。着重讨论基本的闭环控制系统的构成、特性及其分析与设计方法。4.1 节讲述"电力电子技术"涉及的两种可控直流电压源及其数学模型。4.2 节介绍对速度控制系统性能的要求和开环系统存在的问题。这个内容对其他类型的调速系统也适用。之后,4.3 节以转速负反馈单闭环调速系统为例讨论闭环系统的基本问题。在此基础上,4.4 节重点讨论转速、转矩双闭环调速系统的原理;4.5 节以该系统为例,介绍调速系统动态参数工程设计方法。最后在 4.6 节,讨论调速系统的抗扰动设计方法。本章各节内容之间的关系如图 4.0.1 所示。

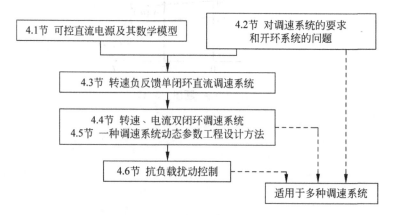

图 4.0.1　第 4 章内容之间以及与其他系统的关系

4.1　可控直流电源及其数学模型

如 3.4 节所述,变电压调速是直流调速系统的主要方法。目前,常用的可控直流电压源有静止式可控整流器和直流斩波器或脉宽调制变换器。下面分别介绍这两种可控直流电源及其数学模型。

4.1.1　直流调速系统常用可控直流电源

1. 晶闸管可控整流电源

图 4.1.1 所示是晶闸管-电动机调速系统(简称 V-M 系统,又称静止的 Ward-Leonard 系统)的原理图。图中,u_s 表示三相交流电源,右侧的二极管整流器用于给励磁绕组供电,VT 是晶闸管可控整流器(thyristor converter)。调节触发装置 GT 的控制电压 u_{ct} 可改变触发脉冲的相位,从而改变整流电压 U_d 的大小以实现对电动机的调压调速。

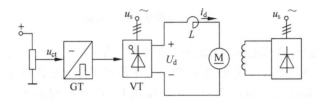

图 4.1.1　晶闸管可控整流器供电的他激直流电动机调速系统

晶闸管整流装置不但经济、可靠,而且其功率放大倍数在 10^4 以上。由于其门极可以直接用电子电路控制,响应速度为毫秒级。

晶闸管整流器也有它的缺点。首先,由于晶闸管是一个半控型器件,可以控制导通,不能控制关断,器件关断与否完全由外加的反向电压决定,所以控制特性不如全控型电力电子器件。其次,当晶闸管的导通角较小时,谐波电流会加剧,这将引起电网电压波形畸变和系统功率因数的降低。此外,当电动机的负载比较轻时,电动机电枢电流 i_d 变成断续的,电动机的机械特性呈非线性(参考文献[4-1])。为使得电流尽可能连续,一般须在电枢回路中串入电抗器 L。

如图 4.1.2(a)所示,全控整流电路可以实现整流和有源逆变,所以被拖动的电动机可以工作在电动和反转制动状态(在 Ⅰ、Ⅳ 象限运行)。由于整流电流是单方向的,该 V-M 系统是不可逆系统。当电动机需要四象限运行时,需采用图 4.1.2(b)所示的正、反两组反并联的全控整流电路,组成可逆系统。

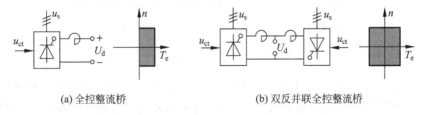

(a) 全控整流桥　　　　　　　　　　(b) 双反并联全控整流桥

图 4.1.2　各种全控整流桥和对应的 V-M 系统及其运行范围

2. 直流脉宽调制(PWM)电源

采用直流脉宽调制(pulse width modulation,PWM)电源供电的他励直流电动机调速系统的原理如图 4.1.3(a)所示。其中,U_s 表示恒值电压源,VT 是某种电力电子开关器件的开关符号,VD 表示续流二极管。VT 一般采用全控型器件,如MOSFET、IGBT 等,其开关频率可达几 kHz 甚至几十 kHz。这样,该可控电源的响应速度远快于晶闸管整流电源。

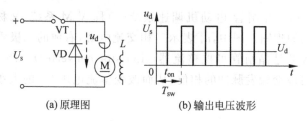

(a)原理图　　　　　(b)输出电压波形

图 4.1.3　直流脉宽调制电源

当 VT 导通时,直流电压 U_s 加到电动机上。当 VT 关断时,直流电源与电机脱开,电动机电枢电流经 VD 续流,电枢两端电压接近于零。如此反复,得到的电枢端电压波形 $u_d(t)$ 如图 4.1.3(b)所示。电源电压 U_s 在 t_{on} 时间内被接上,又在(T_{sw}－t_{on})时间内被斩断,所以该电源又称斩波器(chopper)。这样,电动机电枢上的平均电压为

$$U_d = t_{on} U_s / T_{sw} \tag{4.1-1}$$

式中,T_{sw} 为功率器件的开关周期;t_{on} 为开通时间;$\rho = t_{on}/T_{sw} = t_{on} f_{sw}$ 为控制电压占空比,f_{sw} 为开关频率。

直流脉宽调制电路也可以分为不可逆 PWM 变换器(电机可两象限运行)和可逆PWM 变换器(电机可四象限运行)。对于可逆 PWM 变换器,主要有图 4.1.4 所示的两种典型结构。

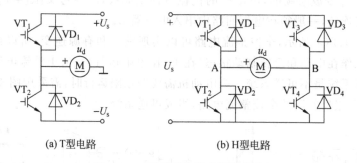

(a)T型电路　　　　　(b)H型电路

图 4.1.4　两种直流脉宽调制电路

图 4.1.4(a)称为 T 型电路,所用元件少,线路简单,适合于供电电压较低的电动机。但该电路需要正负对称的两个电源,电路中的开关器件也需要承受两倍以上的电源电压。

图 4.1.4(b)称为 H 型电路,常用的控制方法是可逆双极性控制方法。控制原则是:VT_1 和 VT_4 同时导通或关断,VT_2 和 VT_3 同时导通或关断,而 VT_1(VT_4)与VT_2(VT_3)的开关状态相反,从而使电动机 M 的电枢两端承受电压 $+U_s$ 或 $-U_s$。

改变两组开关器件导通的时间,也就改变了电压脉冲的宽度,从而改变电动机电枢两端电压的平均值。

电动机工作在第Ⅰ象限时的电压和电流波形如图 4.1.5(b)所示。当电机轻载时,可工作在Ⅰ、Ⅱ象限,此时的电压和电流波形如图 4.1.5(c)所示。图中电流各个段①②③④的相关路径表示在图 4.1.5(a)中。

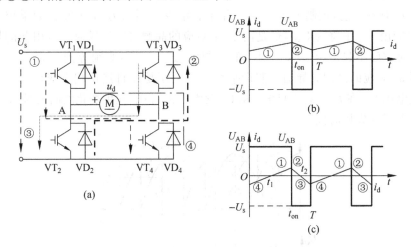

图 4.1.5　H 型脉宽调制器的电压和电流波形

晶闸管可控整流电源和直流脉宽调制电源中的电力电子器件对过电压、过电流和过高的电压变化率 du/dt 和电流变化率 di/dt 都十分敏感,其任一指标超过允许值都可能在很短的时间内损坏器件。因此必须有可靠的保护电路和符合要求的散热条件,而且在选择器件时还应留有适当的余量。现代的电力电子器件已发展为模块化器件,例如晶闸管模块中不但有触发单元和功率单元、也有保护电路,使用方便可靠。

4.1.2　可控直流电源的数学模型

1. 晶闸管可控整流装置的传递函数

一般将图 4.1.1 所示的晶闸管整流电路和触发电路当作一个环节处理。这一环节的输入量是触发电路的控制电压 U_{ct},输出量是理想空载整流电压 U_{d0}。如果在一定范围内将非线性特性线性化,可以把它们之间的放大系数 K_s 视作常数,则晶闸管触发和整流装置可以看成是一个具有纯滞后的放大环节,其传递函数为

$$\frac{U_{d0}(s)}{U_{ct}(s)} = K_s e^{-T_s s} \tag{4.1-2}$$

式中,T_s 为晶闸管触发和整流装置的失控时间,单位为 s。

晶闸管触发和整流装置之所以存在滞后作用是由于整流装置的失控时间造成

的。《电力电子技术》指出,晶闸管是半控型器件,在阳极正向电压条件下,施加门极触发脉冲就能使其导通,一旦导通,门极便失去了控制作用。改变控制电压 U_{ct},虽然触发脉冲的相位可以移动,但是必须在已导通的器件完成其导通周期而关断,并等到下一组晶闸管被触发脉冲开通时,整流电压 U_{d0} 才能出现,因此造成整流电压 U_{d0} 滞后于控制电压 U_{ct} 的情况。以图 4.1.6 所示的三相全控桥整流电路阻感负载为例,假设在 t_1 时刻之前,控制电压为 U_{ct1},晶闸管触发控制角为 $\alpha_1 = 30°$。如果控制电压在 t_2 时刻由 U_{ct1} 下降为 U_{ct2},但是由于 u_{bc} 对应的晶闸管已经导通,U_{ct2} 引起的控制角的变化对它已不起作用,设 U_{ct2} 对应的控制角为 $\alpha_2 = 60°$,必须等到 t_4 时刻后才有可能控制 u_{ba} 对应的晶闸管导通。假设平均整流电压是在自然换相点变化的,于是,平均整流电压 U_{d0} 在 t_3 时刻才变化。从 U_{ct} 发生变化到 U_{d0} 发生变化之间的时间 $\{t_2 \sim t_3\}$ 便是该电源的失控时间。

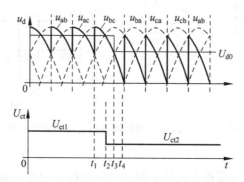

图 4.1.6　三相全控桥晶闸管整流装置的失控时间

　　显然,失控时间 T_s 是随机的,它的大小随控制电压发生变化的时间而异,最大值是整流电路两个自然换相点之间的时间,取决于整流电路的形式和交流电源的频率,由式 $T_{smax} = 1/mf$ 确定。式中,m 为交流电源一周内的整流电压脉波数;f 为交流电源的频率,单位为 Hz。

　　相对于整个系统的响应时间、如果失控时间 T_s 不大时,在实际分析计算时可取其统计平均值

$$T_s = \frac{1}{2} T_{smax} \tag{4.1-3}$$

并认为它是常数。不同的晶闸管整流电路的失控时间如表 4.1.1 所示。

表 4.1.1　不同的晶闸管整流电路的失控时间(参考文献[4-1])

整流电路形式	单相半波	单相桥式/单相全波	三相全波	三相桥式/六相半波
最大失控时间 T_{smax}/s	0.02	0.01	0.0067	0.0033
平均失控时间 T_s/s	0.01	0.005	0.0033	0.00167

　　为了分析和设计的方便,当系统的截止频率满足

$$\omega_c \leqslant \frac{1}{3T_s} \tag{4.1-4}$$

时,可以将晶闸管触发和整流装置的传递函数近似成一阶惯性环节,即

$$\frac{U_{d0}(s)}{U_{ct}(s)} = K_s e^{-T_s s} \approx \frac{K_s}{T_s s + 1} \tag{4.1-5}$$

条件式(4.1-4)的推导如下:将 $K_s e^{-T_s j\omega}$ 展开

$$\frac{U_{do}(j\omega)}{U_{ct}(j\omega)} = K_s e^{-T_s j\omega} = \frac{K_s}{\left(1 - \frac{1}{2}T_s^2\omega^2 + \cdots\right) + j\left(T_s\omega - \frac{1}{6}T_s^3\omega^3 + \cdots\right)} \tag{4.1-6}$$

上式近似为一阶惯性的条件是 $T_s^2\omega^2/2 \ll 1$。工程上一般将"$\ll 1$"量化为 $\leqslant 1/10$。ω 是变化的,可根据实际系统的闭环特性带宽考虑其上限值。一般的,线性系统的特性由系统的闭环特性带宽 $1/f_b$ 决定,于是取

$$T_s^2\omega^2/2 \leqslant 1/10 \rightarrow \omega_b \leqslant \frac{1}{2.24T_s} \tag{4.1-7}$$

式中,ω_b 为系统闭环特性的带宽。由于常用系统的开环频率特性讨论系统的动态性质,所以习惯采用截止频率 ω_c。但截止频率 ω_c 小于相应的闭环系统的 ω_b,所以工程上将上式中的 ω_b 改为截止频率 ω_c 并将数值 2.24 改为 3。

2. PWM 变换器(脉宽调制器)的传递函数

当电动机的供电电源采用直流 PWM 变换器(脉宽调制器)时,也可以得到完全相似的系统传递函数。根据 PWM 变换器的工作原理,当控制电压 U_{ct} 改变时,PWM 变换器的输出电压要到下一个开关周期才能改变。因此,PWM 变换器也可以看作是一个具有纯滞后的放大环节,它的最大滞后时间不超过一个开关周期 T_{sw}。由于脉宽调制器的开关周期通常要比晶闸管整流装置的失控时间小得多,因此,像晶闸管触发和整流装置传递函数的近似成一个一阶惯性环节,即

$$W_{PWM}(s) = \frac{U_{do}(s)}{U_{ct}(s)} = \frac{K_s}{T_s s + 1} \tag{4.1-8}$$

式中,U_{do} 为 PWM 变换器输出的空载平均电压;U_{ct} 为脉宽调制器的控制电压;$K_{s,PWM} = U_d/U_{ct}$ 为脉宽调制器和 PWM 变换器的放大系数;PWM 变换器的平均滞后时间 T_s 为 $T_s = T_{sw}/2$,单位为 s。

由于晶闸管整流装置和 PWM 变换器具有形式相似的数学模型,因此今后除特别说明外,对上述两种电源都采用公式(4.1-8)所示的模型。但在实际应用中一定要注意化简的条件。

此外,根据国标 GB/T 7159—1987,上述可控整流电源装置可用 UCR(可控整流)或 UPE(电力电子变换器)表示。在以后的章节中,我们把可控直流电源用图 4.1.7 表示。图中,U_{ct} 为控制信号,U_d 为可控直流电源输出的电压平均值,U_s 为输入的电源,对于 AC→DC 变换器,它为交流电源,对 DC→DC 变换器则为幅值不变的直流电源。

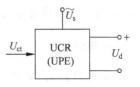

图 4.1.7　可控整流电源

4.2 对调速系统的要求和开环系统的问题

4.2.1 对调速系统的要求

一个调速系统的基本构成如图 4.2.1 所示。由于是功率系统,正常运行时一定有负载转矩存在。于是,该系统可以看作是一个速度给定和一个负载转矩扰动(disturbance)的两输入以及一个转速输出(单输出)的系统。根据实际应用中对系统具体控制性能的要求,可以把系统设计成开环系统(没有图 4.2.1 的虚线部分)或闭环系统(有虚线部分)。

由图 4.2.1 可知,高性能的系统需要使其输出量跟随输入指令的变化,且对负载扰动尽可能不要响应。前者称为系统的跟随(tracking)性能,后者称为抗扰(disturbance rejection)性能。根据图 4.2.1 系统中输入输出的字母表示,其理想的跟随性能和抗扰性能分别可用时间函数表示为

$$\begin{cases} y(t)/r(t) = 1 \\ y(t)/d(t) = 0 \end{cases} \tag{4.2-1}$$

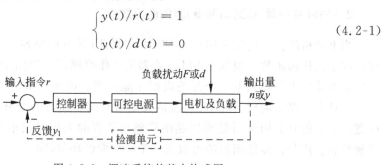

图 4.2.1 调速系统的基本构成图

但是,由于被控对象的动特性以及实现系统时在性价比等问题上考虑,校正后的实际系统一般达不到这个理想传递函数。

此外,对系统的性能要求还可以分为稳态指标和动态指标。例如,机械手的移动精度达到几微米至几十微米;一些机床的进给机构需要在很宽的范围内调速,最高和最低相差近 300 倍;容量几千千瓦的初轧机轧辊电动机在不到 1s 的时间内就得完成从正转到反转的过程。所有这些要求,都可以转化成运动控制系统的稳态和动态指标,作为设计系统时的依据。

1. 稳态指标

运动控制系统稳态运行时的性能指标称为稳态性能指标(steady-state performance index)或稳态指标,又称静态指标。例如,调速系统稳态运行时调速范围和静差率,位置随动系统的定位精度和速度跟踪精度,张力控制系统的稳态张力误差等等。下面我们具体分析调速系统的稳态指标。

（1）调速范围 D

在额定负载条件（一般等于额定转矩输出 T_{eN}）下电动机在电动状态下能达到的最高转速 $n_{\max}$ 和最低转速 $n_{\min}$ 之比称为调速范围，用字母 D 表示，即

$$D = \frac{n_{\max}}{n_{\min}}\bigg|_{T_e = T_{eN}} \tag{4.2-2}$$

注意，①尽管系统一般从零速开始启动，但大多数系统的最低转速 $n_{\min}$ 并不为零。这里的 $n_{\min}$ 是指系统带额定负载且转速的平稳度符合设计要求时的最低转速；②对于少数负载很轻的机械，例如精密磨床，也可以采用这个实际负载时的转速计算 D；③在设计调速系统时，通常视 $n_{\max}$ 为电动机的额定转速 n_N。

（2）静差率 S

当系统在某一转速下运行时，负载由理想空载变到额定负载所对应的转速降落 Δn_N，与理想空载转速 n_0 之比，称为静差率 S，即

$$S = \frac{\Delta n_N}{n_0} \quad (0 < S < 1) \tag{4.2-3}$$

或用百分数表示为

$$S = \frac{\Delta n_N}{n_0} \times 100\% \tag{4.2-4}$$

显然，静差率表示调速系统在负载变化下转速的稳定程度，它和系统的机械特性的硬度有关，特性越硬，静差率越小，转速的稳定程度就越高。

应当注意，静差率和机械特性的硬度有联系，又有区别。一般调压调速系统在不同转速下的机械特性是互相平行的直线，如图 4.2.2 中的特性①和②相互平行，两者硬度是一样的，额定速降 $\Delta n_{N1} = \Delta n_{N2}$；但是它们的静差率却不同，因为理想空载转速不一样。根据静差率的定义式（4.2-3），由于 $n_{01} > n_{02}$，所以 $S_1 < S_2$。这表明，对于同样硬度的特

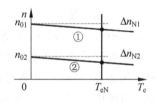

图 4.2.2　不同转速下的静差率

性，理想空载转速越低时，静差率就越大，转速的误差也就越大。为此，调速系统的静差率指标，主要是指最低转速时的静差率，如式（4.2-5）所示。因此，调速系统的调速范围，是指在最低转速时还能满足静差率要求的转速变化范围。脱离了对静差率的要求，任何调速系统都可以得到极宽的调速范围；脱离了调速范围，要满足给定的静差率也是相当容易的。

$$S = \frac{\Delta n_N}{n_{0\min}} \tag{4.2-5}$$

（3）调压调速系统中 D、S 和 Δn_N 之间的关系

在直流电动机调压调速系统中，$n_{\max}$ 就是电动机的额定转速 n_N，若额定负载时的转速降落为 Δn_N，则系统的静差率是式（4.2-5）所示的静差率。而额定负载时的最低转速为

$$n_{\min} = n_{0\min} - \Delta n_N \tag{4.2-6}$$

考虑到式(4.2-5),式(4.2-6)可以写成

$$n_{\min} = \frac{\Delta n_{\mathrm{N}}}{S} - \Delta n_{\mathrm{N}} = \frac{\Delta n_{\mathrm{N}}(1-S)}{S} \quad (0 < S < 1) \tag{4.2-7}$$

而调速范围为

$$D = \frac{n_{\max}}{n_{\min}} = \frac{n_{\mathrm{N}}}{n_{\min}} \tag{4.2-8}$$

将式(4.2-7)代入式(4.2-8),得

$$D = \frac{n_{\mathrm{N}} S}{\Delta n_{\mathrm{N}}(1-S)} \tag{4.2-9}$$

式(4.2-9)表达了调速范围 D、静差率 S 和额定速降 Δn_{N} 之间应满足的关系。对于一个调速系统,其特性硬度或 Δn_{N} 值是一定的,如果对静差率 S 的要求越严,系统允许的调速范围 D 就越小。

例 4.2-1 某调速系统电动机的额定转速 $n_{\mathrm{N}} = 1430\mathrm{r/min}$,额定速降 Δn_{N} 为 $110\mathrm{r/min}$,当要求静差率分别为 $S \leqslant 30\%$ 和 $S \leqslant 10\%$ 时,计算允许的调速范围。

解 如果要求静差率 $S \leqslant 30\%$,$D = \dfrac{1430 \times 0.3}{110 \times (1-0.3)} = 5.57$

如果要求静差率 $S \leqslant 10\%$,则调速范围只有 $D = \dfrac{1430 \times 0.1}{110 \times (1-0.1)} = 1.44$

2. 动态指标

运动控制系统在过渡过程中的性能指标称为动态性能指标(transient/dynamic state performance index)或动态指标。

实际控制系统对于各种性能指标的要求是不同的,是由使用系统的工艺要求确定的。例如,轧钢机和电梯对转速的跟随性能和抗扰性能要求都较高,工业机器人和数控机床的位置随动系统要有较严格的跟随和定位性能,而多机架的连轧机则是要求高抗扰性能的调速系统。

(1) 跟随性能指标

在给定信号(或称参考输入信号) $r(t)$ 的作用下,系统输出量 $y(t)$ 的变化情况用跟随性能指标来描述。对于不同变化方式的给定信号,其输出响应也不一样。通常,跟随性能指标是在初始条件为零的情况下,以系统对单位阶跃输入信号的输出响应(称为单位阶跃响应)为依据提出的。具体的跟随性能指标有图 4.2.3 所示各项内容。

① 上升时间 t_{r}:单位阶跃响应曲线从零起第一次上升到稳态值 Y_{∞} 所需的时间称为上升时间,它表示动态响应的快速性。

② 超调量 σ:动态过程中,输出量超过输出稳态值的最大偏差与稳态值之比,用百分数表示,叫做超调量,即

$$\sigma = \frac{Y_{\max} - Y_{\infty}}{Y_{\infty}} \tag{4.2-10}$$

超调量用来说明系统的相对稳定性,超调量越小,说明系统的相对稳定性越好,即动

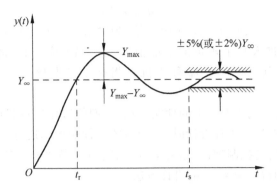

图 4.2.3　单位阶跃响应以及跟随特性指标

态响应比较平稳。

③ 调节时间 t_s：调节时间又称过渡过程时间，它衡量系统整个动态响应过程的快慢。原则上它应该是系统从给定信号阶跃变化起，到输出量完全稳定下来为止的时间，对于线性控制系统，理论上要到 $t = \infty$ 才真正稳定。实际应用中，一般将单位阶跃响应曲线 $y(t)$ 衰减到与稳态值的误差进入并且不再超出允许误差带（通常取稳态值的 $\pm 5\%$ 或 $\pm 2\%$）所需的最小时间定义为调节时间。

（2）抗扰性能指标

控制系统在稳态运行中，如果受到外部扰动如负载变化、电网电压波动，就会引起输出量的变化。输出量变化多少？经过多长时间能恢复稳定运行？这些问题反映了系统抵抗扰动的能力。一般以系统稳定运行中突加阶跃扰动 d 以后的过渡过程作为典型的抗扰过程（见图 4.2.4）。抗扰性能指标有以下几项：

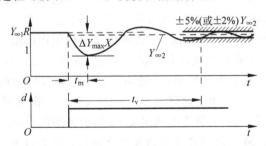

图 4.2.4　阶跃扰动的过渡过程和抗扰性能指标

① 最大动态变化量：

$$\frac{Y_{\max}}{Y_{\infty 1}} \times 100\% \tag{4.2-11}$$

系统稳定运行时，突加一定数值的扰动后所引起的输出量的最大变化，用原稳态值输出 $y_{\infty 1}$ 的百分数表示，叫做最大动态变化量。输出量在经历动态变化后逐渐恢复，达到新的稳态值 $Y_{\infty 2}$，$Y_{\infty 1} - Y_{\infty 2}$ 是系统在该扰动作用下的稳态误差（即静差）。调速系统突加负载扰动时的最大动态变化量称为动态速降

$$\Delta n_{\max}/n_{\text{nom}} \times 100\% \qquad\qquad (4.2\text{-}12)$$

② 恢复时间 t_v：从阶跃扰动作用开始，到输出量 $y(t)$ 基本上恢复稳态，与新稳态值 $Y_{\infty 2}$ 误差(或进入某个规定的基准值 c_b)的 $\pm 5\%$ 或 $\pm 2\%$ 范围之内所需的时间，定义为恢复时间 t_v。这里 c_b 称为抗扰指标中输出量的基准值，视具体情况选定。

上述动态指标都属于时域上的性能指标，它们能够比较直观地反映出用户对系统的要求。但是，在进行工程设计时，作为系统的性能指标还有一套频域上的提法。其主要内容详见《自动控制理论》相关章节。本章 4.5 节将介绍基于系统开环频率特性的相角裕量 γ 和截止频率 ω_c 的设计方法。

4.2.2　开环调速系统的性能和存在的问题

在图 4.1.1 所示的 V-M 系统和图 4.1.4 所示的 PWM 系统中，只能通过改变驱动控制电压 u_{ct} 来改变整流电源的输出平均电压 U_d，达到调节电动机转速的目的，它们都属于开环控制的调速系统，称为开环(open loop)调速系统。在开环调速系统中，控制是单方向进行的，输出转速并不影响控制电压，控制电压直接由给定电压产生。如果对静差率要求不高，开环调速系统也能实现一定范围内的无级调速，而且开环调速系统结构简单。但是，在实际中许多需要无级调速的生产机械常常对静差率提出较严格的要求，不能允许很大的静差率。例如，由于龙门刨床加工各种材质的工件，刀具切入工件和退出工件时为避免刀具和工件碰坏，有调节速度的要求；又由于毛坯表面不平，加工时负载常有波动，为了保证加工精度和表面光洁度，不允许有较大的速率变化。因此，龙门刨床工作台电气传动系统一般要求调速范围 $D=20\sim 40$，静差率 $S\leqslant 5\%$，动态速降 $\Delta n_{\max}\%\leqslant 10\%$，快速起、制动。多机架热连轧机，各机架轧辊分别由单独的电动机拖动，钢材在几个机架内同时轧制，为了保证被轧金属的每秒流量相等，不致造成钢材拉断或拱起，各机架出口线速度需保持严格的比例关系。根据以上轧钢工艺要求，一般须使电力拖动系统的调速范围 $D=10$ 时，静差率 $S\leqslant 0.2\%\sim 0.5\%$，动态速降 $\Delta n_{\max}\%\leqslant 1\%\sim 3\%$，恢复时间 $t_v=0.25\sim 0.3$。在上述情况下，开环调速系统是不能满足要求的，下面举例说明。

例 4.2-2　某 V-M 直流调速系统的直流电动机的额定值为 60kW，220V，305A，1000r/min，主回路总电阻 $R=0.18\Omega$，电枢电阻 $R_a=0.066\Omega$，要求 $D=20$，$S\leqslant 5\%$。开环调速系统能否满足要求？

解　假定电流连续。先计算电机参数

$$C_E\Phi_N = (U_N - R_a I_{dN})/n_N = 0.199 \approx 0.2\text{V}\cdot\text{min/r}$$

已知系统当电流连续并加以额定电压 220V 时

$$n_0 = \frac{U_N}{C_E\Phi_N} = \frac{220}{0.2} = 1100\text{ r/min}$$

$$\Delta n_N = \frac{I_N R}{C_E\Phi_N} = \frac{305 \times 0.18}{0.2} = 274.5\text{r/min}$$

开环系统机械特性连续段在额定转速时的静差率为

$$S_N = \frac{\Delta n_N}{n_0} = \frac{274.5}{1100} \times 100\% = 27.5\%$$

已远远超过了 5% 的要求，更何况满足调速范围最低转速的情况以及考虑电流断续时的情况呢？

如果要满足 $D = 20, S \leqslant 5\%$ 的要求，可以根据式(4.2-8)求得额定负载下的转速降落为

$$\Delta n_N = \frac{n_N S}{D(1-S)} = \frac{1000 \times 0.05}{20(1-0.05)} = 2.63\text{r/min}$$

显然，简单的开环调速系统满足不了系统的静态指标。为了把额定负载下的转速降落从开环调速系统的 274.5r/min 降低到满足要求的 2.63r/min，就应采用速度负反馈控制，相关方法见 4.3 节。

4.3　转速负反馈单闭环直流调速系统

根据自动控制原理，为了克服开环系统的缺点，必须采用带有负反馈(negative feedback)的闭环(closed loop)系统。将图 4.2.1 所示的闭环系统重新作于图 4.3.1。在闭环系统中，把系统的输出量通过检测装置(传感器)引向系统的输入端，与系统的输入量进行比较，从而得到反馈量与输入量之间的偏差信号。利用此偏差信号通过控制器(调节器)产生控制作用，自动纠正偏差。因此，带输出量负反馈的闭环控制系统具有提高系统抗扰性，改善控制精度的性能。

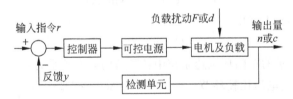

图 4.3.1　闭环调速系统的基本构成

4.3.1　单闭环调速系统的组成及静特性

1. 单闭环调速系统的组成

图 4.3.2 为采用可控直流电源(UCR)供电的闭环调速系统，由电压给定、控制器、可控直流电源、直流电动机和测速发电机等部分组成。系统的输出量是转速 n。为了引入转速负反馈，在电动机轴上安装一个速度传感器(例如测速发电机 TG)，得到与输出量转速成正比的负反馈电压 U_n。该电压与转速给定电压 U_n^* 进行比较，得到偏差电压 ΔU_n，经过控制器 A，产生控制电压 U_{ct} 去控制 UCR 的输出电压 U_d，从而控制电动机的转速。因为只有一个转速反馈环，所以称为单闭环调速系统。

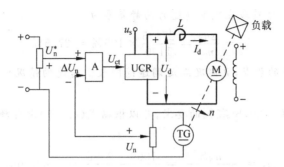

图 4.3.2　转速负反馈单闭环调速系统的构成

2. 转速负反馈单闭环调速系统的静特性

下面分析该闭环调速系统的静特性。为突出主要矛盾,先作如下假定:

(1) 忽略各种非线性因素,各环节的输入输出关系都是线性的;

(2) 由可控直流电源供电的直流电机的电枢电流是连续的(不连续时一般使得机械特性变为非线性);

(3) 忽略提供 U_n^* 的直流电源的负载效应;

(4) 电机磁通 Φ 为额定值 Φ_N。

由于磁通 Φ_N 为常数,定义额定励磁条件下新的常数电动势转速比 C_e 和电磁转矩电流比 C_m 为

$$\begin{cases} C_e = C_E \Phi_N & (\text{V} \cdot \text{min/r}) \\ C_m = C_T \Phi_N & (\text{Nm/A}) \end{cases} \tag{4.3-1a}$$

由式(3.1-15)可知,上式中

$$C_m = 30 C_e / \pi \tag{4.3-1b}$$

这样,图 4.3.2 所示的单闭环调速系统中各环节的静态关系为:

$$\left. \begin{array}{ll} \text{电压比较环节} & \Delta U_n = U_n^* - U_n \\ \text{控制器(设为比例调节器)} & U_{ct} = K_p \Delta U_n \\ \text{可控直流电源} & U_{d0} = K_s U_{ct} \\ \text{电机的开环机械特性} & n = \dfrac{U_{d0} - I_d R}{C_e} \\ \text{测速发电机} & U_n = \alpha n \end{array} \right\} \tag{4.3-2}$$

以上各式中,K_p 为控制器的比例系数;K_s 为可控直流电源的等效电压放大倍数;U_{d0} 为可控直流电源的空载输出电压;R 为电机电枢回路总电阻、即电源内阻、电抗器电阻和电机电枢电阻之和;α 为转速反馈系数,单位为 $\text{V} \cdot \text{min/r}$;其余各量见图 4.3.2。

根据上述各环节的静态关系可以画出图 4.3.2 所示系统的静态结构图如图 4.3.3 所示。图中各方块中的符号代表该环节的放大系数。由该图可以推导出转速负反馈单闭环调速系统的静特性方程式

$$n = \frac{K_p K_s U_n^*}{C_e (1+K)} - \frac{R I_d}{C_e (1+K)}$$

式中，$K = K_p K_s \alpha / C_e$ 为闭环系统的开环放大系数。

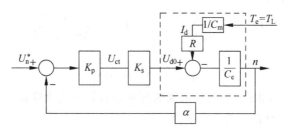

图 4.3.3　转速负反馈单闭环调速系统静态结构图

闭环调速系统的静特性表示闭环系统电动机转速与控制电压 U_n^*、负载电流（或转矩）的稳态关系。它在形式上与开环机械特性相似，但本质上却有很大不同，因此称为"静特性"，以示区别。需要说明的是，在静态时由于下式成立，所以图 4.3.3 中的 I_d 可以看作是一个与负载转矩等效的输入量。即

$$T_L = T_e = C_m I_d = C_T \Phi_N I_d \quad (\text{N·m}) \qquad (4.3\text{-}3)$$

3. 开环系统机械特性与闭环系统静特性的比较

比较开环系统机械特性和闭环系统静特性，可以看出闭环控制的优越性。如果断开图 4.3.3 的反馈回路，并且保持转速指令 U_n^* 不变，可得上述系统的开环机械特性为

$$n = \frac{K_p K_s U_n^*}{C_e} - \frac{R I_d}{C_e} = n_{0,op} - \Delta n_{op} \qquad (4.3\text{-}4)$$

闭环系统的静特性可写为

$$n = \frac{K_p K_s U_n^*}{C_e (1+K)} - \frac{R I_d}{C_e (1+K)} = n_{0,cl} - \Delta n_{cl} \qquad (4.3\text{-}5)$$

式中，$n_{0,op}$ 为开环系统的理想空载转速；$n_{0,cl}$ 为闭环系统的理想空载转速；Δn_{op} 为开环系统的稳态速降；Δn_{cl} 为闭环系统的稳态速降。

比较式(4.3-4)和式(4.3-5)，可知：

（1）闭环系统静特性比开环系统机械特性的硬度大大提高。相同负载下两者的转速降落以及相互关系分别为

$$\Delta n_{op} = \frac{R I_d}{C_e}, \quad \Delta n_{cl} = \frac{R I_d}{C_e (1+K)}, \quad \Delta n_{cl} = \frac{\Delta n_{op}}{1+K} \qquad (4.3\text{-}6)$$

显然，当开环放大系数 K 很大时 Δn_{cl} 要比 Δn_{op} 小得多。

（2）当理想空载转速相同，即 $n_{0,op} = n_{0,cl}$ 时，闭环系统的静差率要小得多。闭环系统和开环系统的静差率分别为 $S_{cl} = \Delta n_{cl}/n_{0,cl}$，$S_{op} = \Delta n_{op}/n_{0,op}$。如果 $n_{0,op} = n_{0,cl}$，根据式(4.3-6)有

$$S_{cl} = \frac{S_{op}}{1+K} \qquad (4.3\text{-}7)$$

（3）当要求的静差率一定时,闭环系统的调速范围可以大大提高。假如电动机的最高转速 $n_{\max}=n_{\mathrm{N}}$ 相同,对静差率的要求也相同,那么根据静差率的定义开环和闭环的调速范围分别为

$$D_{\mathrm{op}}=\frac{n_{\mathrm{N}}S}{\Delta n_{\mathrm{op}}(1-S)}, \quad D_{\mathrm{cl}}=\frac{n_{\mathrm{N}}S}{\Delta n_{\mathrm{cl}}(1-S)}$$

根据式(4.3-6),得

$$D_{\mathrm{cl}}=(1+K)D_{\mathrm{op}} \tag{4.3-8}$$

（4）当给定电压相同时,闭环系统的理想空载转速大大降低。开环、闭环系统的理想空载转速以及两者的关系分别为

$$n_{0,\mathrm{op}}=\frac{K_{\mathrm{p}}K_{\mathrm{s}}U_{\mathrm{n}}^{*}}{C_{\mathrm{e}}}, \quad n_{0,\mathrm{cl}}=\frac{K_{\mathrm{p}}K_{\mathrm{s}}U_{\mathrm{n}}^{*}}{C_{\mathrm{e}}(1+K)}, \quad n_{0,\mathrm{cl}}=\frac{n_{0,\mathrm{op}}}{1+K} \tag{4.3-9}$$

由于闭环系统的理想空载转速大大降低。如果要维持 $n_{0,\mathrm{cl}}=n_{0,\mathrm{op}}$,闭环系统所需要的 U_{n}^{*} 为开环系统的$(1+K)$倍。因此,如果开环和闭环系统使用同样水平的给定电压 U_{n}^{*},又要使运行速度基本相同,闭环系统必须设置放大器。因为在闭环系统中,由于引入了转速反馈电压 U_{n},偏差电压 $\Delta U_{\mathrm{n}}=U_{\mathrm{n}}^{*}-U_{\mathrm{n}}$ 必须经放大器放大后才能产生足够的控制电压 U_{ct}。

综上所述,可得结论为:闭环系统可以获得比开环系统硬得多的静态特性。在保证一定静差率的要求下,闭环系统大大提高了调速范围。但是闭环系统必须设置检测装置和电压放大器。

直流调速系统产生稳态速降的根本原因是由于负载转矩引起的电流在电枢回路电阻上产生了压降。闭环系统的静态速降减少,并不是闭环后能使电枢回路电阻减小,而是闭环系统具有自动调节作用。其过程是,转速降落会直接在反馈电压 U_{n} 上反映出来,引发电压偏差 $\Delta U_{\mathrm{n}}=U_{\mathrm{n}}^{*}-U_{\mathrm{n}}$ 增大,通过调节器放大,使控制电压 U_{ct} 变大,从而使可控电源的理想输出电压 U_{d0} 提高,使系统工作在一条新的机械特性上,因而转速有所回升;如图 4.3.4 所示,由于 U_{d0} 的增量 ΔU_{d0} 补偿回路电阻上压降 $I_{\mathrm{d}}R$ 的增量 $\Delta I_{\mathrm{d}}R$,使最终的稳态速降比开环调速系统减少。所以,闭环系统能够减少稳态速降的实质在于闭环系统能随着负载的变化相应地改变电动机端电压、也就是可控电源的输出电压。

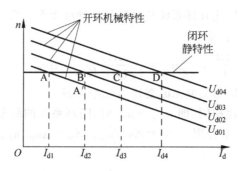

图 4.3.4　闭环系统静特性与开环系统机械特性的关系

例 4.3-1　对于例 4.2-2 所示的开环系统,采用转速负反馈构成单闭环系统,且已知晶闸管整流器与触发装置的电压放大系数 $K_s=30$,转速反馈系数 $\alpha=0.015\text{V}\cdot\text{min/r}$,为了满足给定的要求,计算放大器的电压放大系数 K_p。

解　由例 4.2-2 知,系统的开环速降 $\Delta n_{op}=275\text{r/min}$,满足指标要求的速降为 $\Delta n_{cl}=2.63\text{r/min}$,则由式(4.3-5)可以求得闭环系统的开环放大系数为

$$K=\frac{\Delta n_{op}}{\Delta n_{cl}}-1=\frac{275}{2.63}-1=103.6$$

由 $K=K_pK_s\alpha/C_e$,可以求得放大器的放大系数为

$$K_p=\frac{KC_e}{K_s\alpha}=\frac{103.6\times0.2}{30\times0.015}=46$$

4. 单闭环调速系统的基本特征

转速负反馈单闭环调速系统是一种基本的反馈控制系统,它具有以下**反馈控制的基本规律**。

(1)具有比例放大器的单闭环调速系统是有静差的

闭环系统的开环放大系数 K 值对系统的稳态性能影响很大。K 越大,静特性就越硬,在一定静差率要求下的调速范围越宽。但是,由于被控对象中没有积分环节,当控制器只是比例环节时,该系统仍然是有静差调速系统。

(2)闭环系统具有较强的抗干扰性能

如图 4.3.5 所示,系统对于前向通道上的一切扰动都能有效地抑制,如电力电子变换器中的电压波动、负载扰动以及传递系数的变化等。这一性质是闭环自动控制系统最突出的特征之一。

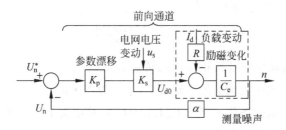

图 4.3.5　闭环调速系统的给定和扰动

此外,闭环对给定指令不应有的波动以及反馈信号的检测装置本身的误差是无法抑制的。给定信号中如果含有波动,输出转速就会立即随之变化;测速发电机的励磁变化、安装不良造成的测速机轴与被测电动机轴之间的偏心等,会引起的反馈电压 U_n 的变化,最终使得反馈信号产生误差。

4.3.2　单闭环调速系统动态特性的分析和校正

首先,依据系统各个环节的特性建立各环节的数学模型和系统的动态数学模

型,然后据此进行系统的动态分析和校正。

1. 动态数学模型

下面针对图 4.3.2 的单闭环调速系统建立各环节及系统的数学模型。

(1) 额定励磁下直流电动机的传递函数

将第 3 章图 3.3.1(b)所示额定励磁下他励直流电动机的等效电路重绘于图 4.3.6(a)。不同的是单独绘出了电枢回路总电阻 R 和总电感 L。其中的电阻 R 包含整流装置内阻 R_{rec} 和平波电抗器的电阻在内,电感 L 包含电抗器电感和电机电枢回路中的电感。规定了图中所示的正方向后,可按下述方法建立直流电动机的数学模型。

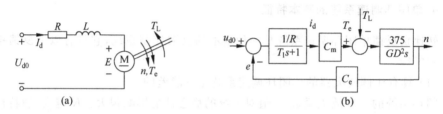

图 4.3.6　磁通为常数时的直流电动机动态模型

① 在电流连续的条件下,直流电动机电枢回路的电压平衡方程为

$$u_{d0} = Ri_d + L \frac{\mathrm{d}i_d}{\mathrm{d}t} + e \tag{4.3-10}$$

② 电动机轴上的转矩和转速应服从电力拖动系统的运动方程式。忽略黏性摩擦,重写第 3 章所述的运动方程式

$$T_e - T_L = \frac{GD^2}{375} \frac{\mathrm{d}n}{\mathrm{d}t} \tag{4.3-11}$$

式中,T_L 为包括电动机空载转矩在内的负载转矩,单位为 N·m;GD^2 为电力拖动系统运动部分折算到电机轴上的飞轮惯量,单位为 N·m^2。

考虑到在额定励磁条件下 $T_e = C_m I_d$,$e = C_e n$,并定义下列时间常数:

电枢回路的电磁时间常数

$$T_l = L/R(\mathrm{s}) \tag{4.3-12}$$

电机拖动系统的机电时间常数

$$T_m = \frac{GD^2 R}{375 C_e C_m}(\mathrm{s}) \tag{4.3-13}$$

根据各环节的数学模型,可得直流电动机的动态结构图如图 4.3.6(b)。

③ 以下进一步化简模型。将上两式代入式(4.3-10)和式(4.3-11)并整理后得

$$u_{d0} - e = R\left(i_d + T_l \frac{\mathrm{d}i_d}{\mathrm{d}t}\right) \tag{4.3-14}$$

$$i_{\mathrm{d}} - i_{\mathrm{dL}} = \frac{T_{\mathrm{m}}}{R} \frac{\mathrm{d}e}{\mathrm{d}t} \tag{4.3-15}$$

式中,$i_{\mathrm{dL}} = T_{\mathrm{L}}/C_{\mathrm{m}}$ 为由 T_{L} 在 C_{m} 为常数时用来等效负载转矩 T_{L} 的一个假想的负载电流。

在零初始条件下,对式(4.3-14)和式(4.3-15)取拉氏变换,得电压与电流和电流与电动势之间的传递函数分别为

$$\frac{I_{\mathrm{d}}(s)}{U_{\mathrm{d0}}(s) - E(s)} = \frac{1/R}{T_1 s + 1} \tag{4.3-16}$$

$$\frac{E(s)}{I_{\mathrm{d}}(s) - I_{\mathrm{dL}}(s)} = \frac{R}{T_{\mathrm{m}} s} \tag{4.3-17}$$

依据式(4.3-16)和式(4.3-17)并考虑到 $n = E/C_{\mathrm{e}}$,可得用拉普拉斯变换表示的直流电动机结构图如图 4.3.7(a)所示。图中,直流电动机有两个输入量,一个是控制输入量理想空载整流电压 U_{d0},一个是扰动量负载电流 I_{dL}。在考察跟随特性时,可以不表现出电流 I_{dL},可进一步简化为图 4.3.7(c)。

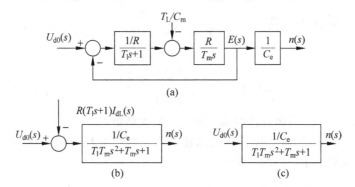

图 4.3.7　化简的直流电动机动态模型

（2）可控直流电源的传递函数

由 4.1 节知,可以把可控直流电源看成是一个具有纯滞后的放大环节。当系统的截止频率满足 $\omega_{\mathrm{c}} \leqslant \frac{1}{3T_{\mathrm{s}}}$ 时,可以将该传递函数近似成一阶惯性环节

$$\frac{U_{\mathrm{d0}}(s)}{U_{\mathrm{ct}}(s)} = K_{\mathrm{s}} \mathrm{e}^{-T_{\mathrm{s}} s} \approx \frac{K_{\mathrm{s}}}{T_{\mathrm{s}} s + 1} \tag{4.3-18}$$

式中,T_{s} 为可控直流电源的平均失控时间,单位为 s。

（3）比例放大器和测速发电机的传递函数

比例放大器的动特性可被忽略。如果测速发电机的动态远远快于系统其他部分的动态,则也可以被忽略。因此两者的传递函数分别为

$$\frac{U_{\mathrm{ct}}(s)}{\Delta U_{\mathrm{n}}(s)} = K_{\mathrm{p}} \tag{4.3-19}$$

$$\frac{U_{\mathrm{n}}(s)}{n(s)} = \alpha \tag{4.3-20}$$

(4) 单闭环调速系统的动态结构图和传递函数

知道了各环节的传递函数后,根据它们在系统中的相互关系,可以画出图 4.3.2 所示转速负反馈单闭环调速系统的动态结构图如图 4.3.8。注意,虚线框内是系统校正时所要考虑的被控对象。

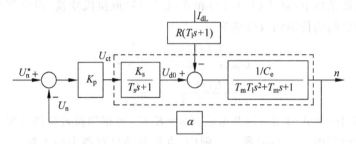

图 4.3.8　转速单闭环调速系统的动态结构图(基于假设 $\omega_c \leqslant 1/3T_s$)

由图 4.3.8 可以求出转速负反馈单闭环调速系统的传递函数为

$$W_{cl}(s) = \frac{n(s)}{U_n^*(s)} = \frac{K_p K_s / C_e}{(T_s s + 1)(T_m T_1 s^2 + T_m s + 1) + K}$$

$$= \frac{\dfrac{K_p K_s}{C_e(1+K)}}{\dfrac{T_m T_1 T_s}{1+K}s^3 + \dfrac{T_m(T_1 + T_s)}{1+K}s^2 + \dfrac{T_m + T_s}{1+K}s + 1} \tag{4.3-21}$$

式中,$K = K_p K_s \alpha / C_e$ 为闭环控制系统的开环放大倍数。

式(4.3-21)表明,将可控直流电源建模为一阶惯性环节后,带比例放大器的单闭环调速系统是一个三阶线性系统。

2. 单闭环调速系统的动态分析和校正

动态分析和校正的任务为:针对图 4.3.8 所示的系统进行稳定性以及其他动态性能的分析,以确定系统是否满足所要求的性能指标。如果不能满足这些指标,则引入适当的校正,使校正后的系统能够全面地满足要求。

(1) 单闭环调速系统的稳定性

由式(4.3-21)可知,转速负反馈单闭环调速系统的特征方程为

$$\frac{T_m T_1 T_s}{1+K}s^3 + \frac{T_m(T_1 + T_s)}{1+K}s^2 + \frac{T_m + T_s}{1+K}s + 1 = 0 \tag{4.3-22}$$

根据自动控制理论中的劳斯稳定判据(Routh criterion),由于系统中的时间常数和开环放大倍数都是正实数,因此式(4.3-22)的各项系数都是大于零的。在此条件下,式(4.3-22)表示的三阶系统稳定的充分必要条件是

$$\frac{T_m(T_1 + T_s)}{1+K} \frac{T_m + T_s}{1+K} > \frac{T_m T_1 T_s}{1+K}$$

整理后得

$$K < \frac{T_m(T_1 + T_s) + T_s^2}{T_1 T_s} \quad \text{或} \quad K < \frac{T_m}{T_s} + \frac{T_m}{T_1} + \frac{T_s}{T_1} \tag{4.3-23}$$

式(4.3-23)的右边称为系统的临界放大系数 K_{cr},如果系统的开环放大系数 K 超出此值,系统将不稳定。对于一个控制系统来说,稳定与否是其能否正常工作的首要条件,是必须保证的。

例 4.3-2 对于例 4.2-2 的系统构成转速反馈单闭环调速系统,除例 4.3-1 所述已知条件 $K_s=30$、$\alpha=0.015\text{V}\cdot\text{min/r}$,系统的飞轮惯量为 $GD^2=78\text{N}\cdot\text{m}^2$。

(1) 如果可控电源采用晶闸管三相桥式全控整流电路,为了使电流连续在电枢回路中加电抗器 $L_{\text{reactance}}=1.98\text{mH}$,可得总电感为 $L=2.16\text{mH}$,试分析系统的稳定性。

(2) 可控电源采用 PWM 调制器,开关频率为 5kHz,不外加电抗器,此时电枢回路总电感为 $L=2.16-1.98=0.18\text{mH}$,试分析系统的稳定性。

解:(1) 采用晶闸管三相桥式全控整流电路时,总电阻 $R=0.18\Omega$,其他时间常数

$$T_m=\frac{GD^2R}{375C_eC_m}=\frac{78\times0.18}{375\times0.2\times0.2\times30/\pi}=0.098\text{s}$$

$$T_l=\frac{L}{R}=\frac{0.00216}{0.18}=0.012\text{s}$$

由表 4.1.1,$T_s=0.00167\text{s}$。

为保证系统稳定,根据式(4.3-23),系统的开环放大倍数应为

$$K<\frac{T_m}{T_s}+\frac{T_m}{T_l}+\frac{T_s}{T_l}=\frac{0.098}{0.00167}+\frac{0.098}{0.012}+\frac{0.00167}{0.012}=67$$

也就是说,为使系统稳定,希望 $K<67$;而由例 4.2,为了满足系统的稳态要求,应该是 $K>103.6$。可见,无法满足要求。也就是说稳态精度和动态稳定性的要求是矛盾的。

(2) 采用 PWM 调制器时,无电抗器,总电阻为电枢电阻 $R_a=0.066\Omega$,其他时间常数为

$$T_m=\frac{GD^2R_a}{375C_eC_m}=\frac{78\times0.066}{375\times0.2\times0.2\times30/\pi}=0.036\text{s}$$

$$T_l=\frac{L}{R_a}=\frac{0.00018}{0.066}=0.0027\text{s}$$

由式(4.1-17),$T_s=0.0001\text{s}$。

为保证系统稳定,根据式(4.3-23),系统的开环放大倍数应为

$$K<\frac{T_m}{T_s}+\frac{T_m}{T_l}+\frac{T_s}{T_l}=\frac{0.036}{0.0001}+\frac{0.036}{0.0001}+\frac{0.0001}{0.0027}=396$$

可以满足系统的稳态要求。

由本题知,比之采用例 4.3-2(1)所述电源的系统,采用 PWM 可控电源的系统由于 T_l,T_s 大大减小,易于稳定。如果系统所用可控电源为例 4.3-2 中(1)所述电源时,为了满足稳态性能要求并提高动、静态性能,必须采取动态校正措施以改造系统。

(2) 基本校正环节及其控制规律

在调速系统中常常采用串联校正(cascade compensation),如图 4.3.1 所示。可以通过在前向通道配置模拟调节器或数字调节器来实现。根据需要,校正环节常用

比例积分(PI)、比例微分(PD)或比例积分微分(PID)三类调节器。以下分别讨论其特点。

由运算放大器构成的 PI 调节器的电路图如图 4.3.9 所示,其数学模型为

$$U_{ct} = \frac{R_1}{R_0} \Delta U_n + \frac{1}{R_0 C} \int \Delta U_n \, dt$$

$$= \frac{R_1}{R_0} \Delta U_n + \frac{R_1}{R_0} \frac{1}{R_1 C} \int \Delta U_n \, dt = K_{PI} \left(\Delta U_n + \frac{1}{\tau} \int \Delta U_n \, dt \right) \quad (4.3\text{-}24)$$

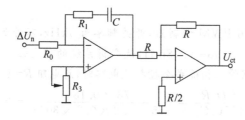

图 4.3.9　采用反向运算放大器构成的比例积分(PI)调节器

其传递函数为

$$W_{PI}(s) = \frac{U_{ct}(s)}{\Delta U_n(s)} = \frac{K_{PI}(\tau s + 1)}{\tau s} \quad (4.3\text{-}25)$$

式中,$K_{PI} = R_1/R_0$ 为 PI 调节器的比例放大系数;$\tau = R_1 C$ 为 PI 调节器的超前时间常数。

图中的电容 $C=0$ 就构成了比例调节器的原理图。比例调节器的输出只正比于当前的输入偏差量。

如果电阻 $R_1 = 0$、$C \neq 0$,则构成了积分调节器的原理图。根据运算放大器的工作原理可以很容易地得到

$$U_{ct} = \frac{1}{R_0 C} \int \Delta U_n \, dt = \frac{1}{\tau_I} \int \Delta U_n \, dt \quad (4.3\text{-}26)$$

式中,$\tau_I = R_0 C$ 为积分调节器的积分时间常数。上式表明积分调节器具有积累和记忆作用。也即,只要输入端有信号,哪怕是微小信号,积分就会进行,直至输出达到饱和值(或限幅值)。在积分过程中,如果输入信号为零,其输出将始终保持在输入信号为零瞬间前的输出值。所以采用积分调节器的转速负反馈单闭环调速系统可以完全消除静差(稳态速降)。

如果既要稳态无差,又要响应快,可将比例和积分两种控制规律结合起来,构成PI 控制律。于是,在突加输入偏差信号 ΔU_n 的动态过程中,在输出端 U_{ct} 立即呈现 $U_{ct} = K_{PI} \Delta U_n$,实现快速控制,发挥了比例控制的长处;同时调节器也发挥积分控制的作用,使得 $\Delta U_n = 0$ 时,U_{ct} 保持在一个恒定值上,实现稳态速降为零(无静差)。因此,作为控制器,比例积分调节器兼顾了快速响应和消除静差两方面的要求;作为校正装置,它又能提高系统的稳定性。所以,比例积分调节器在自动控制系统中得到了广泛应用。

此外，由于比例微分(PD)调节器构成超前校正可以提高稳定裕量，所以用 PID 调节器实现"滞后—超前校正"可以兼有 PD 和 PI 调节的优点，从而全面提高系统性能。但由于调节器的参数多，实现和调试比较麻烦。

（3）采用 PI 调节器的单闭环调速系统的动态校正

工程上常常采用串联校正方法。

在进行校正装置设计时，利用**开环对数频率特性法**或称伯德图方法（bode diagram）是比较简便的。这是由于开环对数频率特性绘制容易，可以确切地提供稳定性和稳定裕量的信息，并大致衡量闭环系统稳态和动态的各种性能。在开环对数频率特性上，系统的相对稳定性利用相角裕量（phase margin）γ 和幅值裕量（magnitude margin）L_h 来表示，一般要求

$$\gamma = 45° \sim 70°, \quad L_h > 6\text{dB} \quad （文献[4-2]） \tag{4.3-27}$$

开环截止频率 ω_c 则反映系统响应的快速性。对于最小相位系统，由于开环对数幅频特性与相频特性有明确的一一对应关系，因此其性能指标完全可以由开环对数幅频特性的形状得到反映。因此在设计系统时，重要的是首先确定系统的预期开环对数幅频特性的大致形状，通常是分频段设计，将开环对数幅频特性分成低、中、高三个频段，从三个频段的特征可以判断控制系统的性能。归纳起来，有以下四个方面：

① 中频段以 -20dB/dec 的斜率穿越零分贝线，而且这一斜率占有足够的宽度，以保证系统具有一定的相对稳定性；

② 具有尽可能大的开环截止频率 ω_c，以提高系统的快速性；

③ 低频段的斜率要陡、增益要高，以保证系统的稳态精度；

④ 高频段衰减要快一些，即应有较大的斜率，以提高系统抵抗高频噪声干扰的能力。

符合上述要求的预期开环对数幅频特性的大致形状如图 4.3.10 所示。实际上，以上四个方面的要求往往互相矛盾：稳态要求高的系统可能不稳定，引入校正装置满足了稳定性要求，又可能牺牲快速性；截止频率高快速性好，又容易引进高频干扰。设计时常常要反复试凑，才能获得比较满意的结果。

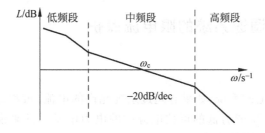

图 4.3.10　系统预期开环对数幅频特性的大致形状

对于单闭环调速系统的串联校正，一般的做法是，首先采用 P 调节器分析系统的开环对数幅频特性并分析该特性与理想特性图 4.3.10 的差别；然后采用 PI 或 PID 调节器将系统开环特性校正到理想特性。上述内容可借助于计算机辅助设计完

成(可参考文献[4-2])。

下面分析采用 PI 调节器的转速负反馈单闭环系统的特性。

将图 4.3.8 所示速度负反馈单闭环系统的动态结构图重作于图 4.3.11(a)。由该图可知,采用 PI 调节器后对于阶跃速度给定该系统是静态无差的。

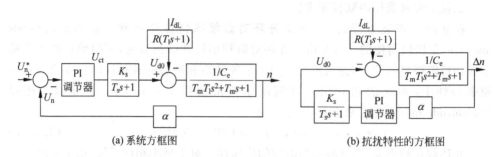

(a) 系统方框图　　　　　　　　　　(b) 抗扰特性的方框图

图 4.3.11　带有调节器的单闭环调速系统的动态结构图(假定系统满足式(4.1-12))

以下分析**稳态抗扰误差**。基于叠加原理,可将动态结构图改画成图 4.3.12(b)的形式,这时的输出量就是负载扰动引起的转速偏差(即速降)Δn。由于反馈通道有积分环节,所以对于阶跃扰动输入 I_{dL},系统是无静差的。

由于无静差调速系统稳态情况下没有速度偏差,在调节器输入端的偏差电压为零,即 $\Delta U_n = 0$,因此,可以得到 $|U_n^*| = |U_n| = \alpha n$。依据该式,在设计系统时,可以利用式(4.3-28)来计算转速反馈系数

$$\alpha = \frac{U_{n\,max}^*}{n_{max}} \tag{4.3-28}$$

式中,n_{max} 为电机调压调速时的最高转速,$U_{n\,max}^*$ 为相应的给定电压最大值。

注意,采用比例积分控制的转速负反馈单闭环系统,只是在稳态时无差,动态还是有差的。此外,上述分析基于校正后系统的开环截止频率 $\omega_c \leqslant 1/(3T_s)$。如果设计完的系统不满足这一条件,则需要使用更为精确的可控电源模型,或改变调节器参数以减小 ω_c。

4.3.3　单闭环调速系统的限电流保护

1. 问题的提出

对于电压源供电的系统,如果有超过系统允许的电流(被称为过电流)不仅对电动机不利,对于过电流能力低的可控电源中的电力电子器件来说更是不能允许的。因此**必须有过电流的保护措施**。

采用转速负反馈的单闭环调速系统(不管是比例控制还是比例积分控制),在以下两种状态容易发生过电流。

(1)当突然加给定电压 U_n^* 时,由于机械惯性,电动机不会立即转起来,转速反馈电压 U_n 仍为零。因此加在调节器输入端的偏差电压 $\Delta U_n = U_n^*$,差不多是稳态工

作值的 $(1+K)$ 倍。这时由于可控直流电源的惯性很小，使输出电压迅速达到最大值 U_{dmax}，对电动机来说相当于全电压起动，于是有大的冲击电流产生。

（2）另外，有些闭环调速系统在运行中可能会突然被加上一个很大的负载，例如挖土机、轧钢机的推床、压下装置等。由于闭环系统的静特性很硬，若无限制电动机电流的措施，电流会大大超过允许值。这时需要将转速尽快降下来（被称为**堵转**）。

由此，要求**电压源供电的系统**对于过电流有如图 4.3.12 所示的工作特性，该特性使得系统不必发生"跳闸"而运行在"安全工作区"。反之，对于**电流源供电的系统**，对于过电压也有类似曲线。如果依靠过电流继电器或快速熔断器进行过流保护，一旦过载就跳闸或烧断熔断器，将无法保证系统的正常工作。

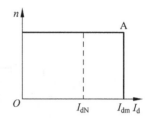

图 4.3.12　理想工作特性

为了解决自动限电流的问题，系统中必须设有自动限制电枢电流的环节。根据反馈控制的基本概念，要维持某个物理量基本不变，只要引入该物理量的负反馈就可以了。所以，引入电流负反馈能够保持电流不变，使它不超过允许值。但是，电流负反馈的引入会使系统的静特性变得很软。电流负反馈的限流作用只应在起动和堵转时存在，在正常运行时必须去掉，使电流能自由地随着负载增减。这种当电流大到一定程度时才起作用的电流负反馈叫做电流截止负反馈。

2. 带电流截止负反馈的单闭环转速负反馈调速系统

为了实现电流截止负反馈，在系统运行在图 4.3.12 中的点 A 处时，必须引入电流负反馈截止环节。电流负反馈截止环节的基本思想是将与电流成正比的反馈信号转换成电压信号，然后去和一个比较电压 U_{br} 进行比较。有多种获取电流负反馈信号的方法，最简单的是在电动机电枢回路串一个小阻值的电阻 R_s，由此得到的电压信号 $R_s I_d$ 正比于电枢电流。一个电路实现如图 4.3.13 所示。比较电压 U_{br} 可以采用独立电源，在反馈电压 $R_s I_d$ 和比较电压 U_{br} 之间串接一个二极管 VD 组成电流负反馈截止环节。定义 $R_s = \beta$，图 4.3.13 的输入输出特性如图 4.3.14，相应的数学模型为

$$U_i = \begin{cases} \beta I_d - U_{\text{br}}, & \beta I_d - U_{\text{br}} > 0 \\ 0, & \beta I_d - U_{\text{br}} < 0 \end{cases} \tag{4.3-29}$$

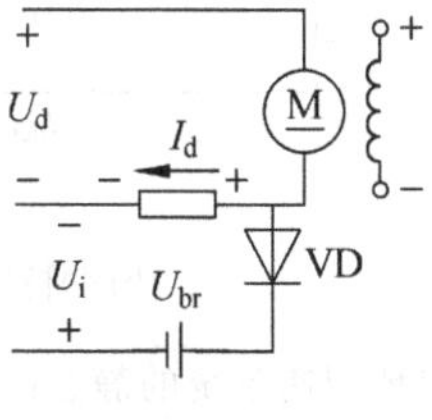

图 4.3.13　电流负反馈截止环节图 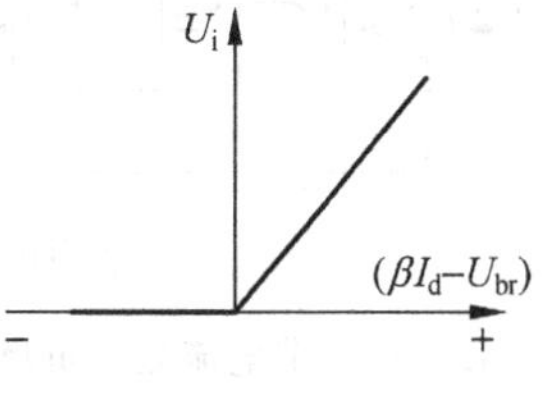　　　　　图 4.3.14　输入输出特性

在图 4.3.2 和图 4.3.9 的基础上，增加了电流截止负反馈的转速负反馈调速系统如图 4.3.15 所示。图中，电流反馈信号来自检测主电路电流 I_d 的霍耳元件，反馈系数为 β；利用稳压管 VST 的击穿电压 U_{br} 作为比较电压，组成电流负反馈截止环节。设计临界截止电流为 I_{dcr}，稳压管的击穿电压为 U_{br}。于是当 $\beta I_{dcr} \geqslant U_{br}$ 成立时，电流截止负反馈起作用。该比较环节的特性同式（3.4-29）或图 3.4.14。

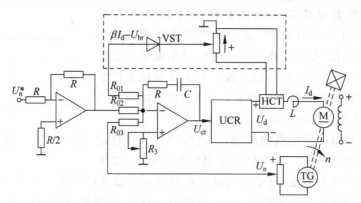

图 4.3.15　带电流截止负反馈的单闭环调速系统

基于图 4.3.8、图 4.3.14 和图 4.3.15，便得到带电流截止负反馈的转速负反馈单闭环调速系统的静态结构图如图 4.3.16(a) 所示。由于 PI 控制器无法用静特性表示，所以方框图中采用其输入输出特性。注意与图 4.3.3 相比，该图只是增加了电流截止反馈环节。该系统的静特性分为两段：当 $I_d \leqslant I_{dcr}$ 时，由于 $\beta I_d - U_{br} < 0$，$U_i = 0$，由此写出静特性方程为

$$n = U_n^* / \alpha, \quad I_d \leqslant I_{dcr} \tag{4.3-30}$$

当 $I_d > I_{dcr}$ 时，$\beta I_d - U_{br} > 0$，电流负反馈起作用；稳态时，PI 调节器输入偏差电压为零，即 $U_n^* - U_n - U_i = 0$，因此

$$n = \frac{U_n^*}{\alpha} - \frac{U_i}{\alpha} = \frac{U_n^*}{\alpha} + \frac{U_{br}}{\alpha} - \frac{\beta}{\alpha} I_d, I_d > I_{dcr} \tag{4.3-31}$$

根据上式和图 4.3.16(a)，画出的系统静特性如图 4.3.16(b) 所示。

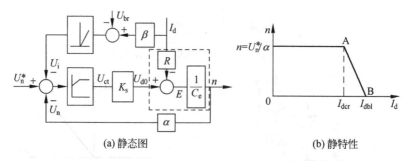

(a) 静态图　　　　　　　　　　　(b) 静特性

图 4.3.16　带电流截止负反馈的转速负反馈闭环调速系统的静态图和静特性

显然,在 $I_d \leqslant I_{dcr}$ 时,系统的转速是无静差的,静特性是平直的(图中的 $n_0 - A$ 段);当 $I_d > I_{dcr}$ 时,A—B 段的静特性则很陡,静态速降很大。这种两段式的特性常被称为**下垂特性**或**挖土机特性**,因为挖土机在运行中如果遇到坚硬的石块而过载时,电动机堵转(停下但电流不为零),这时的电流称为堵转电流 I_{dbl}。此时,将 $n=0$ 其代入式(4.3-31)得

$$I_{dbl} = \frac{U_n^* + U_{br}}{\beta} \qquad (4.3\text{-}32)$$

参数 I_{dbl},I_{dcr} 的取值方法为: I_{dbl} 应小于电动机或主电路电力电子器件所允许最大电流 I_{dmax},一般取 $I_{dmax} = (1.5 \sim 2.5)I_N$。另一方面,从正常运行特性 $n_0 - A$ 这一段看,希望有足够的运行范围,截止电流 I_{dcr} 应大于电动机的额定电流,例如取 $I_{dcr} \geqslant (1.1 \sim 1.2)I_N$。

本节小结

(1) 以他励直流电机为例,学习了被控对象动态模型的建模方法。要注意各个环节数学建模的条件;

(2) 常用的 P、PI 调节器的原理和特性;

(3) 讨论了速度单闭环系统(输出反馈)的物理概念。基于经典控制理论定性地分析了系统的稳定性和动、静态特性。系统校正时,被控对象含可控电源、电动机及其负载。该系统可采用控制理论中的串联校正方法;

(4) 功率系统的保护:设置电流截止负反馈控制的原因、该控制环的原理和设计方法。

4.4　转速、电流双闭环调速系统

4.4.1　双闭环调速系统的组成及其静特性

1. 问题的提出和双闭环控制的基本概念

在 4.3.1 节中讨论到,采用闭环控制可以提高系统的静态性能。对于许多应用场合,除静态性能外,还需要使转速控制系统处于不断的起动、制动、反转以及突加负载等过渡过程之中,还要求控制系统有较好的动态性能。

对于动、静态都需要高性能的转速控制系统,其主要性能是:快速跟随特性(起制动)、较好的抗干扰特性、高可靠性(可瞬态过载但不过电流)。以下对照 4.3.3 节的电流截止负反馈调速系统,讨论为了实现高性能,为什么要引入**转速、电流双闭环调速**。

(1) 核心　采用转矩控制环以获得高性能的转速动态响应

将 4.3.2 节图 4.3-7 所示的他励式直流电动机在磁通为额定 Φ_N(即为常数)条

件下的动态模型重新绘于图 4.4.1(a)中,该模型可以划分为图 4.4.1(b)所示的电磁子系统和机械子系统两部分。由式(4.3-15)和 $e = C_e n$ 可知,机械子系统的动态模型即运动方程可写作

$$I_d - I_{dL} = \frac{T_m C_e}{R} \frac{dn}{dt} \tag{4.4-1}$$

要调节转速,就需要控制加速度 dn/dt。上式等号左侧的负载电流 I_{dL}(对应于负载转矩 T_L)是不易被测出的扰动量,因此控制加速度最有效的办法是控制电动机的电磁转矩(电枢电流)。换句话说,要获得转速的高动态性能,首先要控制好电磁转矩(电枢电流)。典型的方法是构造**转矩控制环**(torque control loop)。当磁通 Φ 恒定时,电枢电流控制环等价于转矩控制环。

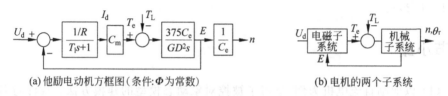

(a) 他励电动机方框图(条件:Φ 为常数)　　　(b) 电机的两个子系统

图 4.4.1　他励直流电动机动态模型

以起动为例,如果系统中有电枢电流控制,希望在过渡过程中始终保持电枢电流(电磁转矩)为允许的最大值 I_{dm} 也即 T_{em},从而使调速系统尽可能用最大的动转距起动。当电动机起动到稳态转速后,又让电枢电流立即降下来,使转矩与负载转矩相平衡,从而转入稳态运行。这样的理想起动过程如图 4.4.2(a)所示,其中起动电流呈方形波,转速是线性增长的。这种在最大电枢电流(电磁转矩)使调速系统能得到最快起动过程的控制策略称为"**最短时间控制**"。

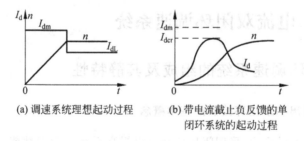

(a) 调速系统理想起动过程　　(b) 带电流截止负反馈的单
　　　　　　　　　　　　　　　　闭环系统的起动过程

图 4.4.2　起动过程

用上述理想响应来考察图 4.3.15 所示的具有电流截止负反馈的转速单闭环系统,可知该系统的性能并非理想的。因为:①系统没有转矩控制环,而电流负反馈仅用于过电流保护,在正常运行时不起作用。②系统的转速反馈信号和电流反馈信号加到同一个调节器的输入端,调节器参数不易同时照顾转速和电流的控制要求。于是,该结构存在以下问题:

① 动态特性差:以起动过程为例,由 4.3.3 节可知,控制器力图使 $U_n^* - U_n - U_i =$

0,当电动机转速为零时,端电压 U_{d0} 为最大值,其最大电流为堵转电流 $I_{dm} = (U_n^* + U_{br})/\beta$。一旦转速上升,$E$ 增大,$U_{d0} - E$ 减小,使得起动电流(由 U_i 表示)随之下降,因此实际起动过程如图 4.4.2(b)所示。显然,它比理想起动过程要慢得多。

② 系统校正难:在图 4.3.16 中,有满足转速动、静态要求的转速负反馈和实现过电流保护的电流负反馈,两种不同作用的反馈同时加到一个调节器的输入端,并且电流负反馈在正常运行时不起作用。这样的调节器如图 4.4.3(a)所示,调整该调节器中有限的参数很难同时校正好电流和转速。

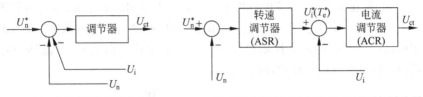

(a) 用一个调节器控制两个变量　　　　(b) 用两个调节器(串联校正)分别控制两个变量

图 4.4.3　不同的系统结构

要解决上述问题就需要设置单独的转矩控制环。

(2) 物理结构　采用两级串联校正以完成不同的控制目标

为了达到"通过控制电磁转矩来调节转速"的目的,必须在转速闭环的基础上增设电流(也就是转矩)闭环。采用串联校正(cascade compensation)的方法,将图 4.4.3(a)的控制器结构改为图 4.4.3(b)。这里,转速调节器(ASR:adjustable speed regulator)的输出就是为了消除转速误差所需要的电磁转矩指令,然后设置电流调节器(ACR:adjustable current regulator)构成电流(转矩)闭环以跟随电流(转矩)指令。这样,两个闭环及其各自的调节器就可以分别完成上述不同的控制目标。

(3) 理论基础　现代控制理论中的状态变量反馈(state-variable feedback)

由控制理论得知,理想的控制方案是对各个状态变量都实施反馈控制,这样可以分别配置各个极点使系统得到理想的动、静态特性。由图 4.4.1(a)可见,被控对象电机的两个状态变量是电枢电流 I_d 和转速 n,因此构造转速和电流两个闭环就可以实现被控对象的全状态反馈。

参考文献[4-4]第 5 章中指出,工程上有两种主要的校正方法:

① 通过状态反馈实现对各个极点位置的任意配置,如图 4.4.4 所示。

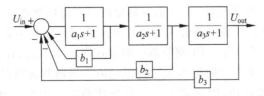

图 4.4.4　极点配置的例子(b_1, b_2, b_3 是校正时设定的参数)

② 构成串联校正,如图 4.4.3(b)所示。由于每个反馈环节的前向通道都设置了调节器,这样不但可以配置极点,还可以配置零点。这种串联校正的方法非常实

用,在4.5节将进一步讨论。

此外,图4.4.2(a)所示的理想起动曲线中的最大电流曲线 I_{dm} 要通过转速调节器输出的饱和来实现。这样使得系统在起动时呈非线性状态,这个状态将在4.4.2节和4.5节详细讨论。

2. 转速、电流双闭环调速系统的组成

图4.4.5所示为转速、电流双闭环调速系统的原理框图。为了实现转速和电流两种负反馈分别起作用,在系统中设置了两个调节器ASR和ACR,分别调节转速和电流,二者之间实行串联连接。把转速调节器ASR的输出作为电流调节器ACR的输入,用电流调节器的输出去控制可控电压源。从闭环结构上看,电流调节环在里面,是内环;转速调节环在外面,叫做外环。

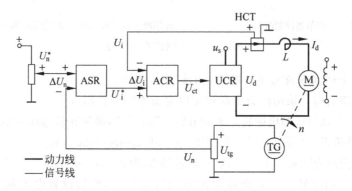

图4.4.5　转速电流双闭环调速系统

为了获得良好的静、动态性能,双闭环调速系统的两个调节器通常都采用PI调节器。在图4.4.5中,标出了两个调节器输入输出电压的实际极性,它们是按照触发器GT的控制电压 U_{ct} 为正电压的情况标出的,而且考虑到运算放大器的反相作用。通常,转速电流两个调节器的输出都是带限幅的,转速调节器的输出限幅电压为 U_{im}^* ,它决定了电流调节器给定电压的最大值;电流调节器的输出限幅电压是 U_{ctm} ,它限制了可控电压源输出电压的最大值。

3. 转速、电流双闭环调速系统的静特性

根据图4.4.5的原理框图,可以很容易地画出双闭环调速系统的静态结构图,如图4.4.6(a)所示。其中,虚框部分为电机模型。假定速度调节器和电流调节器为带输出限幅的PI调节器。这种PI调节器一般存在饱和和不饱和两种运行状况:饱和时输出达到限幅值;不饱和时输出未达到限幅值。当调节器饱和时,输出为恒值,输入量的变化不再影响输出,除非输入信号反向使调节器退出饱和。因此,当调节器饱和后,输入和输出之间的联系被暂时隔断,相当于使该调节器所在的闭环成为开环。当调节器不饱和时,PI调节器的积分作用使输入偏差电压 ΔU 在稳态时总是等于零。

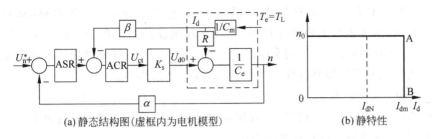

图 4.4.6 双闭环调速系统静态结构图及静特性

由下面 4.4.2 节的分析可知,双闭环调速系统在正常运行时,电流调节器是不会达到饱和状态的,因此,对于静特性来说,只有转速调节器存在饱和与不饱和两种情况。

(1) 转速调节器不饱和

在正常负载情况下,稳态时,转速调节器不饱和,电流调节器也不饱和,依靠调节器的调节作用,它们的输入偏差电压都是零。因此系统具有绝对硬的静特性(无静差),即

$$U_n^* = U_n = \alpha n \qquad (4.4\text{-}2)$$

且

$$U_i^* = U_i = \beta I_d \qquad (4.4\text{-}3)$$

由式(4.4-2)可得

$$n = \frac{U_n^*}{\alpha} = n_0 \qquad (4.4\text{-}4)$$

从而得到图 4.4.6(b)静特性的 n_0 — A 段。由于转速调节器不饱和,$U_i^* < U_{im}^*$,所以 $I_d < I_{dm}$。这表明,n_0 — A 段静特性从理想空载状态($I_d = 0$)一直延续到电流最大值,而 I_{dm} 一般都大于电动机的额定电流 I_N。这是系统静特性的正常运行段。是一条水平特性。

(2) 转速调节器饱和

当电动机的负载电流上升时,转速调节器的输出 U_i^* 也将上升,当 I_d 上升到某数值(I_{dm})时,转速调节器输出达到限幅值 U_{im}^*,转速环失去调节作用,呈开环状态,转速的变化对系统不再产生影响。此时只剩下电流环起作用,双闭环调速系统由转速无静差系统变成一个电流无静差的单闭环恒流调节系统。稳态时

$$U_{im}^* = U_{im} = \beta I_{dm} \qquad (4.4\text{-}5)$$

因而

$$I_{dm} = \frac{U_{im}^*}{\beta} \qquad (4.4\text{-}6)$$

I_{dm} 是 U_{im}^* 所对应的电枢电流最大值,由设计者根据电动机的允许过载能力和拖动系统允许的最大加速度选定。这时的静特性为图 4.4.6(b)中的 A-B 段,呈现很陡的下垂特性。

由以上分析可知,双闭环调速系统的静特性在负载电流 $I_d < I_{dm}$ 时表现为转速无

静差,这时 ASR 起主要调节作用。当负载电流达到 I_{dm} 之后,ASR 饱和,ACR 起主要调节作用,系统表现为电流无静差,实现了过电流的自动保护。这就是采用了两个 PI 调节器分别形成内、外两个闭环的效果,这样的静特性显然比带电流截止负反馈的单闭环调速系统的静特性(见图 4.3.17(b))要强得多。

(3) 稳态参数的计算

综合以上分析结果可以看出,双闭环调速系统在稳态工作中,当两个调节器都不饱和时,系统变量之间存在如下关系

$$U_n^* = U_n = \alpha n = \alpha n_0 \tag{4.4-7}$$

$$U_i^* = U_i = \beta I_d = \beta I_{dL} \tag{4.4-8}$$

$$U_{ct} = \frac{U_{d0}}{K_s} = \frac{C_e n + I_d R}{K_s} = \frac{C_e U_n^* / \alpha + I_{dL} R}{K_s} \tag{4.4-9}$$

上述关系表明,在稳态工作点上,转速 n 是由给定电压 U_n^* 和转速反馈系数 α 决定的,转速调节器的输出电压即电流环给定电压 U_i^* 是由负载电流 I_{dL} 和电流反馈系数 β 决定的,而控制电压即电流调节器的输出电压 U_{ct} 则同时取决于转速 n 和电流 I_d,或者说同时取决于 U_n^* 和 I_{dL}。这些关系反映了 PI 调节器不同于 P 调节器的特点:P 调节器的输出量总是正比于输入量,而 PI 调节器的稳态输出量与输入量无关,而是由其后面环节的需要所决定,后面需要 PI 调节器提供多大的输出量,它就能提供多少,直到饱和为止。

鉴于这一特点双闭环调速系统的参数计算与无静差系统的稳态计算相似,即根据调节器的给定与反馈值计算有关系数。例如,由式(4.4-2),有 $\alpha = U_{nm}^* / n_{max}$;由式(4.4-5),有 $\beta = U_{im}^* / I_{dm}$。

4.4.2　双闭环调速系统的起动和抗扰性能

图 4.4.7 为双闭环调速系统的动态结构图。$W_{ASR}(s)$ 和 $W_{ACR}(s)$ 分别表示转速调节器和电流调节器的传递函数,虚框内为电机和串入电枢回路电感部分的模型,由图 4.3.6(b)变形得到。由于还没有讨论闭环的截止频率,所以可控电源用纯滞后模型表示。

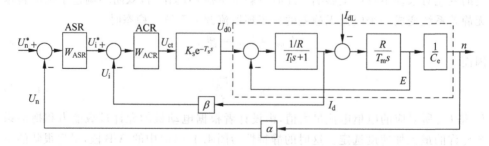

图 4.4.7　双闭环调速系统的动态结构图(虚框内为电机模型)

1. 起动过程分析

下面讨论双闭环调速系统突加给定电压 U_n^* 时的起动过程,由静止状态起动时系统中各物理量的过渡过程如图 4.4.8 所示。由于在起动过程中转速调节器 ASR 经历了不饱和、饱和、退饱和三个阶段,整个起动的过渡过程也就分为三个阶段,在图中分别标以Ⅰ、Ⅱ和Ⅲ。

第Ⅰ阶段 $(0\sim t_1)$ 为电流上升阶段:突加给定电压 U_n^* 后,通过两个调节器的控制作用,使 U_i^*、U_{ct}、U_{do} 和 I_d 都上升,当 $I_d >$ I_{dL} 后,电动机开始转动。由于电动机机电惯性的作用,转速 n 及其反馈信号 U_n 的增长较慢,因而转速调节器 ASR 的输入 ΔU_n 数值较大,使调节器输出很快达到限幅值 U_{im}^*。尽管在起动过程中转速反馈信号 U_n 不断上升,但只要其未超过给定值 U_n^*,则 ASR 输入偏差信号 ΔU_n 的极性保持不变,

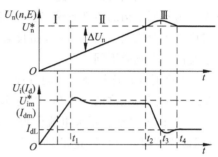

图 4.4.8　双闭环调速系统的速度阶跃响应和电流过渡过程

使其输出 U_i^* 一直处于限幅值 U_{im}^*,这相当于速度环处于开环状态。

在 ASR 输出限幅值 U_{im}^* 的作用下,ACR 的输出 U_{ct} 也发生突升(达不到其输出限幅),导致可控电源的输出 U_{do} 也突增至一定值,强迫电枢平均电流 I_d 迅速上升。当电流达到 $I_d \approx I_{dm}$ 时,$U_i \approx U_{im}^*$,电流调节器 ACR 很快压制了 I_d 的增长。在这一阶段中,ASR 由不饱和很快达到饱和,ACR 一般应该不饱和,以保证电流环的调节作用。

第Ⅱ阶段 $(t_1\sim t_2)$ 为恒流升速阶段:从电流上升到最大值 I_{dm} 开始,到转速升到给定值 n^* 为止。在这个阶段中,由于 ASR 的输入偏差 ΔU_n 一直为正,使其输出一直是饱和的,转速环相当于开环,系统只剩下电流环单闭环工作。ACR 的调节作用使电枢电流 I_d 基本上保持恒定,而电流 I_d 超调与否,取决于电流闭环的结构和参数。若负载转矩恒定,则电动机的加速度恒定,转速和电动势都按线性规律增长(此时电动势 E 相当于一个线性渐增的扰动)。为了保证电流环的调节作用,在设计时要保证电流闭环不能饱和。

第Ⅲ阶段 $t_2\sim t_4$ 为转速调节阶段:这个阶段从电动机转速上升到给定值时开始。此瞬间转速调节器的输入偏差电压 ΔU_n 为零,但其输出由于积分作用还维持在限幅值 U_{im}^*,因此电动机仍在加速,使转速超调。转速超调以后,ASR 的偏差电压 ΔU_n 变负,使其开始退出饱和状态。由于 U_i^* 从限幅值 U_{im}^* 下降,电枢电流 I_d 也从 I_{dm} 下降。但是由于 I_d 仍然大于负载电流 I_{dL},在一段时间内,电动机的转速仍继续上升。到 t_3 时刻,$I_d = I_{dL}$,负载转矩和电磁转矩平衡 $(T_e = T_L)$,$dn/dt = 0$,转速 n 达到峰值。此后的 $t_3\sim t_4$ 内,由于 $I_d < I_{dL}$,经过 ASR 和 ACR 的调节直到转速 $n \to n^*$、电流 $I_d \to I_{dL}$。如果调节器的参数整定不当,还会有振荡。

在第Ⅲ阶段内,ASR 和 ACR 都不饱和,同时起调节作用。但在整个过程中,

ACR 的作用是力图使 I_d 尽快地跟随 ASR 的输出量 U_i^*,或者说,电流内环是一个电流随动系统。

综上所述,该双闭环调速系统在突加速度给定 U_n^* 时的起动过程有以下特点:

(1)饱和非线性控制   根据转速调节器 ASR 的饱和与不饱和,调速环处于完全不同的运行状态。当 ASR 饱和时,转速环开环,系统表现为恒值电流调节的单闭环系统;当 ASR 不饱和时,转速环是闭环,系统是一个无静差调速系统。在不同情况下表现为不同结构的线性系统,这就是饱和非线性控制的特征。分析和设计这类系统时应采用分段线性化的方法,而且必须注意各段的初始状态。初始状态不同,同样系统的动态响应不同。

(2)准时间最优控制   起动过程中主要阶段是第Ⅱ阶段,即恒流升速阶段,其特征是保持电流为允许的最大值,以便充分发挥电动机的过载能力,使起动过程尽可能快。这样,使系统在最大电流受限制的约束条件下,实现了"最短时间控制",或称"时间最优控制"。但是,这里只是实现了时间最优控制的基本思想,整个起动过程与图 4.4.2(a)所示的理想起动过程相比还有一些差距,起动过程的第Ⅰ,Ⅲ两个阶段电流不能突变,不是按时间最优控制的。但这两段在整个起动时间中一般并不占主要地位,所以双闭环调速系统的起动过程可以称为"准时间最优控制"。

采用饱和非线性控制策略实现时间准最优控制是非常有实用价值的,在各种多环控制系统中得到普遍应用。

(3)转速超调   由于采用了饱和非线性控制,起动过程进入第Ⅲ阶段即转速调节阶段后,必须使 ASR 退出饱和才能真正发挥线性调节的作用。根据具有限幅输出的 PI 调节器的响应特性,只有使转速超调,ASR 的输入偏差电压 ΔU_n 改变极性,才能使 ASR 退饱和。因此,采用 PI 调节器的双闭环调速系统转速的动态响应一定有超调。

2. 抗扰性能的定性分析

(1)抗负载扰动

由图 4.4.9 可以看出,负载扰动作用在电流调节环之外。虽然负载扰动引起的反电势的波动会引起电流环输出的变化,但是如果假定转速环对负载扰动反应较慢,则由于 U_i^* 尚未来得及变化就有下列过程发生,所以**电流环对负载扰动没有直接的抑制作用**,反而有一定的不利影响。

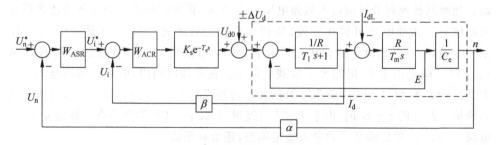

图 4.4.9 负载扰动和电源电压扰动

$$+ \Delta I_{dL} \rightarrow E_a(n) \searrow \rightarrow I_d^{\nearrow} \rightarrow 电流环抑制 I_d^{\searrow} \rightarrow I_d = 常数 \qquad (4.4\text{-}10)$$

所以负载扰动主要靠转速调节器解决。转速环抗负载扰动的定量分析详见 4.5.4 节。

（2）抗电网电压的波动

在**单闭环**调速系统中,电网电压扰动和负载扰动都作用在被负反馈包围的前向通道上,就静特性而言,系统对它们的抗扰能力基本上是一样的。但就动态性能而言,尽管两种扰动都要等到转速出现变化后系统才能有调节作用,但电网电压扰动离被调量转速的位置较负载扰动远,它的变化要先影响到电枢电流,再经过机电惯性才能反映到转速上来,等到转速反馈产生调节作用,时间已经比较迟了,因此这种抑制扰动的动态性能较差。

而在转速、电流双闭环系统中,由于电网电压扰动被包围在电流环里面,当电网电压波动时,可以通过电流反馈得到及时调节。因此,在双闭环调速系统中,抑制电网电压扰动的动态性能要比在单闭环调速系统好。

本节小结

定性地介绍了双闭环调速系统的静特性和动态特性。

（1）实现直流电动机转速控制系统高动、静态调速性能的**关键是做好转矩控制**,为此要设置相当于转矩控制环的电枢电流控制环。

（2）在双闭环调速系统中,**转速调节器和电流(转矩)调节器的作用**可以归纳如下:

① 转速调节器的作用：使电动机转速 n 跟随给定电压 U_n^* 变化,保证输出转速稳态无静差;对负载扰动起抑制(抗扰)作用;其输出限幅(饱)值决定允许的最大电流 U_{im}^*。该值决定了最大输出转矩、与电流环一起实现下述的准时间最优控制和挖土机特性。

② 电流(转矩)调节器的作用：在转速调节过程中,使电流 I_d 快速跟随其给定电压 U_i^* 变化;对电网电压等扰动及时地抑制(抗扰)作用;起动时保证获得恒定的最大允许电流(最大允许转矩,准时间最优控制);当电动机过载甚至堵转时,限制电枢电流的最大值,起到快速的保护作用(挖土机特性)。而一旦过载消失,系统立即**自动恢复**正常运行。

4.5 一种调速系统动态参数工程设计方法

4.5.1 基本思路

4.3.2 节采用经典控制理论的校正方法对速度单闭环系统进行了校正。对于图 4.4.7 所示的双闭环调速系统,控制理论并没有现成的设计方法。我们需要考虑的是：①如何处理多环？②如何设计每个环？这包括调节器的类型以及调节器的参数选定；③如何同时满足静、动态等多个指标？即使利用计算机仿真或计算机辅助设计软件，往往也要求设计者首先回答这些问题，然后结合许多工程经验、经过多次实践完成一个系统的设计。

本节介绍一种基于物理概念和已有的典型系统知识的工程设计方法。该方法简便实用、适合初学者掌握。本节所述的工程设计方法基于以下认识。

(1) 多环的处理　由物理概念知，速度电流双闭环系统中的电流(转矩)环是内环，是改变速度的原因。所以需要先设计好该内环，然后把内环、也就是转矩实现环节的整体当作外环中的一个环节，再设计速度外环。因此，基于各个环之间的物理关系确定多环的设计顺序，不失为一种有效的方法。

(2) 每个环的设计　现代速度控制系统，除了电动机之外，都是由惯性很小的电力电子器件、电子器件及数字控制器等组成。经过合理的简化处理，整个系统一般都可以用低阶的系统近似。这就有可能将多种多样的高阶实际系统近似成少数典型的低阶结构，然后利用已有的基于典型系统特性的知识设计调节器的类型和参数。这种做法的好处是：①便于认识影响系统性能的主要环节，抓住系统分析、设计以及调试中的主要矛盾；②可以依据低阶的典型系统的知识进行定量的调节器类型和参数设计。

对于第②点，由于已知控制理论所述的低阶典型系统的参数和该系统性能指标之间的关系，所以在设计实际系统时，可以采用图4.5.1所示的步骤。即首先化简实际被控对象的数学模型以突出决定其性能的环节；然后根据对系统特性的要求选择最终的典型系统类型，并据此设计调节器类型；接着利用典型系统参数与性能指标的关系设计调节器的参数；最后再将简化实际对象时的条件带入系统进行验证。

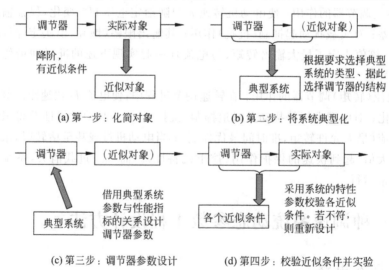

(a) 第一步：化简对象　　　　(b) 第二步：将系统典型化

(c) 第三步：调节器参数设计　(d) 第四步：校验近似条件并实验

图4.5.1　利用典型系统校正实际系统的思路

本节将按照上述两个要点讨论动态参数工程设计方法。作为预备知识，首先介绍典型系统参数与性能指标的关系以及非典型系统近似成为典型系统的方法，然后在

4.5.4节,采用"最大相角裕量"准则设计双闭环调速系统两个调节器的结构和参数。

4.5.2　典型系统及其参数与性能指标的关系

一般来讲,任何控制系统的开环传递函数都可以写成如下形式

$$W(s) = \frac{K(\tau_1 s+1)(\tau_2 s+1)\cdots(\tau_m s+1)}{s^\gamma(T_1 s+1)(T_2 s+1)\cdots(T_q s+1)}, \quad r+q \geqslant m \tag{4.5-1}$$

其中,分子和分母中可能分别含有复数零点和复数极点,分母中的 s^γ 表示系统在 s 平面原点处有 γ 重开环极点,或者说,系统含有 γ 个积分环节。通常根据 $\gamma=0,1,2,\cdots$ 分别称系统为0型、Ⅰ型、Ⅱ型……系统。由控制理论知,型次越高,系统的无差度越高,准确度越高,但稳定性也越差。0型系统即使在阶跃信号输入时也是有稳态误差的,稳态精度最低;而Ⅲ型和Ⅲ型以上的系统很难稳定,实际上极少应用。因此,为了保证系统的稳定性和一定的稳态精度,实际的控制系统基本上是Ⅰ型或Ⅱ型系统。

本节内容来自于控制理论,所以主要介绍重要结论以便使用。

1. 典型Ⅰ型系统

(1) 定义和特点

Ⅰ型系统中,开环传递函数为下式的系统称为典型Ⅰ型系统

$$W(s) = \frac{K}{s(Ts+1)} \tag{4.5-2}$$

式中,K 为系统的开环放大系数;T 为系统的惯性时间常数。

典型Ⅰ型系统的结构图如图4.5.2(a)所示,它属于"一阶无差"系统。该系统的开环对数幅频特性示于图4.5.2(b)。典型Ⅰ型系统是一种二阶系统,因此又称为二阶典型系统;其特点一是结构简单,$K>0$ 时系统一定稳定;二是其开环对数幅频特性的中频段以 -20dB/dec 的斜率穿越0dB线,只要有足够的中频带宽,系统就有足够的稳定裕量。为此设计为

$$\omega_c < \frac{1}{T}(\text{或 } \omega_c T < 1), \quad \arctan\omega_c T < 45°$$

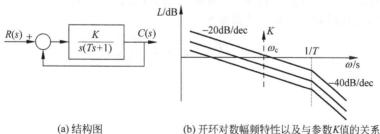

(a)结构图　　　　　(b)开环对数幅频特性以及与参数 K 值的关系

图4.5.2　典型Ⅰ型系统

因此,相角稳定裕量为:$\gamma = 180° - 90° - \arctan\omega_c T = 90° - \arctan\omega_c T > 45°$。

(2) 典型 I 型系统参数和性能指标的关系

典型 I 型系统的开环传递函数(式(4.5-2))中有两个特征参数:开环放大系数 K 和惯性时间常数 T。实际上,T 往往是被控对象本身的固有参数,是不能任意改变的。因此,能够由调节器改变的只有开环放大系数 K。设计时需要按照性能指标选择 K 的大小。

图 4.5.2(b) 也绘出了 K 值与开环频率特性的关系。假定 $1/T \gg 1$,在 $\omega = 1$ 处,典型 I 型系统开环对数幅频特性的幅值是

$$L(\omega)\big|_{\omega=1} = 20\lg K = 20(\lg\omega_c - \lg1) = 20\lg\omega_c$$

所以

$$K = \omega_c \tag{4.5-3}$$

上式表明,开环放大系数 K 越大,该系统的截止频率 ω_c 也越大,系统的响应就越快。但是,必须使 $\omega_c < 1/T$,即 $K < 1/T$,否则开环对数幅频特性将以 -40dB/dec 的斜率穿越 0dB 线,系统的相对稳定性变差。

另一方面,由相角稳定裕量

$$\gamma = 90° - \arctan\omega_c T \tag{4.5-4}$$

可知,当 ω_c 增大时,γ 将降低,因此,系统的快速性与相对稳定性是相互矛盾的,在具体选择参数时,应视生产工艺对控制系统的要求适当确定二者关系。

控制系统的动态性能指标包括跟随性能指标和抗扰性能指标。下面给出 K 值与这两项动态性能指标的定量关系。

① 动态跟随性能指标与参数的关系

典型 I 型系统的闭环传递函数为二阶系统

$$W_{cl}(s) = \frac{C(s)}{R(s)} = \frac{K/T}{s^2 + \dfrac{1}{T}s + \dfrac{K}{T}} \tag{4.5-5}$$

由自动控制理论知,二阶系统的动态跟随性能与其参数之间有着准确的解析关系,其传递函数的标准形式为

$$W_{cl}(s) = \frac{\omega_n^2}{s^2 + 2\zeta\omega_n s + \omega_n^2} \tag{4.5-6}$$

式中,ω_n 为无阻尼自然振荡频率;ζ 为阻尼系数,或称阻尼比。比较式(4.5-5)和式(4.5-6),可以得到参数换算关系如下

$$\omega_n = \sqrt{\frac{K}{T}}, \quad \zeta = \frac{1}{2}\sqrt{\frac{1}{KT}} \tag{4.5-7}$$

于是

$$\zeta\omega_n = \frac{1}{2T}$$

上式中,由于上面曾提到在典型 I 型系统中,$KT < 1$,所以 $\zeta > 0.5$。

二阶系统动态响应的性质主要决定于阻尼系数 ζ。当 $0 < \zeta < 1$ 时,系统的动态

响应是欠阻尼的衰减振荡特性；当 $\zeta > 1$ 时是过阻尼状态，当 $\zeta = 1$ 时是临界阻尼状态，系统的动态响应是单调的非周期特性。在实际系统中，为了保证系统动态响应的快速性，一般把系统设计成欠阻尼状态。因此，在典型 I 型系统中，一般取 $0.5 < \zeta < 1$。对于欠阻尼的二阶系统，在零初始条件和阶跃信号输入下的各项动态性能指标如下所示：

上升时间和超调量分别为

$$t_r = \frac{\pi - \arccos\zeta}{\omega_n \sqrt{1-\zeta^2}}, \quad \sigma = e^{-\frac{\zeta\pi}{\sqrt{1-\zeta^2}}} \times 100\%$$

而调节时间 t_s 与 ζ 和 ω_n 的关系比较复杂，如果不要求很精确，可按下式近似估算

$$\begin{cases} t_s \approx \dfrac{3}{\zeta\omega_n} \text{（当允许误差带为 $\pm 5\%$ 时）} \\ t_s \approx \dfrac{4}{\zeta\omega_n} \text{（当允许误差带为 $\pm 2\%$ 时）} \end{cases}$$

根据二阶系统传递函数的标准形式，还可以求出其截止频率 ω_c 和相角稳定裕量 γ

$$\omega_c = \omega_n \sqrt{\sqrt{1+4\zeta^4} - 2\zeta^2}$$

$$\gamma = \arctan \frac{2\zeta}{\sqrt{\sqrt{1+4\zeta^4} - 2\zeta^2}}$$

根据上述有关公式，可求得典型 I 型系统在不同参数时的动态跟随性能指标如表 4.5.1 所示。由该表可知，典型 I 型系统的参数在 $KT = 0.5 \sim 1.0$ 时，$\zeta = 0.707 \sim 0.5$，系统的超调量不大，在 $\sigma = 4.33\% \sim 16.3\%$ 之间，系统的响应速度也较快；如果要求超调小或无超调，可取 $KT = 0.39 \sim 0.25$，$\zeta = 0.8 \sim 1$，但系统的响应速度较慢。在具体设计时，需要**根据不同系统的具体要求选择参数**。

例如，如果取 $KT = 0.5$，则多项指标都比较折中，在许多场合不失为是一种较好的参数选择。这个参数下的典型 I 型系统，就是过去所说的"**二阶最佳系统**"。

在工程设计中，可以利用表 4.5.1，根据给定的动态性能指标进行参数初选，不必利用公式作精确计算。初选参数后，在系统调试时，再根据参数变化时系统性能的变化趋势以及实际系统的动态响应情况再进行参数的改变。

表 4.5.1　典型 I 型系统参数与动态跟随性能指标的关系

参数关系 KT	0.25	0.31	0.39	**0.5**	0.69	1.0	1.56
阻尼系数 ζ	1.0	0.9	0.8	**0.707**	0.6	0.5	0.4
上升时间 t_r	∞	$11.1T$	$6.66T$	**$4.71T$**	$3.32T$	$2.42T$	$1.73T$
超调量 σ	0	0.15%	1.52%	**4.33%**	9.48%	16.3%	25.4%
截止频率 ω_c	$0.243/T$	$0.299/T$	$0.367/T$	**$0.455/T$**	$0.596/T$	$0.786/T$	$1.068/T$
相角裕量 γ	76.3°	73.5°	69.9°	**65.5°**	59.2°	51.8°	43.9°

② 动态抗扰性能指标与参数的关系

控制系统的抗扰性能与控制系统的结构、扰动作用点以及扰动输入的形式有关。某种定量的抗扰性能指标只适用于一种特定系统的结构、扰动点和扰动函数。针对常用的调速系统,这里分析图4.5.3所示的情况(该框图将用于4.5.4节电流环的抗扰分析)。遇到其他情况可以举一反三。

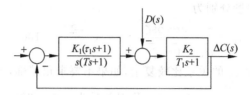

图 4.5.3　典型 I 型系统在一种扰动下的动态结构图

图 4.5.3 把系统分成扰动作用点前后两部分,两部分的放大系数分别为 K_1 和 K_2,且 $K_1 K_2 = K$;两部分的固有时间常数分别为 T 和 T_1,且 $T_1 > T$。为了使系统总的传递函数为典型 I 型系统,在扰动作用点前的调节器部分设置了比例微分环节 $(\tau_1 s + 1)$,以便与扰动作用点后的控制对象传递函数分母中的 $(T_1 s + 1)$ 对消(即 $T_1 = \tau_1$)。这样,系统总的开环传递函数就具有了式(4.5-2)的形式,即

$$W(s) = \frac{K_1(\tau_1 s + 1)}{s(Ts + 1)} \cdot \frac{K_2}{T_1 s + 1} = \frac{K}{s(Ts + 1)}$$

可知该系统对阶跃扰动静态无差。进一步可以导出系统在扰动作用下的闭环传递函数为

$$\frac{\Delta c(s)}{D(s)} = \frac{K_2 s(Ts + 1)}{(T_1 s + 1)(T s^2 + s + K)}$$

在阶跃扰动时,$D(s) = D/s$。代入上式可得此扰动下输出变化量的表达式

$$\Delta c(s) = \frac{DK_2(Ts + 1)}{(T_1 s + 1)(T s^2 + s + K)}$$

如果已经选定 $KT = 0.5$,即 $K = K_1 K_2 = \dfrac{1}{2T}$,则

$$\Delta c(s) = \frac{2DK_2 T(Ts + 1)}{(T_1 s + 1)(2T^2 s^2 + 2Ts + 1)} \tag{4.5-8}$$

利用部分分式法将式(4.5-8)展开成部分分式,再取拉氏反变换,可得阶跃扰动输入 $N(s) = N/s$ 作用下输出变化量的时间响应函数为

$$\Delta c(t) = \frac{2DK_2 m}{2m^2 - 2m + 1} \left\{ (1-m)e^{-t/T_1} - e^{-t/2T} \left[(1-m)\cos\frac{t}{2T} - m\sin\frac{t}{2T} \right] \right\}$$

$$\tag{4.5-9}$$

式中,$m = T/T_1$ 为控制对象小时间常数对大时间常数的比值,$m < 1$。取不同的 m 值,基于式(4.5-9)可以计算出相应的 $\Delta c(t)$ 的动态过程曲线,从而求得输出量的最大动态变化 $\Delta c_{\max}$,对应的时间 t_m 以及允许误差带为 $\pm 5\% c_b$ 时的恢复时间 t_v。

在分析时,关心的是 $\Delta c_{\max}$ 相对于扰动幅值 D 的值,所以可以选定一个基准值 c_b

并用 $\Delta c_{max}/c_b$ 的百分数表示输出的幅值变化。同理也用 t_m 以及 t_v 相对于 T 的倍数表示 Δc_{max} 发生的时间和结束时间。本书为了使 $\Delta c_{max}/c_b$ 的数值落在合理的范围内,将基准值取为

$$c_b = \frac{1}{2} K_2 D \tag{4.5-10}$$

计算结果列于表 4.5.2 中。由该表可知,当控制对象的两个时间常数相距较大时,系统的最大动态变化量减小,但是恢复时间却拖得较长。

表 4.5.2 典型 I 型系统动态抗扰性能指标与参数的关系
(系统结构与扰动点如图 4.5.4 所示,参数选择 $KT=0.5$)

$m = T/T_1$	1/5	1/10	1/20	1/30
$\Delta c_{max}/c_b(\%)$	55.5	33.2	18.5	12.9
t_m/T	2.8	3.4	3.8	4.0
t_v/T	14.7	21.7	28.7	30.4

2. 典型 II 型系统

(1) 定义和特点

在 II 型系统中,选择一种最简单而稳定的结构作为典型系统,其开环传递函数为

$$W(s) = \frac{K(T_1 s + 1)}{s^2(T_2 s + 1)} \tag{4.5-11}$$

式中有三个特征参数:K,T_1 和 T_2,K 为系统的开环放大系数;T_1 为比例微分时间常数;T_2 为惯性时间常数。

典型 II 型系统是一种三阶系统,因此又称为三阶典型系统,其动态结构图如图 4.5.4(a) 所示,具有二阶无静差特性。在阶跃信号和斜坡信号输入下都是稳态无差的,在抛物线信号输入下,系统存在稳态误差,大小与开环放大系数成反比。

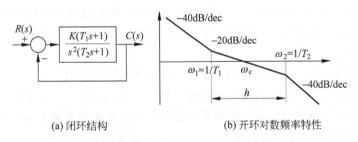

(a) 闭环结构　　　　　　(b) 开环对数频率特性

图 4.5.4 典型 II 型系统结构与开环对数频率特性

与典型 I 型系统相仿,典型 II 型系统的时间常数 T_2 是控制对象本身的固有参数,参数 K 和 T_1 是有待选择的。由于有两个参数待定,这就增加了选择参数时的复杂性。

典型 II 型系统的开环对数幅频特性示于图 4.5.4(b)。首先为了保证稳定性,使其中频段以 -20dB/dec 的斜率穿越 0dB 线。于是系统的参数应满足

$$\frac{1}{T_1} < \omega_c < \frac{1}{T_2} \text{ 或 } T_1 > T_2$$

定义转折频率 $\omega_1 = \frac{1}{T_1}$ 与 $\omega_2 = \frac{1}{T_2}$ 的比值为 h

$$h = \frac{\omega_2}{\omega_1} = \frac{T_1}{T_2} \tag{4.5-12}$$

h 是斜率为 -20dB/dec 的中频段的宽度，称为"中频宽"。由于开环对数幅频特性中频段的状况对控制系统的动态品质起着决定作用，因此 h 值在典型 II 型系统中是一个关键参数。

由图 4.5.4(b) 中频段可得在 ω_c 点处式 (4.5-11) 的幅频特性为

$$L(\omega_c) \approx 20\lg K + 20\lg T_1 \omega_c - 20\lg\omega_c^2 = 0$$

所以

$$K = \omega_1 \omega_c \tag{4.5-13}$$

$$\gamma = 180° - 180° + \arctan\omega_c T_1 - \arctan\omega_c T_2$$
$$= \arctan\omega_c T_1 - \arctan\omega_c T_2 > 0 \tag{4.5-14}$$

由图 4.5.4(b) 可以看出，由于 T_2 一定，改变 T_1 就等于改变了中频宽 h；在 T_1 确定以后，即当 h 一定时，改变开环放大系数 K 将使系统的开环对数幅频特性垂直上下移动，从而改变截止频率 ω_c。因此，在设计典型 II 型系统时，选择两个参数 h 和 ω_c 与选择 T_1 和 K 是相当的。

(2) 典型 II 型系统参数选择的 $\gamma_{\max}$ 准则

上面提到在典型 II 型系统中有两个参数待定，这就增加了选择参数时的复杂性。如果能够在两个参数之间找到某种对动态性能有利的关系，根据该关系来选择其中一个参数就可以计算出另一个参数，那么双参数的设计问题就可以转化成**单参数**的设计，使用起来就方便多了。

目前，对于典型 II 型系统，工程设计中有两种准则选择参数 h 和 ω_c，即最大相角裕量 $\gamma_{\max}$ 准则和最小闭环幅频特性峰值 $M_{r\min}$ 准则。依据这两个准则，都可以找出参数 h 和 ω_c 之间的较好的配合关系。本书仅使用 $\gamma_{\max}$ 准则来选择 II 型系统的参数，以下说明该准则。

由控制理论知，系统的相角稳定裕量 γ 反映了系统的相对稳定性。一般情况下，系统的相角稳定裕量越大，系统的相对稳定性越好，阶跃输入下输出超调量也越小。因此，如果在选择典型 II 型系统的参数时能够使系统的相角裕量 γ 最大，其相对稳定性应该是最好的。这就是最大相角稳定裕量 $\gamma_{\max}$ 准则的指导思想。

由典型 II 型系统的开环对数幅特性可知，系统的相角稳定裕量 γ 为

$$\gamma = \arctan\omega_c T_1 - \arctan\omega_c T_2 > 0$$

当系统的中频宽 h 一定时，典型 II 型系统开环对数相频特性的形状是一定的，并不随截止频率 ω_c（或开环放大系数 K）的改变而变化，但是随着 ω_c 的改变，相角稳定裕量 γ 在变化，而且，当 ω_c 为某一数值时，γ 为最大值，可以计算出 γ 为最大值时的截止频率。

对上式两边取 ω_c 的导数并令其为零，并考虑到中频宽 $h = \dfrac{T_1}{T_2} = \dfrac{\omega_2}{\omega_1}$，可以解得当典型 Ⅱ 型系统的截止频率 ω_c 为

$$\omega_c = \sqrt{\omega_1 \omega_2} = \sqrt{\frac{1}{T_1 T_2}} = \frac{1}{\sqrt{h}\, T_2}$$

即

$$\lg\omega_c = \frac{1}{2}(\lg\omega_1 + \lg\omega_2) \tag{4.5-15}$$

时，其相角裕量 γ 有极大值

$$\gamma_{max} = \arctan\frac{T_1}{\sqrt{h}\,T_2} - \arctan\frac{T_2}{\sqrt{h}\,T_2} = \arctan\sqrt{h} - \arctan\frac{1}{\sqrt{h}} = \arctan\frac{h-1}{2\sqrt{h}}$$

这表明，在典型 Ⅱ 型系统开环对数幅频特性上当 ω_c 处于两转折频率 ω_1 和 ω_2 的几何中值处时，系统的相角稳定裕量 γ 为最大。

由式(4.5-13)和式(4.5-15)，在最大相角稳定裕量 γ_{max} 准则下，还可以求得典型 Ⅱ 型系统的开环放大系数 K 与中频宽 h 存在以下关系

$$K = \frac{1}{h\sqrt{h}\,T_2^2} \tag{4.5-16}$$

由 γ_{max} 的计算式可以看出，当中频宽 h 增大时，典型 Ⅱ 型系统 γ_{max} 也增大，这表明在按最大相角稳定裕量 γ_{max} 准则选择参数的特定条件下，系统的动态品质仅取决于开环对数幅频特性的中频宽 h。

由于在 γ_{max} 最大准则下典型 Ⅱ 型系统截止频率 ω_c 位于开环对数幅频特性两转折频率 $1/T_1, 1/T_2$ 的几何中点上，因此也称其为"**对称最佳准则**"。

（3）典型 Ⅱ 型系统参数和性能指标的关系

首先说明典型 Ⅱ 型系统动态跟随性能指标与参数的关系。式(4.5-11)所示的典型 Ⅱ 型系统的闭环传递函数为

$$\begin{aligned}
W_{cl}(s) &= \frac{C(s)}{R(s)} = \frac{W(s)}{1+W(s)} \\
&= \frac{K(T_1 s + 1)}{s^2(T_2 s + 1) + K(T_1 s + 1)} = \frac{T_1 s + 1}{\dfrac{T_2}{K}s^3 + \dfrac{1}{K}s^2 + T_1 s + 1}
\end{aligned} \tag{4.5-17}$$

上式表明典型 Ⅱ 型系统是一种三阶系统。一般三阶系统的动态跟随性能指标与参数之间并不具有明确的解析关系，但是在典型 Ⅱ 型系统按某一准则选择参数这一特定情况下，仍然可以找出它们之间的关系。

当典型 Ⅱ 型系统按照 γ_{max} 准则选择参数时，将 $T_1 = hT_2$ 代入式(4.5-17)可以求得其闭环传递函数为

$$W_{cl}(s) = \frac{hT_2 s + 1}{h\sqrt{h}\,T_2^3 s^3 + h\sqrt{h}\,T_2^2 s^2 + hT_2 s + 1}$$

当输入信号为单位阶跃函数时，$R(s) = 1/s$，因此

$$C(s) = \frac{hT_2s+1}{s(h\sqrt{h}\,T_2^3s^3 + h\sqrt{h}\,T_2^2s^2 + hT_2s + 1)} \tag{4.5-18}$$

以 T_2 为时间基准,对于具体的 h 值,可由式(4.5-18)求出对应的单位阶跃响应函数 $C(t/T_2)$,并且计算出超调量 σ、上升时间 t_r/T_2 和 $\pm 5\%$ 误差带下的调节时间 t_s/T_2。数值计算的结果列于表 4.5.3。

表 4.5.3　典型 II 型系统不同中频宽 h 下基于 $\gamma_{\max}$ 准则的动态跟随性能

中频宽	3	4	5	6	7	8	9	10
$\sigma(\%)$	52.5	43.4	**37.3**	32.9	29.6	27.0	24.9	23.2
t_r/T_2	2.7	3.1	**3.5**	3.9	4.2	4.6	4.9	5.2
t_s/T_2	14.7	13.5	**12.1**	14.0	15.9	17.8	19.7	21.5

由表可以看出,在按 $\gamma_{\max}$ 准则选择参数时,中频宽 h 越大,超调量越小,系统的相对稳定性越好,但上升时间越长,系统的快速性越差;由于过渡过程的衰减振荡性质,调节时间随 h 的变化不是单调的,以 $h=5$ 时的调节时间最短,当 $h>5$ 时,t_s 随 h 增大而变大,当 $h<5$ 时,t_s 则随 h 减小而变大。如取中频宽 $h=4$,则由式(4.5-16)

$$T_1 = hT_2 = 4T_2, \quad K = \frac{1}{h\sqrt{h}\,T_2^2} = \frac{1}{8T_2^2}$$

由式(4.5-17),系统的开环和闭环传递函数分别为

$$W_{op}(s) = \frac{4T_2s+1}{8T_2^2s^2(T_2s+1)}, \quad W_{cl}(s) = \frac{4T_2s+1}{8T_2^3s^3 + 8T_2^2s^2 + 4T_2s + 1}$$

具有这种参数配置的典型 II 型系统,就是"调节器最佳整定设计法"中的"三阶最佳"系统[4-5],相应的阶跃响应跟随性能指标是:超调量 $\sigma=43.4\%$,上升时间 $t_r=3.1T_2$,调节时间($\pm 5\%$ 允许误差带)$t_s=13.5T_2$。

例 4.5-1　对于图 4.5.4(a)所示系统,已知被控对象传递函数为

$$\frac{K_1}{s(T_2s+1)}$$

设计的 PI 控制器传递函数如下,也就是按 $\gamma_{\max}$ 准则将系统校正为典型 II 型系统。于是中频宽 h 与系统动态特性的关系如表 4.5.3 所示。试解释该表中动态指标随 h 变化的物理意义。

$$W_{PI} = \frac{K_{PI}(T_1s+1)}{s}, \quad K = K_1 K_{PI}$$

解　如图 4.5.4(b)所示,由于被控对象的 T_2 位置不能变,而 $T_1 = hT_2$,所以当按 $\gamma_{\max}$ 准则增加 h 时,系统的 ω_c 将减小(也可以看作是系统的闭环带宽减小),相角余量增加。由此导致系统的阶跃响应变慢、超调变小。反之,减小 h 时,结果相反。

其次,简述典型 II 型系统动态抗扰性能指标与参数的关系。

如前所述,控制系统的动态抗扰性能指标是因系统结构、扰动作用点以及扰动作用函数的形式而有所不同的。例如,扰动作用点如图 4.5.5 所示,于是闭环传递函数为

$$\frac{\Delta C(s)}{D(s)} = \frac{K_2 s(T_2 s + 1)}{s^2(T_2 s + 1) + K_1 K_2(T_1 s + 1)}$$

$$= \frac{\frac{1}{K} K_2 s(T_2 s + 1)}{\frac{T_2}{K} s^3 + \frac{1}{K} s^2 + T_1 s + 1} \tag{4.5-19}$$

式中,$K = K_1 K_2$ 为典型 Ⅱ 型系统的开环放大系数。

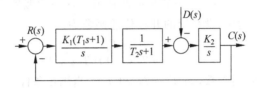

图 4.5.5　典型 Ⅱ 型系统在一种扰动作用下的动态结构图

如果按 γ_{max} 准则确定典型 Ⅱ 型系统的参数关系,则可将 $T_1 = hT_2$、式(4.5-16)所示的 K 代入上式,求得系统在图 4.5.8 所示扰动作用点下的扰动作用的闭环传递函数为

$$\frac{\Delta C(s)}{D(s)} = \frac{h\sqrt{h}\, T_2^2 K_2 s(T_2 s + 1)}{h\sqrt{h}\, T_2^3 s^3 + h\sqrt{h}\, T_2^2 s^2 + hT_2 s + 1} \tag{4.5-20}$$

对于阶跃扰动,由式(4.5-20)可以计算出在不同中频宽 h 值条件下,典型 Ⅱ 型系统的动态抗扰过程曲线 $\Delta c(t/T_2)$,从而求出各项动态抗扰性能指标。以下只给出结论。

对于典型 Ⅱ 型系统,当中频宽 h 越小时,系统的最大动态变化量 ΔC_{max} 也越小,t_m 和 t_v 也都越小,表明系统的动态抗扰性能越好,这和动态跟随性能指标中的上升时间 t_r 和调节时间 t_s 基本上是一致的。但是 h 越小超调量越大,这反映了动态抗扰性能以及动态跟随性能指标中的快速性与动态跟随性能中的超调量(即稳定性)的矛盾。当 $h < 5$ 时,由于振荡加剧,系统的恢复时间 t_v 随着 h 的减小反而拖长了。因此,就动态抗扰性能指标中恢复时间 t_v 而言,以 $h = 5$ 为最好,这和跟随性能指标中缩短调节时间 t_s 的要求是一致的。因此,对于典型 Ⅱ 型系统,综合考虑跟随和抗扰性能指标,取中频宽 $h = 5$ 应该是一种较好的选择。

4.5.3　非典型系统的典型化

由于实际的控制系统结构往往并不具有典型系统的形式,因此必须采取措施把非典型系统变成典型系统的形式,以便利用典型系统参数与性能指标的关系确定系统的参数。这就是非典型系统的典型化。这项工作分为两个部分:首先基于线性系统的零极点与性能的关系对被控对象的结构作近似处理(对应于图 4.5.1 所示的第一步),然后基于串联校正的基本思路可以设计调节器将"调节器 + 近似处理的被控对象"校正为所需的典型系统(对应于图 4.5.1 所示的第二步)。

1. 系统结构的近似处理

有关近似处理条件的推导详见文献[4-3]的附录1。这里只给出结论。

(1) 高频段小惯性环节的近似处理

如果在高频段有时间常数为 $T_{\mu 1}$，$T_{\mu 2}$，$T_{\mu 3}$，…的小惯性群，只要它们的转折频率 $\omega_{\mu 1}$，$\omega_{\mu 2}$，$\omega_{\mu 3}$，…均远大于系统的开环截止频率 ω_{c}，就可以将它们近似地看成是一个时间常数为 $T_{\Sigma}=T_{\mu 1}+T_{\mu 2}+T_{\mu 3}+\cdots$ 的小惯性环节。这一近似处理不会显著地影响系统的动态响应性能。例如，设系统的开环传递函数为

$$W(s)=\frac{K(T_{1}s+1)}{s^{2}(T_{2}s+1)(T_{3}s+1)} \tag{4.5-21}$$

其中，T_{2}，T_{3} 都是小时间常数，即 $T_{1}>T_{2}$ 和 T_{3}。当满足条件

$$\omega_{\mathrm{c}}\leqslant\frac{1}{3}\sqrt{\frac{1}{T_{2}T_{3}}} \tag{4.5-22}$$

时，可以得到下列近似关系

$$\frac{1}{(T_{2}s+1)(T_{3}s+1)}\approx\frac{1}{(T_{2}+T_{3})s+1}=\frac{1}{T_{\Sigma}s+1} \tag{4.5-23}$$

式中，$T_{\Sigma}=T_{2}+T_{3}$。

(2) 高频段高阶系统的降阶处理

当高阶项的系数很小，且小到一定程度时，就可以忽略高阶项。例如，设系统的开环传递函数中二阶振荡环节的传递函数为

$$\frac{1}{T^{2}s^{2}+2\zeta Ts+1} \tag{4.5-24}$$

当满足条件

$$\omega_{\mathrm{c}}\leqslant\frac{1}{3T} \tag{4.5-25}$$

时，可将二阶振荡环节近似为一阶惯性环节

$$\frac{1}{T^{2}s^{2}+2\zeta Ts+1}\approx\frac{1}{2\zeta Ts+1} \tag{4.5-26}$$

假设系统中含有三阶结构，同样可以近似成一阶惯性环节，即当系统稳定时如能忽略高阶项，则有

$$\frac{1}{as^{3}+bs^{2}+cs+1}\approx\frac{1}{cs+1} \tag{4.5-27}$$

近似条件为

$$\omega_{\mathrm{c}}\leqslant\frac{1}{3}\min\{\sqrt{1/b},\sqrt{c/a}\} \tag{4.5-28}$$

(3) 纯滞后环节的近似处理

由4.1节，功率变换装置是一个滞后时间较小的纯滞后环节，即其传递函数中包含指数函数 $\mathrm{e}^{-\tau s}$。可把纯滞后环节近似成一阶惯性环节

$$\mathrm{e}^{-\tau s}\approx\frac{1}{\tau s+1} \tag{4.5-29}$$

其近似条件为

$$\omega_c \leqslant \frac{1}{3\tau} \tag{4.5-30}$$

（4）低频段大惯性环节的近似处理

采用工程设计方法时，为了按典型系统选择校正装置，有时需要把系统中存在的一个时间常数特别大的大惯性环节近似地当作积分环节来处理。即

$$\frac{1}{Ts + 1} \approx \frac{1}{Ts} \tag{4.5-31}$$

上式的近似条件为

$$\omega_c \geqslant 3/T \tag{4.5-32}$$

此时，相角 $\arctan\omega T$ 被近似为 $90°$。当 $\omega T = \sqrt{10}$ 时，有 $\arctan\omega T = 72.45°$，似乎误差较大。实际上，将大惯性环节近似成积分环节后，相角滞后更大，相当于相角稳定裕量更小，因而如按近似系统设计好以后，实际系统的相对稳定性会比设计值更好。

2. 系统类型和调节器类型的选择

在选择调节器之前，首先必须根据实际系统的需要，确定要将系统校正成哪一类典型系统。为此，应该清楚地掌握两类典型系统的主要特征和它们在性能上的差别。此外，在动态性能上，典型 I 型系统动态跟随性能指标的超调量一项要比典型 II 型系统小，但是典型 II 型系统的动态抗扰性能要比典型 I 型系统好，因此，要根据具体情况综合考虑。

确定了要采用哪一种典型系统之后，选择调节器的方法就是利用"对消原理"将被控对象与调节器的传递函数经近似处理后配成典型系统的形式。下面通过两个例子来说明这个方法。

（1）被控对象是两个惯性环节（见图 4.5.6）

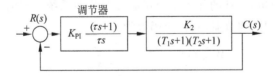

图 4.5.6　把两个惯性环节的控制对象校正成典型 I 型系统

设控制对象的传递函数为

$$W_{obj}(s) = \frac{K_2}{(T_1 s + 1)(T_2 s + 1)}$$

其中，$T_1 > T_2$，K_2 为控制对象的放大系数。如果要把系统校正成典型 I 型系统，调节器应采用 PI 调节器，其中的积分部分是 I 型系统所必需的，比例微分部分则是为了对消掉控制对象中时间常数较大的一个惯性环节，以使校正后系统的响应速度更快些。PI 调节器的传递函数为

$$W_{\text{PI}}(s) = \frac{K_{\text{PI}}(\tau s + 1)}{\tau s}$$

取 $\tau = T_1$,并令 $K_{\text{PI}}K_2/\tau = K$,则校正后系统的开环传递函数为

$$W(s) = \frac{K_{\text{PI}}(\tau s + 1)}{\tau s} \cdot \frac{K_2}{(T_1 s + 1)(T_2 s + 1)} = \frac{K}{s(T_2 s + 1)}$$

这就是典型Ⅰ型系统。

如果 $T_1 \gg T_2$,且按典型Ⅱ型系统确定参数关系,则这时首先对大惯性环节按积分环节近似处理,这样原对象的传递函数近似成为

$$W_{\text{obj}}(s) \approx \frac{K_2}{T_1 s(T_2 s + 1)}$$

而调节器仍然采用 PI 调节器,只是参数选择时取 $\tau = hT_2$,并令 $K_{\text{PI}}K_2/\tau \cdot T_1 = K$,则校正后系统的开环传递函数为

$$W(s) \approx \frac{K_{\text{PI}}(\tau s + 1)}{\tau s} \cdot \frac{K_2}{T_1 s(T_2 s + 1)} = \frac{K(\tau s + 1)}{s^2(T_2 s + 1)}$$

这就是典型Ⅱ型系统了。

(2) 被控对象是一个积分环节和两个惯性环节(见图 4.5.7)

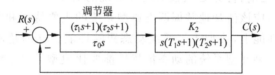

图 4.5.7 用 PID 调节器将"积分+两惯性环节"校正成典型Ⅱ型系统

设控制对象的传递函数为

$$W_{\text{obj}}(s) = \frac{K_2}{s(T_1 s + 1)(T_2 s + 1)}$$

且 T_1 和 T_2 大小相仿,设计的任务是校正成典型Ⅱ型系统。这时,采用 PI 调节器是不行的,可以采用 PID 调节器,其传递函数为

$$W_{\text{PID}}(s) = \frac{(\tau_1 s + 1)(\tau_2 s + 1)}{\tau_0 s}$$

令 $\tau_1 = T_1$,使调节器的一个比例微分项($\tau_1 s + 1$)与对象中的一个惯性 $1/(T_1 s + 1)$ 对消。这样,校正后系统的开环传递函数为

$$W(s) = W_{\text{PID}}(s)W_{\text{obj}}(s) = \frac{K(\tau_2 s + 1)}{s^2(T_2 s + 1)}$$

式中,$K = K_2/\tau_0$,$\tau_2 = hT_2$,是典型Ⅱ型系统的形式。

实际的被控对象传递函数形式多样,校正成典型系统时调节器的选择也因此而异。表 4.5.4 和表 4.5.5 列出几种校正成典型Ⅰ型、典型Ⅱ型系统的控制对象和调节器的结构。

以上是基于"串连校正"的方法。对于更为复杂的被控对象,如果结合"状态变量反馈"等方法,则可以达到更好的效果。

表 4.5.4　校正成典型 I 型系统时调节器的选择

控制对象	$\dfrac{K_2}{(T_1s+1)(T_2s+1)}$ $T_1>T_2$	$\dfrac{K_2}{Ts+1}$	$\dfrac{K_2}{(T_1s+1)(T_2s+1)(T_3s+1)}$ $T_1\gg T_2$ 和 T_3	$\dfrac{K_2}{(T_1s+1)(T_2s+1)(T_3s+1)}$ T_1,T_2,T_3 差不多大，或 T_3 略小
调节器	PI：$\dfrac{K_{PI}(\tau s+1)}{\tau s}$	I：$\dfrac{K_1}{s}$	PI：$\dfrac{K_{PI}(\tau s+1)}{\tau s}$	PID：$\dfrac{(\tau_1 s+1)(\tau_2 s+1)}{\tau_0 s}$
参数配合	$\tau=T_1$		$\tau=T_1,T_\Sigma=T_2+T_3$	$\tau_1=T_1,\tau_2=T_2$

表 4.5.5　校正成典型 II 型系统时调节器的选择

控制对象	$\dfrac{K_2}{s(Ts+1)}$	$\dfrac{K_2}{s(T_1s+1)(T_2s+1)}$ T_1,T_2 较小	$\dfrac{K_2}{(T_1s+1)(T_2s+1)}$ $T_1\gg T_2$	$\dfrac{K_2}{(T_1s+1)(T_2s+1)(T_3s+1)}$ $T_1\gg T_2$ 和 T_3	$\dfrac{K_2}{s(T_1s+1)(T_2s+1)}$ T_1,T_2 相近
调节器	PI：$\dfrac{K_{PI}(\tau s+1)}{\tau s}$				PID：$\dfrac{(\tau_1 s+1)(\tau_2 s+1)}{\tau_0 s}$
参数配合	$\tau=hT$	$\tau=h(T_1+T_2)$	$\tau=hT_2,$ $\left(\dfrac{1}{T_1s+1}\approx\dfrac{1}{T_1s}\right)$	$\tau=h(T_2+T_3),$ $\left(\dfrac{1}{T_1s+1}\approx\dfrac{1}{T_1s}\right)$	$\tau_1=T_1$ 或 $\tau_1=T_2$ $\tau_2=hT_2$(或 hT_1)

4.5.4　工程设计方法在双环调速系统调节器设计中的应用

前面讨论了一般系统调节器的工程设计方法，现在将这一方法用来具体地设计双闭环调速系统的两个调节器。前已指出，转速、电流双闭环调速系统是一种多环系统，设计多环控制系统的一般方法是：**从内环开始，逐步向外扩大，一环一环地进行设计**。因此，对于双闭环调速系统，应先从电流环开始，首先确定电流调节器的结构和参数，然后把整个电流环当作转速环内的一个环节，和其他环节一起作为转速环的控制对象，再来确定转速调节器的结构和参数。

1. 双闭环调速系统的动态结构图

转速电流双闭环调速系统的动态结构图如图 4.5.8 所示，它与图 4.4.7 的不同之处在于增加了滤波环节（包括电流滤波、转速滤波和两个给定滤波环节）。由于来自电流检测单元的反馈信号中常含有交流分量，需要加低通滤波，T_{oi} 为电流滤波时间常数，其大小按需要选定。滤波环节可以滤除电流反馈信号中的交流分量，但同时使反馈信号延滞。为了平衡这一延滞作用，在给定信号通道中也加入一个时间常数与之相同的惯性环节，称为"给定滤波"环节。其意义是：让给定信号和反馈信号经过相同的延滞，使二者在时间上得到恰当的配合，从而带来设计上的方便。

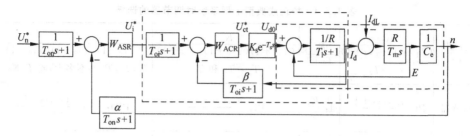

图 4.5.8　转速电流双闭环调速系统的动态结构图

由测速发电机得到的转速反馈信号中含有电动机的换向纹波,也需要经过滤波,时间常数 T_{on} 也视具体情况而定。根据和电流环一样的道理,在转速给定通道中也引入时间常数为 T_{on} 的给定滤波环节。

2. 电流调节器的设计

(1) 电流环动态结构图的简化

在图 4.5.8 中虚线框内就是电流环的动态结构图,可以看到电流环内存在电动机反电势产生的交叉反馈,它代表转速环输出量对电流环的影响。由于转速环尚未设计,要考虑它的影响是比较困难的。但是,在实际系统中,由于电枢回路的电磁时间常数 T_l 一般都要比电力拖动系统的机电时间常数 T_m 小得多,因而电流的调节过程往往比转速的变化过程快得多,也就是比电动机反电势 E 的变化快得多,反电势对电流环来说只是一个缓慢变化的扰动作用。因此在电流调节器快速调节过程中,可以认为反电势 E 基本不变。

忽略反电势 E 环的条件推导如下:图 4.5.8 中的电流环部分模型可改画为图 4.5.9,由此得虚线框部分的频率特性为

$$\frac{\mathrm{j}\omega T_m/R}{(1-T_m T_l \omega^2)+\mathrm{j}\omega T_m}$$

当 $1 \ll T_m T_l \omega^2$ 时,上式近似于 $\dfrac{1/R}{1+\mathrm{j}\omega T_l}$。采用工程上的近似条件 $10 \leqslant T_m T_l \omega^2$,可得忽略反电势环的条件为

$$\omega_{ci} \geqslant 3\sqrt{\frac{1}{T_m T_l}} \tag{4.5-33}$$

这样,在设计电流环时可以暂时不考虑反电势变化的影响,将作用于电流环的电势反馈作用断开,从而解除了交叉反馈。

忽略了反电势作用后,由图 4.5.9 得到了如图 4.5.10(a) 所示的电流环近似动态结构图。根据结构图的等效交换原则可将反馈滤波和给定滤波两个环节移至环内,同时按式(4.1-5)化简可控直流电源模型。然后将时间常数 T_s 和滤波时间常数 T_{oi} 合并成 $T_{\Sigma i}$,即

$$T_{\Sigma i} = T_{oi} + T_s \tag{4.5-34}$$

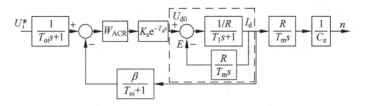

图 4.5.9　对反电势环的化简

就得到图 4.5.10(b) 所示的电流环简化结构图。依据式(4.5-22)和式(4.5-25)可综合上述简化的条件是

$$\omega_{ci} \leqslant \frac{1}{3} \min\left(\frac{1}{T_s}, \sqrt{\frac{1}{T_{oi}T_s}}\right) \tag{4.5-35}$$

注意,电流环设计好后需要用电流环 ω_{ci} 校验该条件。

(2) 电流调节器结构和参数的选择

为了选择电流调节器,首先面临的问题是应该决定把电流环校正成哪一类典型系统。从稳态要求上看,希望电流环做到无静差以获得理想的堵转特性;从动态要求来看,电流环的一项重要作用就是跟随电流给定,超调量越小越好。由此出发,应该把电流环校正成典型 I 型系统。电流环的另一个重要作用是对电网电压波动的及时调节,其结构图与 4.5.2 节中的图 4.5.3 相似,所以从提高抗扰性能的观点出发又希望把电流环校正成典型 II 型系统。但最终确定电流环应校正成哪种形式,主要还是根据实际系统的具体要求而定。在一般情况下,当电流环控制对象的两个时间常数之比 $T_l/T_{\Sigma i} \leqslant 10$ 时,由表 4.5.2 的数据可以看出,典型 I 型系统的恢复时间还是可以接受的,因此,一般情况下多按典型 I 型系统来选择电流调节器,下面就讨论这种情况。

由图 4.5.10(b)可知,电流环的控制对象是两个惯性环节,为了把电流环校正成典型 I 型系统,显然应该采用 PI 调节器,其传递函数为

$$W_{ACR}(s) = \frac{K_i(\tau_i s + 1)}{\tau_i s} \tag{4.5-36}$$

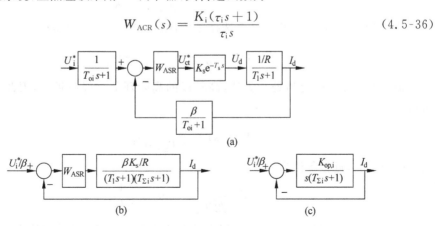

图 4.5.10　电流环的动态结构图及简化

式中,K_i 为电流调节器的比例放大系数;K_i/τ_i 为电流调节器的积分时间常数。选择 PI 调节器参数,使 $\tau_i = T_l$,则调节器的零点对消掉了被控对象的大惯性环节的极点,电流环的动态结构图便成为图 4.5.10(c)。该图与图 4.5.2(a)所示的典型 Ⅰ 型系统的形式一致,其中开环放大系数 $K_{op,i}$ 和时间常数分别为

$$K_{op,i} = \frac{K_i K_s \beta}{\tau_i R}, \quad T_{\Sigma i} = T_s + T_{oi} \tag{4.5-37}$$

PI 调节器的比例放大系数 K_i 的选择取决于系统的动态性能指标和 ω_{ci}。通常,希望超调量小,如果要求 $\sigma < 5\%$,则由表 4.5.1,可取 $K_{op,i} T_{\Sigma i} = 0.5$,此时 $\sigma = 4.33\% < 5\%$,且

$$K_{op,i} = \omega_{ci} = 0.5/T_{\Sigma i}$$

由此,可以求得电流调节器的比例放大系数为

$$K_i = \frac{K_{op,i} \tau_i R}{K_s \beta} = \frac{T_l R}{2 K_s \beta T_{\Sigma i}} \tag{4.5-38}$$

如果实际系统要求不同的动态跟随性能指标,则式(4.5-38)应当作相应的改变;如果电流环的动态抗扰性能有具体的要求,则应对设计后系统满足的抗扰性能指标进行校验。

3. 转速调节器的设计

(1)电流环的等效闭环传递函数

上面曾经提到,在设计转速调节器时,可把已经设计好的电流环当作转速环内的一个环节,和其他环节一起构成转速环的控制对象。为此,需求出电流环的等效闭环传递函数。由图 4.5.10(c)的电流环动态结构图,可求得电流环的闭环传递函数 $W_{cl,i}(s)$ 为

$$W_{cl,i}(s) = \frac{I_d(s)}{U_i^*(s)/\beta} = \frac{1}{\dfrac{T_{\Sigma i}}{K_{op,i}} s^2 + \dfrac{1}{K_{op,i}} s + 1} \tag{4.5-39}$$

如按 $\zeta = 0.707, K_{op,i} T_{\Sigma i} = 0.5$ 选择参数,则式(4.5-39)可以写成

$$W_{cl,i}(s) = \frac{1}{2 T_{\Sigma i}^2 s^2 + 2 T_{\Sigma i} s + 1}$$

根据前面提到的近似处理方法,高频段的高阶环节可降阶近似,因此上式可以近似为

$$W_{cl,i}(s) \approx \frac{1}{2 T_{\Sigma i} s + 1} \tag{4.5-40}$$

由式(4.5-25),近似条件为

$$\omega_{cn} \leqslant \frac{1}{3\sqrt{2}\, T_{\Sigma i}}, \quad 取 \leqslant \frac{1}{5 T_{\Sigma i}} \tag{4.5-41}$$

由式(4.5-39)和式(4.5-40)可以得到在转速环内电流环的等效传递函数为

$$\frac{I_{\mathrm{d}}(s)}{U_{\mathrm{i}}^{*}(s)} \approx \frac{1/\beta}{2T_{\Sigma\mathrm{i}}s+1} \qquad (4.5\text{-}42)$$

由此可知,原来电流环的控制对象可以近似看成为两个惯性环节,时间常数为 T_{l} 和 $T_{\Sigma\mathrm{i}}$,电流闭环之后,整个电流环等效为一个无阻尼自然振荡周期为 $\sqrt{2}\,T_{\Sigma\mathrm{i}}$ 的二阶振荡环节,或者近似为一个只有小时间常数 $2T_{\Sigma\mathrm{i}}$ 的一阶惯性环节。这表明,引入电流内环后,改造了控制对象,这是多环控制系统中局部闭环(内环)的一个重要功能。当然,如果电流调节器的结构和参数与以上讨论的不相同,电流环的等效传递函数仍可以近似成一阶惯性环节,只是时间常数不再是 $2T_{\Sigma\mathrm{i}}$,视具体情况作相应的变化。

(2) 转速环的动态结构图

求出电流环的等效闭环传递函数后,用式(4.5-42)所示的电流环等效环节代替图 4.5.8 中的电流闭环,则整个转速调节系统的动态结构图如图 4.5.11(a)所示。和讨论电流环动态结构图的情况一样,根据结构图的运算规则,把给定滤波和反馈滤波环节移至环内使系统结构图成为单位反馈的形式,相应地把给定信号改为 $U_{\mathrm{n}}^{*}/\alpha$;再用时间常数为 $T_{\Sigma\mathrm{n}}$ 的小惯性环节近似表示时间常数为 T_{on} 和 $2T_{\Sigma\mathrm{i}}$ 的两个小惯性环节,即

$$T_{\Sigma\mathrm{n}} = T_{\mathrm{on}} + 2T_{\Sigma\mathrm{i}} \qquad (4.5\text{-}43)$$

则转速环的动态结构图可简化成图 4.5.11(b)的形式。

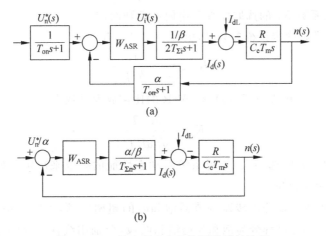

图 4.5.11　转速环动态结构图及近似处理

(3) 转速调节器结构和参数的选择

由图 4.5.11(b)可以看出,转速环控制对象的传递函数中包含一个积分环节和一个惯性环节,而积分环节在负载扰动作用点之后。转速环的主要扰动为负载扰动,如果允许调速系统在负载扰动下有静差,则转速调节器 ASR 只采用比例调节器,按典型 I 型系统选择参数就可以了。如果要实现转速无静差,则必须在扰动作用点之前设置一个积分环节,就应该按典型 II 型系统设计转速调节器 ASR 了。而且,从

动态抗扰性能来看,典型Ⅱ型系统也能达到更好的指标要求。虽然典型Ⅱ型系统动态跟随性能指标的超调量 σ 比较大,但是那是线性条件下的结果,实际的调速系统转速环在突加给定 U_n^* 后 ASR 很快就会饱和,这个非线性影响会使超调量与线性条件下不同,通常情况下会大大降低。因此,大多数双闭环调速系统的转速环都按典型Ⅱ型系统进行设计。

由图 4.5.11 可以明显地看出,为了把转速环校正成典型Ⅱ型系统,转速调节器也应该采用 PI 调节器,其传递函数为

$$W_{\mathrm{ASR}}(s) = \frac{K_n(\tau_n s + 1)}{\tau_n s} \tag{4.5-44}$$

式中,K_n 为转速调节器的比例放大系数;K_n/τ_n 为转速调节器的积分时间常数。这样,调速系统的开环传递函数为

$$W_n(s) = \frac{K_n \alpha R(\tau_n s + 1)}{\tau_n \beta C_e T_m s^2 (T_{\Sigma n} s + 1)} = \frac{K_{\mathrm{op,n}}(\tau_n s + 1)}{s^2 (T_{\Sigma n} s + 1)}$$

其中,转速环开环放大系数

$$K_{\mathrm{op,n}} = \frac{K_n \alpha R}{\tau_n \beta C_e T_m} \tag{4.5-45}$$

转速调节器的参数包括 K_n 和 τ_n,按照典型Ⅱ型系统确定参数的方法,由式 $T_1 = h T_2$ 确定转速调节器的领先时间常数 τ_n,即

$$\tau_n = h T_{\Sigma n} \tag{4.5-46}$$

比例放大系数 K_n 的选取要视采用何种准则而定。

当按 $\gamma_{\max}$ 准则确定系统参数时,由式(4.5-16)有

$$K_{\mathrm{op,n}} = \frac{1}{h \sqrt{h} T_{\Sigma n}^2}$$

考虑到式(4.5-45)和式(4.5-46),则 ASR 的比例放大系数为

$$K_n = \frac{\beta C_e T_m}{\sqrt{h} \alpha R T_{\Sigma n}} \tag{4.5-47}$$

至于中频宽 h 应选多大,应视系统对动态性能的要求来决定。如无特殊要求,则一般以选 $h=5$ 为好。

此外,如果要定量分析转速调节器饱和时的超调问题,可以采用分段线性化的方法,将系统的动态过程分为饱和与退饱和两段,分别用线性系统的规律进行分析。详细内容请参考文献[4-3]。

4. 综合性例题

以下给出两个综合性例题。例 4.5-2 说明一个典型设计的全步骤,而例 4.5-3 则通过系统的异常运行说明相关的物理概念。

例 4.5-2 某双闭环直流调速系统采用晶闸管三相桥式全控整流电路供电,基本数据为:直流电动机 $U_N = 220\mathrm{V}$,$I_N = 136\mathrm{A}$,$n_N = 1460\mathrm{r/min}$,电枢电阻 $R_a = 0.2\Omega$,

允许过载倍数 $\lambda=1.5$；晶闸管装置 $T_s=0.00167\text{s}$，放大系数 $K_s=40$；电枢回路总电阻 $R=0.5\Omega$；电枢回路总电感 $L=15\text{mH}$；电动机轴上的总飞轮惯量 $GD^2=22.5\,\text{N}\cdot\text{m}^2$；电流反馈系数 $\beta=0.05\text{V/A}$；转速反馈系数 $\alpha=0.007\text{V}\cdot\text{min/r}$；滤波时间常数 $T_{oi}=0.002\text{s}$，$T_{on}=0.01\text{s}$。

设计要求：①稳态指标转速无静差；②动态指标电流超调量 $\sigma_i\leqslant5\%$。

解　(1) 电流环的设计

第一步，确定时间常数。

① 电流环小时间常数 $T_{\Sigma i}$，由于已给 $T_{oi}=0.002\text{s}$，因此 $T_{\Sigma i}=T_s+T_{oi}=0.00367\text{s}$。

② 电枢回路时间常数 T_1：$T_1=L/R=0.015/0.5=0.03\text{s}$。

第二步，确定电流调节器结构和参数。

① 结构选择　根据性能指标要求 $\sigma_i\leqslant5\%$，而且 $\dfrac{T_1}{T_{\Sigma i}}=\dfrac{0.03}{0.00367}=8.17<10$，因此电流环按典型 I 型系统设计。调节器选用 PI，其传递函数为式(4.5-36)。

② 参数计算　为了将电流环校正成典型 I 型系统，电流调节器的领先时间常数 τ_i 应对消控制对象中的大惯性环节时间常数 T_1，即取 $\tau_i=T_1=0.03\text{s}$。

为了满足 $\sigma_i\leqslant5\%$ 的要求，应取 $K_{op,i}T_{\Sigma i}=0.5$，因此

$$K_{op,i}=\frac{1}{2T_{\Sigma i}}=\frac{1}{2\times0.00367}=136.2\text{s}^{-1}$$

于是可以求得 ACR 的比例放大系数为

$$K_i=\frac{K_{op,i}\tau_i R}{\beta K_s}=\frac{136.2\times0.03\times0.5}{0.05\times40}=1.022$$

第三步，校验近似条件。

① 晶闸管整流装置传递函数近似条件 $\omega_{ci}\leqslant1/3T_s$

$$\omega_{ci}=K_{op,i}=136.2\text{s}^{-1}$$

而

$$\frac{1}{3T_s}=\frac{1}{3\times0.00167}=199.6\text{s}^{-1}$$

显然满足近似条件。

② 电流环小时间常数近似处理条件

$$\omega_{ci}\leqslant\frac{1}{3}\sqrt{\frac{1}{T_s T_{oi}}}$$

而

$$\frac{1}{3}\sqrt{\frac{1}{T_s T_{oi}}}=\frac{1}{3}\sqrt{\frac{1}{0.00167\times0.002}}=182.4\text{s}^{-1}>\omega_{ci}$$

显然也满足近似条件。

③ 忽略反电势对电流环影响的条件

$$\omega_{ci}\geqslant3\sqrt{\frac{1}{T_m T_1}}$$

由于

$$C_e = \frac{U_N - I_N R_a}{n_N} = \frac{220 - 136 \times 0.2}{1460} = 0.132 \text{V} \cdot \text{min/r}, \quad C_m = 30 C_e / \pi$$

所以

$$T_m = \frac{GD^2 R}{375 C_e C_m} = \frac{22.5 \times 0.5 \times \pi}{375 \times 0.132^2 \times 30} = 0.18 \text{s}$$

因此

$$3\sqrt{\frac{1}{T_m T_l}} = 3 \times \sqrt{\frac{1}{0.18 \times 0.03}} = 40.82 \text{s}^{-1} < \omega_{ci}$$

满足近似条件式(4.5-33)。查表4.5.1,设计后电流环可以达到的动态指标为 $\sigma_i = 4.3\% < 5\%$ 满足设计要求。

(2) 转速环的设计

第一步,确定时间常数。

① 电流环等效时间常数　由于电流环按典型 I 型系统设计,且参数选择为 $K_{op,i} T_{\Sigma i} = 0.5$,因此电流环等效时间常数为 $2T_{\Sigma i} = 2 \times 0.00367 = 0.00734 \text{s}$。

② 转速环小时间常数 $T_{\Sigma n}$　已知转速滤波时间常数为 $T_{on} = 0.01 \text{s}$,因此转速环小时间常数为

$$T_{\Sigma n} = 2T_{\Sigma i} + T_{on} = 0.00734 + 0.01 = 0.01734 \text{s}$$

第二步,确定转速调节器结构和参数。

① 结构选择　由于设计要求无静差,因此转速调节器必须含有积分环节,又考虑到动态要求,转速调节器应采用 PI 调节器,按典型 II 型系统设计转速环。转速调节器的传递函数为式(4.5-44)。

② 参数计算　综合考虑动态抗扰性能和起动动态性能,取中频宽 $h = 5$ 较好,如按 γ_{max} 准则确定参数关系,ASR 的超前时间常数为

$$\tau_n = h T_{\Sigma n} = 5 \times 0.01734 = 0.0867 \text{s}$$

转速环开环放大系数为

$$K_{op,n} = \frac{1}{h\sqrt{h} T_{\Sigma n}^2} = \frac{1}{5 \times \sqrt{5} \times 0.01734^2} = 297.5 \text{s}^{-2}$$

于是转速调节器的比例放大系数为

$$K_n = \frac{\beta C_e T_m}{\sqrt{h} \alpha R T_{\Sigma n}} = \frac{0.05 \times 0.132 \times 0.18}{\sqrt{5} \times 0.007 \times 0.5 \times 0.01734} = 8.75$$

第三步,校验近似条件和性能指标。

① 电流环传递函数等效条件 $\omega_{cn} \leqslant \frac{1}{5T_{\Sigma i}}$。由式(4.5-13)所示 $K = \omega_1 \omega_c$,按 γ_{max} 准则,可以求得转速环截止频率 ω_{cn} 为

$$\omega_{cn} = \frac{K_{op,n}}{\omega_1} = K_{op,n} \tau_n = 297.5 \times 0.0867 = 25.8 \text{s}^{-1}$$

而 $1/5T_{\Sigma i} = 54.5 \text{s}^{-1} > \omega_{cn}$,满足等效条件。

② 转速环小时间常数近似处理条件 $\omega_{cn} \leqslant \dfrac{1}{3}\sqrt{\dfrac{1}{2T_{\Sigma i}T_{on}}} = 38.9\mathrm{s}^{-1} > \omega_{cn}$，满足近似处理条件。

例 4.5-3　在图 4.4.7 所示的转速电流双闭环直流调速系统中，ASR，ACR 为 PI 调节器。已知电动机的额定参数为 $U_N, I_N, n_N, R_a, K_s, R_{rectifier}$，电机的允许过载倍数 $\lambda = 1.5$。为了简单，设可控电源的传递函数如式（4.1-5）。在反抗型恒转矩负载条件下求解下列问题：

（1）系统在额定状态下正常运行（$n = n_N, I_d = I_{dN}$）时，转速反馈线突然断线，系统的运行状态如何？

（2）某一 $n, I_d = I_{dN}$，电流反馈断线，系统的运行状态如何？

解　设 $R = R_a + R_{rectifier}, T_l = L_d/R$

（1）由图 4.5.12 的方框图判定，系统是稳定的。由于转速反馈线突然断线，ASR 输出饱和。由于 ASR 输出饱和，$I_d \nearrow \Rightarrow E(s) \nearrow \Rightarrow I_d \searrow$，由负载平衡得 $I_d = I_{dL} = I_{dN}$，由此导致 ACR 的输出饱和。稳态时，由于 ACR 饱和 $\rightarrow U_d = U_{dmax}$，由电枢回路方程得

$$n = E/C_e = (U_{dmax} - I_{dN}R)/C_e \tag{4.5-48}$$

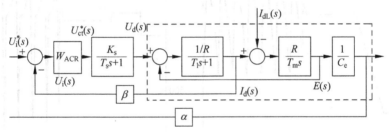

图 4.5.12　转速反馈线断线的系统

为了将上式中的转速与正常运行时的转速 $\{n = n_N (I_d = I_{dN})\}$ 作比较，求解上式中的 U_{dmax}。由于一般将 U_{dmax} 的值设计为系统正常，$n = n_N$，并且为最大过负载时的值（本题的过载倍数 $\lambda = 1.5, I_d = 1.5\,I_{dL}$），即

$$U_{dmax} = C_e n_N + 1.5 I_{dN}(R_a + R_{rectifier}) = C_e n_N + 1.5 I_{dN}R$$

将上式代入式（4.5-48）得 $n = n_N + 0.5 I_{dN}R/C_e$，速度高，很危险。

（2）此时系统如图 4.5.13。由该图知，两个调节器的传递函数的积分器已使系统成为 Ⅱ 型系统，需要判定稳定性。

将 ASR、ACR 的传递函数代入图 4.5.13，所示系统的开环传递函数为

$$\alpha K_n K_i \dfrac{(\tau_n s + 1)(\tau_i s + 1)}{\tau_n \tau_i s^2} \dfrac{K_s}{(T_s s + 1)(T_m T_l s^2 + T_m s + 1)}$$

由此式可知，**系统极有可能不稳定**。

作为定量分析的例子，可使用例 4.5-2 的参数判定稳定性。

依据例 4.5-2 的参数对系统仿真（为了简单令 $T_{oi} = T_{on} = 0$）。仿真采用

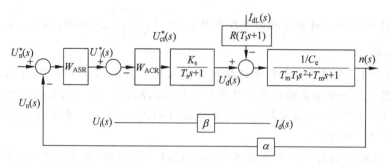

图 4.5.13　电流环反馈线断线的系统

MATLAB[4-6]，系统的 Simulink 图如图 4.5.15。其中，调节器饱和环节的设计见 4.5.5 节。

　　在某一 n，$I_d = I_{dN}$，电流反馈断线时的 MATLAB 仿真结果示于图 4.5.14。图中 $t=2s$ 时起动过程基本结束。在 $t=4s$ 瞬间，使电流反馈开路。由波形可知系统不稳定。

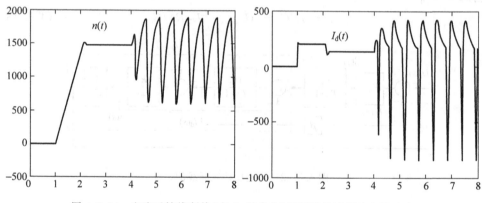

图 4.5.14　电流反馈线断线(在 4s 处发生)时系统的速度和电流响应

*4.5.5　具有输出饱和环节的调节器设计

　　控制器中，具有积分算子的饱和环节设计有一些难度。本节以数字式 PI 调节器为例说明其用于仿真的结构和用于实时系统的结构。

1. 用于 MATLAB/Simulink 的饱和环节

　　Simulink 限幅环节的结构如图 4.5.16 所示。可是该图与实际的具有输出饱和的调节器的特性完全不同。这是因为 y 被限幅后，如果 PI 调节器的输入不为零或不反向，则由于积分作用输出值 y_1 还会不断增加。于是在调节器输入反向后，由于 y_1 要从绝对值超出饱和值的地方开始退饱和，将大大加长饱和的持续时间。

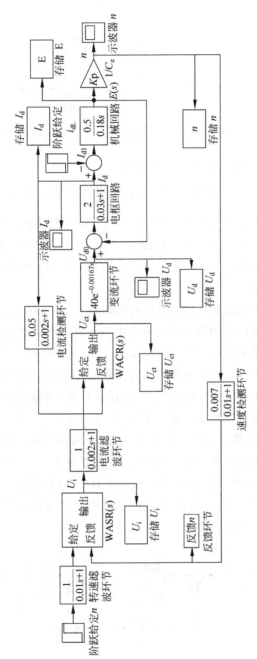

图 4.5.15　直流双闭环调速系统 Simulink 仿真框图

为了防止上述现象,可以采用与实际相近的模型如图 4.5.17 所示。与图 4.5.16 相比,该图增加了一个非线性的反馈环,反馈增益 K 选为足够大的数。现分析其特性。

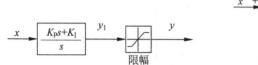

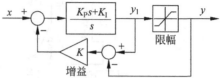

图 4.5.16　用限幅环节模拟输出饱和　　　图 4.5.17　具有输出饱和的 PI 调节器图

系统处于零初始状态时,由图 4.5.17 可知

$$\left[X(s) - K \times (Y_1(s) - Y(s))\right] \times \frac{K_P s + K_I}{s} = Y_1(s) \qquad (4.5\text{-}49)$$

当输出小于限幅值时,限幅环节不起作用,$y(t) = y_1(t)$。当限幅环节起作用时,有

$$K(K_P s + K_I)Y_1(s) + s Y_1(s) = K(K_P s + K_I)Y(s) + X(s)(K_P s + K_I)$$

当反馈增益 K 取为足够大,使得项 $X(s)(K_P s + K_I)$ 与 $s Y_1(s)$ 比起其他项较小时,由上式可知有 $Y_1(s) \approx Y(s)$。

由此可见,加入该负反馈增益环节可使得限幅环节起作用时 $y_1(t) \approx y(t)$,即,PI 调节器输出端的值 Y_1 被固定为限幅值而不会由积分效应不断增加。

但是,图 4.5.17 中含有"代数环"(algebraic loop)。采用此调节器模型进行系统仿真时,会严重降低系统的仿真速度,甚至降低仿真精度或得到错误的仿真结果[4-7]。

代数环的意思是,在数字计算机仿真中,若存在反馈,当输入信号直接取决于输出信号,同时输出信号也直接取决于输入信号时,由于数字计算的时序性而出现的由于没有输入无法计算输出,没有输出也无法得到输入的"死锁环"。在采用 Simulink 时,产生代数环的情况一般有:(1)前馈通道中含有信号的"直通"模块,如比例环节或者含有初值输出的积分器;(2)系统中有非线性模块;(3)前馈通道的传递函数的分子分母同阶等。图 4.5.18 所示的模型中前馈通道含有"直通"的比例环节,因而仿真系统中出现了代数环。

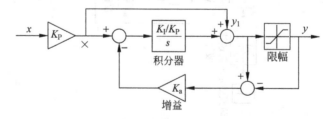

图 4.5.18　可避免"代数环问题"的具有输出饱和的 PI 调节器

避免代数环可有多种方法,本书推荐图 4.5.18 所示的结构。由于控制器可以看作是 P 调节器和 I 调节器的叠加,显然代数环由 P 调节器引入。考虑在输出达到限

幅时,仅通过反馈减小 I 调节器的输入,这样就消除了前馈通道中的比例环节,避免了仿真系统中的代数环。图 4.5.19 所示模型具有仿真速度快、精度高的优点。对其的分析详见文献[4-7]。

2. 用于实时系统的具有饱和环节的 PI 控制器

在一个实际的数字式调速系统中,往往采用软件实现 PI 控制器。此时,可采用判断跳转语句实现饱和环节。一个有效的框图如图 4.5.19 所示,图中符号的含义如下:

(1) r_n 代表控制器第 n 拍输入;

(2) y_n 代表控制器第 n 拍输出;

(3) e_n 代表控制器第 n 拍误差;

(4) Y_{limit} 代表控制器输出数值的绝对值的上限;

(5) K_P 与 K_I 为设计的控制器参数。

图中的判断语句如下式所示。由图和公式可知,只要运算已经达到饱和限值并且下一步的运算还将超过这个限值,则停止这个程序的执行。

$$(\,|\,y_n\,|\geqslant Y_{limit}\,)\ \text{and}\ [(e_{n+1}<0)\ \text{and}\ (y_n<0)\ \text{or}\ (e_{n+1}>0)\text{and}\ (y_n>0)] \tag{4.5-50}$$

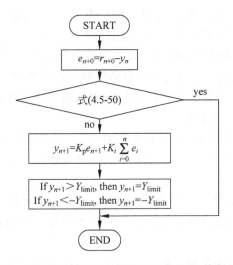

图 4.5.19　用于实时系统的具有饱和环节的 PI 控制器流程图

本节小结

(1) 本节详细地讨论了调速系统动态参数的工程设计方法及其在转速电流双闭环调速系统中的具体应用。该方法的要点为:

① 基于线性定常系统,将非最小相位环节近似为最小相位环节;对非线性环节

则采用了分段线性化;

②多环系统的处理,基于物理概念,首先根据对转矩控制的要求设计电流环结构和 ACR 的参数;然后把电流环当作转速环内的一个环节,根据对转速环的要求确定转速调节器的结构和参数;

③每个环的设计,设计步骤如图 4.5.1 所示;

④控制器的参数设计,对于电流跟随系统,采用了Ⅰ型系统设计,对于要满足跟随和抗扰的速度环,则采用了Ⅱ型系统中的"最大相角裕量"准则。

(2)这个工程设计方法体现了多个有关控制系统设计的观念,如要抓住主要矛盾;要处理好局部(各个环的指标)与全局(系统性能指标)的关系;要进行状态变量反馈;要利用已有的知识(基于典型系统的知识)设计具体对象的指标等。在广泛采用计算机辅助设计系统的今天,这些观念仍然具有重要意义。因为在这些观念的指导下,基于清晰的物理概念,就可以有效地利用计算机辅助设计出满意的结果。

(3)本节还给出了一个实用的具有饱和环节的调节器结构。

4.6　抗负载扰动控制

转速电流双闭环调速系统具有良好的稳态和动态性能。但在速度调节器采用 PI 调节器时,在速度误差较大时速度响应必然超调;对于该系统的抗负载转矩扰动问题,由于在设计转速调节器时,只是按Ⅱ型系统设计以实现对阶跃扰动的稳态输出为零,因此其动态抗扰性能也受到一定的限制。在某些对动态性能要求很高的场合(例如伺服系统等),如果不允许转速超调或对动态抗扰性能要求特别严格,双闭环调速系统就很难满足要求了。

事实上,如 4.2.1 节所述,调速系统是两输入(速度给定和负载转矩扰动)单输出(转速)系统。设计高性能的调速系统时要同时考虑跟随指令特性和抗负载扰动特性。

对调速系统的抗负载转矩扰动问题,如果负载转矩可测,则可以直接将其前馈到转矩环进行补偿。目前由于负载动态转矩难以直接实时测量,一般采用以下两种控制策略:

(1)转速微分负反馈控制　仍然采用 4.4 节的双闭环调速系统结构,仅在系统的转速调节器上引入转速微分负反馈。

(2)采用扰动计算器的负载转矩抑制　采用扰动计算器观测出负载转矩后引入到系统的前向通道以抑制该扰动;此外,设计串联校正器以实现跟随速度给定。这种基于扰动计算器构成的控制器具有结构简单、性能优越、计算量小等突出特点,目前已被应用到多变量强耦合、高精度的位置控制系统如机械臂等的解耦控制中。

4.6.1　转速微分负反馈控制

1. 带转速微分负反馈双闭环调速系统的基本原理

在双闭环调速系统的转速调节器上引入转速微分负反馈后,转速调节器的原理图如图 4.6.1 所示。与 4.4 节所述的控制器相比,该控制器增加了电容 C_{dn} 和电阻 R_{dn},也就是在转速负反馈的基础上叠加了一个转速微分负反馈信号。这样,在转速发生变化时,两个信号一起与给定信号 U_n^* 相抵,将会比普通双闭环系统更早一些达到平衡,使转速调节器输入等效偏差信号提前改变极性,从而使转速调节器退饱和的时间提前。由图 4.6.2 可以看到,普通双闭环调速系统的退饱和点是 $0'$ 点,在时间 t_2 时刻;而增加转速微分负反馈后,系统的退饱和点提前到 T 点,在时间 t_t 时刻。而 T 点所对应的转速 n_t 比稳态转速 n^* 要低,因而有可能在进入线性闭环系统工作之后没有超调或超调很小就使系统趋于稳定。如图 4.6.2 中的曲线 2 和 3 所示。

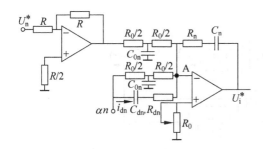

图 4.6.1　带微分负反馈的转速调节器

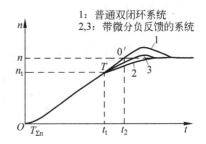

图 4.6.2　转速微分负反馈对起动过程的影响

以下分析带微分负反馈转速调节器的动态结构。

先分析图 4.6.1 中不含微分负反馈部分的 PI 调节器。它与一般 PI 调节器的区别在于将 R_0 电阻由两个 $R_0/2$ 的电阻串联,而在中间接一电容 C_{on},电容另一端接地,构成 T 型滤波电路。利用 A 点是虚地,经过推导可得

$$\frac{U_n^*(s)}{T_{on}s+1} - \frac{\alpha n(s)}{T_{on}s+1} = \frac{\tau_n s}{K_n(\tau_n s+1)}U_i^*(s) \tag{4.6-1}$$

式中,$T_{on} = \dfrac{1}{4}R_0 C_{on}$ 为转速滤波时间常数。

再分析图 4.6.1 的传递函数。图中微分反馈支路的电流 i_{dn},用拉氏变换表示为

$$i_{dn}(s) = \frac{\alpha n(s)}{R_{dn} + \dfrac{1}{C_{dn}s}} = \frac{\alpha C_{dn}s n(s)}{R_{dn}C_{dn}s+1} \tag{4.6-2}$$

因此,图 4.6.1 中虚地点 A 的电流平衡方程为

$$\frac{U_n^*(s)}{R_0(T_{on}s+1)} - \frac{\alpha n(s)}{R_0(T_{on}s+1)} - \frac{\alpha C_{dn}s n(s)}{R_{dn}C_{dn}s+1} = \frac{U_i^*(s)}{R_n+1/C_n s}$$

整理后得

$$\frac{U_n^*(s)}{T_{on}s+1} - \frac{\alpha n(s)}{T_{on}s+1} - \frac{\alpha\tau_{dn}sn(s)}{T_{odn}s+1} = \frac{\tau_n s}{K_n(\tau_n s+1)}U_i^*(s) \tag{4.6-3}$$

式中，$\tau_{dn}=R_0 C_{dn}$ 为转速微分时间常数；$T_{odn}=R_{dn}C_{dn}$ 为转速微分滤波时间常数。C_{dn} 称为微分电容；电阻 R_{dn} 叫做滤波电阻。

根据式(4.6-3)可以给出带转速微分负反馈的转速环动态结构图如图 4.6.3(a) 所示。为了分析方便，可以取 $T_{on}=T_{odn}$，再经结构图等效变换将滤波环节 $T_{on}s+1$ 移至转速环内。按小惯性环节近似处理方法，令 $T_{\Sigma n}=T_{on}+2T_{\Sigma i}$，可以得到简化后的动态结构图如图 4.6.3(b)所示。可以看出：

(1) 转速微分负反馈的本质是在系统中引入了加速度负反馈。但加速度被引到了速度调节器，也就是说没有构成一个独立的加速度环；

(2) 由于负载 I_{dL} 在该加速度负反馈环内，所以该环可抑制负载转矩等的扰动。此外，在转速调节器输出饱和时，如果 $dn/dt>0$(如启动阶段)，将使得该调节器提前退饱和；

(3) 由于在系统实现时需要做微分计算。而微分运算容易引入干扰，所以需要注意由此带来的问题。

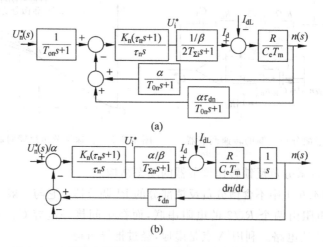

图 4.6.3　带转速微分负反馈的转速环动态结构图及其简化

2ʹ. 带转速微分负反馈时转速环的动态抗扰性能

由图 4.6.3,可推导出具有转速微分负反馈的双闭环调速系统受到负载扰动时的转速环的动态结构图如图 4.6.4 所示。图中

$$K_1 = \frac{\alpha K_n}{\beta\tau_n}, \quad K_2 = \frac{R}{C_e T_m}, \quad K_1 K_2 = K_N \tag{4.6-4}$$

定义 $\Delta n_b = 2K_2 T_{\Sigma n}\Delta I_L$，$\tau_{dn}=\delta T_{\Sigma n}$，则由负载扰动 $\Delta I_{dL}(s)$ 产生的转速降为

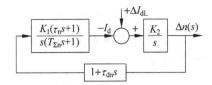

图 4.6.4 带转速微分负反馈时系统在负载扰动下转速环的动态结构图

$$\frac{\Delta n(s)}{\Delta I_{dL}(s)} = \frac{\dfrac{K_2}{s}}{1 + \dfrac{K_1 K_2 (\tau_n s + 1)(\tau_{dn} s + 1)}{s^2 (T_{\Sigma n} s + 1)}}$$

$$= \frac{K_2 s (T_{\Sigma n} s + 1)}{T_{\Sigma n} s^3 + (1 + K_1 K_2 \tau_n \tau_{dn}) s^2 + K_1 K_2 (\tau_n + \tau_{dn}) s + K_1 K_2} \qquad (4.6\text{-}5)$$

考虑到 $\tau_n = h T_{\Sigma n}$、$\tau_{dn} = \delta T_{\Sigma n}$、$K_1 K_2 = K_N$，并假设负载扰动为阶跃扰动

$$\Delta I_{dL}(s) = \Delta I_L / s \qquad (4.6\text{-}6)$$

于是有

$$\Delta n(s) = \frac{K_2 (T_{\Sigma n} s + 1) \Delta I_L}{T_{\Sigma n} s^3 + (1 + K_N h \delta T_{\Sigma n}^2) s^2 + K_N (h + \delta) T_{\Sigma n} s + K_N} \qquad (4.6\text{-}7)$$

$$\frac{\Delta n(s)}{\Delta n_b} = \frac{\Delta n(s)}{2 K_2 T_{\Sigma n} \Delta I_L}$$

$$= \frac{0.5 T_{\Sigma n} (T_{\Sigma n} s + 1)}{T_{\Sigma n}^2 s^3 + (1 + K_N h \delta T_{\Sigma n}^2) T_{\Sigma n} s^2 + K_N (h + \delta) T_{\Sigma n}^2 s + K_N T_{\Sigma n}} \qquad (4.6\text{-}8)$$

如取中频宽 $h = 5$，当按 γ_{max} 准则确定参数关系时，式(4.6-8)成为

$$\frac{\Delta n(s)}{\Delta n_b} = \frac{0.5 T_{\Sigma n} (T_{\Sigma n} s + 1)}{T_{\Sigma n}^3 s^3 + (1 + 0.45 \delta) T_{\Sigma n}^2 s^2 + 0.45 (1 + 0.2 \delta) T_{\Sigma n} s + 0.09} \qquad (4.6\text{-}9)$$

对于不同的 δ 值，解式(4.6-9)，可以求得带转速微分负反馈双闭环调速系数转速环抗负载扰动的性能指标。

4.6.2 基于扰动计算器的负载转矩抑制

1. 扰动计算器的基本原理

以图 4.6.5(a)的调速系统为例，设被控对象的传递函数为 $P(s)$，其输入输出分别为 u, y，受到的扰动为 d。设定控制目标为 r，设计控制器传递函数为 $W_{con}(s)$。于是，其校正后的理想跟随特性和抗扰特性可用传递函数表示为 4.2 节的式(4.2-9)，也即

$$y/r = 1, \quad y/d = 0 \qquad (4.6\text{-}10)$$

如果扰动 d 可测，为了实现 $y/d = 0$，一个直接的想法如图 4.6.5(a)所示，可以加入前馈补偿 $u' = u - d$。如果扰动不可测，则可设计扰动计算器，通过系统输出值 y 计算扰动 d 的计算值 $\hat{d}$

$$\hat{d} = P^{-1}(s)y - u \tag{4.6-11}$$

式中，$P^{-1}(s)$ 为 $P(s)$ 的逆函数。然后如图 4.6.5(b)所示，将计算到的扰动 $\hat{d}$ 送至前向通道就可以抵消（或补偿）扰动 d。

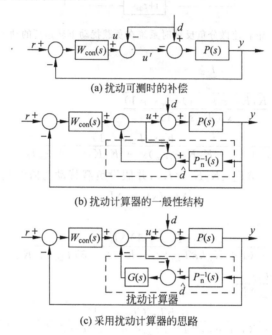

(a) 扰动可测时的补偿

(b) 扰动计算器的一般性结构

(c) 采用扰动计算器的思路

图 4.6.5　基于扰动计算器的调速系统

进一步分析知，由于被控对象 $P(s)$ 的参数等要发生变化，在控制器中只能采用其标称模型 $P_n(s)$。此外，由于 $P(s)$ 一般是严格真有理（strictly proper）分式，对应的 $P_n^{-1}(s)$ 在工程上难于实现。所以在实现时增加一个待定的传递函数 $G(s)$ 使得 $G(s)P_n^{-1}(s)$ 为有理函数。一般地，$G(s)$ 具有滤波器的特性，它由系统的稳定性、对参数的鲁棒性和对 d 的抑制性能等要求来决定。

由于 $G(s)P_n^{-1}(s)$ 的目的是抵消扰动 d，所以一般称

$$G(s)P_n^{-1}(s) \tag{4.6-12}$$

为扰动计算器（disturbance calculator），在许多文献中被称为扰动观测器（disturbance observer）。其一般性结构如图 4.6.5(c)所示。该方法源于两自由度控制（two degree of freedom control），其一般性理论可参考文献[4-8,4-9]。我国的学者也做出了理论上的贡献[4-10]。

2. 不考虑电流环动特性时扰动计算器的设计

假设转速电流双闭环调速系统中的电流环设计得足够好，可以暂时把电流环传递函数等效为常数 1。于是从电流指令 U_i^* 到电磁转矩的传递函数为

$$T_e/U_i^* = K_t = C_m/\beta \tag{4.6-13}$$

式中，C_m 为 4.3 节定义的电磁转矩电流比常数。

对电机转速的扰动主要是负载转矩，所以双闭环系统中以电流指令 U_i^*、负载转矩 T_L 为输入、速度 ω 为输出环节的方框图如图 4.6.6 所示。图中的 $\dfrac{1}{Js}$ 对应于图 4.6.5 中 $P(s)$。

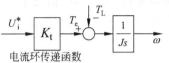

为了抵消 T_L 对 ω 的影响，根据图 4.6.5(b)，可以设计对扰动的补偿器。其原理性结构如图 4.6.7(a) 中虚线部分所示。图中，K_{tn} 为 K_t 的标称模型，J_n 为 J 的标称模型。计算出的 $\hat{T}_L$ 经过增益 $1/K_{tn}$ 反馈到控制器中的电流指令端。据此，以 $\hat{T}_L$、ω 和 I_d 为变量，U_i^*，T_L 为输入的方程为

图 4.6.6　电流环传递函数等效为常数 1 条件下以电流指令和负载转矩为输入的电机模型

$$\begin{cases} I_d = U_i^* - \hat{T}_L/K_{tn} \\ K_t I_d - T_L = Js\omega \\ -K_{tn} I_d + J_n s\omega = \hat{T}_L \end{cases} \tag{4.6-14}$$

整理上式可得

$$\begin{cases} U_i^* K_t = J_n s\omega + \dfrac{K_t}{K_{tn}} \hat{T}_L + T_L \\ -\dfrac{K_t}{K_{tn}} \hat{T}_L = T_L + (J - J_n)s\omega + (K_{tn} - K_t)U_i^* \end{cases} \tag{4.6-15}$$

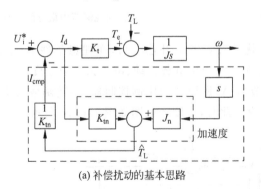

(a) 补偿扰动的基本思路

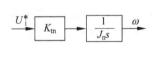

(b) $J = J_n$、$K_t = K_{tn}$ 时的等效传递函数

图 4.6.7　扰动补偿控制的基本结构

由式 (4.6-15) 看出，当 $J = J_n$，$K_t = K_{tn}$ 时，有

$$T_L = -\hat{T}_L, \quad U_i^* K_t = Js\omega \tag{4.6-16}$$

上式说明，由于对扰动的前馈补偿，系统的输出不再受负载转矩的影响了。此时，转速仅受到电流指令的控制。所以，图 4.6.7(a) 的结构简化为图 4.6.7(b)。

但是，由于 $P(s)$ 是一个积分器，也称为严格真有理分式，$P_n^{-1}(s)$ 在工程实现中难以实现。根据图 4.6.5(c)，容易得出可实现的计算器的结构是

$$\frac{G(s)}{P_{\text{n}}(s)} = \frac{J_{\text{n}}s}{K_{\text{tn}}}G(s) = \frac{J_{\text{n}}s}{K_{\text{tn}}}\frac{1}{s/g+1} \tag{4.6-17}$$

也就是说,为了抑制由图 4.6.7(b)中纯微分带来的不利影响,需要在该图的基础上增加一个一阶低通滤波器 $G(s)$

$$G(s) = \frac{1}{s/g+1} \tag{4.6-18}$$

由此,图 4.6.7(a)可变换为图 4.6.8。

在实际实现时,为了避免纯微分运算,依据式(4.6-18)可将图 4.6.8 中计算器的运算变换为图 4.6.9 的运算,也就是

$$\frac{g}{s+g}J_{\text{n}}s = -\frac{g^2}{s+g}J_{\text{n}} + gJ_{\text{n}} \tag{4.6-19}$$

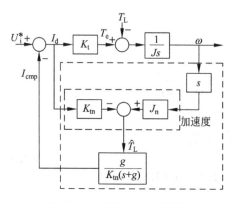

图 4.6.8　实际的扰动观测器

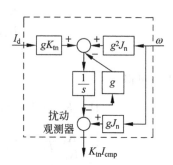

图 4.6.9　扰动观测器中微分的计算

在双闭环调速系统中加入基于扰动计算器的补偿之后,在理想条件下(电流环传递函数为 1、且 $J=J_{\text{n}}$,$K_{\text{t}}=K_{\text{tn}}$ 成立),由于从负载扰动、电流指令至速度之间的结构变为图 4.6.7(b),所以将速度调节器 ASR 设计为比例控制器(传递函数为 K_{ASR})就可以实现对阶跃给定的无静差响应。此时,速度环框图如图 4.6.10 所示。

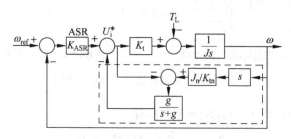

图 4.6.10　具有负载转矩补偿器的速度环框图

根据图 4.6.10,很容易得到双输入单输出系统的传递函数如下。

(1) 从参考速度 ω_{ref} 到输出角速度 ω 的传递函数

$$\frac{\omega}{\omega_{\text{ref}}} = \frac{K_{\text{t}}K_{\text{tn}}K_{\text{ASR}}(s+g)}{JK_{\text{tn}}s^2 + K_{\text{t}}J_{\text{n}}gs + K_{\text{t}}K_{\text{tn}}K_{\text{ASR}}(s+g)} \tag{4.6-20}$$

（2）从扰动转矩 T_L 到输出角速度 ω 的传递函数为

$$\frac{\omega}{T_L} = \frac{-K_{tn}s}{JK_{tn}s^2 + K_t J_n gs + K_t K_{tn} K_{ASR}(s+g)} \qquad (4.6\text{-}21)$$

由上述两式知，扰动计算器中的时间常数 $1/g$ 应该取得尽可能小。这样除了在高频区域外，估计扰动 $\hat{T}_L$ 和 T_L 一致。当 $g \to \infty$ 时，传递函数简化为

$$\frac{\omega}{\omega_{ref}} \to \frac{K_{tn} K_{ASR}}{J_n s + K_{tn} K_{ASR}}, \qquad \frac{\omega}{T_L} \to 0 \qquad (4.6\text{-}22)$$

式（4.6-20）和式（4.6-21）说明系统对给定具有很好的跟随特性，同时对扰动具有很好的抑制特性。为什么具有理想电流环和扰动计算器的系统可以实现上述特性呢？将图 4.6.10 所示系统作变换可得到图 4.6.11。可以看出，扰动计算器部分已经被等效为一个加速度环。也就是说，设计由图 4.6.8 所示的扰动计算器的本质是设计一个等效的加速度负反馈环（acceleration feedback）。由于是在速度环和电流环之间引入等效的加速度负反馈，该环节对负载扰动起到了抑制作用。在理想条件下（$g \to \infty$，电流环传递函数为 1），系统具有较好的抗负载扰动的特性。

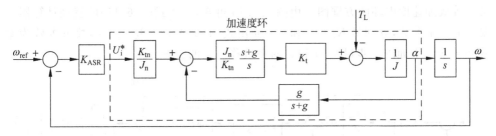

图 4.6.11 变换为加速度环时系统的结构图

3. 电流环等效传递函数不为常数时的系统设计[4-11]

实际上，电流环的等效传递函数不为 1。特别是一阶低通滤波器 $G(s)$ 的时间常数 $1/g$ 较小时，电流环的动态环节就不能被忽略了。以下讨论这种情况下扰动计算器的设计。

设电流环的等效传递函数为 $G_i(s)$，根据基于扰动计算器的补偿器设计原理，扰动计算器的一般式为

$$\frac{1}{K_{tn} G_i(s) P_n(s)} \cdot G(s) \qquad (4.6\text{-}23)$$

式中，$G(s)$ 为一个待定的滤波器。此时，系统如图 4.6.12 所示。由式（4.6-23）或图 4.6.12 可知，由于电流环的 $G_i(s)$ 等效传递函数的存在，使得扰动计算器的结构复杂化了。

以下定性讨论设计扰动计算器参数时的要点。

为了分析方便，将扰动计算器设计为基于以下条件的简化型扰动计算器：①忽略计算器中 $G_i(s)$ 的标称函数 $G_{in}(s)(=1)$；②滤波器 $G(s)$ 采用式（4.6-18）的结构。

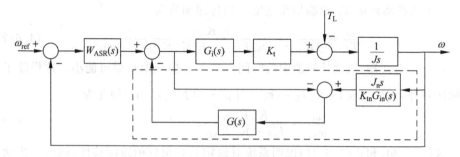

图 4.6.12 扰动计算器基于式(4.6-23)、电流环为 G_i 的速度闭环系统

以下分析简化型扰动计算器条件下系统的稳定性。为了便于分析,定义 m 用来度量扰动计算器中标称参数与系统实际参数的误差。

$$m = \frac{K_t J_n}{K_{tn} J} \tag{4.6-24}$$

在上述条件下,仿照图 4.6.11,图 4.6.12 所示系统可变换为图 4.6.13 所示的具有等效加速度内环的方框图。由图 4.6.13 可知,基于式(4.6-17)的扰动计算器主要含有三个参数,分别是 K_{tn}、J_n 和 g。而由式(4.6-24)知,这三个参数可等效为参数 m 和 g。下面进一步讨论 m 和 g 对系统稳定性的影响。

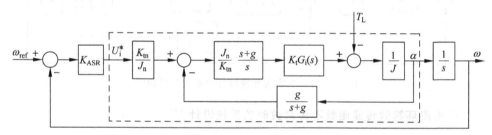

图 4.6.13 变换为加速度环的结构图

当 $G_i(s)=1$ 时,由式(4.6-20)和式(4.6-21)可知,系统是稳定的。但是由于实际系统的 $G_i(s)$ 阶数较高,由下面的例 4.6-1 可知,当 $G_i(s)$ 中的时间常数和扰动计算器中的滤波环节的时间常数相比不能忽略时,将电流环简化为常数或是一阶惯性环节有可能造成系统不稳定。因此,必须基于电流环的准确模型设计计算器。

例 4.6-1 由 4.5 节知,常见的实际伺服系统电流环的结构如图 4.6.14 所示。图中,R、T_l、K_s、T_s、β、T_{oi}、$W_{ACR}(s)$、$U_i^*(s)$、$I_d(s)$、$E(s)$ 与图 4.5.8 的定义一致。系统的参数为 $R=0.5\,\Omega$,$T_l=3\,\text{ms}$,$K_s=40$,$T_s=0.17\,\text{ms}$,$\beta=0.049$,$T_{oi}=0.2\,\text{ms}$,$C_m=1.26$,$J=0.06$。

(1) 当图 4.6.13 中的 G_i 如图 4.6.14 所示时,设计电流环;

(2) $g=2500$ 条件下考察图 4.6.13 中加速度负反馈环的稳定性。

解 (1)按典型 I 型系统来设计电流环 采用电流调节器零点对消控制对象的大时间常数极点的原则设计出 $W_{ACR}(s)=1.033+344.5/s$。该设计必须满足下面的条件

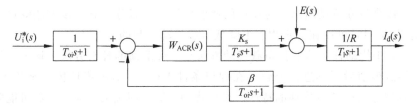

图 4.6.14　实际伺服系统的电流环结构图

$$3\sqrt{1/T_m T_l} \leqslant \omega_{ci} \leqslant \frac{1}{3}\min(1/T_s, 1/\sqrt{1/T_s T_{oi}})$$

式中，ω_{ci} 是电流环的截止频率，T_m 是机电时间常数。

（2）考察加速度负反馈环的稳定性　可知 $K_n = K_{tn} = 25.71$，$J = J_n = 0.06$，$g = 2500$。在这种情况下，图 4.6.13 中虚线框内的加速度环（双输入单输出）的传递函数的分母为 5 阶多项式，即

$$D_{acc}(s) = 1.02 \times 10^{-10}s^5 + 1.14 \times 10^{-6}s^4 + 0.00337s^3 + 5.05s^2$$
$$+ 1.15 \times 10^4 s + 3.38 \times 10^6$$

采用 Routh 判据可以判断出加速度环不稳定，这将导致速度系统不稳定。

对图 4.6.13 中的加速度环做进一步的分析。由于输入分别为电流给定电压 U_i^* 和负载转矩 T_L，输出是系统的加速度 a，该子系统的输入、输出描述为

$$A(s) = \frac{\left[\dfrac{K_t}{J}(s+g)N_i(s) \quad -\dfrac{1}{J}sD_i(s)\right]\begin{bmatrix}U_i^*(s)\\T_L(s)\end{bmatrix}}{sD_i(s) + mgN_i(s)} \tag{4.6-25}$$

式中，$D_i(s)$ 和 $N_i(s)$ 分别是电流环传递函数 $G_i(s)$ 的分母和分子多项式。

由式（4.6-31）可以看出，加速度环传递函数的分母多项式为

$$D_{acc}(s) = sD_i(s) + mgN_i(s) \tag{4.6-26}$$

当电流环的动特性设计得较好时，可将电流环简化为常数或是一阶惯性环节。此时，由于 $D_{acc}(s)$ 的阶数低于三阶，则对于任意的实数 K_{tn}，J_n 和 g，系统都是稳定的。如果时间常数 T_s，T_l，T_{oi} 较接近，由图 4.6.15 可知，实际系统的电流环是一个 4 阶环节。在选取 $G(s)$ 为一阶低通滤波环节后，式（4.6-26）变为 5 阶，很可能导致系统不稳定。

此时为了保证系统的稳定性，有两种方法：①严格按式（4.6-23）设计一般型计算器。此时，由于 $G(s)$ 是一个考虑了 $G_{in}^{-1}(s)$ 的更为复杂的高阶滤波器，实现较为困难；②进一步优化电流环（转矩环）的设计以降低电流环等效传递函数的阶数。然后仍然使用简化型计算器并注意选择参数使系统稳定。本书第一版给出了一个具体设计方法，有兴趣的读者请参考。

本节小结

对于抗负载扰动问题，转速微分负反馈方法和基于扰动计算器补偿负载转矩方法的本质都是等效地引入一个加速度负反馈。

（1）转速微分负反馈基于对反馈的速度信号进行微分运算。该方法既可以抑制转速超调，又同时可以在一定程度上降低负载扰动引起的动态速降。

（2）基于扰动计算器的抗负载扰动方法是一种前馈的补偿方法。该方法计算出负载转矩近似值后对其进行补偿。在理想条件下（$g \to \infty$，电流环传递函数为常数）系统具有较好的抗负载扰动的特性。设计扰动计算器时需要注意：①尽可能降低电流环等效传递函数的阶数，以保证等效加速度环的稳定性；②使用一个高精度的速度传感器以便计算出精度较高的加速度信号；③设计时需要系统的转动惯量值。

本章习题

有关 4.1 节、4.2 节

4-1　为什么加负载后，电动机的转速会降低？

4-2　什么叫调速范围？什么叫静差率？为什么是在额定负载条件下对它们定义？它们之间有什么关系？

4-3　某调速系统电动机的数据为 $P_N = 10\text{kW}$，$U_N = 220\text{V}$，$I_N = 55\text{A}$，$n_N = 1000\text{r/min}$，$R_a = 0.1\Omega$，若采用开环控制，且仅考虑电枢电阻的影响，试计算以下各题：

（1）额定负载下系统的静态速降 $\Delta n_N =$？

（2）要求静差率 $S = 10\%$，求系统能达到的调速范围 $D =$？

（3）要求调速范围 $D = 10$，系统允许的静差率 $S =$？

（4）若要求 $D = 10$，$S = 10\%$，则系统允许的静态速降 $\Delta n_N =$？

有关 4.3 节

4-4　有一 V-M 调速系统，电动机为 $P_N = 2.5\text{kW}$，$U_N = 220\text{V}$，$I_N = 15\text{A}$，$n_N = 1500\text{r/min}$，$R_a = 2\Omega$；变流装置 $R_{rec} = 1\Omega$，$K_s = 30$。要求：$D = 20$，$S = 10\%$。

（1）计算调速指标允许的稳态速降 Δn 和开环系统的稳态速降 Δn_{Nop}；

（2）采用转速负反馈构成单闭环有静差调速系统，画出系统的静态结构图并写出系统的静特性方程式；

（3）若系统在额定条件下工作时的 $U_n^* = 15\text{V}$，求转速反馈系数 α；

（4）计算满足调速要求时比例放大器的放大系数 K_p。

4-5　试作出以下条件下的他励直流电动机的动态方框图。

（1）以电枢电压 U_{d0} 为输入，负载转矩 T_L 为扰动，励磁电流恒定；

（2）以励磁电流 I_f 为输入，负载转矩 T_L 为扰动，电枢电压 U_{d0} 恒定（设 $\Phi = f(I_f)$）。

4-6　试回答下列问题：

（1）单闭环调速系统能减少稳态速降的原因是什么？

（2）改变指令电压或调整转速反馈系数能否改变电动机的稳态转速？为什么？

（3）转速负反馈调速系统中，当电动机电枢电阻、负载转矩、砺磁电流、测速机磁场和电源供电电压变化(图 4.3.2 的 u_s)时,都会引起转速的变化,试问系统对它们均有调节能力吗? 为什么?

4-7　某转速负反馈调速系统的调速范围 $D=20$,额定转速 $n_N=1000\text{r/min}$,开环时静态速降 $\Delta n_{op}=200\text{r/min}$。若要求闭环系统的静差率由 10% 减小到 5%,系统的开环放大系数将如何变化?

4-8　某转速负反馈调速系统,当其开环放大系数为 10 时,额时负载下电动机的静态速降为 10r/min,如果开环放大系数提高到 25,它的静态速降为多少? 在同样静差率要求下,调速范围可以扩大多少倍?

4-9　试回答下列问题:

(1) 在转速负反馈单闭环有静差调速系统中,突减负载后又进入稳定运行状态,则放大器的输出电压 U_{ct}、变流装置输出电压 U_d、电动机转速 n 较之负载变化前是增加、减少还是不变?

(2) 对于(1)的系统,若在额定转速运行中转速反馈线突然断了,会发生什么现象?

(3) 无静差调速系统的稳态精度是否还受电源电压(图 4.3.2 的 u_s)和测速装置精度的影响? 在无静差调速系统中,突加或突减负载后系统进入稳态时调节器的输出 U_{ct}、变流装置的输出 U_d 和转速 n 是增加、减少还是不变?

(4) 带电流截止环节的转速负反馈调速系统,如果截止比较电压 U_{com} 发生变化,对系统的静特性有何影响? 如果电流信号的取样电阻 R_s 大小变化,对系统的静特性又有何影响?

有关 4.4 节、4.5 节

4-10　用物理概念和式(4.4-1)说明:"调速系统获得高性能的转速动态性能的核心是搞好转矩控制"。

4-11　在转速、电流双闭环调速系统中,ASR、ACR 都采用 PI 调节器。试回答下述问题:

(1) 两个调节器 ASR 和 ACR 各起什么作用? 它们的输出限幅值应如何整定?

(2) 如果要速度给定不变时,改变系统的转速,可调节什么参数? 若要改变系统起动电流应调节什么参数? 改变堵转电流应调节什么参数?

(3) 在系统中出现电源电压 U_s 波动和负载转矩 T_L 变化时,哪个调节器起主要调节作用?

(4) 系统拖动恒转矩负载在额定情况下运行,如调节转速反馈系数 α 使其逐渐减小时,系统中各环节的输出量将如何变化? 如果使 α 逐渐增大呢? 说明原因。

(5) 本系统的 ASR 和 ACR 如果都不是 PI 调节器而是 P 调节器,对系统的静、动态特性会有什么影响?

(6) 说明设计使 ASR 的输出具有饱和状态的用意。

4-12　在转速、电流双闭环调速系统中,ASR 和 ACR 均采用 PI 调节器。若 $U_{nmax}^*=15\text{V}$,$n_N=1500\text{r/min}$,$U_{imax}^*=10\text{V}$,$I_N=20\text{A}$,$I_{dmax}=2I_N$,$R=2\Omega$,$K_s=20$,$C_e=$

$0.127\mathrm{V} \cdot \mathrm{min/r}$。当 $U_{\mathrm{n}}^{*} = 5\mathrm{V}$, $I_{\mathrm{dL}} = 10\mathrm{A}$ 时,求稳定运行时的 n、U_{n}、U_{i}^{*}、U_{i}、U_{ct} 和 U_{d0}。

4-13　有一个系统,其控制对象的传递函数为

$$W_{\mathrm{obj}}(s) = \frac{K_1}{\tau s + 1} = \frac{10}{0.01s + 1}$$

要求设计一个无静差系统,在阶跃输入下该系统的超调量 $\sigma \leqslant 5\%$(按线性系统考虑)。试对该系统进行动态校正,决定调节器结构,并选择其参数。

4-14　有一个闭环系统,其控制对象的传递函数为

$$W_{\mathrm{obj}}(s) = \frac{K_1}{s(Ts + 1)} = \frac{10}{s(0.02s + 1)}$$

要求校正为典型 Ⅱ 型系统,在阶跃输入下系统超调量 $\sigma \leqslant 30\%$(按线性系统考虑)。试决定调节器结构,并选择其参数。

有关 4.6 节

4-15　回答以下问题:

(1) 对于消除负载转矩影响,4.6 节所述方法的对策与 4.5 节的对策有何不同?

(2) 如果没有安装加速度传感器,在工程实现上,实现等效加速度闭环的关键是什么?

(3) 系统的转动惯量为时间变量时,是否可用 4.6.2 节所示的"基于负载转矩计算器"的方法?

4-16　利用负载转矩计算器计算负载转矩并对其进行补偿,这个方法与 4.6.1 节所述的加速度负反馈控制方法的区别是什么? 为什么说前者是一种前馈方法?

综合作业

4-17　系统参数如例 4.5-2,其中 $T_{\mathrm{oi}} = T_{\mathrm{on}} = 0$。当负载具有例 3.2-2 所示的 $T_{\mathrm{L}} \propto n$ 性质时,等效的方框图如题图 4.17。请按例 4.5-2 设计各个控制器的参数,用 MATLAB 仿真与例 4.5-2 相同的内容、并讨论仿真结果(本题假设负载变化时转动惯量不变)。

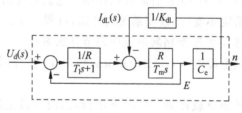

题图　4.17

4-18　讨论上题:将仿真中的负载由 $T_{\mathrm{L}} \propto n$ 改为额定反抗性恒转矩负载,比较对这两种负载条件下的转速响应,会发现以下现象。试分析之。

(1) 负载为 $T_{\mathrm{L}} \propto n$ 类型时,转速超调比较小。

(2) 如果模拟电流环断开故障时,$T_{\mathrm{L}} \propto n$ 类型负载的电流和转速波形的振幅没有例 4.5-3 的图 4.5.14 所示波形的振幅大。

第 5 章

三相交流电机原理

5.1 交流电机的基本问题以及基本结构

5.1.1 本章的基本问题以及展开方法

本节讨论本章涉及的三相电动机原理中的基本问题以及本章内容的展开方法。

1. 旋转磁场、感应电动势以及电磁转矩

图 5.1.1(a)是描述同步电动机(synchronous motor)工作原理的实验模型。可以看出,与旋转手柄相连接的是一对特殊形状的马蹄形磁铁,以下称外部磁铁,其 N、S 极的表面向内且处于同一个圆柱面上;在该圆柱面内有一个固定在转动轴上的永久磁铁,以下称作转子磁铁。转子磁铁的 N、S 极表面向外。转轴的另一端通过系在轴上的软线吊起一个重物;只要重物的重量适当,当转动手柄使外磁铁转动时,转子磁极就会随之转动,因而重物就会上升。由物理学可知,只要内外磁铁极性相反,相互之间就有吸引力,就会导致转子磁铁会随着外部磁铁的旋转而旋转;并且转子磁极转动的角速度总是等于外部磁铁旋转的角速度。图 5.1.1(b)给出了一种用于空调中配置的交流永磁电动机的转子磁铁。

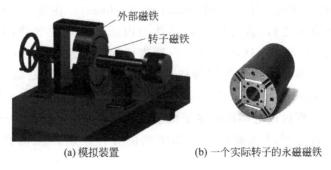

(a) 模拟装置   (b) 一个实际转子的永磁磁铁

图 5.1.1 交流同步电动机原理模拟装置(参见书末彩图)

　　现在观察另一个模拟实验。在图 5.1.2(a)中,在对应于图中转子磁极的位置,放置了一个圆柱形铁心,靠近其外表面处,嵌入了多根相互平行的导体,各导体的两端通过一个圆环形导体相连接,从而相互短接构成一个圆柱形的"笼子"。该笼子称为"鼠笼",其示意图如图 5.1.2(b)所示,相应的转子称为鼠笼转子。可以发现,在此实验中,当外部磁铁旋转时,鼠笼转子的转速总是低于外部磁铁旋转的转速(与"同步"对应,被称为"异步")。这是因为,只有在转子转速不等于磁场转速的情况下,磁场的磁力线才能切割转子导条,因而在导条中产生感应电动势及感应电流;感应电流受到磁力线切割而产生电磁转矩,转子受力后才能旋转。正是因为两者转速有差异才能工作,所以这种电机称为异步电动机(asynchronous motor)。

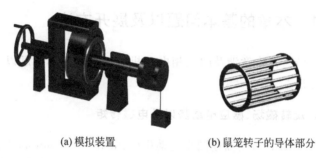

(a) 模拟装置　　　　　　　　(b) 鼠笼转子的导体部分

图 5.1.2　鼠笼式异步电机的转子导体部分示意图(参见书末彩图)

　　上述两个模拟实验直观形象地描绘了两种主要类型的交流电动机,即同步电动机和鼠笼式异步电动机的基本工作原理:同步电动机的转子随外磁铁以同一角速度旋转,即两者同步;而异步电机只有当转子的转速"异步于"外磁极转速时,才能在转子的导体内产生感应电动势和感应电流从而产生电磁转矩。

　　对于实际的同步电动机和异步电动机,其转子结构与模拟实验中的转子是相似的。所不同的是,实际电动机用定子结构取代了两图中的外部旋转磁铁。定子上嵌有由铁磁材料制成的圆柱形的定子铁心,在定子铁心内侧的槽中嵌入了定子绕组,亦称为电枢绕组(armature windings)。在定子三相电枢绕组中流过三相交流电流之后,就可以在定子铁心内圆表面建立等效的 N 极与 S 极的区域,并且这个 N、S 极区域在定子内圆表面随时间连续旋转,产生与上述两个模拟实验中外部磁铁相似的旋转磁极,亦即产生了"旋转磁场"(rotating magnetic field)。与此同时,定子绕组被这个旋转磁场切割、产生频率相同的感应电动势。本章 5.2 节将讨论电动机的定子绕组以及鼠笼式异步电机转子绕组中三相电流产生的旋转磁场以及被旋转磁场切割的导体中所产生的感应电动势和感应电流。

2. 电动机数学模型的建立

在 5.3 节、7.2 节、8.2 和 8.3 节,我们需要建立异步电动机和同步电动机的数学模型。在学习建模时需要注意以下几个问题。

(1) 本章主要讨论在三相正弦稳态电压源供电条件下的电动机模型。对于采用电力电子变换器实现的变频变压电源带来的特殊问题,已经超出本书的范围,只是在第 6 章做简单介绍。

(2) 对于三相交流电机的稳态运行特性,可采用电动机的一个单相等效电路描述电机的全部特性。于是此时,①电机定子电路和转子电路中的电压、电流、电动势可以用相量表示,而磁路中的磁动势和磁通则是在空间分布的变量,可用空间矢量表示;②可以借用电力变压器的等效电路建模方法建立电机的等效电路模型。这时,需要建立磁路量与电路量之间的数学关系,处理定子电路的频率与转子电路的频率不相等的问题以及电动机轴上的机械功率在电路模型中如何表示的问题。

(3) 现代交流电机控制理论中,一般用矢量建立电机的数学模型。为了今后这些内容的学习,在 5.2 节数学建模过程中,也采用空间矢量概念来描述各个磁路变量和电路变量,同时也说明了矢量描述、时间相量描述以及这些描述与相量描述的联系。

为此,本章采用的方法是:

(1) 在 5.2 节建立磁动势和感应电动势的数学模型时,分别采用圆弧坐标表示和空间矢量表示对磁动势、电流等建模,并采用时间相量表述电路中的电压、电流和电动势;采用"时间相量－空间矢量图"表述磁动势与励磁电流、磁通量以及感应电动势的关系;

(2) 在 5.3.1 节,采用 2.6 节所述的电力变压器的等效电路的建立方法,推导用单相等效电路表示的鼠笼式异步电机数学模型。学习时需要,①事先掌握 2.6 节所述电力变压器的建模方法;注意用"频率折算"方法将旋转的转子电路(其电量的频率与定子电路电量的频率不相等)转换到静止的定子侧的问题;②也需要具有"用一个电阻上消耗的电功率表示电机轴输出的机械功率,或是用一个负电阻上发出的电功率表示电机轴上输入的机械功率"的悟性。

上述内容所涉及的知识点多,内容繁杂,是课程的难点。在学习方法上,建议读者注重物理概念与数学建模的关系,注意问题的展开方法,例如在阅读本章 5.2 节、5.3 节时复读本节内容。

当建立了鼠笼式异步电机的数学模型后,讨论其功率转矩特性、机械特性以及典型的控制方法就比较容易了。

掌握鼠笼式异步电机的原理以及分析方法有助于学习第 8 章中同步电动机的原理以及建模。

为了便于本章的学习,用图 5.1.3 表示本章主要内容及其相互关系。

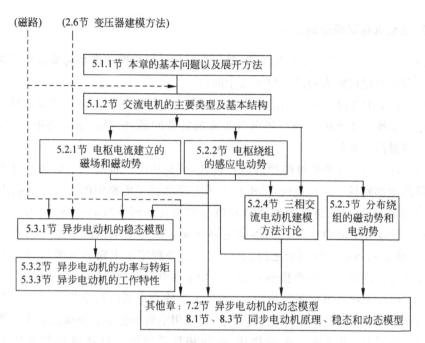

图 5.1.3　与交流电动机原理有关的内容以及相互关系

5.1.2　交流电机的主要类型及基本结构

1. 交流电机的主要类型

交流电机按能量转换方向的不同,可以分为发电机和电动机两大类,由第3章直流电机原理可知,这两类电机的原理是一样的。

与图5.1.1和图5.1.2所示模型相对应,广泛使用的交流电机又可以分为同步电机与异步电机两大类。各发电厂所用发电机都是同步电机,而在制造业及居民生活中所用的大部分是异步电动机。近年来,同步电动机、尤其是永磁同步电动机的使用正在逐步增加。

交流电动机按供电电源的相数不同,有单相、两相及三相电动机。许多家用电器以单相电动机为主,而制造业所用交流电机以三相电动机为主。与此对应,各发电厂的发电机几乎都是三相交流同步发电机。

2. 交流电机的基本结构

(1) 同步电机的主要结构部件

一台三相同步电动机的拆分图如图5.1.4所示。可以看出,它主要由固定不动的定子和可以自由旋转的转子两大部件组成。为保证电机能够正常旋转,定转子之间还留有空气隙,简称气隙(air gap)。定子部分主要包括定子铁心、定子绕组和机座等。在定子铁心的内圆开了槽,在槽内放上导体。这些导体相互绝缘并与铁心绝缘,它们按一定的规律连接起来,构成定子绕组,亦称为电枢绕组。图中的转子是励磁式转子,即转子铁心上有励磁绕组。在转子轴的一端上安装有与轴绝缘且相互也绝缘的两个铜环,称为滑环。励磁绕组的两个出线端子分别与两个滑环连接。两个滑环再分别与两个(或两组)静止不动的电刷接触。外部电路的直流电流通过电刷、滑环流入励磁绕组后,磁极就显示出极性(N 与 S 极)。此外,永磁同步电机的转子是由永久磁铁构成,所以不需要励磁绕组及滑环、电刷等部件。

图 5.1.4　同步电机外观以及主要部件(参见书末彩图)

(2) 异步电动机的主要结构部件

一台三相鼠笼式异步电动机的模型拆分图如图 5.1.5 所示。

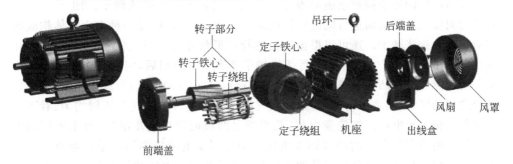

图 5.1.5　鼠笼式异步电机外观以及主要部件(参见书末彩图)

图中的异步电机和同步电机一样也包括定子、转子两大部件;定转子之间的气隙通常是均匀气隙。功率在数千瓦到数十千瓦的小型异步电动机,其单面气隙一般在 0.2~1mm 之间。

异步电机的定子铁心和绕组的原理性结构和同步电机完全相同。所不同的只是其转子部分。转子部分主要包括转子铁心、转子绕组和转轴。

(3) 同步电机和异步电机的主要结构部件的对比

在交流电机部件中对能量转换起主要作用的部件是定子铁心、定子绕组和转子,以下进一步将两种交流电机的结构进行对比。

图 5.1.6 是同步电机和异步电机的定子铁心和定子绕组的简化结构图。可以看出,其定子铁心上总共只有 6 个槽,槽内总共只有 3 个线圈。实际电机的定子铁心上往往有数十个甚至数百个槽。但是,在一般情况下,采用图中 6 槽模型就可以对电机

理论的大部分问题方便地进行分析。所以,在本书中分析交流电机的原理时,主要采用这种 6 槽模型。

从图 5.1.6 还可以看出,定子绕组中的电流在定子铁心磁路中建立的磁场在定子内圆形成了一个 N 极和一个 S 极,所以,图示是两极电机的定子。实际的交流电机根据工作转速的不同,具有多种不同的极数。例如在我国,火电厂的汽轮发电机工作转速为 3000 转/分,采用两极的同步电机;小型柴油发电机一般工作转速为 1500 转/分,采用 4 极的同步电机;而常用的小型异步电动机和同步电动机多为 2 极、4 极、6 极或 8 极。关于两种电机的极数与转速之间的关系将在本章后续章节介绍。在本书中分析交流电机的原理时,主要采用两极的模型。

图 5.1.6　三相交流电机的定子铁心和定子绕组(参见书末彩图)

同步电机的转子按照励磁原理可分为励磁式转子和永磁式转子。图 5.1.7(a) 是通过对绕组通电从而进行励磁的励磁式转子,图 5.1.7(b)是一种由永磁体构成的多对极的永磁式转子。还可以根据磁极的物理形状分为凸极式转子图 5.1.7(a)和隐极式转子图 5.1.7(b)。显然,将凸极转子装入定子内圆后,定转子之间会形成非均匀的气隙——在凸极的极靴区域(即图中标示出 N、S 的区域)形成小气隙,在两个磁极之间的区域(通常称为极间)形成大气隙。隐极式转子的气隙比较均匀、看不出突出的磁极。火电厂的汽轮发电机,几乎都是两极的隐极同步电机,而水电厂的大型水轮发电机都是多极的凸极同步电机。小型同步电动机则两种结构都有。在本章同步电机分析部分将会介绍分别适合凸极和隐极同步电机的分析方法。

(a)励磁式转子　　　　(b)多对极永磁体转子

图 5.1.7　同步电动机的转子结构(参见书末彩图)

异步电动机的转子按结构不同可分为鼠笼式和绕线型两种。图 5.1.8(a)为鼠笼式转子的铁心,(b)是嵌在铁心中的鼠笼导体。(c)是绕线型转子的一种典型结构,其铁心槽内通常嵌放三相绕组。绕组引出线接到固定在转轴上并与轴绝缘的滑环上,利用固定不动的电刷装置与滑环的滑动接触使绕组与外部电路相连接。根据绕线式电动机的不同用途,可以将三相绕组的外部电路中串入电阻或者可控的交流电源。例如,串入电阻短接可用于调速或改善其起动性能;在外部电路上接入整流器、逆变器等装置可实现串级调速或双馈调速;若用于风力发电,需要接入逆变器等,以便在转子转速变化时可在定子侧实现恒频发电。

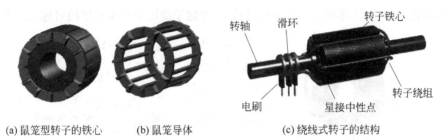

(a) 鼠笼型转子的铁心　　　(b) 鼠笼导体　　　　　(c) 绕线式转子的结构

图 5.1.8　异步电机的转子结构(参见书末彩图)

3. 最简单的三相绕组以及极对数

以定子绕组为例,可以将定子绕组的基本作用归结为两点:①流入定子电流,建立旋转磁场;②产生感应电动势。无论是定子电流建立的旋转磁场,还是图 5.1.7(a)中转子磁极的旋转,其磁力线都必然会切割固定不动的定子绕组,于是在其中产生感应电动势。在电动机中正是由于感应电动势的出现,电能才能转换为机械能。而在发电机中,感应电动势的出现使得机械能转换为电能。

为了学习 5.2.1 节和 5.2.2 节的内容,以下介绍最简单的三相绕组,而实际电机绕组的结构将在 5.2.3 节中讨论。

（1）最简单的三相绕组的结构

图 5.1.9 是一个最简单的三相绕组的外观图。这是两极电机的绕组。电机的定子铁心只有六个槽,每相绕组各自只有一个线圈。为了便于观察,特意将定子铁心切掉四分之一。图中用黄、绿、红三种颜色表示的分别为A、B、C 三相绕组的线圈。可以看出,每个线圈包括若干匝;图中用细线条代表 1 匝,例如各线圈的引出线就是一个线匝的出线端;多匝缠绕在一起则构成一个线圈。线圈被嵌入定子

图 5.1.9　三相绕组的外观
（参见书末彩图）

铁心槽中的那一部分,是线圈的有效部分,常称为线圈边;两端延伸到铁心外面的部分,称为端接部分,简称端部;端部的作用是把两个线圈边连接起来构成一个线圈。

三相绕组的基本特点在于其对称性。为了保证三相绕组的对称性,各相绕组包含的线圈数应相等,每相串联匝数应相同;同时三相绕组在电机定子内圆表面应对称分布。所谓对称分布,在图示两极电机的情况下,就表示 A、B、C 三相绕组在空间的位置及其对应出线端的位置彼此依次错开 120°。

　　进一步用单匝线圈代替多匝线圈并用 A、B、C、X、Y、Z 分别表示各个线圈边及绕组的出线端,即可得到图 5.1.10(a)和图 5.1.11(a)所示的定子三相绕组模型。

　　在需要确定各相绕组在圆周上的位置时,在满足对称性的前提下,还应注意 A、B、C 三相绕组在圆周上排列的顺序。可以看出,当从前端向后端观察时,它们是沿着逆时针方向,按 A-Z-B-X-C-Y 的顺序排列的。显然,按这种排列方式就可以保证,当旋转磁场正向旋转,亦即按逆时针方向旋转时,在定子绕组中产生正序的对称三相电压。

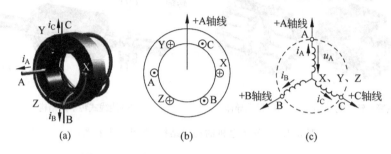

(a)　　　　　　(b)　　　　　　(c)

图 5.1.10　定子三相绕组简化模型(发电机用)

(2) 三相绕组的三种模型

　　在图 5.1.10(a)所示的三相 6 槽绕组的立体模型中进一步标出电流的正方向,并取其横截面,即可得到三相绕组的一种简化的平面模型图 5.1.10(b)。图中,还标出了用于表示 A 相绕组空间位置的＋A 轴线。根据某个绕组电流正方向,按右手螺旋关系所得到的方向轴线即为该绕组的绕组轴线。显然,它与绕组两个线圈边连线垂直,且与定子内圆的一条直径重合,同时它也表示绕组电流所产生的磁场 N 极的方向。所以对 A 相绕组而言,其绕组轴线则在过圆心垂直向上的方向

　　图 5.1.10(c)是与图 5.1.10(b)的平面模型对应的电路模型。图中标出了各相绕组的轴线位置,同时将各个相的绕组画在了对应的轴线的位置(注意:不是实际位置)。图上明确了接线方式为星型接线,还标出了 A 相电压的正方向。容易看出,在该模型中,由电压和电流的正方向所决定的电功率传输方向是由电机向外输出。所以在分析发电机时,使用该模型较为方便。

　　对于处于电动运行的电机模型,此时电流方向与图 5.1.10 相反。根据图 5.1.11(a)可得到此时的平面模型如图 5.1.11(b)所示,其对应的电路模型如图 5.1.11(c)。在该模型中,由电压和电流的正方向所决定的电功率传输方向是由外部电路输送到电机。在分析电动机时,使用该模型较为方便。

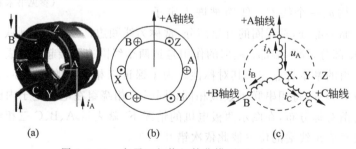

(a)　　　　　　(b)　　　　　　(c)

图 5.1.11　定子三相绕组简化模型(电动机用)

　　建议读者将三维模型、简化模型以及电路模型紧密联系起来。在本书后续部分,根据电流方向确定磁场分布时,一般使用三维模型或平面模型,在分析电机功率以及特性时,将基于电路模型。

　　(3) 多极电机的绕组与极对数

　　图 5.1.12(a)和图 5.1.12(b)分别为一台两极同步电机和一台四极同步电机的实物图及其平面模型。这两个图中,用实小圈表示 A 相绕组,用虚小圈表示 B 相绕组。前者的定子绕组是最简单的两极绕组,每相绕组只有一个线圈;后者的定子绕组则是最简单的四极绕组,每相绕组有两个线圈串联在一起。可以看出,前者的线圈边在定子内圆跨越半个圆周,即 180° 空间角度,而后者跨越四分之一个圆周,即 90° 空间角度。这样,无论是两极绕组还是四极绕组,其两个线圈边在定子内圆表面跨越的圆弧长,都等于其转子的相邻两个磁极在同一表面跨越的圆弧长。于是,当一个线圈边正对着 N 极中心时,另一个线圈边就正对着 S 极中心,故当转子磁极旋转时,整个 A 线圈的感应电动势就是一个线圈边感应电动势的两倍。根据这个例子可知定义电机的极对数为 n_p,则极数为 $2n_p$。所以电机中各个绕组的每个线圈边所跨越的圆弧(称为极距,在 5.2.3 中叙述)将是

$$极距 = 360° 空间角度 /(2n_p) \qquad (5.1\text{-}1)$$

　　为表示各种极对数电机的上述角度及其关系,需要引入电角度与机械角度。从几何的角度看,电机半圆周对应的角度为 180°,这称为机械角度;从电磁方面来看,从定子内圆的 N 极中心到与其相邻的 S 极中心之间跨越的角度也是 180°,这称为电角度。显然,对两极电机,其机械角等于电角度。对于四极电机,其电角度为机械角的 2 倍。对 n_p 对极的电机而言,其电角度等于机械角的 n_p 倍。

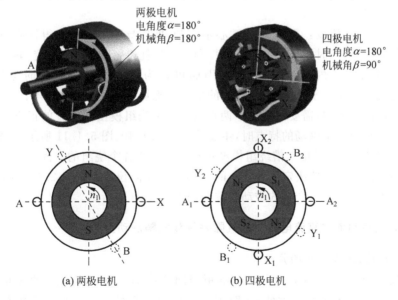

(a) 两极电机　　　　　(b) 四极电机

图 5.1.12　两极电机与四极电机的磁极与绕组(参见书末彩图)

用电角度可以十分方便地统一描述绕组的分布状态。例如,对于上述两极和四极绕组,两个线圈边在定子内圆跨越的角度都是180°电角度。

此外,对于任意极数的电机,为了构成三相对称绕组,A、B、C三相绕组依次隔开的角度都是120°电角度。如图5.1.12所示的A相绕组与B相绕组的位置关系。

同理,有机械角频率 Ω 和电角频率 ω 的概念。两者的关系为

$$\omega = n_p\Omega \tag{5.1-2}$$

5.2　交流电机的磁动势与电动势

电枢绕组是电机中机电能量转换的关键部分。电机运行时,绕组流过三相对称电流,在电机气隙圆周上产生旋转磁场,旋转磁场在三相绕组中又感应出三相感应电动势。

各种交流电机的工作原理、转子结构、励磁方式和性能虽有所不同,但是定子结构、定子绕组中产生电动势以及绕组电流在电机气隙圆周上产生旋转磁场的机理却是相同的。这些问题是交流电机的共同问题。

5.2.1　电枢电流建立的磁场和磁动势

本节首先以单层集中整距绕组为例,研究三相绕组中流过对称三相电流时建立旋转磁场的机理及其特点,推导磁动势的表达式,然后推广到双层短距分布绕组的情况。在安排具体内容时,先介绍单相绕组中流过直流电流时所建立的磁场,然后分析单相绕组流过正弦电流时的磁场,最后分析三相绕组中流过对称三相电流时建立的旋转磁场。

为简化分析,假设:①定、转子铁心不饱和,即磁导率非常大使得铁心内的磁位降可以忽略不计,同时铁心中的磁滞损耗和涡流损耗也忽略不计;②定、转子之间的气隙均匀且与定子内径相比非常小,因而可认为磁力线沿圆弧法向穿过气隙;③槽内电流集中于定子内圆表面上,槽的形状对磁场分布的影响忽略不计。

在随后的分析中,需要注意以下两点约定:①绕组模型及电流的正方向在分析单相及三相绕组产生磁场的特点时,主要采用图5.1.10、图5.1.11所示两极三相集中整距绕组模型,即三相6槽绕组模型进行分析;②各个绕组的空间位置及绕组轴线通电绕组的空间位置决定了其产生的磁动势的空间位置。图5.2.1(a)的A相电流的瞬间方向决定了其产生的磁动势方向如图5.2.1(b)所示。

1. 单相绕组流过直流电流时的气隙磁场和气隙磁动势

(1) 磁路、磁极与磁场分布

首先分析图5.2.2(a)中由一个整距线圈构成的A相绕组流过直流电流 I 时所建立的磁场。为了观察方便,在图中未作出圆柱形的转子。按右手螺旋关系容易得知在线圈所包围的平面上,磁力线必然是图5.2.2(a)所示的由下向上的方

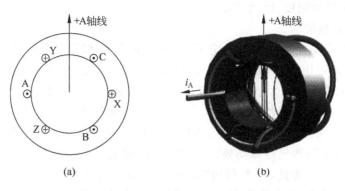

图 5.2.1　绕组轴线的位置与方向（参见书末彩图）

向。图 5.2.2(b) 是磁力线分布图。需要注意的是，这些磁力线并不会向外穿过圆柱形定子铁心的外表面。这是因为比之空气，铁心磁导率非常大，线圈内侧由下向上的磁力线在上部进入定子内圆后，就沿着定子铁心从线圈外侧回到下端了。可见，定子线圈所建立磁场的磁路包括定子铁心、转子铁心与两段空气隙。由此，定子铁心下部的内圆表面为 N 极，上部的内圆表面为 S 极。并且可认为磁力线垂直于定子内圆，且是均匀分布的。

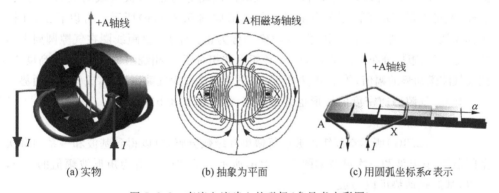

(a) 实物　　　　　　　　(b) 抽象为平面　　　　　　(c) 用圆弧坐标系 α 表示

图 5.2.2　直流电流建立的磁场（参见书末彩图）

(2) 磁场轴线和圆弧坐标系

所谓磁场轴线，是指磁力线分布的对称轴。我们规定磁场轴线的方向与其两侧磁力线的方向相同。由图 5.2.2(b) 的磁力线分布图可知，磁场轴线与 A 相绕组轴线重合。

为了描述磁场沿定子内圆圆周的分布情况，我们在定子内圆圆周上建立一个圆弧坐标系 α（α 为电角度）。该坐标系以"A 相绕组轴线"反向延长与定子内圆的交点（即图 5.2.2(b) 的"o"点）作为原点，逆时针方向为正方向。该坐标系等效于将图 5.2.2(b) 定子从左侧水平位置 A 点剖开，然后从 A 点上方起将定子圆环沿顺时针方向展开。展开后的定子圆弧以及圆弧坐标系 α 如图 5.2.2(c) 所示。

（3）气隙磁通密度、磁动势及其数学表达

① 气隙磁场波形

为了得知气隙磁动势 $f(\alpha)$ 沿定子内圆圆周的分布情况,任取一条越过气隙的磁力线,忽略铁心磁压降,则匝数为 W_k 的线圈的磁动势 $W_k I$ 全部消耗在两段气隙上,所以每段气隙磁动势的大小等于 $W_k I/2$。除了导线所在位置之外,定子内圆的圆周上任意处的气隙磁动势均为 $W_k I/2$。气隙磁动势又称为气隙磁压降。显然,所谓"气隙磁压降",实际上就是定子铁心内圆与转子铁心外圆之间的磁压降。

为了进一步得到气隙磁动势沿着定子内圆圆周分布的波形,需要首先确定气隙磁动势的正负。为此,需要利用"磁位"的概念。在物理学中,磁路两点之间的磁压降可以认为是两点磁位之差。容易证明,当认为铁心磁导率无限大的情况下,图 5.2.2 中整个转子外圆表面的磁位处处相等,即为等磁位面;同样地,定子内圆上半圆周表面为等磁位面,下半圆周表面也为等磁位面。现在进一步分析这三个等位面上的磁位,进而确定气隙圆周上各部分气隙磁动势的符号。令转子外圆表面磁位等于零,根据图 5.2.2(b)中磁力线的方向容易看出,定子内圆下半圆周表面磁位为正,上半圆周表面磁位为负。通常,用定子内圆表面一点从定子到转子表面的磁压降来代表该点的气隙磁动势;由于磁力线从定子表面的 N 极进入气隙,再从气隙进入转子表面,所以,定子内圆 N 极区域的磁动势为正,S 极区域的磁动势为负。这样,就可以得到定子内圆各点的磁动势波形如图 5.2.3(c)所示。可以看出,在横坐标 α 从 $-\pi/2$ 到 $\pi/2$ 的范围里,气隙磁动势为正。于是,整距线圈在气隙圆周上形成一正一负、矩形分布的磁动势 $f(\alpha)$;该矩形波相对于 A 相绕组轴线对称,其高度 F_A 代表气隙磁动势的幅值,等于 $W_k I/2$。气隙磁动势又称为气隙磁压降,或气隙磁通势。

显然,气隙磁通密度的波形也是矩形波,如图 5.2.3(b)所示。

② 气隙磁场基波

对图 5.2.3(c)所示空间矩形波进行傅里叶级数分解,可以得到基波和一系列奇次空间谐波,其基波和三次谐波如图 5.2.3(d)所示。基波的幅值为矩形波幅值的 $4/\pi$,所以,基波磁动势可以写成

$$f_{A1}(\alpha) = F_{A1}\cos\alpha = \frac{4}{\pi}\frac{W_k I}{2}\cos\alpha \tag{5.2-1}$$

式中,F_{A1} 代表气隙基波磁动势幅值,且

$$F_{A1} = \frac{4}{\pi}\frac{W_k I}{2} \tag{5.2-2}$$

气隙磁通密度的基波为

$$b_{A1}(\alpha) = B_{A1}\cos\alpha = \frac{4}{\pi}B_\delta\cos\alpha \tag{5.2-3}$$

式中,B_{A1} 与 B_δ 分别代表气隙基波磁通密度及矩形波磁通密度幅值。显然

$$B_\delta = \mu_0 H_\delta = \mu_0\frac{F_A}{\delta} = \mu_0\frac{W_k I}{2\delta} \tag{5.2-4}$$

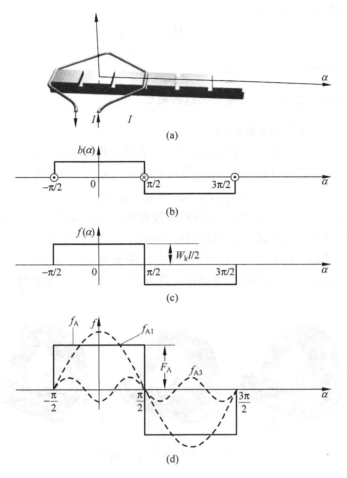

图 5.2.3　直流电流流过集中整距绕组产生的矩形波磁场（圆弧坐标）

式中，H 是气隙磁场强度，δ 为气隙沿半径方向的尺寸，通常简称气隙长度，μ_0 为空气磁导率。

　　显然，基波磁通密度幅值 B_{A1} 为

$$B_{A1} = \mu_0 H_{A1} = \mu_0 \frac{F_{A1}}{\delta} = \frac{4}{\pi} \frac{\mu_0}{\delta} \frac{W_k I}{2} \tag{5.2-5}$$

　　在均匀气隙的情况下，气隙磁通密度总是具有与同阶次的气隙磁动势相同的波形，只要将任意一点的气隙磁动势乘以 μ_0/δ，就可以得到相应的气隙磁通密度。考虑到气隙磁动势是"因"，而气隙磁通密度是"果"，故在以后的分析中只需要讨论在各种情况下气隙磁动势的表达式。

　　③ 气隙磁场的空间谐波

　　对矩形波磁动势进行谐波分析得到的谐波磁动势表达式为

$$f_{A\nu}(\alpha) = F_{A\nu}\sin\left(\nu\frac{\pi}{2}\right)\cos(\nu\alpha) \tag{5.2-6}$$

其中,谐波磁动势的幅值为

$$F_{A\nu} = \frac{4}{\nu\pi}\frac{W_k I}{2} = \frac{1}{\nu}F_{A1} \tag{5.2-7}$$

式中,$\nu = 3,5,7,\cdots$,代表谐波次数。

2. 单相绕组流过交流电时建立的脉振磁场

(1) A相电流建立的脉振磁场

当图5.2.2所示A相绕组中流过随时间做正弦变化的电流时,相当于式(5.2-1)和式(5.2-5)中的直流电流被换成了一个角频率为ω的正弦交流电流

$$i = \sqrt{2}I\cos\omega t = \sqrt{2}I\cos2\pi ft \tag{5.2-8}$$

由于绕组和图5.2.3一样仍然是整距的,在任意瞬间,定子内圆的气隙磁通密度与气隙磁动势在空间仍然是矩形波。只是矩形的高度和正负号是随着电流大小、方向的变化而不断变化的。这种大小与方向连续变化的矩形波磁动势叫脉振矩形波磁动势。图5.2.4直观地表示了电流分别为正值、负值以及零三个状态时,对应的脉振矩形波磁动势波形。

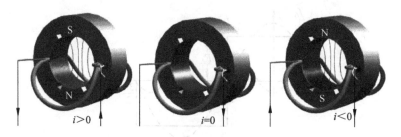

图5.2.4　脉振磁场的示意图(参见书末彩图)

对脉振矩形波磁动势进行谐波分析,就得到该磁动势的基波和谐波磁动势。由式(5.2-1)和式(5.2-8)可得到基波磁动势的表达式为

$$f_{A1}(\alpha,t) = \frac{4}{\pi} \times \frac{W_k(\sqrt{2}I\cos\omega t)}{2}\cos\alpha = F_{m1}\cos\omega t\cos\alpha \tag{5.2-9}$$

其中,基波磁动势幅值为 $F_{m1} = \frac{4}{\pi}\frac{\sqrt{2}}{2}W_k I \approx 0.9W_k I$。对极对数为$n_p$的情况,不难得到

$$F_{m1} = \frac{4}{\pi}\frac{\sqrt{2}}{2}\frac{W_k I}{n_p} \approx 0.9\frac{W_k I}{n_p} \tag{5.2-10}$$

式(5.2-9)表明,定子内圆的基波磁动势既随定子内圆各点(空间)呈余弦分布,又随着电流按时间做余弦变化。而由式(5.2.6)和式(5.2-8)可得到各次谐波的磁动势表达式为

$$f_{A\nu}(\alpha,t) = F_{m\nu}\sin\left(\nu\frac{\pi}{2}\right)\cos\omega t\cos(\nu\alpha), \quad F_{m\nu} = \frac{1}{\nu}F_{m1} \tag{5.2-11}$$

比较式(5.2-9)的基波公式和式(5.2-11)的谐波公式可知,磁动势分布的基波和

谐波在时间上以同一角频率 ω 脉振,脉振频率等于电流的频率。

（2）B 相与 C 相电流建立的脉振磁场

根据图 5.2.5 和图 5.2.6 可知,B 相磁场的对称轴在 $\alpha = 120°$ 的位置,考虑到 A 相磁场的对称轴在 $\alpha = 0°$,参照 A 相电流所建立的脉振磁场的表达式(5.2-9),可以得到 B 相的基波脉振磁动势为

$$f_{B1}(\alpha, t) = F_{m1} \cos(\omega t - 120°)\cos(\alpha - 120°) \tag{5.2-12}$$

相应地,可以得到 C 相电流所建立的基波脉振磁动势为

$$f_{C1}(\alpha, t) = F_{m1} \cos(\omega t - 240°)\cos(\alpha - 240°) \tag{5.2-13}$$

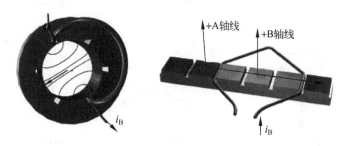

图 5.2.5　B 相电流建立的磁场的磁极与对称轴

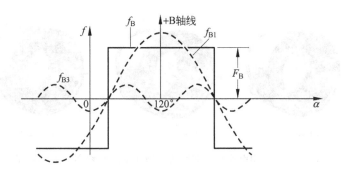

图 5.2.6　B 相磁动势空间分布波形

3. 对称三相绕组流过对称三相电流所建立的旋转磁场

（1）三相电流产生的旋转磁场

首先通过图 5.2.7 认识什么是旋转磁场(rotating magnetic field)。图中按(a)～(f)～(a)的顺序依次给出了在电流变化的一个整周期内,某电机的基波磁场分布。其中箭头是磁动势 N 极方向。从中可以看出,电流变化一个时间周期,电机的基波磁场的磁力线分布状况也正好变化了一个空间周期,犹如磁场旋转了一圈。在计算磁场时,每相邻两个时刻对应的定子电流的相位依次落后 60°电角度,从磁场分布图可以看出,磁场分布的轴线在空间也依次转过 60°电角度。显然,所谓旋转磁场实际上是磁场分布状况随时间的变化,表现为磁场分布图中磁力线的旋转效应。在图 5.2.8 中画出了对应于图 5.2.7 中的(a)、(c)、(e)三个时刻电机定子内圆的 N、

S 极区域。可以看出,所谓旋转磁场,亦是定子内圆 N 极与 S 极区域所在位置的变化,表现为定子内圆 N、S 极的旋转。

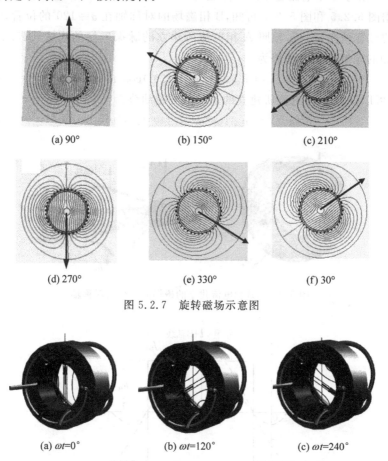

图 5.2.7　旋转磁场示意图

图 5.2.8　对称三相电流建立的旋转磁场在不同时刻 N、S 极区域的位置

当 ABC 三相绕组中均有电流时,它们所建立的磁场在任意时刻的分布应由三相电流共同确定。图 5.2.9 给出了在 $\omega t = 0$、$\pi/2$、π 以及 $3\pi/2$ 这 4 个时刻 A、B、C 三相绕组中各个电流的实际方向以及电流的瞬态值。知道了电流的方向,即可根据右手螺旋关系判断三相电流共同作用下所产生的磁场。其磁力线分布如图所示。根据图示不同瞬间的电流方向和磁场分布可知,在对称三相绕组流过对称三相电流后,由于各绕组中电流的有序变化,就产生了磁场的旋转效果。这个磁场可以用圆弧坐标系表示,也可以用空间矢量表示。

(2) 采用圆弧坐标表示的旋转磁动势

仍然采用图 5.2.3(a)所示的定子内圆圆弧坐标系。即以 A 相绕组的轴线处作为空间 α 坐标系(以电角度计)的原点,正方向为逆时针方向。由前节知,在任一瞬间 t,在坐标为 α 处三相电流单独作用所产生的基波脉振磁动势分别为

$$f_{A1} = F_{m1}\cos\alpha\cos\omega t$$

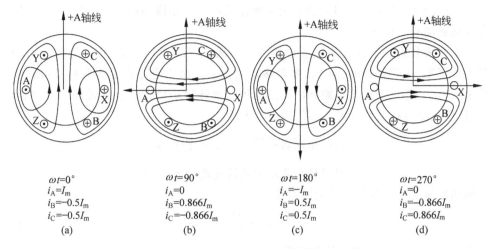

图 5.2.9　不同时刻的电流方向及基波磁力线分布

$$f_{B1} = F_{m1}\cos(\alpha - 120°)\cos(\omega t - 120°)$$

$$f_{C1} = F_{m1}\cos(\alpha - 240°)\cos(\omega t - 240°)$$

因此,在三相电流共同作用时定子内圆的磁动势,等于三相电流单独作用时所建立的基波脉振磁动势之和,即

$$\begin{aligned}
f_1(\alpha,t) &= f_{A1} + f_{B1} + f_{C1} \\
&= F_{m1}\cos\alpha\cos\omega t + F_{m1}\cos(\alpha - 120°)\cos(\omega t - 120°) \\
&\quad + F_{m1}\cos(\alpha - 240°)\cos(\omega t - 240°)
\end{aligned}$$

将上式右端中的每一项利用"余弦函数积化和差"的规则进行分解和化简,所以上式最终可整理为

$$f_1(\alpha,t) = F_1\cos(\omega t - \alpha) \tag{5.2-14}$$

式中,$F_1 = \dfrac{3}{2}F_{m1}$,对 6 槽模型为

$$F_1 = \frac{3}{2}F_{m1} = \frac{3}{2} \times 0.9 W_k I_1 = 1.35 W_k I_1$$

对于极对数为 n_p 的情况,若相电流有效值为 I_1、相绕组串联总匝数为 W_1,需要将 W_1 分配在 n_p 个磁极下。所以

$$F_1 = 1.35 \frac{W_1}{n_p} I_1 \tag{5.2-15}$$

此外,由于三相电流对称,在式(5.2-11)中的 3 次以及 3 的整数倍谐波磁动势就不存在了。为了消除更多的谐波,实际的电机绕组多为分布绕组。分布绕组下的磁动势分析参见 5.2.3 节,这里仅仅给出结论:分布绕组条件下,用 $W_{1,\text{eff}}$ 表示每相绕组的**有效串联匝数**,简称为**有效匝数**(effective number of turns)。于是分布绕组的磁动势幅值为

$$F_1 = 1.35 \frac{W_{1,\text{eff}}}{n_p} I_1 \tag{5.2-16}$$

式(5.2-14)和式(5.2-16)就是圆弧坐标表示的分布绕组的三相脉振磁动势基波合成的磁动势表达式。

下面来分析一下该合成磁动势的性质。从式(5.2-14)可见,磁动势波 $f_1(\alpha, t)$ 是一个恒幅、正弦分布的、向 $+\alpha$ 方向移动的行波。由于定子内腔为圆柱形,所以实质上 $f_1(\alpha, t)$ 是一个沿着气隙圆周连续推移的**旋转磁动势波**。根据式(5.2-14)不难求得,磁动势曲线上某一点旋转的速度如下

$$\begin{cases} \text{以电角度表示的旋转速度} \dfrac{\mathrm{d}\alpha}{\mathrm{d}t} = \omega \\ \text{以机械角表示的旋转速度} \Omega = \omega/n_{\mathrm{p}} \end{cases}$$

将机械角速度变换为每分钟旋转圈数

$$n_1 = 60 \times \frac{\Omega}{2\pi} = \frac{60f}{n_{\mathrm{p}}} \tag{5.2-17}$$

其中, f 是所施加的交流电流的频率。

旋转磁场 $f_1(\alpha, t)$ 的转速 n_1,就是同步电机转子的转速,称为**同步转速**(synchronous speed)。

对称三相绕组流过对称三相电流时,所产生的基波气隙磁动势 $f_1(\alpha, t)$ 的性质为:

① 每一相绕组产生脉振磁动势,但三相合成后产生旋转磁动势。

② 三相合成基波磁动势波长与单相一样。

③ 每一相脉振磁动势振幅的大小随时间变化;三相合成基波磁动势幅值 F_1 是不变的,它是基波脉振磁动势最大振幅的 3/2 倍。

④ 三相合成基波磁动势的旋转方向朝着 $+\alpha$ 的方向,也就是顺着从 $+A$ 轴线,到 $+B$ 轴线,再到 $+C$ 轴线的方向,旋转速度 n_1。

⑤ 在任意一个时间段内,电流随时间变化的相位角,恒等于基波磁场在空间转过的电角度。

⑥ 当某相电流达到最大值时,三相合成基波旋转磁动势的正幅值正好位于该相绕组的轴线处。

不难推出,三相合成谐波磁动势的表达式为

$$f_{\nu 1}(\alpha, t) = F_\nu \sin\left(\nu \frac{\pi}{2}\right) \cos(\omega t \pm \nu\alpha) \tag{5.2-18}$$

式中, $F_\nu = \dfrac{1}{\nu} \times F_1$, $\nu = 5, 7, 11, 13, \cdots, 6k \pm 1, \cdots (k = 1, 2, 3, \cdots)$ 。

在电机理论中,称这些谐波磁动势为**空间谐波**(space harmonics)磁动势。可以看出,对称三相绕组的合成磁动势中不含 3 次及 3 的倍数次谐波分量,这是采用三相制的好处之一。此外,①当上式的 $6k \pm 1$ 项取加号时,谐波磁动势分量取减号,被称为负序分量;反之,磁动势分量取加号,称为正序分量;②第 ν 次谐波磁动势在机械空间里以 ν 倍于基波分布,所以其旋转速度是基波同步转速的 $1/\nu$。对空间谐波更为详细的讨论,请参见文献[5-1,5-2]。如果励磁电流不是正弦波时,其谐波成分也产

生谐波磁动势,称为时间谐波(time harmonics),将在 6.4 节中介绍。

(3) 采用空间矢量表示的旋转磁动势

由图 5.2.7 和图 5.2.8 已经可以理解,旋转磁场可以采用矢量表示。由图 5.2.9 也知,基波磁动势矢量的大小正比于三相电流幅值、其空间位置 ωt 和电流的时间相位 ωt 一一对应。以下讨论如何用一个基波磁动势矢量来表示这个旋转磁动势的基波分量。

首先,由图 5.1.11 知,电动机定子绕组可等效为图 5.2.10 所示的模型。与图 5.1.11 不同的是,该图用 je^{j0} ,$je^{j2\pi/3}$,$je^{j4\pi/3}$ 表示各个相轴在复平面的位置。设各相电流基波 i_A, i_B, i_C 的时间表达式为

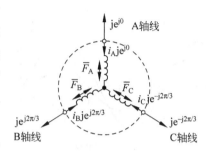

图 5.2.10　绕组的空间位置、各相脉振磁动势及电流矢量

$$\begin{cases} i_A = \sqrt{2}\, I_1 \cos(\omega t - \theta) \\ i_B = \sqrt{2}\, I_1 \cos(\omega t - 120° - \theta) \\ i_C = \sqrt{2}\, I_1 \cos(\omega t - 240° - \theta) \end{cases} \quad (5.2\text{-}19)$$

式中,I_1 为基波相电流的有效值,θ 是电流滞后于电压的相角。

由于由式(5.2-19)和式(5.2-10)可得到三个基波脉振磁动势矢量 $\overline{F}_{A1}$、$\overline{F}_{B1}$ 和 $\overline{F}_{C1}$ 的幅值,它们的空间位置分别由 je^{j0} 、$je^{j2\pi/3}$ 和 $je^{-j2\pi/3}$ 表示,所以这三个脉振磁动势矢量分别为

$$\overline{F}_{A1} = \frac{2W_1}{\pi n_p} i_A\, je^{j0}, \quad \overline{F}_{B1} = \frac{2W_1}{\pi n_p} i_B\, je^{j2\pi/3}, \quad \overline{F}_{C1} = \frac{2W_1}{\pi n_p} i_C\, je^{-j2\pi/3} \quad (5.2\text{-}20)$$

采用上划线的符号表示这里的矢量为稳态的,以便与第 7 章中幅值可变的矢量区别开来。

由此,可得出这三个脉振磁动势在空间合成后的基波磁动势矢量

$$\overline{F}_1 = \overline{F}_{A1} + \overline{F}_{B1} + \overline{F}_{C1} = F_1\, je^{j(\omega t - \theta)} \quad (5.2\text{-}21)$$

式中,F_1 与式(5.2-16)相等。也就是说基波磁动势矢量是一个幅值为常数、以电角频率旋转的矢量。

上面的矢量表达式与在内圆圆弧坐标上的基波磁动势表达式(5.2-14)是一致的。这种一致性可以用图 5.2.11 说明。本图分为两列,对应于 ωt 为 0°、30°、60°…时刻。以图 5.2.11(a)为例(请看书末彩图)。图中,红、绿、蓝色分别代表 A 相、B 相和 C 相的脉振磁动势),左图是内圆圆弧坐标上的三个基波脉振磁动势及其合成磁动势 $f_1(\alpha, t)$ 波(黑色,参见书末彩图),而右图则是三个脉振的基波磁动势矢量(式(5.2-20))及其合成的基波旋转磁动势矢量(黑色)。

注意,用式(5.2-14)表述的基波磁动势 $f_1(\alpha, t)$ 建立在气隙圆弧坐标系上,而式(5.2-21)表示的基波磁动势矢量 $\overline{F}_1$ 则建立在平面坐标上,为平面上的两维变量。由于稳态时矢量 $\overline{F}_1$ 的幅值为常数、在圆弧的切向方向上矢量 $\overline{F}_1$ 的投影为零,自然在圆弧的法向上,在气隙空间位置 α 处有标量表示的磁动势 $f_1(\alpha, t)$。

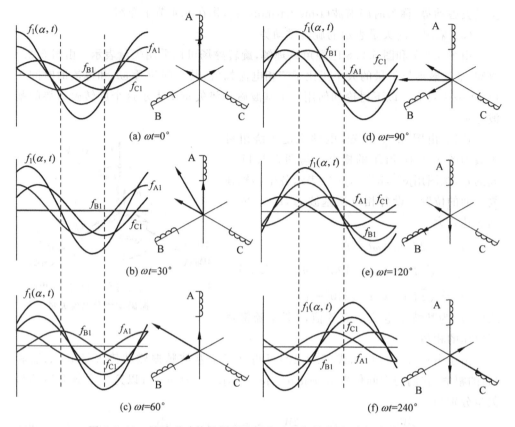

图5.2.11　基波磁动势的圆弧坐标表示和矢量表示(参见书末彩图)

（4）用空间电流矢量表示的基波磁动势矢量

由安培定律可知，正是由于在具有方向的三个绕组中的三个电流矢量 $i_A\mathrm{j}e^{j0}$、$i_B\mathrm{j}e^{j2\pi/3}$ 和 $i_C\mathrm{j}e^{-j2\pi/3}$ 分别产生了用式（5.2-20）表示的三个基波脉振磁动势，从而产生了基波旋转磁动势。据此，在现代电机控制技术中，更为一般地定义了电流矢量

$$i_{ABC} = i_A + i_B + i_C = \frac{3}{2}\sqrt{2}\,I\,\mathrm{j}e^{\mathrm{j}(\omega t - \theta)} \tag{5.2-22}$$

式中，$i_A = i_A\mathrm{j}e^{j0}$，$i_B = i_B\mathrm{j}e^{j2\pi/3}$，$i_C = i_C\mathrm{j}e^{-j2\pi/3}$。由式（5.2-21）和上式

$$\overline{F}_1 = F_1\mathrm{j}e^{\mathrm{j}(\omega t + \theta)} = \frac{0.9W_{1,\mathrm{eff}}}{\sqrt{2}\,n_\mathrm{p}}i_{ABC} \tag{5.2-23}$$

上式的物理意义是，在图5.2.10的空间上的有效绕组中分布的电流矢量 i_A，i_B，i_C 可以看作为一个旋转电流矢量 i_{ABC}，由它产生了基波磁动势矢量 $\overline{F}_1$，在图形上它与图5.2.11中的 $\overline{F}_1$ 在幅值上相差一个表示电动机结构的系数。

为了分散难点，将在5.2.4节进一步讨论采用空间矢量建立电动机数学模型的思路。

4. 时间相量、时间相量—空间矢量图

由式(5.2-23)或图 5.2.11 知,基波磁动势矢量正比于电流矢量。也就是说,各个相电流的电角度与磁动势的空间电角度 ωt 一一对应,并且当某相电流达正最大值时,$\bar{F}_1$ 正好位于该相绕组的轴线上。所以当电机的结构确定之后,自然可以用电流矢量表述其产生的磁动势矢量。

再进一步,由电路理论可知相量的定义为 $\dot{I} = I\mathrm{e}^{-\mathrm{j}\theta}$。所以式(5.2-22)中有 $I\mathrm{e}^{\mathrm{j}(\omega t-\theta)} = \dot{I}\,\mathrm{e}^{\mathrm{j}\omega t}$,也就是说稳态时的电流矢量可以看成是一个随时间旋转的相量,定义为

$$\dot{I}^t = \frac{3}{2}\sqrt{2}\,I\mathrm{e}^{\mathrm{j}(\omega t-\theta)} \tag{5.2-24}$$

以便区别于电路原理中的相量 $\dot{I} = I\mathrm{e}^{-\mathrm{j}\theta}$。在电机理论中也把此旋转电流矢量称为**时间相量或者旋转相量**。

在电机理论中,**一般用 A 相等效电路建立三相电机的稳态模型**。这时,需要用 A 相电路中的电流量表示上述三相电流构成的电流矢量与磁动势旋转矢量之间的关系。注意到 A 相电流相量与旋转电流矢量的关系为

$$\dot{I}^t = \frac{3}{2}\sqrt{2}\,\dot{I}_\mathrm{A}\mathrm{e}^{\mathrm{j}\omega t} \tag{5.2-25}$$

据此,可以图示磁动势矢量 $\bar{F}_1$ 与用 $\dot{I}_\mathrm{A}\mathrm{e}^{\mathrm{j}\omega t}$ 表示的电流时间相量的关系,进而再转而用相量 $\dot{U}_\mathrm{A}$、$\dot{I}_\mathrm{A}$ 等分析单相电路。该图称为"电流时间相量-磁动势空间矢量图",简称"时-空矢量图"。

时-空矢量图的具体表示方法如图 5.2.12 中的 5.2.12(c)和图 5.2.12(f)所示。第一行为 $\omega t = 0°$ 时刻,图 5.2.12(a)表示三相合成的磁动势基波矢量的空间位置,图 5.2.12(b)的黑线表示此时刻磁动势矢量的位置,红线表示对应的 A 相电流 i_A 的大小、也即电流时间相量 $\dot{I}^t$ 在 A 相轴上的投影,图 5.2.12(c)则将此刻的磁动势矢量以及电流相量 $\dot{I}_\mathrm{A}$ 作在了一张图上,也就是该时刻的电流时间相量与磁动势空间矢量的"时-空矢量图"。第二行为 $\omega t = 90°$ 时刻。对应的"时-空矢量图"为图 5.2.12(f)。因为电流时间相量和磁动势矢量的空间位置确定,所以"时-空矢量图"为在建立电动机电路模型时采用单相电流相量替代磁动势空间矢量打下了基础。

需要注意的是,只有在稳态时,矢量才转化为时间/旋转相量。

5.2.2　电枢绕组的感应电动势

当交流绕组与旋转磁场有相对运动时,在交流绕组内会产生感应电动势。旋转磁场可由有固定极性的转子磁极(如同步电机转子磁极)旋转产生,也可以由三相对称绕组流过三相对称电流(如异步电动机定子、同步电机定子的电流)产生。本节讨

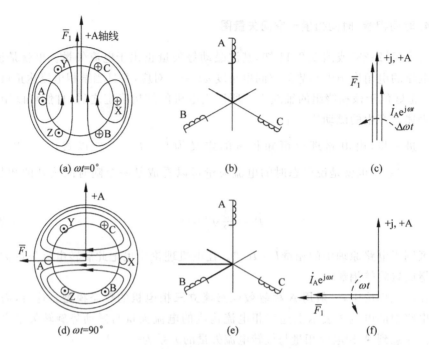

图 5.2.12　矢量、时间相量与"时-空矢量图"(参见书末彩图)

(a)(d)：实际电机中的电流与合成的磁动势空间矢量

(b)(e)：各相电流瞬态值(红/黄/蓝)以及所合成的磁动势空间矢量(黑)

(c)(f)：电流时间相量－磁动势空间矢量图

论固定极性的转子磁极产生的磁场,所得结论同样适用于异步电机。首先分析正弦分布磁场下绕组电动势的计算方法,然后简单介绍非正弦时谐波磁场对电动势波形的影响及其抑制方法。

　　本节主要讨论**正弦分布磁场在绕组中的基波感应电动势**。以下先求出一根导体中的感应电动势,再导出线圈的电动势；然后根据线圈的连接方式,进一步导出各相绕组的电动势。

1. 集中整距绕组的感应电动势

　　以图 5.2.13(a)为例,研究如何确定转子产生的基波磁场在定子集中整距绕组 AX 上产生的感应电动势的频率、波形、大小和相位。

　　(1) 感应电动势、磁场及绕组模型

　　① 电动势正方向：图 5.2.13(b)所标示的箭头分别代表定子槽中导体边 A、X 的感应电动势 e_{A1}、e_{X1} 的正方向及线匝 X-A 的感应电动势 e_{T1} 的正方向。

　　② 坐标系及磁场分布的数学表示：图 5.2.13(a)对应的磁场分布可表示为图 5.2.14(a)。仍然采用 5.2.1 节分析定子旋转磁场时在定子内圆表面建立圆弧坐标系 α 的方法。显然,圆弧坐标原点在 A 相绕组轴线与定子内圆的交点处,即图 5.2.14(a)中下半圆弧的中点,正方向取为逆时针方向。将定子铁心仍然按

图 5.2.14(a)箭头展开,就得到如图 5.2.14(b)所示的用圆弧坐标系 α 表示的定转子。当转子位于图 5.2.14(b)位置时,定子内圆表面由转子所产生的磁通密度分布 $b(\alpha)$ 的数学表示为

$$b(\alpha) = B_{m}\cos\alpha \qquad (5.2\text{-}26)$$

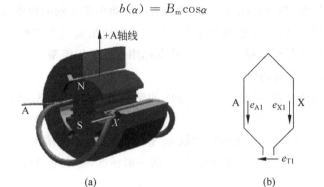

(a)   (b)

图 5.2.13 感应电动势所用磁场及绕组模型(参见书末彩图)

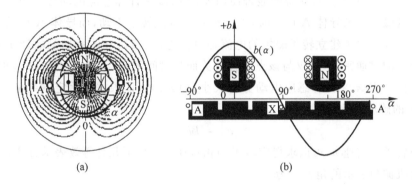

(a)   (b)

图 5.2.14 仅考虑基波磁场时的气隙磁通密度分布波形

当转子沿逆时针方向旋转,假设经过时间 t 转过电角度 β,到达图 5.2.15 的位置 β,则转子轴线在定子坐标系中的位置为 β 处,因而相应的磁通密度波的幅值也在该处,于是定子表面磁通密度分布曲线的数学表示为 $b(\alpha)=B_{m}\cos(\alpha-\beta)$。

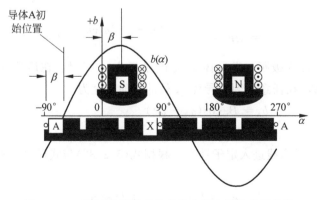

图 5.2.15 磁极转过任意角度的定子内圆的磁通密度

由于转子以角速度 ω 匀速旋转,所以 $\beta=\omega t$,于是在任意时刻 t,定子表面坐标为 α 的任意一点的磁通密度就为

$$b(\alpha) = B_{\mathrm{m}}\cos(\alpha - \omega t) \tag{5.2-27}$$

在以上讨论中,假设在图 5.2.15 中放置线圈边的定子槽的深度与宽度都忽略不计,线圈边本身的截面尺寸也忽略不计,于是图中绕组就成为电机学中常用的绕组模型。在一般电机分析文献[5-1~5-3]中,基本都用这种绕组模型。

(2) 导体的感应电动势

分析定子内圆上任意位置处一根导体的感应电动势的频率、波形、大小与相位。先考虑导体 A 的感应电动势 e_{A1}。

① 频率　对图 5.2.14 所示极对数 n_{p} 等于 1 的电机,感应电动势的频率等于转子每秒钟转的圈数。显然,对极对数为 n_{p} 的一般情况,感应电动势的频率为

$$f = \frac{n_{\mathrm{p}}n}{60} \tag{5.2-28}$$

② 大小与波形　首先说明能否使用公式 BLv 来计算感应电动势。当转子的旋转致使其磁力线被导体 A 切割时,可以等效地看成转子不动,而导体 A 运动并切割转子磁力线。由于建立转子磁场的电流是直流电流,所以导体所切割的转子表面一个给定点的磁通密度,仅仅与该点坐标有关而与时间无关,于是,根据 2.3 节的分析,可以用公式 BLv 来计算感应电动势的大小,而方向可以根据右手定则判断。因此,导体 A 的感应电动势可写为

$$e_{\mathrm{A}} = Blv \tag{5.2-29}$$

由转子的转速 n,可以求得定转子的相对速度有以下几种等效表示方法:

以机械角表示的角速度为

$$\Omega = \frac{2\pi n}{60} \tag{5.2-30}$$

以电角度表示的角速度则为

$$\omega = \frac{2\pi n_{\mathrm{p}}n}{60} = 2\pi f \tag{5.2-31}$$

线速度为

$$v = \Omega R = \frac{2\pi n}{60} \times \frac{2n_{\mathrm{p}}\tau}{2\pi} = \frac{2n_{\mathrm{p}}\tau n}{60} = 2f\tau \tag{5.2-32}$$

式中,R 为半径,τ 为极距。设导体 A 处的坐标为 α_{A},显然,在所建立的坐标系中有 $\alpha_{\mathrm{A}}=-\pi/2$,所以,在任意时刻 t,导体 A 处的磁通密度为

$$b_{\mathrm{A}} = B_{\mathrm{m}}\cos(\alpha_{\mathrm{A}} - \omega t)$$
$$= B_{\mathrm{m}}\cos(-\pi/2 - \omega t) = -B_{\mathrm{m}}\sin\omega t \tag{5.2-33}$$

此处的负号表示磁力线进入定子铁心。根据式(5.2-32)与式(5.2-33),得导体 A 的感应电动势为

$$e_{\mathrm{A}} = b_{\mathrm{A}}lv = -2B_{\mathrm{m}}lf\tau\sin\omega t \tag{5.2-34}$$

因为每极磁通的幅值 $\varPhi_{\mathrm{m}} = B_{\mathrm{av}} l\tau$，而平均磁通密度 B_{av} 为

$$B_{\mathrm{av}} = \frac{1}{\pi} \int_0^\pi - B_{\mathrm{m}} \sin\omega t \, \mathrm{d}(\omega t) = \frac{2}{\pi} B_{\mathrm{m}}$$

所以

$$\varPhi_{\mathrm{m}} = \frac{2}{\pi} B_{\mathrm{m}} \tag{5.2-35}$$

所以导体 A 感应电动势的时域表达式为

$$e_{\mathrm{A}} = - \pi f \varPhi_{\mathrm{m}} \sin\omega t = -\sqrt{2} E_{\mathrm{A}} \sin\omega t \tag{5.2-36}$$

式中，有效值 E_{A} 为

$$E_{\mathrm{A}} = \frac{\pi}{\sqrt{2}} f \varPhi_{\mathrm{m}} \approx 2.22 f \varPhi_{\mathrm{m}} \tag{5.2-37}$$

从式(5.2-36)和式(5.2-37)可知，感应电动势为正弦波，其有效值与每极磁通和频率之乘积成正比。

③ 相位　对于定子内圆任意的导体 B，相对于导体 A，B 在旋转方向的前方 β_{B} 电角度的位置处，即 $\alpha_{\mathrm{B}} = \alpha_{\mathrm{A}} + \beta_{\mathrm{B}}$。注意到 $\alpha_{\mathrm{A}} = -\pi/2$，则任意时刻导体 B 处对应的磁通密度为

$$B_{\mathrm{B}} = B_{\mathrm{m}} \cos(\alpha_{\mathrm{B}} - \omega t) = - B_{\mathrm{m}} \sin(\omega t - \beta_{\mathrm{B}}) \tag{5.2-38}$$

于是对于导体 B 感应电动势可写为

$$e_{\mathrm{B}} = b_{\mathrm{B}} l v = - B_{\mathrm{m}} l (2 f \tau) \sin(\omega t - \beta_{\mathrm{B}}) \tag{5.2-39}$$

可见，如果某导体 B 相对于导体 A，在旋转方向的前方 β_{B} 电角度的位置，则其感应电动势落后于导体 A 的相位角也是 β_{B}。

于是从图 5.2.14 可以看出，线匝 AX 中导体 X 感应电动势为

$$e_{\mathrm{X}} = - B_{\mathrm{m}} (2 f \tau) \sin(\omega t - 180°)$$
$$= 2 B_{\mathrm{m}} l f \tau \sin\omega t = \sqrt{2} E_{\mathrm{A}} \sin\omega t \tag{5.2-40}$$

从图 5.2.15 或式(5.2-36)、式(5.2-40)可以看出，整距线匝的两个导体的感应电动势大小相等、方向相反。于是一个整距线匝的电动势 e_{T} 为 $e_{\mathrm{T}} = (-e_{\mathrm{X}}) + e_{\mathrm{A}} = -\sqrt{2} E_{\mathrm{T}} \sin\omega t$。其中，有效值 $E_{\mathrm{T}} = 2 E_{\mathrm{A}} \approx 4.44 f \varPhi_{\mathrm{m}}$。用相量表示则为

$$\dot{E}_{\mathrm{T}} = \dot{E}_{\mathrm{A}} - \dot{E}_{\mathrm{X}} = -\mathrm{j} 4.44 f \dot{\varPhi}_{\mathrm{m}} \tag{5.2-41}$$

其相量图如图 5.2.16 所示。

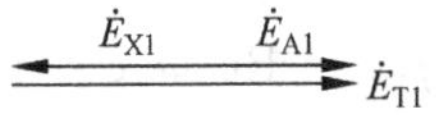

一个线圈由多个线匝构成。显然，匝数为 W_{k} 的集中整距线圈的感应电动势相量为

$$\dot{E}_{\mathrm{k}} = W_{\mathrm{k}} \dot{E}_{\mathrm{T}} \approx -\mathrm{j} 4.44 W_{\mathrm{k}} f \dot{\varPhi}_{\mathrm{m}} \tag{5.2-42}$$

图 5.2.16　整距线圈的感应电动势

2. 分布绕组的感应电动势幅值

由后面 5.2.3 节可以知道，分布绕组对磁动势大小的影响可以用绕组系数表示。计算分布绕组的感应电动势有效值时，需要将整距集中绕组 W_{k} 变为有效绕组 $W_{1,\mathrm{eff}}$。于是，一相全部绕组的感应电动势相量为

$$\dot{E}_1 = -\mathrm{j}4.44W_{1,\mathrm{eff}}f\dot{\Phi}_{\mathrm{m}} \tag{5.2-43}$$

对于在空间位置上,沿转子旋转方向前方,相距 AX 相(简称 A 相)分别为 $2\pi/3$,$4\pi/3$ 电角度的 BY 相(简称 B 相)和 CZ 相(简称 C 相),其感应电动势大小与 A 相感应电动势相等,只是相位落后 A 相电动势,依次为 $2\pi/3$,$4\pi/3$。于是,以 A 相磁通量作为参考相量时,各相感应电动势的时域表达式为

$$\begin{cases} e_{\mathrm{XA}} = \sqrt{2}E_1\sin\omega t \\ e_{\mathrm{YB}} = \sqrt{2}E_1\sin(\omega t - 2\pi/3) \\ e_{\mathrm{ZC}} = \sqrt{2}E_1\sin(\omega t + 2\pi/3) \end{cases} \tag{5.2-44}$$

例 5.2-1　有一台三相同步电机,$n_{\mathrm{p}}=2$,转速 $n=1500\mathrm{r/min}$,绕组系数 $k_{\mathrm{dq1}}=0.925$,绕组为星形连接,基波每极磁通量 $\Phi_{\mathrm{m}}=0.05345\mathrm{Wb}$,每相绕组的串联匝数 $W_1=20$。试求主磁场在定子绕组内感应的(1)电动势的频率; (2)相电动势和线电动势的有效值。

解　(1)电动势的频率

$$f = \frac{n_{\mathrm{p}}n}{60} = \frac{2 \times 1500}{60} = 50\mathrm{Hz}$$

(2)相电动势和线电动势的有效值

单相电动势

$$E_1 = 4.44fW_{1,\mathrm{eff}}\Phi_{\mathrm{m}} = 4.44 \times 50 \times 20 \times 0.925 \times 0.05345 \approx 219.5\mathrm{V}$$

线间电动势

$$E_{\mathrm{line}} = \sqrt{3}E_1 = \sqrt{3} \times 219.5 \approx 380\mathrm{V}$$

3. 磁通、感应电动势的矢量表示

已知单相的基波电动势相量可以表示为 $\dot{E}_1 = -\mathrm{j}4.44W_{1,\mathrm{eff}}f\dot{\Phi}_{\mathrm{m}}$。对于电机的三个空间绕组而言,由于在线性磁路条件下,磁通与磁动势的空间位置重合。如果以式(5.2-19)的电流产生磁动势矢量 $\bar{F}_1 = F_1\mathrm{e}^{\mathrm{j}(\omega t - \theta)}$ 为参考矢量,与 A、B、C 三相绕组分别交链的基波磁通可以写为以下时间表达式

$$\begin{cases} \phi_{\mathrm{mA}} = \mathrm{Re}\{\Phi_{\mathrm{m}}\mathrm{e}^{\mathrm{j}(\omega t - \theta)}\} = \mathrm{Re}\{\dot{\Phi}_{\mathrm{m}}\mathrm{e}^{\mathrm{j}\omega t}\} = \Phi_{\mathrm{m}}\cos(\omega t - \theta) \\ \phi_{\mathrm{mB}} = \mathrm{Re}\{\Phi_{\mathrm{m}}\mathrm{e}^{\mathrm{j}(\omega t - 2\pi/3 - \theta)}\} = \mathrm{Re}\{\dot{\Phi}_{\mathrm{m}}\mathrm{e}^{\mathrm{j}(\omega t - 2\pi/3)}\} = \Phi_{\mathrm{m}}\cos(\omega t - 2\pi/3 - \theta) \\ \phi_{\mathrm{mC}} = \mathrm{Re}\{\Phi_{\mathrm{m}}\mathrm{e}^{\mathrm{j}(\omega t + 2\pi/3 - \theta)}\} = \mathrm{Re}\{\dot{\Phi}_{\mathrm{m}}\mathrm{e}^{\mathrm{j}(\omega t + 2\pi/3)}\} = \Phi_{\mathrm{m}}\cos(\omega t + 2\pi/3 - \theta) \end{cases} \tag{5.2-45}$$

定义各相磁通矢量

$$\bar{\Phi}_{\mathrm{mA}} = \phi_{\mathrm{mA}}\mathrm{e}^{\mathrm{j}0}, \quad \bar{\Phi}_{\mathrm{mB}} = \phi_{\mathrm{mB}}\mathrm{e}^{\mathrm{j}2\pi/3}, \quad \bar{\Phi}_{\mathrm{mC}} = \phi_{\mathrm{mC}}\mathrm{e}^{-\mathrm{j}2\pi/3} \tag{5.2-46}$$

其合成的空间磁通矢量为

$$\bar{\Phi}_1 = \bar{\Phi}_{\mathrm{mA}} + \bar{\Phi}_{\mathrm{mB}} + \bar{\Phi}_{\mathrm{mC}} = \frac{3}{2}\Phi_{\mathrm{m}}\mathrm{e}^{\mathrm{j}(\omega t - \theta)} \tag{5.2-47}$$

也就是一个旋转矢量。将上式用 A 相磁通相量 $\dot{\Phi}_{\mathrm{mA}} = \Phi_{\mathrm{m}}\mathrm{e}^{-\mathrm{j}\theta}$ 表示,则可改写为

下式

$$\dot{\Phi}_1^t \overset{\text{def}}{=\!=} \frac{3}{2}\Phi_m\, e^{j(\omega t-\theta)} = \frac{3}{2}\dot{\Phi}_{mA}\, e^{j\omega t} \tag{5.2-48}$$

$\dot{\Phi}_1^t$ 被称为为基波磁通时间相量。于是,用 A 相感应电动势相量 $\dot{E}_1$ 表示的三相的基波感应电动势时间相量 $\dot{E}_1^t$ 为

$$\dot{E}_1^t = -\,j4.44W_{1,\text{eff}}\,f\dot{\Phi}_1^t = \frac{3}{2}\,\dot{E}_1\, e^{j\omega t} \tag{5.2-49}$$

它落后于与该相绕组交链的基波磁通时间相量 $\dot{\Phi}_1^t$ 90°电角度。

注意,如果考虑磁滞效应,则采用 2.6.1 节所述"等效正弦波方法"化简磁通(或磁链)为一个正弦量。此时,模型中含有铁损项、磁通(或磁链)也就滞后磁动势一个角度。

4. 电动势时间相量-磁动势空间矢量图

根据上述概念,可以得到磁动势矢量、磁通时间相量与感应电动势时间相量的空间关系。这种图在传统的电机分析中被称为电动势时间相量-磁动势空间矢量图,也简称为**时空矢量图**。

将图 5.2-14(a)重作于图 5.2.17(a)。对于这个瞬间而言,该磁动势矢量与转子磁场的轴线重合,其方向从转子 N 极表面指向气隙,再进入定子铁心。显然,磁通时间相量总是与转子磁动势矢量 $\overline{F}_1$ 重合。在图示瞬间,转子基波磁动势矢量正好与定子＋A 轴线重合,而切割 A 相绕组的磁通密度也就正好等于零,于是该时刻的感应电动势的瞬时值为零。由此,容易画出用 A 相感应电动势相量 $\dot{E}_1$ 表示的感应电动势时间相量和 $\overline{F}_1$ 关系的电动势相量-磁动势矢量图如图 5.2.17(b)所示。

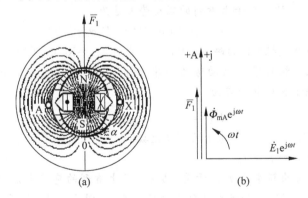

图 5.2.17　电动势时间相量-磁动势空间矢量图

5. 旋转磁场中的旋转绕组所产生的感应电动势

在以上的感应电动势讨论中,所列举的电机绕组**相对于外接电源都是静止的**。

而由 5.1 节知，感应电动机的转子做异步旋转时转子绕组中也要产生感应电动势和电流。以下例题讨论**绕组旋转**条件下的一些概念，以便于今后理解 5.3.1 节中的定量分析。

例 5.2-2　假定图 5.1.8 所示的绕线式转子被放置在一个以 $50\,\text{Hz}$ 旋转的磁场中，于是转子绕组被磁场切割产生感应电动势。当转子以 $20\,\text{Hz}$、与磁场同方向旋转时，试分析稳态运行时的以下问题：

（1）转子感应电动势的表达式、转子绕组闭合时产生的感应电流的频率？

（2）磁动势矢量频率、转子转速与转子感应电动势频率的关系是什么？

（3）该电流产生的磁动势的频率？

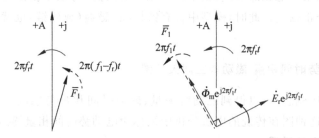

(a) 旋转转子电路的时间相量　　　　(b) 静止坐标上的时间相量

图 5.2.18　以 f_r 旋转的转子电路中电量的时间相量表示

解　由题，设旋转频率为 $f_1 = 50\,\text{Hz}$ 的磁动势空间矢量为 $\overline{F}_1 = F_1 \text{e}^{\text{j}2\pi f_1 t}$。

（1）如果转子静止，由式(5.2-45)，与 a 相转子绕组交链的磁通时间表达式为

$$\phi_{\text{mA}} = \text{Re}\{\Phi_{\text{m}} \text{e}^{\text{j}2\pi f_1 t}\}$$

当转子绕组以 f_r 与磁动势同方向旋转时，绕组的旋转可表示为 $\text{e}^{\text{j}2\pi f_r t}$。于是，如图 5.2.18(a)所示，站在转子上看到的磁动势矢量为

$$\overline{F}_{1,\text{rotor}} = F_1 \text{e}^{\text{j}2\pi f_1 t} \text{e}^{-\text{j}2\pi f_r t} = F_1 \text{e}^{\text{j}2\pi(f_1 - f_r)t}$$

所以，与旋转的 a 相绕组交链的磁通的时间表达式为 $\phi_{\text{mA}} = \text{Re}\{\Phi_{\text{m}} \text{e}^{\text{j}2\pi(f_1 - f_r)t}\}$ 且幅值不变。

设转子 a 相绕组的感应电动势的频率为 f_2，则 $f_2 = f_1 - f_r = 50 - 20 = 30\,\text{Hz}$。于是转子 a 相绕组感应电动势为

$$\dot{E}_{\text{A}} = -\text{j}4.44 W_{2\text{eff}} f_2 \dot{\Phi}_{\text{mA}} \tag{5.2-50}$$

式中，$W_{2\text{eff}}$ 为第 5.2.4 节所述转子的有效匝数。

（2）关系为 $f_1 = f_r + f_2$

（3）感应电流的频率为 f_2。于是，站在转子上看到的感应电流产生的磁动势矢量的频率也为 f_2。但是，如果站在静止坐标上看，如图 5.2.18(b)所示，该电流产生的磁动势矢量频率仍然为 $f_1 = f_r + f_2$，即 $50\,\text{Hz}$。

5.2.1 节~ 5.2.2 节小结

（1）基于安培定律、法拉第定律以及电机的构造，可以建立电动机的磁动势、磁

通、电流以及感应电动势的数学模型。通常,旋转磁动势由加在三个空间上相差120°电角度绕组上的三相对称正弦电流产生。旋转磁动势可以用圆弧坐标表示,其基波分量也可以用矢量表示,基波磁动势的旋转转速就是基波电流的电角频率。

(2)基于旋转基波磁动势的磁通、三相电流以及三相感应电动势也都可以建模为旋转矢量。稳态时,改用时间相量表示旋转矢量。据此,可得到磁动势矢量,单相绕组的磁通相量以及单相绕组的电流相量,感应电动势相量的关系,并采用"时间相量-空间矢量图"表述磁动势、励磁电流、磁通量以及感应电动势的关系。有了这些关系,就容易在后述内容中建立电动机的单相电路等效模型;基于时空矢量图也容易分析电动机的各种运行问题。此外,基于空间矢量描述,就可以建立现代电机控制依据的电机矢量模型,这一点将在 5.2.4 节说明。

5.2.3　分布绕组的磁动势和电动势

上述对磁动势和电动势的分析都基于六槽的电机模型,其绕组为单层集中整距绕组。而在实际电机中,常常采用许多措施以充分地利用电机圆周空间、削弱气隙磁场中的谐波及其对应的感应电动势中的谐波。例如,图 5.1.5 所示的异步电动机的定子采用结构复杂的绕组,而转子铁心和鼠笼采用斜型结构。图 5.2.19 给出了两种定子绕组结构,图 5.2.19(a)是 24 槽、两对极、分布式绕组结构,图 5.2.19(b)是 6 槽、两对极、集中式绕组结构。由下面的分析可知前者的磁动势中的谐波少;后者的磁动势中的谐波大,对应的电磁转矩脉动大,一般用于空调、电动自行车等对成本要求苛刻、且可以容忍转矩脉动的永磁同步电机。

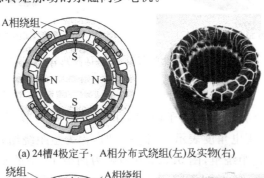

(a) 24槽4极定子,A相分布式绕组(左)及实物(右)

(b) 6槽4极定子,集中式绕组构成(左)及实物(右)

图 5.2.19　两种定子绕组的构成示意及实物(参见书末彩页)

　　下面先介绍所需的交流绕组的知识,然后讨论常见的单层整距分布绕组和双层分布短距绕组结构以及与这些绕组所对应的磁动势和感应电动势的表达式。

1. 交流电机绕组的基本知识

（1）极距 τ

相邻两个磁极的中心线在定子铁心内圆所隔开的圆弧长度,称为极距,通常用 τ 代表。极距 τ 可用圆弧长度表示

$$\tau = \frac{\pi D}{2n_p} \tag{5.2-51}$$

也可用定子槽数或电角度表示。即

$$\tau = \frac{360^\circ n_p}{2n_p} = 180^\circ, \quad \tau = \frac{z_1}{2n_p}（槽数） \tag{5.2-52}$$

式中,D 为定子铁心内径,z_1 为定子槽数。需要注意的是:①极距的电角度一定是 180°;②当用槽数表示极距时,实际上是指相邻两个磁极的中心线在定子内圆所跨越的圆弧包括多少个定子槽距。例如,在图 5.2.20(a)中,两个磁极之间是 6 个槽;通过本节后面的分析可知图 5.2.20(b)两个磁极的极距也为 6 个槽。

(a) 整距绕组　　　　　　　　　　　　　(b) 短距绕组

图 5.2.20　整距绕组与短距绕组(参见书末彩图)

（2）节距 y

一个线圈的两个有效边在定子内圆上所跨的圆弧为节距。一般节距 y 用槽（距）数表示,也可以用电角度表示。当 $y = \tau$ 时,称为整距绕组;显然,在本节前面介绍过的绕组都是整距绕组,图 5.2.20(a)则为两极 12 槽的整距绕组,其极距与节距均为 6。当 $y < \tau$ 时,称为短距绕组,图 5.2.20(b)是两极 12 槽的短距绕组,其节距为 5;当 $y > \tau$ 时,称为长距绕组。长距绕组端部较长,浪费铜,故一般不采用。

（3）槽距角 α_1

相邻两槽之间的电角度称为槽距角 α_1,用下式表示,即

$$\alpha_1 = \frac{n_p 360^\circ}{z_1} \tag{5.2-53}$$

由于图 5.2.20 的 $n_p = 1$,α_1 为 30°。

（4）每极每相槽数 q

每相绕组在每一个极下所占有的槽数称为每极每相槽数，以 q 表示

$$q = \frac{z_1}{2m_1 n_p} \tag{5.2-54}$$

式中，m_1 为定子绕组的相数，常用交流电机的相数为 3。

每极每相槽数 q 等于 1 的绕组称为集中绕组。q 大于 1 的绕组称为分布绕组。显然，前面介绍的 6 槽 3 相两极绕组模型为集中整距绕组，而图 5.2.20 若为三相电机的定子铁心，则两个结构皆为分布绕组的铁心。

（5）短距分布绕组

实际的电机一般都采用短距分布绕组。而且，功率达到 10kW 以上的电机，多采用双层绕组，即在槽内的上层与下层各有一个线圈边。图 5.2.21(a) 是一个简单的双层短距分布绕组的原理性结构图（只画出 A 相绕组）。图 5.2.21（b）是图 5.2.21(a) 的展开图。其上部是绕组的俯视图，下部是对应铁心槽内的绕组及其电流方向示意图。一对极下属于 A 相的线圈共计两组，4 个。A_1X_1 组的两个线圈分别放入"槽 1 上槽 6 下"（称线圈 1-6）和"槽 2 上槽 7 下"（称线圈 2-7）中，两者串联后称为 A_1X_1 极相组；A_2X_2 组的两个线圈分别放入"槽 7 上槽 12 下"（称线圈 7-12）和"槽 8 上槽 1 下"（称线圈 8-1）中，两者串联后称为 A_2X_2 极相组。图中还标出各线圈电流分布以及感应电动势。可知这个结构的 $q = 2$、线圈节距 $y_1 = 5$（读者可以自己分析该绕组的极对数、相数、极距、节距、每极每相槽数以及槽距角等结构参数）。与集中整距绕组相比，采用双层短距分布绕组的一个主要作用是可以有效削弱气隙磁场和感应电动势的谐波。

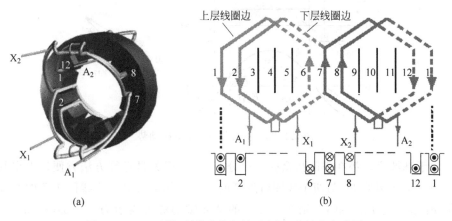

图 5.2.21　双层短距分布绕组的示意图（参见书末彩图）

2. 分布绕组的磁动势和电动势

（1）整距分布绕组的磁动势

图 5.2.22 表示由每极每相槽数 $q = 2$ 的两个整距线圈串联所组成的一相绕组，2 个线圈分布在四个槽内，所以此绕组为整距分布绕组。

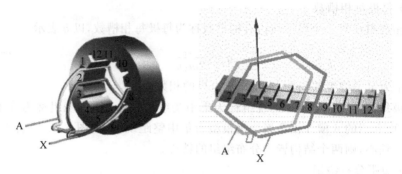

图 5.2.22　整距分布绕组示例(参见书末彩图)

每个整距线圈产生的磁动势都是一个矩形波,由于每个线圈的匝数相等,通过的电流亦相同,故各个线圈的磁动势具有相同的幅值。由于线圈是分布的,相邻线圈在空间彼此移过槽距角 α_1,所以各个矩形磁动势波之间在空间亦相隔 α_1 电角度。图 5.2.23(a)与图 5.2.23(b)所示即为线圈 1-7 与 2-8 的矩形波磁动势及其基波,分别记为 F_{17} 与 F_{28}。为观察方便,这里的下标与线圈所在槽号对应。把两个线圈的基波磁动势逐点相加,即可求得基波合成磁动势如图 5.2.23(c)。其矢量表示为图 5.2.23(d)。

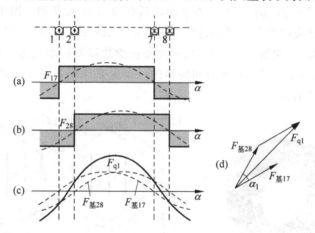

图 5.2.23　整距分布绕组的磁动势

由于基波磁动势在空间按余弦规律分布,故可用矢量运算方法方便地求出其合成基波磁动势幅值 F_{q1} 与两个线圈所隔开的角度之间的关系。将线圈 1-7 的基波磁动势 F_{17} 表示为 $F_{k1}\cos(\alpha)$,则线圈 2-8 的基波磁动势可表示为 $F_{k1}\cos(\alpha-\alpha_1)$。于是,用矢量求和的方法易求得 F_{q1} 之值为

$$F_{q1} = (qF_{k1})k_{d1}, \quad k_{d1} = \sin\frac{q\alpha_1}{2}\frac{1}{q\sin(\alpha_1/2)} \tag{5.2-55}$$

式中,F_{k1} 为一个整距集中绕组产生的基波磁动势的幅值,即按式(5.2-10)得到的 F_{m1};k_{d1} 称为基波的分布系数,简称分布系数。其含义为:由于构成绕组的各线圈分布在不同的槽内,使得 q 个分布线圈的合成磁动势 F_{q1} 小于 q 个线圈集中地放到一个

槽内所形成的磁动势 qF_{k1}。由此所引起的折扣即为分布系数。不难看出，$k_{d1}<1$。

综合考虑式(5.2-15)与式(5.2-55)，具有 n_p 对极单层整距分布绕组的基波合成磁动势 F_1 应为

$$F_1 = 1.35 \frac{W_1 k_{d1}}{n_p} I_1 \tag{5.2-56}$$

可以推出，三相单层整距分布绕组的合成磁动势谐波的分布系数为

$$k_{d\nu} = \frac{F_{q\nu}}{qF_{k\nu}} = \frac{\sin(q\nu\alpha_1/2)}{q\sin(\nu\alpha_1/2)}$$

所以，三相单层整距分布绕组的谐波合成磁动势 F_ν 应为

$$F_\nu = \frac{1}{\nu}\frac{k_{d\nu}}{k_{d1}}F_1 \tag{5.2-57}$$

在 q 值较大的分布绕组的情况下，对于大多数次数较低的谐波，都满足 $k_{d\nu}\ll k_{d1}$。所以，采用分布绕组有利于削弱谐波，这是实际电机采用分布绕组的一个重要原因。

(2) 双层短距分布绕组的磁动势

下面基于图 5.2.21 分析短距分布绕组的磁动势。

整个 A 相绕组产生的磁动势是构成 A 相绕组的 4 个线圈各自产生的磁动势之和。对这四个线圈的磁动势求和时，可以将其分为两组，第一组为线圈 1-6 与线圈 7-12；第二组为线圈 2-7 与线圈 8-1。显然，两组线圈的磁动势相等，而第二组磁动势相对于第一组只是在空间相差了一个电角度 α_1。所以，只要求出其中一组线圈的合成磁动势，就可以用分布系数的概念求出总的磁动势。

将图 5.2.21(b)重作于图 5.2.24(a)。图 5.2.24(b)、图 5.2.24(c)与图 5.2.24(d)分别代表短矩线圈 1-6 与 7-12 以及由它们构成的第一组线圈的合成磁动势。由图 5.2.24(d)可以看出，一对极下两个短矩线圈的合成磁动势呈现的形状是截短的矩形波。设节距为 y_1，则该矩形波的宽度用电角度表示则为 $180°y_1/\tau$。对此波形进行谐波分析，可知其基波磁动势小于两个整矩线圈的基波磁动势，其比值记为 k_{p1}，称为短矩系数。经过简单推导可得

$$k_{p1} = \sin\frac{y_1}{\tau}90° \tag{5.2-58}$$

对谐波则有 $k_{p\nu} = \sin\frac{y_1}{\tau}(\nu\times90°)$。

k_{p1} 的含义为，短距绕组的基波磁动势与整距绕组的基波磁动势相比，其大小也应打一折扣。不难看出，$k_{p1}<1$。对大多数谐波而言，其谐波短距系数比基波短距系数要小很多，所以，采用短距也是削弱谐波的一个常用措施。

同理，线圈 2-7 与 8-1 的合成磁动势为图 5.2.24(e)。合成该相所有绕组的磁动势后，波形如图图 5.2.24(f)。可以看出，该波形比较接近于正弦波，也即谐波磁动势部分被大大减小了。

综上所述，对双层短距分布绕组，可采用下式的绕组系数 k_{dp1} 综合考虑分布与短距绕组结构下基波磁动势幅值的变化

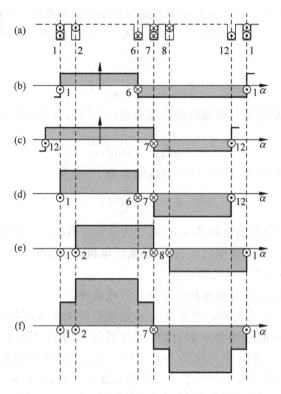

图 5.2.24　短距分布绕组的合成气隙磁动势示意

$$k_{\mathrm{dp1}} = k_{\mathrm{d1}} k_{\mathrm{p1}} \tag{5.2-59}$$

参考式(5.2-10)与式(5.2-59),单相双层短距分布绕组的基波磁动势的幅值为

$$F_{\mathrm{m1}} = \frac{4}{\pi} \frac{\sqrt{2}}{2} \frac{W_1 k_{\mathrm{dp1}}}{n_{\mathrm{p}}} I_1 = 0.9 \frac{W_{1,\mathrm{eff}}}{n_{\mathrm{p}}} I_1 \tag{5.2-60}$$

式中

$$W_{1,\mathrm{eff}} = W_1 k_{\mathrm{dp1}} \tag{5.2-61}$$

被称为每相绕组的**有效串联匝数**,简称为**有效匝数**(effective number of turns)。

同理,对于 ν 次谐波磁动势,有效匝数为

$$W_{\nu,\mathrm{eff}} = k_{\mathrm{dp}\nu} W_1 \tag{5.2-62}$$

于是,三相合成基波磁动势的幅值为单相的 3/2 倍,即

$$F_1 = 1.35 \frac{W_1 k_{\mathrm{dp1}}}{n_{\mathrm{p}}} I_1 = 1.35 \frac{W_{1,\mathrm{eff}}}{n_{\mathrm{p}}} I_1 \tag{5.2-63}$$

显然,双层绕组的线圈数必然等于槽数。

双层绕组的主要优点为:①改善电动势和磁动势的波形;②所有线圈具有同样的尺寸,便于制造;③端部形状排列整齐,有利于散热和增强机械强度。

(3) 分布整距绕组及分布短距绕组的感应电动势

对于图 5.2.22 所示分布整距绕组,因为两个线圈相隔一个槽距角 α_1,所以感应

电动势的相位也相差 α_1。于是,由导体电动势求线匝动势时的相量图如图 5.2.25 所示。由此得到 q 个整距线圈串联得到的总电动势有效值等于一个线圈电动势有效值的 q 倍乘以分布因数 k_{q1},即

$$E_{q1} = (qE_{k1})k_{q1} \approx 4.44(qW_k)k_{q1}f\Phi_m \qquad (5.2\text{-}64)$$

此处的基波分布系数的表达式与计算气隙磁动势所用分布系数完全相同。

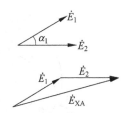

图 5.2.25　分布整距绕组的各个感应电动势及其合成电动势

同理,对于每相串联匝数为 W_1 的双层分布短距绕组,每相感应电动势的相量为

$$\dot{E}_1 = -j4.44 W_1 k_{dq1} f\dot{\Phi}_m = -j4.44 W_{1,\text{eff}} f\dot{\Phi}_m$$
$$(5.2\text{-}65)$$

*5.2.4　三相交流电动机建模方法讨论

在 5.2.1 节和 5.2.2 节中,分别讨论了磁动势和电动势基于圆弧坐标系(图 5.2.3)上的标量模型和复平面坐标系(图 5.2.10)上的矢量模型。本节进一步说明这些建模方法。由于对本节一些内容的理解需要本书后续内容的支撑,希望在学习了第 5、6、7 章之后再次阅读本节。

1. 基于空间矢量描述的建模

现代电动机控制技术中普遍采用交流逆变电源为交流电动机供电。各种电机控制方法所关心的是如何调节逆变电源电压来控制如定子电流、电磁转矩等状态变量,因此将电动机模型做了以下抽象。将图 5.2.10 重作于图 5.2.26(a),+A、+B、+C 分别表示电动机定子三相绕组在复平面的相轴,它们在空间互差 120°电角度、用复数 $e^{j0°}$,$e^{j120°}$,$e^{-j120°}$ 表示。由于各相基波脉振磁动势矢量的空间位置就是各相轴的位置,于是将实际电机中各相的各式各样的实际绕组用图 5.2.26(a)中在各自的相轴上的等效绕组表示。图 5.2.26(a)的定子模型可用图 5.2.26(b)的圆内的部分表示。如果将三相可控的交流电压源用图 5.2.26(b)左半部分表示,则图 5.2.26(b)就表示了整个三相电机控制系统中可控电源与电机定子部分的模型。

注意,①由于用一个等效的集中绕组替代了在 5.2.3 中讨论的实际的分布绕组,这个模型只能表示实际的电机中发生各个物理量的**基波分量**;②为了包含动态过程,图中各个变量采用时域变量表示(采用小写字母,如相电流为 i、相电压为 u)或用空间矢量表示(例如磁动势矢量为 $\boldsymbol{F}(t)$)。

根据图 5.2.26(b),三相绕组的匝数相等、空间位置对称条件下,基波空间磁动势 $\boldsymbol{F}_1(t)$ 可以表示为

$$\boldsymbol{F}_1(t) \overset{\text{def}}{=} (f_{A1}e^{j0°} + f_{B1}e^{j120°} + f_{C1}e^{-j120°})$$
$$= \boldsymbol{F}_{A1} + \boldsymbol{F}_{B1} + \boldsymbol{F}_{C1} \qquad (5.2\text{-}66)$$

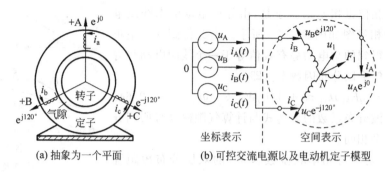

图 5.2.26　抽象后的电动机定子模型

式中，F_{A1}，F_{B1}，F_{C1} 为各相绕组有效匝数对应的脉振磁动势矢量的基波分量

$$\boldsymbol{F}_{A1} = f_{A1} e^{j0°}, \quad \boldsymbol{F}_{B1} = + f_{B1} e^{j120°}, \quad \boldsymbol{F}_{C1} = f_{C1} e^{-j120°} \quad (5.2\text{-}67)$$

由式(5.2-23)知磁动势矢量与电流矢量的关系为

$$\boldsymbol{F}_1(t) = 0.9 \frac{W_{1,\text{eff}}}{\sqrt{2}\, n_p} \boldsymbol{i}_{ABC}(t) \quad (5.2\text{-}68)$$

式中，电流空间矢量为

$$\begin{aligned}
\boldsymbol{i}_{ABC} &= \boldsymbol{i}_A + \boldsymbol{i}_B + \boldsymbol{i}_C \\
&= i_A(t) e^{j0} + i_B(t) e^{j120°} + i_C(t) e^{-j120°}
\end{aligned} \quad (5.2\text{-}69)$$

注意在电动机定子的等效绕组上的三个电流$\{i_A, i_B, i_C\}$是有空间位置的矢量。在稳态条件下，各个电流矢量的幅值$\{i_A(t), i_B(t), i_C(t)\}$为式(5.2-19)，对应的电流矢量表示为式(5.2-22)，或者电流时间相量表示为式(5.2-24)。于是，磁动势矢量的幅值和旋转频率为常数，表示为$\overline{F}_1$，也就是式(5.2-68)变为式(5.2-21)。即

$$\overline{F}_1 = F_1 e^{j(\omega t - \theta)}, \quad F_1 = 1.35 \frac{W_{1,\text{eff}}}{n_p} I_1 \quad (5.2\text{-}70)$$

式中，I_1 为基波相电流有效值。

　　线性磁路条件下，由于各相磁通$\{\phi_A, \phi_B, \phi_C\}$所链接的各相等效绕组具有空间位置，三相磁通合成后也可以用一个空间磁通矢量表示为

$$\boldsymbol{\Phi}_1 \overset{\text{def}}{=} \phi_A e^{j0°} + \phi_B e^{j120°} + \phi_C e^{-j120°} \quad (5.2\text{-}71)$$

　　在稳态时，磁通矢量$\boldsymbol{\Phi}_1$的幅值和旋转频率为常数，表示为$\overline{\Phi}_1$，定义式为(5.2-47)。对应于式(5.2-22)表述的基波稳态电流及其基波空间磁动势$\overline{F}_1$，链接于定子各相等效绕组上的各相基波磁通为式(5.2-45)，即

$$\begin{cases}
\phi_A = \Phi_m \cos(\omega_1 t - \theta) \\
\phi_B = \Phi_m \cos(\omega_1 t - 2\pi/3 - \theta) \\
\phi_C = \Phi_m \cos(\omega_1 t + 2\pi/3 - \theta)
\end{cases} \quad (5.2\text{-}72)$$

式中，Φ_m 为每极每相的基波气隙磁通幅值。$\overline{\Phi}_1$ 对应的时间相量以及感应电动势时间相量分别为式(5.2-48)和式(5.2-49)。

　　与磁通空间矢量的概念对应，空间气隙磁链矢量可定义为

$$\boldsymbol{\Psi}_1 \overset{\text{def}}{=} \psi_A e^{j0^\circ} + \psi_B e^{j120^\circ} + \psi_C e^{-j120^\circ} \qquad (5.2\text{-}73)$$

式中，$\psi_A = W_{1,\text{eff}}\phi_A$、$\psi_B = W_{1,\text{eff}}\phi_B$、$\psi_C = W_{1,\text{eff}}\phi_C$ 为各相磁链的幅值。

可以看出上述矢量既是空间变量，也是时间变量。

2. 建模方法的讨论

众所周知，对于电动机中某个物理问题的建模方法，是基于研究问题的需要而选择的。

（1）圆弧坐标系上的标量描述和平面坐标上的矢量描述

① 圆弧坐标上的标量描述

5.2.1 节中采用圆弧坐标对基波磁动势以及各次谐波磁动势建模。基于这个方法，不但分析了基波电流励磁条件下各相脉振磁动势及其合成磁动势现象，在 5.2.3 节中还量化了磁动势的各个谐波分量与绕组构成的关系。此外，在 5.2.1 节、5.2.2 节中，还建立了单相电路中的电流与空间磁动势以及感应电动势与该相绕组所链接的磁通之间的模型。由于在稳态条件下，三相电路中的各个单相电路对称，在一个单相电路中得到的结果适用于其他单相电路，所以，在 5.3.1 节和 8.2 节中将分别建立用**单相等效电路表示**的异步电动机和同步电动机的稳态模型。这些模型非常便于电机的稳态特性分析以及基于稳态模型的控制方法分析。

② 空间坐标（这里也就是平面坐标）上的矢量描述

图 5.2.10 和图 5.2.26 将实际电动机中各式各样绕组抽象成为一个轴线上的绕组，根据这个抽象以及线性磁路假定，基于空间矢量方法建立了磁动势及磁通的模型。这个模型只表示了磁动势及磁通的基波分量。

那么，这个模型的优势是什么？以三相异步电动机为例，由于三相定子电路和转子电路的相与相之间、定转子之间互相耦合，因此，动态条件下电动机的各个状态变量是由三相定子和转子电路的各个量共同决定的。此时，单相等效电路模型也就失效了。由于我们关注的电机的大多数动态运行状态是由这些变量的基波分量决定的，而空间矢量可以简单而有效地描述各个状态变量的基波分量，于是，目前大多使用空间矢量方法建立电动机的动态模型，并据此讨论交流电动机的动态控制方法。在本书中，将基于空间矢量描述，在 6.2.3 节讨论空间矢量调制方法；在第 7 章讨论异步电动机动态数学模型以及控制方法；而在 8.3 节讨论同步电动机的动态数学模型。近年有些书称这部分内容为"现代电机原理"（如文献[5-6]）。

但是在研究一些其他问题，如对称或不对称运行下的空间谐波磁动势及其对应的电磁转矩时，这个矢量模型就不适用了。

（2）数学模型与物理现象的对应

由于数学建模是对电机物理现象的抽象，所以一般对应于物理对象的部分现象。

部分对应的例子如采用圆弧坐标表示基于傅里叶级数的磁动势标量，用空间矢量表示基波磁动势矢量。此外，需要说明磁通或磁链矢量的定义。在普通物理中，

磁通的定义为一个标量,即

$$\phi = \int_s \boldsymbol{B} \cdot \mathrm{d}\boldsymbol{s} \qquad (5.2\text{-}74)$$

式中,s 为磁力线通过的有方向的曲面。由 5.2.2 节可知,如果以绕组为参照系,与该绕组交链的稳态磁通并不是在旋转,而是在随时间做正弦变化,由此产生的定子上的感应电动势是变压器电动势。所以,采用空间旋转矢量表示三相合成磁通似乎只是数学上的等价。当然,如果基于线性磁路的磁路欧姆定律,则有 $\boldsymbol{F}_1 = R_m \boldsymbol{\Phi}_1$。据此,可以理解用空间矢量表示的磁通的物理意义。

此外,还有多个物理现象与一个数学模型对应的情况。例如图 5.2.26(b)中,有线路电流也就是电动机定子中的电流。在电动机定子上,将 $i_A(t)$、$i_B(t)$ 和 $i_C(t)$ 流过的绕组的空间坐标与这些电流合在一起考虑时,各个分量 i_A、i_B 和 i_C 是有方向的矢量;而在三相电源侧(这个电源也可看作为任意一个可控电压源),$i_A(t)$、$i_B(t)$ 和 $i_C(t)$ 只是三相电路中的三个基波电流分量,看不到各自的空间位置。但是,这两类电流在数学都可以定义为由式(5.2-69)表示的电流矢量 i_{ABC}。当然,也可以定义为矩阵 $i_{ABC} = [i_A, i_B, i_C]^T$。

（3）两种矢量定义

在本书中,有两种对三相合成矢量的定义。在第 5 章遵从电机原理的惯例,矢量定义全部采用了各个分矢量的矢量和的形式,如式(5.2-66)、式(5.2-69)、式(5.2-71)和式(5.2-73);而在 6.2.3 节、7.1 节和 8.3 节,所有的三相合成矢量的定义遵从于控制系统的惯例,也就是基于"变换前后能量不变"的原则进行变换系数的确定。这个原则的具体内容详见 6.2.3 节和 7.1 节。这两种变换的本质相同,两者之间只相差一个常数。

5.3　异步电动机原理及特性

本节分析三相异步电动机的工作原理。主要内容有:在分析异步电动机电磁过程的同时,推导用等效电路表述的数学模型;基于这个等效电路分析电机的稳态转矩,功率特性以及机械特性。这些分析涉及异步电动机内部的电磁和机械力三类物理量以及电磁功率与机械功率之间的转换。这些内容的物理约束表现为以下三个关系:

（1）电压平衡方程　反映异步电机定子和转子电路的基本规律;

（2）磁动势平衡方程　反映异步电机定子和转子之间磁场的耦合关系;

（3）转矩/功率平衡方程　反映异步电机电磁转矩与转轴上机械负载构成的系统的运动规律。

5.3.1　异步电动机的稳态模型

本节以三相绕线式异步电动机为例,在定量分析电机内部电磁过程的同时,推导出感应电动机通用的电路模型。为了分散难点,本节基于 2.6 节电力变压器的等效电路建模方法,采用图 5.3.1 所示的分析步骤。即首先分析转子静止时转子绕组电路开路以及闭合情况下电机的电磁关系,然后分析转子旋转、转子绕组电路闭合时的电磁关系,从而最终得出用单相等效电路表示的数学模型。

$$
电磁关系
\begin{cases}
转子静止,转子绕组电路开路时 \\
转子堵转,转子绕组电路闭合时(绕组折算,得到 T 型等效电路) \\
转子旋转,转子绕组电路闭合时(频率折算,得到最终等效电路)
\end{cases}
$$

图 5.3.1 本节的分析顺序

注意:①学习前请复习 5.1.1 节中的电动机数字模型的建立;②由 5.2 节可知,与变压器磁路中的磁动势和磁通不同,异步电动机的气隙空间(图 5.3.2(a))中,与基波旋转磁动势矢量对应的主磁通为式(5.2-45),并且该磁通矢量定子绕组和转子绕组同时交链。

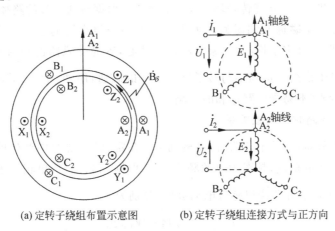

(a) 定转子绕组布置示意图　　(b) 定转子绕组连接方式与正方向

图 5.3.2 异步电动机绕线式转子绕组开路时的正方向

分析前,需要规定正方向。图 5.3.2(a)是三相绕线式异步电动机示意图,图 5.3.2(b)是其定转子连接方式(Y 接),$\dot{U}_1$、$\dot{I}_1$、$\dot{E}_1$ 分别是定子绕组的相电压、相电流和相电动势;$\dot{U}_2$、$\dot{I}_2$、$\dot{E}_2$ 分别是转子绕组的相电压、相电流和相电动势;箭头方向是各个量的正方向。磁动势和磁通的正方向与电流的正方向符合右手螺旋关系,在图示电流方向下,则是由转子进入气隙再进入定子的方向。定转子空间坐标轴选在 A 相绕组的轴线处,A_1 和 A_2 分别是定子和转子的空间坐标轴。为简化问题,假定两个轴重合在一起,如图 5.3.2(a)所示。

注意,在 5.2 节里下标 1 代表基波,而在本节中,用下标 1 代表定子的参数,用下标 2 代表转子的参数。

1. 转子静止转子绕组电路开路时的电磁关系

假定电动机定子接到频率为 f_1、相电压为 $\dot{U}_1$ 的三相对称电网上,转子静止且绕组开路。所以,转子绕组产生感应电动势$\dot{E}_{20}$但电流$\dot{I}_2$为零,定转子之间没有能量传递,主要分析定子的电磁情况。

（1）定子磁场

当电动机定子接对称三相电源时,便有对称三相电流流过定子绕组并产生定子旋转磁动势$\overline{F}_{10}$(下标 0 表示转子开路)。由于转子绕组开路,气隙磁场仅由磁动势$\overline{F}_{10}$产生。根据 5.2.1 节可知,$\overline{F}_{10}$的幅值为

$$F_{10} = \frac{3\sqrt{2}}{\pi} \frac{W_{1\text{eff}}}{n_{\text{p}}} I_{10} \tag{5.3-1}$$

式中,$W_{1\text{eff}}$为 5.3 节所述的定子每相绕组有效匝数。如果电流相序为 $A_1 \rightarrow B_1 \rightarrow C_1$,则磁动势$\overline{F}_{10}$以同步转速 n_1 旋转,转向为$+A_1 \rightarrow +B_1 \rightarrow +C_1$的逆时针方向,如图 5.3.2(a)。

定子磁动势$\overline{F}_{10}$建立旋转磁场$\overline{B}_\delta$,产生磁通。根据磁通经过的路径及性质,把电机中的磁通分为**主磁通**和**漏磁通**两大类。与各相绕组交链的主磁通用式(5.2-45)表示,它的磁路经过定子铁心、气隙以及转子铁心,容易受磁路饱和的影响。定子漏磁通是仅与定子绕组交链而不与转子绕组交链的磁通,用$\dot{\Phi}_{1\sigma}$表示,其磁路主要由非导磁性材料组成,不易受磁路饱和的影响。

（2）转子开路时的电磁关系

由 5.2.2 节知,当转子开路时,主磁通$\dot{\Phi}_{\text{m}}$在定、转子绕组中产生的感应电动势落后主磁通 $\pi/2$ 电角度,频率为电源频率 f_1。根据 5.2.2 节,单相定子绕组感应电动势$\dot{E}_1$与单相转子开路绕组感应电动势$\dot{E}_{20}$分别为

$$\dot{E}_1 = -\text{j}4.44 f_1 W_{1\text{eff}} \dot{\Phi}_{\text{m}} \tag{5.3-2}$$

$$\dot{E}_{20} = -\text{j}4.44 f_1 W_{2\text{eff}} \dot{\Phi}_{\text{m}} \tag{5.3-3}$$

式中,$W_{2\text{eff}}$为 5.3 节所述的转子每相绕组的有效匝数。定义

$$k_{\text{e}} = \frac{E_1}{E_2} = \frac{W_{1\text{eff}}}{W_{2\text{eff}}} \tag{5.3-4}$$

为异步电机的**电动势变比**。显然电动势变比是定、转子相绕组的有效匝数之比。

漏磁通在一相绕组中引起的漏电动势$\dot{E}_{\sigma1}$在时间上落后$\dot{\Phi}_{1\sigma}$电角度 $\pi/2$,即

$$\dot{E}_{\sigma1} = -\text{j}4.44 f_1 W_{1\text{eff}} \dot{\Phi}_{1\sigma} \tag{5.3-5}$$

通常把漏电动势$\dot{E}_{\sigma1}$的负值看作定子电流在定子漏电抗上的压降,即

$$-\dot{E}_{\sigma1} = \text{j}\dot{I}_{10} x_{\sigma1} \tag{5.3-6}$$

式中,$x_{\sigma1}$代表定子一相漏电抗。应该注意的是,定子一相漏电抗对应的漏磁通是由三相电流共同产生的。用漏电抗可以把电流产生磁通、磁通又在绕组中感应电动势的复杂关系,简化为电流在电抗上的压降形式,有助于分析和计算。

在定子绕组上加电压之后,定子绕组中除了感应$\dot{E}_1$及$\dot{E}_{\sigma1}$两个电动势之外,在定

子绕组电阻上还有电压降 $\dot{I}_{10}r_1$。所以电源电压在定子一相绕组中引起的电流会造成电压降 $\dot{I}_{10}(r_1+\mathrm{j}x_{\sigma1})$，而所产生的主磁通在定、转子绕组中会产生感应电动势 $\dot{E}_1$ 及 $\dot{E}_2$。由此可以得到异步电动机转子绕组开路时，定、转子的一相电路中的电动势平衡方程式为

$$\dot{U}_1 = -\dot{E}_1 + \dot{I}_{10}(r_1+\mathrm{j}x_{\sigma1}) = -\dot{E}_1 + \dot{I}_{10}Z_1$$

$$\dot{U}_2 = \dot{E}_{20} \tag{5.3-7}$$

式中，$Z_1 = r_1 + \mathrm{j}x_{\sigma1}$ 称为**定子相绕组的漏阻抗**。$-\dot{E}_1$ 可以看成是 $\dot{I}_{10}$ 在励磁阻抗 Z_m 上的压降，即

$$-\dot{E}_1 = \dot{I}_{10}(r_\mathrm{m}+\mathrm{j}x_\mathrm{m}) = \dot{I}_{10}Z_\mathrm{m} \tag{5.3-8}$$

式中，r_m 是励磁电阻，代表等效铁损耗的参数；x_m 是励磁电抗，$Z_\mathrm{m} = r_\mathrm{m} + \mathrm{j}x_\mathrm{m}$。由此，定子一相的电压平衡方程式为

$$\dot{U}_1 = \dot{I}_{10}(r_\mathrm{m}+\mathrm{j}x_\mathrm{m}) + \dot{I}_{10}(r_1+\mathrm{j}x_{\sigma1}) = \dot{I}_{10}(Z_\mathrm{m}+Z_1) \tag{5.3-9}$$

式(5.3-7)~式(5.3-9)表示的定转子间的物理过程如图 5.3.3 所示。根据 5.2 节所述的基波磁动势与电流、基波磁通与感应电势的"时间相量-空间矢量图"的做法，如果用磁通作为参考相量，依据这些公式可做出整个电动机的"时间相量-空间矢量图"如图 5.3.4 所示。

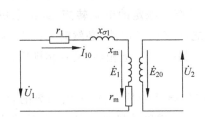

图 5.3.3 转子绕组开路时的等值电路

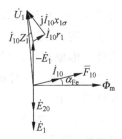

图 5.3.4 转子开路的时-空矢量图

2. 转子堵转绕组电路闭合时的电磁关系

转子堵转的工况为：定子绕组接到频率为 f_1、相电压为 $\dot{U}_1$ 的三相对称电源上，同时转子绕组外接负载电阻 r_L 并且转子被堵住不转，如图 5.3.5 所示。这种工况下电机不传递机械功率，所以重点考虑磁动势平衡关系。

（1）磁动势平衡关系

转子绕组经电阻 r_L 闭合，旋转磁场在转子绕组上产生感应电动势和电流 $\dot{I}_2$，转子三相对称绕组流过三相对称电流形成转子合成旋转磁动势 $\bar{F}_2$。根据式(5.2-16)，$\bar{F}_2$ 的幅值为

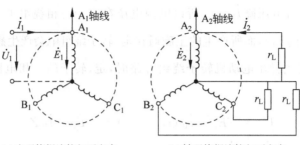

(a)定子绕组连接与正方向　　(b)转子绕组连接与正方向

图 5.3.5　绕线式转子堵转时的连接方式和正方向

$$F_2 = \frac{3\sqrt{2}}{\pi} \frac{W_{2\text{eff}}}{n_\text{p}} I_2 \tag{5.3-10}$$

式中，$W_{2\text{eff}}$ 为转子每相绕组的有效匝数，n_p 是转子极对数，它与定子极对数相等。

由于转子被堵住，其转速 $n=0$，转子感应电动势和电流的频率与定子感应电动势的频率相等。旋转磁场切割转子绕组的次序为 $+A_2 \rightarrow +B_2 \rightarrow +C_2$，可以得出转子电动势和电流的相序也为 $A_2 \rightarrow B_2 \rightarrow C_2$，所以 $\overline{F}_2$ 的转向为 $+A_2 \rightarrow +B_2 \rightarrow +C_2$ 逆时针方向，与定子旋转磁动势旋转方向相同。

转子磁动势在空间的转速同定子磁动势的转速，为同步转速 n_1

$$n_1 = \frac{60 f_1}{n_\text{p}} \tag{5.3-11}$$

转子磁动势与定子磁动势同极数、同转向、同转速，即定、转子磁动势同步旋转，两者在空间相对静止。**定、转子磁动势相对静止是产生稳定的电磁转矩，维持电机稳定运行的必要条件。**形象地看，如果两个磁场之间有相对运动，必然时而一个 N 极和另一个 S 极相遇，互相吸引；时而这个 N 极和另一个 N 极相遇，又互相排斥，由此产生的过渡过程将很快消失。

当转子磁动势 $\overline{F}_2$ 出现之后，气隙中存在的磁动势是定、转子磁动势的合成，称为**气隙合成磁动势**，用符号 $\overline{F}_\Sigma$ 表示。显然气隙合成磁动势也与定、转子磁动势保持相对静止，即 $\overline{F}_\Sigma$ 在空间的转速是同步速度 n_1。由于 $\overline{F}_2$ 的作用，定子磁动势比转子开路时有很大变化，所以改用 $\overline{F}_1$ 表示定子磁动势。异步机的磁动势平衡方程式为

$$\overline{F}_\Sigma = \overline{F}_1 + \overline{F}_2 \tag{5.3-12}$$

这说明，在通常情况下气隙磁场 $\overline{B}_\delta$ 是由合成磁动势 $\overline{F}_\Sigma$ 产生的。只有当转子开路或转子以同步速度旋转时，气隙磁动势才单独由式(5.3-1)所示的定子磁动势决定。

由于转子回路闭合，定子电流由转子绕组开路时的 I_{10} 变为 I_1，由式(5.2-16)，$\overline{F}_1$ 的幅值为

$$F_1 = \frac{3\sqrt{2}}{\pi} \frac{W_{1\text{eff}}}{n_\text{p}} I_1 = 1.35 \frac{W_{1\text{eff}}}{n_\text{p}} I_1 \tag{5.3-13}$$

在大多数工况下，希望异步电动机的气隙磁通幅值或合成磁动势幅值不随转子电流的变化而变化，即 $\overline{F}_\Sigma$ 的励磁电流依然为 I_{10}。据此假设，由式(5.3-1)可得式(5.3-14)。

由于假定模型是线性的,所以基于这个工况下建立的模型适用于任何工况。

$$F_\Sigma = F_{10} = \frac{3\sqrt{2}}{\pi}\frac{W_{1\text{eff}}}{n_p}I_{10} \qquad (5.3\text{-}14)$$

把式(5.3-10)、式(5.3-13)和式(5.3-14)代入式(5.3-12),可以利用磁动势和相应电流在时-空矢量图上的对应关系,把空间矢量关系式(5.3-12)用时间相量关系表示。即

$$\frac{3\sqrt{2}}{\pi}\frac{W_{1\text{eff}}}{n_p}\dot{I}_{10} = \frac{3\sqrt{2}}{\pi}\frac{W_{1\text{eff}}}{n_p}\dot{I}_1 + \frac{3\sqrt{2}}{\pi}\frac{W_{1\text{eff}}}{n_p}\dot{I}_2 \qquad (5.3\text{-}15)$$

与变压器的绕组折算方法相同,把转子等效匝数折算成定子等效匝数,定义

$$\dot{I}_2' = \frac{W_{2\text{eff}}}{W_{1\text{eff}}}\dot{I}_2 = k_i\dot{I}_2 \qquad (5.3\text{-}16)$$

式中,k_i 叫做电流变比

$$k_i = \frac{W_{2\text{eff}}}{W_{1\text{eff}}} \qquad (5.3\text{-}17)$$

可以看出 $k_i = 1/k_e$。于是式(5.3-15)可整理为

$$\dot{I}_{10} = \dot{I}_1 + \dot{I}_2' \qquad (5.3\text{-}18)$$

式(5.3-18)被称为**电流形式的磁动势平衡方程式**。它说明经过绕组折算,式(5.3-15)表示的磁动势平衡关系可由式(5.3-18)的电流等式表示。

改写上式为 $\dot{I}_1 = \dot{I}_{10} + (-\dot{I}_2')$。该式说明,当异步机转子经电阻 r_L 闭合并堵住不转时,产生定子旋转磁动势 $\overline{F}_1$ 的定子电流 $\dot{I}_1$ 可以分解成两个分量:第一个分量被称为激磁电流分量,与前面讨论的 $\dot{I}_{10}$ 的作用相同,产生气隙空间的主磁通 $\dot{\Phi}_m$。$\dot{\Phi}_m$ 的幅值由反电动势 $\dot{E}_1$ 决定;第二个分量对应于转子闭合时具有的电流 $\dot{I}_2'$ 所产生的磁动势分量 $\overline{F}_2$,它的幅值随转子电流成正比例变化。

由于主磁通 $\dot{\Phi}_m$ 是联系定转子电学量的纽带,可以以它为参考来研究 $\overline{F}_1$、$\overline{F}_2$ 及 $\overline{F}_\Sigma$ 的空间关系。图 5.3.6(a)表示转子绕组开路时的"时-空矢量图",$\dot{I}_{10}$ 产生定子磁动势 $\overline{F}_{10}$,$\overline{F}_{10}$ 产生主磁通 $\dot{\Phi}_m$,α_{Fe} 表示由磁路引起的铁耗角。图 5.3.6(b)表示转子绕组经电阻闭合时的时-空矢量图,由于有转子电流产生的转子磁动势 $\overline{F}_2$,$\dot{I}_{10}$ 产生三相合成磁动势 $\overline{F}_\Sigma$(与 $\overline{F}_{10}$ 的大小和相位相同),$\overline{F}_\Sigma$ 产生主磁通 $\dot{\Phi}_m$。

在图 5.3.6(b)中,θ_2 为**转子回路的功率因数角**,转子电流 $\dot{I}_2$ 比转子感应电动势 $\dot{E}_2$ 落后 θ_2 电角度,转子磁动势 $\overline{F}_2$ 与 $\dot{I}_2$ 同相,因此 $\overline{F}_2$ 比气隙磁通 $\dot{\Phi}_m$ 滞后 $90° + \theta_2$ 电角度。只要 θ_2 已知,$\overline{F}_2$ 在空间的位置就可求得。

转子不转时,转子相电阻 r_2,相漏抗 $x_{\sigma 2}$ 为 $2\pi f_1 L_{\sigma 2}$,$L_{\sigma 2}$ 为转子相漏感,基本上是常数。所以可得电压方程以及功率因数角 θ_2 为

$$\dot{E}_2 = \dot{I}_2[(r_2 + r_L) + jx_{\sigma 2}], \quad \theta_2 = \arctan\frac{x_{\sigma 2}}{r_2 + r_L} \qquad (5.3\text{-}19)$$

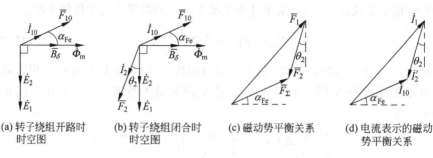

(a) 转子绕组开路时　　　(b) 转子绕组闭合时　　　(c) 磁动势平衡关系　　　(d) 电流表示的磁动
　时空图　　　　　　　　　时空图　　　　　　　　　　　　　　　　　　　　　　势平衡关系

图 5.3.6　磁动势平衡关系图

已知 θ_2 可以确定 $\overline{F}_2$(相对气隙磁通 $\dot{\Phi}_{\mathrm{m}}$ 滞后电角度 $90°+\theta_2$),同时 $\overline{F}_\Sigma$ 可知(超前主磁通 $\dot{\Phi}_{\mathrm{m}}$ 铁耗角 α_{Fe},与 $\overline{F}_{10}$ 的大小和相位相同),根据矢量相加法则可以画出转子绕组电路闭合时的磁动势平衡关系,如图 5.3.6(c)所示,这种平衡关系是指定、转子磁动势在空间的相位关系,即空间位置关系。如图 5.3.6(d)所示,该磁动势平衡关系可由式(5.3-18)表示,即可以利用**电流(时间相量)**表示气隙**旋转磁动势(空间矢量)**在空间的相位关系。

转子回路的电磁关系通过磁动势平衡反映到定子侧。只要磁动势 $\overline{F}_2$ 不变,不管转子相数和每相的有效匝数,也不管转子旋转还是静止,对定子侧的电磁效应相同。这就允许用等效的转子去取代真实存在的转子,取代的条件就是保持转子磁动势 $\overline{F}_2$ 不变。今后在分析等值电路的过程中进行的"绕组折算"和"频率折算",都是以保证 $\overline{F}_2$ 不变为原则进行的。

(2) T 型等值电路

转子堵转时,合成磁动势 $\overline{F}_\Sigma$ 产生的主磁通 $\dot{\Phi}_{\mathrm{m}}$ 在转子绕组感应电动势 $\dot{E}_2$ 依然为式(5.3-3),即 $\dot{E}_2 = -\mathrm{j}4.44 f_1 W_2 k_{\mathrm{dp2}} \dot{\Phi}_{\mathrm{m}}$。根据图 5.3.5(b)规定的正方向列出转子绕组一相回路电压方程式为式(5.3-19),于是转子电流为

$$\dot{I}_2 = \frac{\dot{E}_2}{r_2 + \mathrm{j}x_{\sigma 2} + r_{\mathrm{L}}} = \frac{\dot{E}_2}{Z_2 + r_{\mathrm{L}}} \qquad (5.3\text{-}20)$$

转子绕组堵转时的定子等值电路形式与转子开路时的定子等值电路形式相同,具体为

$$\dot{U}_1 = -\dot{E}_1 + \dot{I}_1(r_1 + \mathrm{j}x_{\sigma 1}) \qquad (5.3\text{-}21)$$

转子堵转时的定转子等值电路如图 5.3.7 所示。从等值电路上看,异步电动机定转子之间没有电路上的连接,只有磁路间的耦合关系。从定子边看转子,只有转子旋转磁动势 $\overline{F}_2$ 与定子旋转磁动势 $\overline{F}_1$ 起作用。可以采用 2.6 节所述的**绕组折算**方法把定、转子间磁的耦合关系,变换为定、转子等值电路之间电的联系。**绕组折算**的原则是保证在折算前后**转子磁动势** $\overline{F}_2$

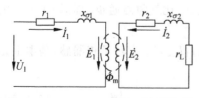

图 5.3.7　转子堵转时定转子等值电路

(幅值和空间位置)保持不变。经过绕组折算后,每相的感应电动势为 $\dot{E}'_2$、电流为 $\dot{I}'_2$、转子漏阻抗为 $z'_2 = r'_2 + jx'_{\sigma 2}$。这些值与折算前的值不同,但其产生的转子旋转磁动势 $\bar{F}_2$ 没有改变。以下讨论具体方法。

① 电流折算值　令 I'_2 代表转子电流 I_2 的折算值,根据转子磁动势不变原则,由式(5.3-10)得

$$\frac{3\sqrt{2}}{\pi} \frac{W_{1\text{eff}}}{n_p} I'_2 = \frac{3\sqrt{2}}{\pi} \frac{W_{2\text{eff}}}{n_p} I_2 \tag{5.3-22}$$

所以,$I'_2 = k_i I_2$。式中 k_i 为式(5.3-17)所示的电流变比。

② 电动势折算值　令 $\dot{E}'_2$ 代表转子电动势 $\dot{E}_2$ 的折算后的有效值,即 $E'_2 = 4.44 f_1 W_{1\text{eff}} \Phi_m$,又知 $E_2 = 4.44 f_1 W_{2\text{eff}} \Phi_m$,$E_1 = k_e E_2$,于是

$$E'_2 = k_e E_2 = E_1 \tag{5.3-23}$$

③ 阻抗折算值　转子漏阻抗及负载电阻的折算值分别用 Z'_2 及 r'_L 表示,由转子电路的电动势方程得

$$Z'_2 + r'_L = \frac{E'_2}{I'_2} = \frac{k_e E_2}{k_i I_2} = (k_e/k_i)(Z_2 + r_L) = k_L(Z_2 + r_L) \tag{5.3-24}$$

式中,k_L 称为阻抗变比,表达式为

$$k_L = k_e/k_i = k_e^2 = 1/k_i^2 \tag{5.3-25}$$

④ 折算前后的 $\bar{F}_2$ 的空间相位　由于转子功率因数角(阻抗角)θ_2 决定转子磁动势 $\bar{F}_2$ 在空间的相位,只要折算后 θ'_2 不变,$\bar{F}_2$ 在空间的相位就不变,而转子功率因数角的折算值为

$$\theta'_2 = \arctan \frac{k_L x_{\sigma 2}}{k_L(r_2 + r_L)} = \arctan \frac{x_{\sigma 2}}{r_2 + r_L} = \theta_2$$

并没有改变。由于电流折算是保证转子磁动势 $\bar{F}_2$ 的幅值不变,所以这样的折算保证了 $\bar{F}_2$ 的幅值和在空间的相位都保持不变的原则。

⑤ 折算前后的功率　通过气隙传给转子的电磁功率为

$$3E'_2 I'_2 \cos\theta'_2 = 3k_e E_2 \cdot k_i I_2 \cdot \cos\theta_2 = 3E_2 I_2 \cos\theta_2$$

显然功率不因折算而改变。要求 $\bar{F}_2$ 的幅值和空间相位不变,实质上也保证了定、转子间的功率传递关系不变。

根据以上结果,可以得到异步电动机转子堵转的基本方程式为

$$\begin{cases} \dot{U}_1 = -\dot{E}_1 + \dot{I}_1(r_1 + jx_{\sigma 1}) \\ -\dot{E}_1 = \dot{I}_{10}(r_m + jx_m) \\ \dot{E}_1 = \dot{E}'_2 \\ \dot{I}_1 = \dot{I}_{10} + (-\dot{I}'_2) \\ \dot{E}'_2 = \dot{I}'_2(r'_2 + jx'_{\sigma 2} + r'_L) \end{cases} \tag{5.3-26}$$

由此可以画出经绕组折算的 **T 型等效电路**,如图 5.3.8(a)所示。它对应转子经负载电阻接通并且堵转的运行情况。与 T 型等值电路对应的时间-空间矢量图如

图 5.3.8(b)所示。

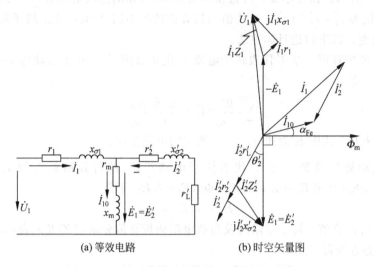

(a) 等效电路　　　　　　　(b) 时空矢量图

图 5.3.8　转子堵转时的等效电路和时空矢量图

3. 电机运转时的模型

当转子绕组短路且定子绕组接三相对称电源时,便有电磁转矩作用在转子上。如果不再把转子堵住,则转子按气隙旋转磁通密度 $\overline{B}_\delta$ 旋转方向以转速 n 旋转。以下推导相关电磁关系并建立等效电路模型。

此时,异步电动机定、转子的各个电路量以及气隙磁动势的频率如图 5.3.9 所示。注意三个频率之间的关系已经由例 5.2-2 说明。引入转差率来反映异步电动机转子转速 n 与同步转速 n_1 之间的关系。**转差率**(也称为滑差率,slip)用 s 表示,定义如下

$$s = \frac{n_1 - n}{n_1} \tag{5.3-27}$$

通常,额定滑差 $s_N = 0.01 \sim 0.05$,所以异步电机额定转速通常接近同步转速。

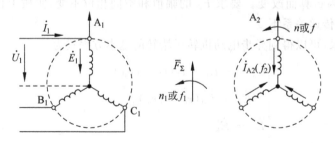

(a) 定子电路,频率 f_1　　(b) 气隙磁场 $\overline{F}_\Sigma$,频率 f_1　(c) 转子转速 n, 转子电路频率 f_2

图 5.3.9　转子旋转时的电机模型

例 5.3-1　一台 12 极三相异步电机,额定频率为 50Hz,额定运行时的滑差为

4%。求这台电机的额定转速。

解 （1）同步转速 $n_1 = 60 f_1 / n_p = 60 \times 50 / 6 = 500 \text{r/min}$

（2）转速差 $\Delta n = s n_1 = 0.04 \times 500 = 20 \text{r/min}$

（3）转子满载时转速 $n = n_1 - \Delta n = 500 - 20 = 480 \text{r/min}$

（1）转子转动时的电磁关系

① 转子电动势　当异步电动机转子以转速 n 运转时，转子绕组的感应电动势、电流和漏电抗的频率用 f_2 表示。于是，转子回路的电压方程式为

$$\dot{E}_{2s} = \dot{I}_{2s}(r_2 + \mathrm{j} x_{\sigma 2s}) \tag{5.3-28}$$

式中，$\dot{E}_{2s}$、$\dot{I}_{2s}$ 分别是频率为 f_2 的转子绕组相电动势和相电流；$x_{\sigma 2s}$ 是对应转子频率 f_2 时的漏电抗；r_2 是转子一相绕组的电阻。

转子以转速 n 恒速旋转时，气隙旋转磁通密度 $\bar{B}_\delta$ 以同步转速 n_1 旋转，转子和气隙旋转磁场之间的相对转速为 $(n_1 - n)$，所以电动机转子上的频率 f_2 为

$$f_2 = \frac{n_p (n_1 - n)}{60} = \frac{n_p n_1}{60} \frac{(n_1 - n)}{n_1} = s f_1 \tag{5.3-29}$$

转子频率 f_2 也叫**转差频率**。正常运行的异步电动机，转子频率 f_2 约为 $0.5 \sim 2.5 \text{Hz}$。

所以，转子旋转时转子绕组中感应电动势的有效值

$$E_{2s} = 4.44 f_2 W_{2\text{eff}} \Phi_m = 4.44 s f_1 W_{2\text{eff}} \Phi_m = s E_2 \tag{5.3-30}$$

式中，Φ_m 是电动机每极气隙磁通量，稳态运行时是常数。E_2 是转子不转时转子绕组中感应电动势。上式说明，当转子旋转时，每相感应电动势的有效值与转差率 s 成正比。

注意，漏抗 $x_{\sigma 2s}$ 与转子不转时转子漏电抗 $x_{\sigma 2} = 2\pi f_1 L_{\sigma 2}$ 的关系为 $x_{\sigma 2s} = s x_{\sigma 2}$。异步电动机正常运行时，$x_{\sigma 2s} \ll x_{\sigma 2}$。

② 转子磁动势　当异步电机旋转起来后，定子绕组里流过的电流为 $\dot{I}_1$，产生旋转磁动势 $\bar{F}_1$。其幅值、转向、转速 n_1 和瞬间位置如前所述。

当异步电动机转子以转速 n 与同步转速 n_1 同方向旋转时，由式（5.3-10），由转子电流 $\dot{I}_{2s}$ 产生的旋转磁通势的幅值为

$$F_2 = \frac{3\sqrt{2}}{\pi} \frac{W_{2\text{eff}}}{n_p} I_{2s} \tag{5.3-31}$$

转子以转速 n 旋转时，如果在转子上看气隙旋转磁通密度波 $\bar{B}_\delta$，$\bar{B}_\delta$ 相对于转子的转速为 $(n_1 - n)$，转向为逆时针方向，因此转子旋转之后转子电动势、转子电流相序与转子静止时相同，但频率由转子静止时的 f_1 变为转子旋转时的 f_2。转子电流 $\dot{I}_{2s}$ 产生的转子三相合成旋转磁动势 $\bar{F}_2$ 的转向相对于转子绕组而言，也为逆时针方向旋转，转子三相合成旋转磁动势 $\bar{F}_2$ 相对于转子绕组的转速 n_2 为 $n_2 = (60 f_2) / n_p$。当转子绕组某相电流达正最大值时，$\bar{F}_2$ 正好位于该相绕组的轴线上。

当在定子绕组上看转子旋转磁通势 $\bar{F}_2$ 时，其幅值和旋转方向仍是前面分析的结果。对于转速，转子旋转磁通势 $\bar{F}_2$ 相对于转子绕组的转速为 n_2，由于转子本身相

对于定子绕组转速 n,所以站在定子绕组上观察 $\overline{F}_2$ 的转速为 n_2+n,也就是 n_1。所以此时观察转子旋转磁动势 $\overline{F}_2$ 逆时针方向以同步转速 n_1 旋转。由于定子磁动势也是以同步转速旋转,所以定、转子磁动势之间也是相对静止的。

③ 合成磁动势　当在定子绕组上看定、转子旋转磁动势 $\overline{F}_1$ 与 $\overline{F}_2$ 时是同转向,以相同的转速 n_1 旋转,在空间上相对静止,可用矢量的办法加起来,得到一个合成的总磁动势,仍用 $\overline{F}_\Sigma$ 表示,并且满足 $\overline{F}_\Sigma=\overline{F}_1+\overline{F}_2$。由此可见,当三相异步电动机转子以转速 n 旋转时,定、转子磁动势关系并未改变,只是每个磁动势的大小及相对空间位置有所不同而已。

例 5.3-2　一台三相异步电机,定子绕组接到频率为 $f_1=50\mathrm{Hz}$ 的三相对称电源上,已知它运行在额定转速 $n_N=960\mathrm{r/min}$。问:

(1) 该电动机的极对数 n_p 是多少?

(2) 额定转差率 s_N 是多少?

(3) 额定转速运行时,转子电动势的频率 f_2 是多少?

解　(1) 求极对数 n_p 已知异步电动机额定转差率较小,对应于 $50\mathrm{Hz}$ 其可能的同步转速为 3000、1500、1000r/min……。根据额定转速 $n_N=960\mathrm{r/min}$,便可判断出它的气隙磁动势或磁通密度的转速略高于 n_N,即 $n_1=1000\mathrm{r/min}$。于是 $n_p=60f_1/n_1=60\times50/1000=3$;

(2) 额定转差率 $s_N=\dfrac{n_1-n_N}{n_1}=(1000-960)/1000=0.04$;

(3) 转子电动势的频率 $f_2=s_N f_1=0.04\times50=2\mathrm{Hz}$。

(2) 转子电路的频率折算和绕组折算

当异步电动机转子以转速 n 运转时,转子回路的感应电动势、电流的频率为转差频率 f_2,如图 5.3.10(a)所示,和定子回路频率 f_1 不同,所以不可能按转子堵转时绕组折算的方法得到从定子端看到的等效电路。为了解决这一问题,需要进行"频率折算"。频率折算的实质是用一个不转的假想转子(其电量的频率为 f_1)来等效以频率 f 转动着的真实转子(其电量的频率为 f_2)。很明显,频率折算必须是恒等变换。其原则仍然是:使得即折算前后转子磁动势 $\overline{F}_2$ 不变,也就是 $\overline{F}_2$ 的转向、转速、幅值以及空间位置都与变换前一样。

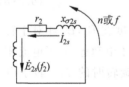 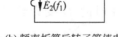 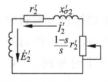

(a) 旋转转子等值电路　　(b) 频率折算后转子等值电路　　(c) 频率和绕组都折算后转子等值电路

图 5.3.10　转子频率绕组折算示意图

基于上述"磁动势 $\overline{F}_2$ 不变"原则,以下分析假想的静止转子中各个电路量与图 5.3.10(a)所示实际转子电路量之间的关系。分析的要点为:

① 由于气隙磁动势 $\overline{F}_\Sigma$ 不变,所以气隙磁通 $\dot{\Phi}_m$ 也不变,等效静止转子电路中与 $\dot{\Phi}_m$ 对应的电动势 $\dot{E}_2$ 的相角也不变;

② 转子磁动势 $\overline{F}_2$ 的幅值正比于电流 $\dot{I}_{2s}$。所以,变换后静止转子的电流有效值不变,即 $I_2 = I_{2s}$;同时,静止转子相电流 $\dot{I}_2$ 的相角 θ_2(也即阻抗角)要与旋转转子电路中的 θ_{2s} 相等;

③ 将转子进行"旋转→静止"变换后,原来旋转的转轴上的输出机械功率也应该在等效的静止转子电路中用一个电阻耗能来体现。

以下定量分析。根据 5.2.1 节的时间相量定义,在旋转的转子电路中,以反电势 $\dot{E}_{2s}$ 为参考相量,则时间相量 $\dot{E}_{2s}$ 和 $\dot{I}_{2s}$ 为

$$\dot{E}_{2s} = E_{2s}e^{j2\pi f_2 t}, \quad \dot{I}_{2s} = I_{2s}e^{j(2\pi f_2 t - \theta_{2s})}, \quad \theta_{2s} = \arctan\frac{x_{\sigma 2s}}{r_2} \quad (5.3\text{-}32)$$

转子电路的电压方程为式(5.3-28)。

将此旋转电路变换到静止转子电路(也就是静止坐标)时,只要进行旋转变换,也即只要对式(5.3-28)乘以 $e^{j2\pi ft}$($f = n_p n/60$)即可。

$$\dot{E}_{2s}e^{j2\pi ft} = \dot{I}_{2s}(r_2 + jx_{\sigma 2s})e^{j2\pi ft}$$

注意到 $f_1 = f + f_2$,上式可变为 $E_{2s}e^{j2\pi f_1 t} = I_{2s}e^{j2\pi f_1 t}(r_2 + jx_{\sigma 2s})$。再基于 $x_{\sigma 2s} = sx_{\sigma 2}$

$$\frac{E_{2s}e^{j2\pi f_1 t}}{r_2 + jx_{\sigma 2s}} = \frac{(E_{2s}/s)e^{j2\pi f_1 t}}{r_2/s + jx_{\sigma 2}} = \frac{E_2 e^{j2\pi f_1 t}}{r_2/s + jx_{\sigma 2}} = I_2 e^{j2\pi f_1 t} \overset{\text{def}}{=} \dot{I}_2 \quad (5.3\text{-}33)$$

式中,$E_2 \overset{\text{def}}{=} sE_{2s}$,$I_2 = I_{2s}$。上式就是等效的静止转子上的电路方程,其各个电量如下

$$\dot{E}_2 = E_2 e^{j2\pi f_1 t}, \quad Z = r_2/s + jx_{\sigma 2}$$

$$I_{2s} = I_2, \quad \theta_{2s} = \arctan\frac{x_{\sigma 2s}}{r_2} = \arctan\frac{x_{\sigma 2}}{r_2/s} \overset{\text{def}}{=} \theta_2$$

这说明,电路的频率为 f_1,与 $\dot{I}_{2s}$ 相比,变换后有效值 I_2 和转子阻抗角 θ_2 并不改变。只是电阻由 r_2 变为

$$r_2/s = r_2 + \frac{1-s}{s}r_2 \quad (5.3\text{-}34)$$

其第二项电阻等效于电机旋转时轴上的机械功率。所以"基于转子磁动势 $\overline{F}_2$ 不变"的原则进行频率折算后,可用式(5.3-33)的静止转子等值电路取代旋转转子电路(式(5.3-28))。根据式(5.3-33)就得到了与图 5.3.10(a)等效的静止转子电路如图 5.3.10(b)。

但是,该转子绕组每相有效匝数为 $W_{2\text{eff}}$,与定子绕组不同。为了得到定子侧看到的电动机等效电路,还需要对图 5.3.10(b)作绕组折算。折算前后各个物理量为

$$\dot{E}_2' = k_e\dot{E}_2, \quad \dot{I}_2' = k_i\dot{I}_2, \quad x_{\sigma 2}' = k_L x_{\sigma 2}, \quad r_2' = k_L r_2$$

式中,k_e、k_i、k_L 分别如式(5.3-4)、式(5.3-17)和式(5.3-25)所示。于是转子的等效电路为图 5.3.10(c)所示,只是把 r_2/s 写成 $\dfrac{r_2'}{s} = r_2' + \dfrac{1-s}{s}r_2'$。

从形式上看，$\dfrac{1-s}{s}r'_2$是一个等值电阻，与转子堵转时的r'_2一样，但物理意义上两者有本质的差别。转子旋转时的情况是转子短路并转动，并没有人为地在转子回路里接负载电阻。短路的转子转动后，如果把转子看作静止，就会在等值电路中多出一个有功元件$(1-s)r'_2/s$。这是因为转子转动时有机械功率输出(对发电机而言是输入)，在等效的静止转子电路上以等效电阻的形式出现，并且它与转差率s有关(即转速n有关)。转子电流在这个电阻上产生的功率$3I'^2_2\dfrac{1-s}{s}r'_2$，就是气隙磁场的**电磁功率中转化成机械功率的部分**，称之为**总机械功率**。此时，转子回路电压方程变为

$$\dot{E}'_2 = \dot{I}'_2\left(r'_2 + jx'_{\sigma2} + \frac{1-s}{s}r'_2\right) \tag{5.3-35}$$

(3) 基本方程式、等值电路和时空矢量图

转子旋转时与转子堵转时相比，只有转子绕组回路的电压方程有所差别。将式(5.3-35)代入式(5.3-26)可得转子旋转时折算到定子侧的异步电动机单相等效电路的基本方程式为

$$\begin{cases} \dot{U}_1 = -\dot{E}_1 + \dot{I}_1(r_1 + jx_{\sigma1}) \\ -\dot{E}_1 = \dot{I}_{10}(r_m + jx_m) \\ \dot{E}_1 = \dot{E}'_2 \\ \dot{I}_1 = \dot{I}_{10} + (-\dot{I}'_2) \\ \dot{E}'_2 = \dot{I}'_2\left(r'_2 + jx'_{\sigma2} + \dfrac{1-s}{s}r'_2\right) \end{cases} \tag{5.3-36}$$

根据以上基本方程式可画出转子旋转时的等值电路和时间-空间矢量图，如图 5.3.11 所示。

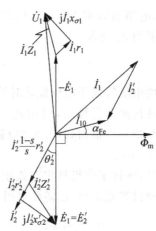

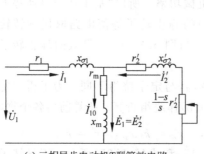

(a) 三相异步电动机T型等效电路　　(b) 三相异步电动机时空矢量图

图 5.3.11　通用的三相异步电机的 T 型等效电路和时空矢量图

笼型转子产生的旋转磁动势转向与绕线式转子相同,即定转子旋转磁动势转向一致,转速相同,空间上相对静止。笼型转子的三相异步电动机磁动势关系亦为 $\overline{F}_\Sigma = \overline{F}_1 + \overline{F}_2$,所以以上分析完全适用于笼型转子异步电机,但**笼型转子的极数、相数、匝数和绕组系数的计算**还需考虑更多一些,具体内容见文献[5-1,5-5]。

4. 等效电路参数的获取

T 型等效电路中的各个参数可以通过实验得到。如果实验采用商用电源驱动电动机,则实验分为空载实验(no-load test)和堵转实验(lock test)。具体方法见文献[5-3,5-5]等。如果实验采用 6.2 节介绍的变频电源驱动电机,则可以采用文献[5-7]所述的方法。

以上通过对转子开路、转子堵转到转子转动的电磁关系的具体分析,推导出异步电动机在三相对称正弦电压下的稳态数学模型和 T 型等值电路。

(1) 上述三相异步电机的电磁关系可用图 5.3.12 表示。

(2) T 型等值电路采用一个静止转子电路等效旋转的转子电路,因此出现了等效电阻 $\dfrac{1-s}{s}r_2'$ 用以表示电机轴上的机械功率。

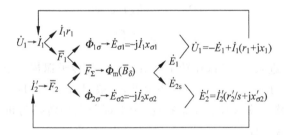

图 5.3.12　异步电动机电磁关系示意图(转子作频率折算和绕组折算)

5.3.2　异步电动机的功率与转矩

1. 异步电动机的功率传递与损耗

根据异步电动机的 T 形等效电路来分析它的功率传递关系及各部分损耗,如图 5.3.13 所示。

电动机正常工作时,从电网吸收的总电功率也就是它的总输入功率,用 P_1 表示。

$$P_1 = m_1 U_1 I_1 \cos\theta_1 \tag{5.3-37}$$

式中,m_1 是定子相数,对于三相电机 $m_1 = 3$(以下皆令 $m_1 = 3$);U_1、I_1 分别是定子的相电压和相电流,$\cos\theta_1$ 是定子的功率因数。P_1 输入电动机后,首先在定子上消耗一小部分定子铜损耗,这部分功率用 p_{Cu1} 表示。其计算式为

$$p_{Cu1} = m_1 I_1^2 r_1 \tag{5.3-38}$$

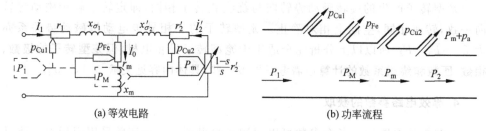

(a)等效电路　　　　　　　　　(b)功率流程

图 5.3.13　异步电机的功率传递及损耗

式中,I_1是定子相电流。另一部分损耗是铁损耗,它主要是定子铁心中的磁滞和涡流损耗,在等效电路上是r_m上消耗的有功功率,可以写成

$$p_\mathrm{Fe} = m_1 I_0^2 r_\mathrm{m} \tag{5.3-39}$$

总的输入功率P_1减去定子铜损耗和铁损耗,余下的部分是通过磁场经过气隙传到转子上去的电磁功率。因此有

$$P_\mathrm{M} = P_1 - p_\mathrm{Cu1} - p_\mathrm{Fe} \tag{5.3-40}$$

由等效电路可知,传到转子上的电磁功率就是转子等效电路上的有功功率,或者说是电阻r_2'/s上的有功功率。因此可以写成

$$P_\mathrm{M} = m_1 E_2' I_2' \cos\theta_2 \tag{5.3-41}$$

$$P_\mathrm{M} = m_1 I_2'^2 \frac{r_2'}{s} \tag{5.3-42}$$

电磁功率P_M进入转子后,在转子电阻r_2'上产生转子铜损耗p_Cu2,因为异步电动机在正常工作时转子中的电压电流频率很低,一般只有$1 \sim 2\,\mathrm{Hz}$,转子铁损耗实际很小,可以忽略。电磁功率减掉转子铜损耗,余下部分全部转换为机械功率,称为总机械功率,用P_m表示。有

$$P_\mathrm{m} = P_\mathrm{M} - p_\mathrm{Cu2} \tag{5.3-43}$$

转子铜损耗是转子电阻r_2'所消耗的功率,其表达式为

$$p_\mathrm{Cu2} = m_1 I_2'^2 r_2' \tag{5.3-44}$$

由转子上的电磁功率,可得

$$p_\mathrm{Cu2} = s P_\mathrm{M} \tag{5.3-45}$$

式(5.3-45)表明转子铜损耗仅占电磁功率的很小一部分(对应s的那部分)有时把它称为转差功率(slip power)。将式(5.3-45)代入式(5.3-43),则总机械功率P_m可以表示为

$$P_\mathrm{m} = P_\mathrm{M} - s P_\mathrm{M} = (1-s) P_\mathrm{M} \tag{5.3-46}$$

说明总机械功率占电磁功率的大部分(对应$1-s$的那部分)。

把式(5.3-42)代入式(5.3-46)得

$$P_\mathrm{m} = m_1 I_2'^2 \frac{1-s}{s} r_2' \tag{5.3-47}$$

上式表明总机械功率是等效电路中电阻$(1-s)r_2'/s$上对应的有功功率。

总机械功率在输出到实际负载之前还会被机械损耗p_m和附加损耗p_a所消耗。

机械损耗主要由电机的轴承摩擦和风阻摩擦构成,绕线转子异步电动机还包括电刷摩擦损耗。附加损耗是由磁场中的高次谐波磁通和漏磁通等引起的损耗,这部分损耗不好计算,在小电机中满载时能占到额定功率的 $1\% \sim 3\%$,在大型电机中所占比例小些,通常在 0.5% 左右。总机械功率 P_m 减掉机械摩擦损耗 p_m 和附加损耗 p_a 之后,才是电机轴头输出的功率 P_2,因此有

$$P_2 = P_m - p_m - p_a \tag{5.3-48}$$

根据上面的分析,异步电机的功率传递过程可以用功率流程图 5.3.13(b) 表示。

2. 电磁转矩

异步电动机的电磁转矩是指转子电流与主磁通相互作用产生电磁力形成的总转矩,其一般式见 2.5 节和 7.2 节。在稳态条件下,若从转子产生机械功率角度出发,电磁转矩 T_e 的定义为

$$T_e = P_m/\Omega \tag{5.3-49}$$

如果把式(5.3-46)和 $\Omega = (1-s)\Omega_1$ 代入上式,可得

$$T_e = \frac{P_m}{\Omega} = \frac{(1-s)P_M}{(1-s)\Omega_1} = \frac{P_M}{\Omega_1} \tag{5.3-50}$$

式中,Ω_1 是旋转磁场的角速度,也称同步角速度。因此电磁转矩也可以用电磁功率 P_M 除以同步角速度获得。由于 $\Omega_1 = 2\pi f_1/n_p$ 以及电磁功率 P_M 表达式(5.3-40)中

$$E'_2 = E_1 = \sqrt{2}\,\pi f_1 W_{1eff}\Phi_m$$

可得

$$T_e = \frac{P_M}{\Omega_1} = \frac{3E'_2 I'_2 \cos\theta_2}{2\pi f_1/n_p} = C_T \Phi_m I'_2 \cos\theta_2 \tag{5.3-51}$$

式中

$$C_T = \frac{3\sqrt{2}}{2} n_p W_{1eff} \tag{5.3-52}$$

为常数,称为异步电机的转矩常数。

3. 转矩平衡关系

当异步电动机带动负载稳态运行时,与直流电动机的转矩平衡一样,有三个转矩作用在拖动系统上:① 拖动系统转动的电磁转矩 T_e;②一个阻转矩是负载转矩 T'_L,也就是电动机的输出转矩 T_2,即

$$T'_L = T_2 = \frac{P_2}{\Omega} \tag{5.3-53}$$

③ 另一个阻转矩是空载摩擦转矩 T_0,对应于机械损耗 p_m 与附加损耗 p_a 之和

$$T_0 = \frac{p_m + p_a}{\Omega} \tag{5.3-54}$$

按照运动控制的惯例,采用第 3 章的定义,总的负载转矩 T_L 为 $T_L = T_0 + T_2$,因此在电机稳态运行时,转矩的平衡关系式为 $T_e = T_L = T_0 + T_2$。

4. 异步电动机的主要额定值

(1) 额定功率 P_{2N}　电动机在额定运行时,**转轴输出的机械功率**,单位是 kW。

(2) 额定电压 U_{1N}　额定运行状态下,加在定子绕组上的线电压,单位为 V。对于三角形型接线,线电压等于相电压。

(3) 额定电流 I_{1N}　电动机在定子绕组上加额定电压转轴输出额定功率时,定子绕组中的线电流,单位为 A。对于 Y 型接线,线电流等于相电流。

(4) 额定转速 n_N　电动机定子加额定频率的额定电压,且轴端输出额定功率时电机的转速,单位为 r/min。

(5) 额定功率因数 $\cos\theta_{1N}$　电动机在额定负载时,定子边的功率因数 $\cos\theta_1$。

(6) 额定效率 η_N　电机额定运行时的效率,$\eta_N = P_{2N}/P_{1N}$,P_{1N} 为额定输入功率。

例 5.3-3　已知一台三相 50Hz、Y 型接线的异步电动机,额定电压 $U_N = 380V$,额定电流 $I_N = 190A$,额定功率 $P_N = 100kW$,额定转速 $n_N = 950r/min$,在额定转速下运行时,机械摩擦损耗 $p_m = 1kW$,忽略铁损和附加损耗。求额定运行时:(1)额定转差率 s_N;(2)电磁功率 P_M;(3)转子铜损 p_{Cu2};(4)电磁转矩 T_{eN} 和输出转矩 T_{2N};(5)额定运行时的功率因数。

解　(1) 额定转差率 s_N

$$s_N = \frac{n_1 - n_N}{n_1} = (1000 - 950)/1000 = 0.05$$

式中,判断 n_1 为 1000r/min。

(2) 额定运行时的电磁功率　已知 $P_M = P_{2N} + p_m + p_{Cu2}$,$p_{Cu2} = sP_M$,所以额定下

$$P_M = P_{2N} + p_m + s_N P_M$$

$$P_M = \frac{P_{2N} + p_m}{1 - s_N} = \frac{100 + 1}{1 - 0.05} = 106.3kW$$

(3) 额定运行时转子铜损耗 p_{Cu2}

$$p_{Cu2} = s_N P_M = 0.05 \times 106.3 = 5.3kW$$

(4) 电磁转矩 T_{eN}、输出转矩 T_{2N}

$$T_{eN} = \frac{P_M}{\Omega_1} = \frac{P_M}{2\pi n_1/60} = \frac{106300 \times 9.55}{1000} = 1015.2Nm$$

$$T_{2N} = \frac{P_{2N}}{\Omega_N} = \frac{P_{2N}}{2\pi n_N/60} = \frac{100000 \times 9.55}{950} = 1005.3Nm$$

(5) 额定运行时定子铜损为

$$p_{Cu1} = m_1 I_1^2 r_1 = 3 \times 190^2 \times 0.07 = 758kW$$

所以,额定运行时输入功率为

$$P_{1N} = P_M + p_{Cu_1} + p_{Fe} = 106300 + 7580 = 113.88kW$$

此时的功率因数

$$\cos\theta_N = P_{1N}/(\sqrt{3} U_{1N} I_{1N}) = 113880/(\sqrt{3} \cdot 380 \cdot 190) = 0.91$$

5.3.3 异步电动机的机械特性

三相异步电动机的机械特性就是当定子电压、频率以及绕组参数都固定时,电动机的转速与电磁转矩之间的函数关系 $n = f_{n,T}(T_e)$。由于转差率 s 与转速之间存在线性关系,因此也可以用 $s = f_{s,T}(T_e)$ 表示三相异步电动机的机械特性。

从异步电动机内部电磁关系来看,电磁转矩的变化是由转差率的变化引起的,因此在表示 T_e 与 s 之间的关系时,以 s 为自变量,把 T_e 随 s 而变化的规律 $T_e = f(s)$ 称为**转矩-转差率特性**。从电力拖动系统的观点看,在稳态下异步电动机的电磁转矩 T_e 与负载转矩 T_L 相等,因此取 T_e 为自变量,s 或 n 随 T_e 的变化规律就是**电动机的机械特性**。所以,$T_e - s$ 特性或机械特性都是表示 T_e 与 s 之间的依赖关系的,只是选其中哪一个作自变量不同而已。三相异步电动机的机械特性呈非线性关系,用函数式表示时,取 s 为自变量,写成 $T_e = f(s)$ 形式较为方便,习惯上也将 $T_e = f(s)$ 称为三相异步电机的机械特性表达式,但是在用曲线表示该机械特性时,却常以 T_e 为横坐标,以 s 或 n 为纵坐标。

1. 机械特性的表达式

有两种机械特性表达式。一种被称为机械特性的物理表达式,即式(5.3-51)。该式不显含转差率 s,但式中的 Φ_m、I_2' 及 $\cos\theta_2$ 都是 s 的函数。另一种是机械特性的参数表达式,它用电动机的电压、频率及电机结构参数表示。以下讨论该参数表达式。

用式(5.3-50)表示电磁转矩、式(5.3-42)表示电磁功率 P_M 时

$$T_e = \frac{P_M}{\Omega_1} = \frac{3 I_2'^2 r_2'/s}{2\pi f_1/n_p} \qquad (5.3-55)$$

根据 T 型等效电路,转子电流与定子电压的关系为

$$\dot{U}_1 = -\left[(r_1 + jx_{\sigma1})\left(\frac{r_2'/s + jx_{\sigma2}'}{r_m + jx_m} + 1\right) + (r_2'/s + jx_{\sigma2}')\right]\dot{I}_2'$$

据上式可以求得 $\dot{I}_2'$ 的有效值 I_2',但是比较麻烦。

由于励磁电流 $\dot{I}_0$ 在定子 $r_1 + jx_{\sigma1}$ 上产生的压降很小,所以在工程上通常忽略励磁支路来计算 I_2'。由 T 形等效电路图可知,忽略励磁支路后转子电流幅值 I_2' 为

$$I_2' = \frac{E_1}{\sqrt{(r_2'/s)^2 + x_{\sigma2}'^2}} = \frac{U_1}{\sqrt{(r_1 + r_2'/s)^2 + (x_{\sigma1} + x_{\sigma2}')^2}}$$

将上式代入式(5.3-55),得到的就是机械特性的参数表达式

$$T_e = \frac{3 n_p}{2\pi f_1} \cdot \frac{U_1^2 r_2'/s}{(r_1 + r_2'/s)^2 + (x_{\sigma1} + x_{\sigma2}')^2} \qquad (5.3-56)$$

根据这个参数表达式,同步频率 f_1 分别取正负额定值,可绘制机械特性($T_e - s$)曲线如图 5.3.14 中的曲线 1、曲线 2。图中还根据 $\dot{I}_1 = \dot{I}_0 - \dot{I}_2'$ 绘出定子电流有效值 I_1 随 s 变化的曲线,由此可知**定子电流与转矩之间也不为线性关系**。

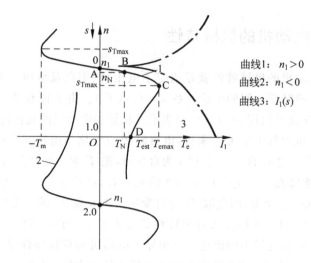

图 5.3.14　异步电机机械特性曲线

2. 固有机械特性的分析

如果式(5.3-56)中电压、频率均为额定值不变,定、转子回路不串入任何电路元件,则对应的图5.3.14的 T_e-s 曲线(也即 T_e-n 曲线)称为固有机械特性。其中曲线1为电源正相序时的曲线,曲线2为负相序时的曲线。

(1) 四象限分析

三相异步电动机固有机械特性不是一条直线,是跨越三个象限的曲线。以图5.3.14的曲线1为例:

① 在Ⅰ象限,旋转磁场的转向与转子转向一致,而 $0<n<n_1$,转差率 $0<s<1$ 。电磁转矩 T 及转子转速 n 均为正,电动机处于电动运行状态。

② 在Ⅱ象限,旋转磁场的转向与转子转向一致,但 $n>n_1$,故 $s<0$; $T_e<0$, $n>0$,电动机处于发电状态,称为回馈制动。

③ 在Ⅳ象限,旋转磁场的转向与转子转向相反, $n_1>0$, $n<0$,转差率 $s>1$ 。此时 $T_e>0$, $n<0$,电动机处于制动状态,称为反接制动。

图5.3.14的曲线2仅仅是将曲线1的同步转速 n_1 取负后得到的曲线,也就是同步转速反转对应的曲线。所以,曲线2分布在Ⅱ、Ⅲ和Ⅳ象限内。

(2) 特殊点分析

三相异步电动机的固有机械特性曲线有三个特殊点,即图中的 A、C、D 三点。这三个点确定了,机械特性的形状也就基本确定了。

① 同步运行点 A　该点 $T_e=0$ 、 $s=0$ 、 $n=n_1$ 。此时电动机不进行机电能量转换。

② 最大转矩点 C　该点电磁转矩为最大值 T_{emax} ,相应的转差率为 s_{Tmax} 。当 $s<s_{Tmax}$ 时,机械特性曲线的斜率为负,随着 T_e 增加 s 也增大,转速下降; $s>s_{Tmax}$ 时,机械特性曲线的斜率为正, T_e 增大时 s 减小, n 升高。所以也称 s_{Tmax} 为临界转差率。

最大转矩点是函数 $T_e=f(s)$ 的极值点。因此对式(5.3-56),令 $\mathrm{d}T_e/\mathrm{d}s=0$,可求

得临界转差率 s_{Tmax} 和最大转矩 T_{emax} 分别为

$$s_{\mathrm{Tmax}} = \pm \frac{r_2'}{\sqrt{r_1^2 + (x_{\sigma 1} + x_{\sigma 2}')^2}} \tag{5.3-57}$$

$$T_{\mathrm{emax}} \approx \pm \frac{3n_{\mathrm{p}}}{4\pi f_1} \cdot \frac{U_1^2}{[\pm r_1 + \sqrt{r_1^2 + (x_{\sigma 1} + x_{\sigma 2}')^2}]} \tag{5.3-58}$$

以式中'＋'号为电动状态（Ⅰ象限），"－"号为回馈制动状态（Ⅱ象限）。对于中、大型电机，通常 $r_1 \ll x_1 + x_2'$，忽略 r_1 则有

$$T_{\mathrm{emax}} \approx \pm \frac{3n_{\mathrm{p}}}{4\pi f_1} \cdot \frac{U_1^2}{(x_{\sigma 1} + x_{\sigma 2}')}, \quad s_{\mathrm{Tmax}} \approx \pm \frac{r_2'}{(x_{\sigma 1} + x_{\sigma 2}')} \tag{5.3-59}$$

由此可见，当 f_1 及电动机的参数一定时，最大转矩 T_{emax} 与定子电压 U_1 的平方成正比；T_{emax} 与转子电阻 r_2' 无关，但 s_{Tmax} 则与 r_2' 成正比地增大，使机械特性变软；对于 U_1/f_1 为一定，T_{emax} 一定。

最大电磁转矩与额定电磁转矩的比值即最大转矩倍数，又称过载能力，用 λ 表示为 $\lambda = T_{\mathrm{emax}}/T_{\mathrm{eN}}$。一般三相异步电动机 $\lambda = 1.6 \sim 2.2$，起重、冶金用的异步电动机 $\lambda = 2.2 \sim 2.8$。应用于不同场合的三相异步电动机都有足够大的过载能力，这样当电压突然降低或负载转矩突然增大时，电动机转速变化不大。待干扰消失后又恢复正常运行。但是要注意，如果让电动机长期工作在最大转矩处，过大的电流使温升超出允许值，将会烧毁电机。同时在最大转矩处运行也不稳定。

③ 起动点（或堵转点）D　在该点处 $s = 1$，$n = 0$，起动电磁转矩 T_{est} 为

$$T_{\mathrm{est}} = \frac{3n_{\mathrm{p}}}{2\pi f_1} \cdot \frac{U_1^2 r_2'}{(r_1 + r_2')^2 + (x_{\sigma 1} + x_{\sigma 2}')^2} \tag{5.3-60}$$

T_{est} 的特点是：在 f_1 一定时，T_{est} 与电压平方成正比；在一定范围内，增加转子回路电阻 r_2' 可以增大起动转矩；当 U_1、f_1 一定时，$(x_{\sigma 1} + x_{\sigma 2}')$ 越大，T_{est} 就越小。

D 点同样也是堵转点。虽然此处的电磁转矩小，但由图 5.3.14 中的曲线 $I_1(s)$ 可知堵转电流却很大，如果电动机在该段长期运行将会严重过热。

（3）曲线上翘段以及运行特征

由图 5.3.14 知，在 $0 < s < s_{\mathrm{Tmax}}$ 段，机械特性下拖；在 $s_{\mathrm{Tmax}} < s < 1$ 段，机械特性上翘。现分析这一特征的物理意义以及对运行的影响。

式(5.3-56)可以改写为

$$T_{\mathrm{e}} = 3n_{\mathrm{p}} \left(\frac{U_1}{\omega_1}\right)^2 \frac{s\omega_1 r_2'}{(sr_1 + r_2')^2 + s^2 \omega_1^2 (L_{\sigma 1} + L_{\sigma 2}')^2} \tag{5.3-61}$$

式中，$L_{\sigma 1}$，$L_{\sigma 2}'$ 分别是各相定子和转子上的漏感，ω_1 为同步电角速度。当 s 很小时，可忽略上式分母中含 s 各项，则

$$T_{\mathrm{e}} \approx 3n_{\mathrm{p}} \left(\frac{U_1}{\omega_1}\right)^2 \frac{s\omega_1}{r_2'} \propto s \tag{5.3-62}$$

也就是说，当 s 很小时，输出的电磁转矩近似与 s 成正比，机械特性 $T_{\mathrm{e}} = f(s)$ 是一段直线，与他励直流电机在磁通额定时机械特性相近。

当 s 接近于 1 时,可忽略式(5.3-61)分母中的 r_2',则

$$T_e \approx 3n_p \left(\frac{U_1}{\omega_1}\right)^2 \frac{\omega_1 r_2'}{s\left[r_1^2 + \omega_1^2 \left(L_{\sigma1} + L_{\sigma2}'\right)^2\right]} \propto \frac{1}{s} \qquad (5.3\text{-}63)$$

即电磁转矩反而变小,与 s 成反比。这是由于随着 r_2'/s 变小,励磁电流 $\dot{I}_0$ 将变小,从而使得磁场减弱、由定子侧输送到转子侧的电磁功率将减小。

此外,由本书 3.2 节的讨论可知,具有该曲线的电机拖动理想的恒转矩负载 L_3 时,存在一个不稳定的工作点(3)和一个稳定的工作点(3′)(图 3.2.10 所示)。此外,由图 5.3.14 中的定子电流曲线可知,在 $s_{\text{Tmax}} < s < 1$ 段由于 s 较大,定子和转子电流也较大,如果电动机在该段长期运行将会严重过热。

3. 人为机械特性

转矩公式中,除 s 及 T_e 外,U_1、f_1、n_p、r_1、r_2'、$x_{\sigma1}$、$x_{\sigma2}'$ 等都是机械特性的参数。所谓人为机械特性就是改变上述某一参数后所得到的机械特性。

下面简要介绍几种常见的人为机械特性。

(1) 降低定子端电压的机械特性

同他励直流电机一样,为了不使异步电机的磁路饱和,一般不将定子电压升高到额定电压 U_N 以上。降低定子电压的人为机械特性是仅降低定子电压,其他参数都与固有机械特性时相同。

基于式(5.3-59)可比较降低定子电压的人为机械特性与固有机械特性的异同。分析可知,在相同的转差率 s 下,降压 U_1 后电动机产生的电磁转矩将与 $(U_1/U_N)^2$ 成正比,即 $T_e' = T_e (U_1/U_N)^2$(T_e 为在固有机械特性时的电磁转矩)。其特性如图 5.3.15 所示。由此图可知降压的人为机械特性具有如下特点:①同步转速 n_1 不变;②临界转差率 s_{Tmax} 与定子电压无关;③最大转矩 T_{emax}、初始起动转矩 T_{est} 均与定子电压的平方成正比地降低。

(2) 转子回路串三相对称电阻时的机械特性

绕线转子异步电动机转子回路中串入三相对称电阻时,相当于增加了转子绕组每相电阻值。转子回路中串入三相对称电阻时,不影响电动机同步转速 n_1 的大小,不改变 T_{emax} 的大小,其人为机械特性都通过同步运行点。但临界转差率 s_{Tmax} 则随转子回路中电阻的增大而成正比地增加。串入三相对称电阻 R 时的人为机械特性曲线如图 5.3.16 所示。

根据式(5.3-62)

$$\frac{s'}{s} = \frac{r_2' + R}{r_2'} \qquad (5.3\text{-}64)$$

式中,s 为固有机械特性上电磁转矩为 T_e 时的转差率,s' 为在同一电磁转矩下人为机械特性上的转差率。这表明当转子回路串入附加电阻时,若保持电磁转矩不变,则串入附加电阻后电动机的转差率将与转子回路中的电阻成正比地增加。

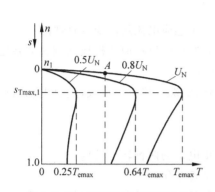 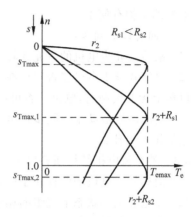

图 5.3.15 降低定子电压的人为
机械特性曲线

图 5.3.16 转子回路串入电阻的人为
机械特性曲线

（3）U_1/f_1 为恒定的机械特性

由式（5.3-61），按照"U_1/f_1 为恒定"的原则调节电压和同步频率时，T_{emax} 约为常数。本书将在 6.3 节重点讨论该特性。

本节小结

（1）采用变压器分析方法分析了异步电机的电磁关系，通过绕组折算和频率折算得到了 T 型等效电路和时空矢量图。注意该等效电路的参数对应于电动机在三相平衡、Y 形接线下的各相参数。

（2）电磁转矩和功率

稳态下电磁转矩的定义式为式（5.3-50），其物理表达式，也就是反映了磁通与转子电流的叉积的表达式为（5.3-51）。用参数表达的电磁转矩公式为式（5.3-56）。

与直流电动机不同，由于存在转子铜损，所以有转差功率 sP_M。总机械功率 P_m 为电磁功率 P_M 与转差功率之差，$P_m = P_M - sP_M = (1-s)P_M$。

此外，由于存在激磁电抗和漏电抗，电机的功率因数小于 1。

（3）机械特性和运行特性

用 $s = f_{s,T}(T_e)$ 表示三相异步电动机的机械特性。对于恒转矩负载而言，该特性有稳定工作区和非稳定工作区。

通常，调速方法有降低定子端电压调速，转子回路串三相对称电阻调速以及使 U_1/f_1 为恒定的调速。

本章习题

有关 5.1 节

5-1 定性说明同步电动机和异步电动机在结构上有何不同和相同？与他励直

流电动机的结构有何不同？

5-2　回答以下问题：

(1) 鼠笼式异步电机的鼠笼式转子如何产生感应电流从而变成磁铁的？

(2) 鼠笼式异步电机能否工作在发电状态？该电机被原动机拖动旋转并在定子电端口接上无源负载时,电机是否可以发出电来？

(3) 用原动机拖动永磁同步机电动机旋转,电端口接无源负载,此时电动机能否作发电机用？为什么？

5-3　就交流电机结构回答以下问题：

(1) 简述异步电机的两种转子结构和同步电机的两种转子结构；

(2) 发电和电动状态下绕组的相轴位置是否变化？

(3) 电角度和机械角度有什么关系？电角频率和机械角频率有什么关系？

5-4　回答下列问题：

(1) 图 5.1.12 中的两种电机作为电动机运行时,定子绕组三相电流的电频率为 50Hz 时,分别计算这两种同步电动机定子磁动势的转速和转子轴的同步转速。

(2) 依据图 5.1.12(b)所示 4 极同步电发机的平面模型,①标注 A 相相轴位置；②假定电机轴的机械角频率为 50π 弧度/秒,请计算磁极旋转的电角频率、定子绕组中的感应电动势的频率。

有关 5.2 节

5-5　回答下列问题：

(1) 单相整距线圈流过正弦电流时产生的磁动势在时间和空间上有什么特点？

(2) 空间相差 120°电角度的三相绕组中通入时间上相差 120°电角度的电流将产生旋转磁动势,磁动势的大小、转速和转向如何确定？

(3) 空间相差 120°电角度的三相绕组通入三个同相的电流,所产生的磁动势有什么特点？

5-6　回答下列问题：

(1) 对空间基波磁动势的圆弧坐标表示和矢量表示,定性说明各自的特点是什么？

(2) 如题图 5.6 所示,在空间上相差 90°电角度的两个匝数为 W 匝的绕组,各通入什么样的交变电流也可以产生一个旋转磁动势？磁动势是否具有 3 次谐波分量？

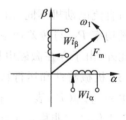

题图　5.6

(3) 相量是时域量还是频域量？时间相量是矢量还是相量？为什么？

5-7　市场有采用单相交流电压源供电的感应电动机,试分析其定子电路的结构的原理(有什么可能的电路,它与绕组一起可使得电机通电后产生旋转磁场)？

5-8　对感应电动势,回答下列问题：

(1) 本节推导感应电动势所依据的公式是什么？

(2) 对于单相电路中的感应电动势 $\dot{E}_1 = -\mathrm{j}4.44W_{1,\mathrm{eff}}f\dot{\Phi}_\mathrm{m}$,$\dot{\Phi}_\mathrm{m}$ 所表示的含义？

相量 $\dot{E}_1$ 滞后于 $\dot{\Phi}_\mathrm{m}$ 90°电角度的物理意义是什么?

5-9　根据例 5.2-2,回答下列问题:

(1) 如果转子以 20Hz、与磁场反方向旋转时,回答该例题的三个问题;

(2) 当例 5.2-2 中的电机是 4 极电机时,回答例 5.2-2 的问题。

5-10　一台三相异步电机,定子绕组是双层短距分布绕组,定子槽数 36,极对数为 3,线圈节距 $y_1 = 5$,每个线圈 16 匝,绕组并联支路数 $a = 1$,频率为 50Hz,基波每极磁通量为 0.00126Wb。求:导体基波电动势有效值;线匝基波电动势有效值;线圈基波电动势有效值;线圈组基波电动势有效值和相绕组基波电动势有效值。

5-11　思考下列问题:

(1) 如果要讨论电机定子电流产生的谐波磁动势及其影响时,需要使用什么数学工具建模? 这个谐波是空间谐波还是时间谐波(时间谐波的含义请参考 6.4 节);

(2) 采用式(5.2-14)和式(5.2-21)表示的磁动势有什么异同?

5-12　对于采用矢量表示电流、磁通时,

(1) 怎样理解电流矢量中矢量方向的物理意义?

(2) 怎样理解电流矢量、磁动势矢量、磁通矢量既是空间变量,也是时间变量?

有关 5.3 节

5-13　回答:

(1) 三相异步电动机主磁通和漏磁通是如何定义的?

(2) 定子电流产生的磁动势与转子电流产生的磁动势是否可以频率不相等?

(3) 主磁通在定、转子绕组中感应电动势的频率一样吗? 两个频率之间数量关系如何?

5-14　三相异步电动机接三相电源,回答以下问题:

(1) 转子绕组开路和短路时定子电流为什么不一样大?

(2) 转子堵转时,为什么产生电磁转矩? 其方向由什么决定的?

(3) 比起他励式直流电机原理,讨论三相异步电机原理时强调了磁动势平衡方程,问如何考虑他励式直流电机的磁动势平衡问题?

5-15　三相异步电动机转子不转时,转子每相感应电动势为 $\dot{E}_2$、漏电抗为 $x_{2\sigma}$,转子旋转时,转子每相电动势和漏电抗值各是多少? 这两组表达式的差异是什么?

5-16　对三相异步电动机的 T 型等效电路:

(1) 转子电路向定子折算的原则是什么? 折算的具体内容有哪些?

(2) 该 T 型等效电路上施加的是线电压还是相电压?

(3) 在发电状态,转子侧的电流的流向是什么? 该电流可否用于电机自身的励磁(提示:图 5.3.11(a)中转子电流可否流入励磁回路?)?

5-17　在电机的"时间相量-空间矢量"图(图 5.3.11(b))上:

(1) 为什么励磁电流和励磁磁动势在同一位置上?

(2) 在图上怎样确定电动势 $\dot{E}_1$ 和 $\dot{E}_2$ 的相位?

(3) 图 5.3.11(b)说明电动机工作在电动状态,为什么? 如果为发电状态时,该图应该怎么作(提示:转子电流方向)?

5-18　三相异步电动机空载运行时,转子边功率因数 $\cos\theta_2$ 很高,为什么定子边功率因数 $\cos\theta_1$ 却很低? 为什么额定负载运行时定子边的 $\cos\theta_1$ 又比较高? 为什么 $\cos\theta_1$ 总是滞后性的?

5-19　一台三相四极绕线式异步电动机定子接在 50Hz 的三相电源上,转子不转时,每相感应电动势 $E_2=220\mathrm{V}$,$r_2=0.08\Omega$,$x_{2\sigma}=0.45\Omega$,忽略定子漏阻抗影响,求在额定运行转速 $n_\mathrm{N}=1470\mathrm{r/min}$ 时的下列各量。

(1) 转子电流频率;

(2) 转子相电动势;

(3) 转子相电流。

5-20　设有一台额定容量 $P_\mathrm{N}=5.5\mathrm{kW}$,频率 $f_1=50\mathrm{Hz}$ 的三相四极异步电动机,在额定负载运行情况下,由电源输入的功率为 6.32kW,定子铜耗为 341W,转子铜耗为 237.5W,铁损耗为 167.5W,机械损耗为 45W,附加损耗为 29W。

(1) 做出功率流程图,标明各功率及损耗;

(2) 在额定运行时,求电机的效率、转差率、转速、电磁转矩、转轴上的输出转矩。

5-21　已知一台三相四极异步电动机的额定数据为 $P_\mathrm{N}=10\mathrm{kW}$,$U_{1\mathrm{N}}=380\mathrm{V}$,$I_\mathrm{N}=16\mathrm{A}$,电源频率 $f_1=50\mathrm{Hz}$,定子绕组为 Y 型接线,额定运行时定子铜损 $p_{\mathrm{Cu}1}=557\mathrm{W}$,转子铜损 $p_{\mathrm{Cu}2}=314\mathrm{W}$,铁损 $p_{\mathrm{Fe}}=276\mathrm{W}$,机械损耗 $p_\mathrm{m}=77\mathrm{W}$,附加损耗 $p_{\mathrm{add}}=200\mathrm{W}$。计算该电动机的额定负载时:

(1) 额定转速;

(2) 空载转矩;

(3) 转轴上的输出转矩;

(4) 电磁转矩。

5-22　感应电动机的机械特性(见图 5.3.14)上有一段约为双曲线段。试基于 T 型等效电路中所反映的物理概念解释这段曲线是怎样发生的?

第6章

交流异步电动机恒压频比控制

从本章开始,讲述交流电动机调速系统。本章内容之间以及本章内容与第7、8章之间的关系如图6.0.1所示。

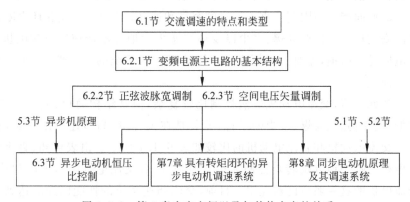

图 6.0.1　第 6 章内容之间以及与其他内容的关系

在 6.1 节,首先对交流电动机调速系统(简称为交流调速系统)的特点和分类作一个入门性的介绍。建议在复习交流调速部分的内容时再重读此节。

由电力电子器件构成的变压变频变换器是变压变频调速系统的主要设备。这一内容已在前期课程"电力电子技术"中学习过。为了课程间的衔接和本书内容的需要,在 6.2 节简述电力电子变压变频器的几种主要类型和特点,重点讨论目前普遍应用的交流脉宽调制(pulse-width modulation,PWM)控制技术。这一技术是任何交流调速系统实现的基础。

异步电动机变压变频调速系统的理想机械特性近似于他激直流电动机的降压调速特性,调速范围宽,动态特性较好,目前在许多领域得到了广泛应用,因此是本书的重点内容之一。第 6.3 节讲述基于异步电动机稳态模型的转速开环、恒压频比控制的调速系统。该控制方法简单实用,应用非常广泛,但是动特性和调速精度不能满足高性能系统的要求。基于异步电动机动态模型的调速系统,则是一种高性能的动态系统。由于这种系统涉及的知识点较多,将在第 7 章集中讲述。

6.1　交流调速系统的特点和类型

6.1.1　交流、直流调速系统的比较

与直流调速系统相比,交流调速系统应用越来越广。其主要原因在于交流电机与直流电机相比有很多优点。在第3章和第4章,叙述了直流电机调速系统的优点,却没有提及直流电机的缺点,而这些缺点又是直流电机固有的,限制了直流电机在许多领域的应用。其主要缺点来自于直流电机的结构。如,①直流电机的机械换向器由很多铜片组成,铜片之间用云母片隔离绝缘,因此制造工艺复杂、成本高;②换向器的换向能力还限制了直流电机的容量和速度;③电刷火花和环火限制了直流电机的安装环境,易燃、易爆、多尘以及环境恶劣的地方不能使用直流电机;④换向器和电刷易于磨损,需要经常更换。这样就降低了系统的可靠性,增加了维修和保养的工作量。

与此相应,交流电动机虽然控制比较复杂,但其结构简单、成本低、安装环境要求低,适于易燃、易爆、多尘的条件,尤其是在大容量、高转速应用领域,备受人们青睐。交流电动机和直流电动机的比较如表6.1.1所示。由表可知,直流电机优于交流电机的唯一地方是转矩控制简单。但是,随着交流电机调速理论和技术的进步,交流电机的这一弱点已被克服。目前,交流调速系统的性能已经能达到直流调速系统的水平。在实际应用中,交流调速系统在以下方面优于直流调速系统。

表 6.1.1　交流电机和直流电机的比较

比 较 内 容	直 流 电 机	交 流 电 机
结构及制造	有电刷,制造复杂	无电刷,结构简单
重量/功率	≈2	<1
体积/功率	≈2	1
最大容量	12～14MW(双电枢)	几十 MW
最大转速	<10000r/min	数万 r/min
最高电枢电压	1kV	6～10kV
安装环境	要求高	要求低
维护	较多	较少
转矩控制	简单	复杂

(1) 在大功率负载,如电力机车、卷扬机、厚板轧机等控制系统中,采用交流调速时性能价格比最优。在中压(6kV～10kV)调速系统中,现阶段只能采用交流电机的变频调速系统。

（2）在对"功率/重量"比、"功率/体积"比要求高的领域,如电动自行车、电动汽车、飞机中的电机拖动等,永磁同步电机已成为主流。

（3）在高速运行的设备,如高速磨头、离心机、高速电钻等的控制中,转速要达到数千到上万转,交流电机转动惯量小,交流调速系统可满足高速运行的要求。

（4）适用于易燃、易爆、多尘的场合,不需过多维护。

（5）从控制系统成本上看,现阶段交流调速系统的成本比直流调速系统的成本明显降低。随着大功率器件技术的发展,交流调速设备的成本也会大幅度降低,而直流调速装置的成本几乎无法再降低了。

既然交流调速系统比直流调速系统有如此多的好处,为什么自 1885 年鼠笼式异步电动机问世以来,要经历几乎一百年的时间才使得交流调速系统发展起来? 主要原因在于 6.1.2 节所述的交流电机调速的复杂性以及在技术实现上受到当时技术水平的限制。

6.1.2　交流调速系统的分类

1. 交流调速系统的技术难点

历史上,由于以下原因,制约了当时交流调速系统的发展。

（1）交流电机转矩控制困难

由 7.2 节可知,交流电动机的动态模型是一个多输入多输出非线性的时变模型,模型的复杂性直接带来了动态转矩控制的困难。以异步电动机的电磁转矩为例,由 5.3 节可知三相异步电动机的稳态电磁转矩为

$$T_e = C_T \Phi_m I_2' \cos\theta_2 \tag{6.1-1}$$

式中,$C_T = 3n_p W_{1\mathrm{eff}}/\sqrt{2}$ 为转矩系数,Φ_m 为每相气隙磁通幅值,I_2' 为折算到定子侧的转子电流幅值,θ_2 为转子侧等效电路的功率因数角,n_p 为极对数。

转矩控制的困难体现在以下几点:

① Φ_m 是由定子电流 $i_1 = [i_A, i_B, i_C]^T$ 和转子电流 $i_2 = [i_a, i_b, i_c]^T$ 共同产生的;

② Φ_m 与 i_2 是两个相互耦合的变量,且 i_2 对于一般的鼠笼型异步电机是无法测量的,更无法直接控制;

③ 即使假定 Φ_m 为常数,$I_2'\cos\theta_2$ 是与转速 n 相关的时变量(与转差 s 相关),且当电机运行时转子电阻 r_2 随温度变化而变化,T_e 也随之变化;除此以外,式(6.1-1)中的 T_e 只是平均转矩的概念。对平均转矩的控制已十分困难了,更何况瞬时转矩。对转速的控制核心是对转矩的控制,转矩控制的困难是实现交流电机高性能调速的主要障碍,也是交流调速必须采用现代控制方法的主要原因。

（2）调速装置中电力电子器件发展的限制

调速装置中两大组成部件是变频电源和控制器。直到进入 20 世纪 90 年代,变频电源中的主要器件——大功率电力电子器件得到了很大的改进和完善;控制器中

的主要器件——微处理器在性价比上提高了几十倍,以满足复杂算法以及多功能的需要。于是交流调速系统才日渐成熟。

(3) 系统需要解决许多新问题才能成熟起来

由于系统是由复杂的控制对象、新的控制方法、新的器件构成,在应用过程中出现了许多新的技术问题。本章6.4节给出了几个例子。经过本领域学术界与工程界反复研发和实践,进入21世纪后这些系统才完全成熟起来。

随着上述问题不断被解决,出现了许多适应当时应用问题的交流调速方法。以下对典型的方法做一个简单介绍。

2. 同步电动机的调速方法

如第8章所述,同步电动机的转速公式为 $n = n_1 = 60f_1/n_p$,式中,f_1,n_1 分别为同步频率和同步转速,n_p 为极对数。

过去由于没有变频电源,对同步机难以调速。同步机的起动问题、重载时的失步和振荡问题也难以解决。现在常用的有变频调速、最大转矩控制、100%功率因数控制等方法。此外,由于永磁同步电机采用高能永磁体,因而具有高推力强度、低损耗、小电气时间常数、响应快等特点,因此,其调速系统正在被广泛地应用于动静态特性要求高的领域。

3. 异步电动机的调速方法及其分类

由第5章的稳态电磁转矩 $T_e = P_m/\Omega$,稳态机械功率 $P_m = P_M - p_{Cu2}$ 和转子转差功率 $p_{Cu2} = 3I_2'^2 r_2'$,可得异步电动机的转速公式

$$\Omega = P_m/T_e = \frac{P_M}{T_e} - \frac{sP_M}{T_e} = \Omega_1 - \frac{3I_2'^2 r_2'}{T_e} = \Omega_1 - \Delta\Omega \tag{6.1-2}$$

式中,Ω 为转子机械转速,s 为滑差率,3 为相数,转速降落 $\Delta\Omega$ 为

$$\Delta\Omega = \frac{3I_2'^2 r_2'}{T_e} \tag{6.1-3}$$

同步机械转速 $\Omega_1 = 2\pi f_1/n_p$ 也可由式 $E_1 = \sqrt{2}\,\pi W_{1\text{eff}} f_1 \Phi_m$ 得到以下形式

$$\Omega_1 = \frac{3E_1}{C_T \Phi_m} \tag{6.1-4}$$

在5.3节中,讨论了以下调速方法以及相关特性:

① 降电压调速:由于 f_1 不变、降压也即降低电机的反电势 E_1,也就是磁通量的幅值。由图5.3.15知,最大电磁转矩 T_{emax} 减小,并且当 $T_e = T_L$ 一定时 $\Delta\Omega$ 增大;

② 转子串电阻调速:由图5.3.16知,对于绕线式电动机,可以在转子侧串电阻以改变 r_2,所以 $\Delta\Omega$ 随 r_2 线性变化;

③ 变极对数 n_p 调速:根据 $\Omega_1 = 2\pi f_1/n_p$,式(6.1-1)和式(6.1-4)知,可有级地改变 Ω_1、$\Delta\Omega$、T_e;

④ 变压变频调速:由本章6.3节可知,改变 Ω_1 的同时控制使得 E_1/f_1 为常数,从而使得 Φ_m 为常数,也就使得电机在任何转速下可以输出 T_{emax}。

此外还有双馈调速,常用于风力发电、大功率风机系统的调速。所谓"双馈",是指把绕线型异步电机的定子绕组和转子绕组分别与交流电网或其他频率/电压可调的交流电源相连接,使它们可以进行电功率的相互传递。双馈调速时电机的功率流如图 6.1.1(b)所示,为了比较,图 6.1.1(a)给出了 $\dot{E}_{\mathrm{add}}=0$ 时(例如鼠笼式异步电动机)的功率流。双馈电动机有三个功率端口,即定子、转子绕组上的电功率端口和转子上的机械功率端口。至于每一个端口功率是馈入电机还是馈出电机,则要视电动机的工况而定。

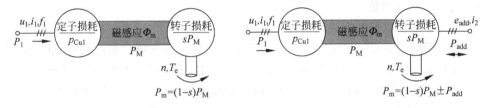

(a) 鼠笼式异步电动机　　　　(b) 双馈调速的绕线电动机

图 6.1.1　双馈调速时电动状态的功率流图

为了容易理解,这里仅仅讨论转子侧绕组加入一个与转子反电势 $\dot{E}_2$ 同频同相或同频反相的外部电压 $\dot{E}_{\mathrm{add}}$ 的情况。可以想象,此时转子侧的输出功率为

$$P_{\mathrm{m}} = (1-s)P_{\mathrm{M}} \pm P_{\mathrm{add}} \tag{6.1-5}$$

$$P_{\mathrm{add}} = 3E'_{\mathrm{add}}I'_2\cos\theta_2 \tag{6.1-6}$$

于是对应于式(6.1-3)的转速降落变为

$$\Delta\Omega = \frac{3I'^2_2 r'_2}{T_{\mathrm{e}}} \mp \frac{E'_{\mathrm{add}}}{n_{\mathrm{p}}C_{\mathrm{T}}\Phi_{\mathrm{m}}} \tag{6.1-7}$$

此时,如果 $\dot{E}_{\mathrm{add}}$ 与 $\dot{E}_{21}=\sqrt{2}\,\pi W_{2\mathrm{eff}}f_2\dot{\Phi}_{\mathrm{m}}$ 同相,则有可能 $\Delta\Omega<0$,也就是 Ω 高于同步转速 Ω_1,反之 Ω 则低于同步转速 Ω_1。

异步电机在低于同步转速下作电动状态运行的双馈调速系统,习惯上被称之为**电气串级调速系统**(或称 Scherbius 系统)。风力发电系统中的双馈调速系统则在同步转速上下工作。这类系统的调速原理及其控制方法可参考文献[6-15]。

此外,工业界的调速方法还有采用转差离合器调速和机械式调速(如在转子轴上加装液力器)等方法。

为了深入掌握异步电机调速的基本原理,需要进一步从本质上对上述方法进行分类。

由 5.3 节异步电动机功率表达式 $P_{\mathrm{M}}=P_{\mathrm{m}}+sP_{\mathrm{M}}$ 知,从定子传入转子的电磁功率 P_{M} 可分成两部分:一部分 $P_{\mathrm{m}}=(1-s)P_{\mathrm{M}}$ 是拖动负载的有功功率,称作总机械输出功率;另一部分 sP_{M} 是转子电路中的转差功率,与转差率 s 成正比。从能量转换的角度看,调速时转差功率是否增大,是变成热能消耗掉还是得到回收,是评价调速系统效率高低的标志。

依据转差功率 sP_M 是消耗掉还是得到回收,可把上述异步电动机调速方法分成两类:

(1) 损耗功率控制型调速系统

这种类型的全部转差功率 sP_M 都转换成热能消耗在转子回路中,上述的调速方法①和②都属于这一类。比之下面要讲的"(2)电磁功率控制型调速系统",这类系统的效率很低,而且越到低速时效率越低。所以,系统是以增加转差功率的消耗来换取转速的降低的(恒转矩负载时)。可是这类系统结构简单,设备成本最低,所以还有一定的应用价值。

(2) 电磁功率控制型调速系统

上述调速方法③、④和"双馈调速"属于这一类。虽然电动机运行时,转差功率 sP_M 中的转子铜损是不可避免的,但在这类系统中,无论转速高低,转子铜损部分基本不变,因此效率也较高。方法③的变极对数调速是有级的,应用场合有限;方法④的变压变频调速目前应用最广,可以构成高性能的交流调速系统,但在定子电路侧要配置与电动机容量相当的变压变频装置;在"双馈调速"方法中,式(6.1-6)所示的电磁功率 P_{add} 通过变流装置回馈给电网或转化成机械能予以利用。这类系统的效率是比较高的,但要在转子回路上也要配置一个变流设备。

由此,可将交流异步电机的调速方法按图 6.1.2 分类。

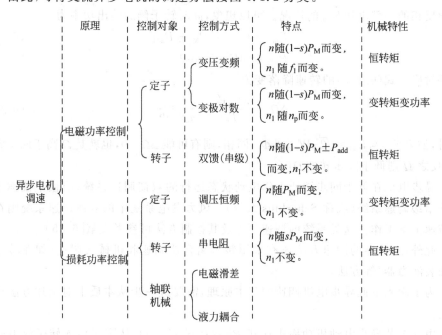

图 6.1.2　异步电机调速方法分类

由于课时的限制,本书主要讲述交流同步机和异步机的变压变频调速方法。属于该方法的常见控制方法的名称如图 6.1.3 所示。图中标注了本书涉及的内容及其章节号。

有关在实际中如何选择该系统的类型、容量和性能等问题,已有多本专著。对于概况性的了解,可参考文献[6-12]。

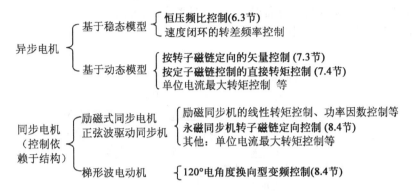

图 6.1.3　典型的变压变频调速控制策略及本书涉及的内容

6.2　电压源型 PWM 变频电源及控制方法

从构成系统的硬件上看,变频调速系统是由交流变频电源和交流电机构成。

由于交流调速系统应用广泛,根据使用要求和当时的技术水平,已开发出多种交流变频电源。在课程"电力电子技术"中,已经学习了一些变频电源的典型主电路。本节首先简单地复习一下常用的主电路结构和原理,之后重点讲述电压型 PWM 变频电源以及两种控制方法。注意,如果时间有限,可将 6.2.3 节"空间电压矢量调制方法"放在第 7 章和第 8 章用到时再学习。

6.2.1　变频电源主电路的基本结构

变频电源(或称变频器)就是把来自于供电系统的恒压恒频(constant voltage constant frequency,CVCF)交流电或是直流电(一般为电压源)转换为电压幅值和频率可变(variable voltage variable frequency,VVVF),或电流幅值和频率可变(variable current variable frequency,VCVF)的电力电子变换装置。本节首先简单地复习一下常用的主电路结构和原理。

变频电源有许多类型,如图 6.2.1 所示,粗略地可按下列方式分类:

(1) 按照被变换的电量形式分为交-交变频器和(交→)直→交变频器;

(2) 按照电压等级分为高压变频器,中压变频器,通用(低压)变频器;

(3) 按照器件的开关方式分为硬开关方式和软开关方式;

(4) 按照调制方式分为脉宽调制(pulse-width modulation,PWM,即输出电压的幅值和输出频率均由逆变器按 PWM 方式调节)和幅值调制(pulse-amplitude modulation,PAM,即通过改变直流侧的电压幅值进行调压);

(5) 按照电平的多少分为两电平,三电平以及多电平等。近年,多电平技术发展迅速,可参考文献[6-17]。

采用晶闸管的相控型的交-交变频器用于大容量、低速调速系统,可参考文献[6-1]。近年,矩阵式交-交变频技术也备受关注(可参考文献[6-2])。

本节只介绍图6.2.1中有下划线的内容。

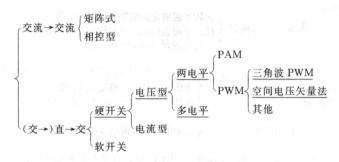

图 6.2.1　变频器的类型

1. 用于直-交变换的电压源型和电流源型逆变器

直-交变频器主要适用于中小功率系统,其频率调节范围宽,功率因数高。按变频器中直流电源的性质或储能元件的类型,可将逆变器分为电压源型逆变器和电流源型逆变器。

(1) 电压源型逆变器

在图6.2.2(a)中,直流环节采用大电容滤波,因而直流电压波形比较平直,在理想情况下是一个内阻为零的恒压源,由开关器件决定的输出交流电压波形是矩形波或阶梯波,被称为电压源型逆变器(voltage source inverter,VSI)。

(2) 电流源型逆变器

在图6.2.2(b)中,直流环节采用大电感滤波,直流电流波形比较平直,相当于一个恒流源,输出交流电流是矩形波或阶梯波,叫做电流源型逆变器(current source inverter,CSI)。

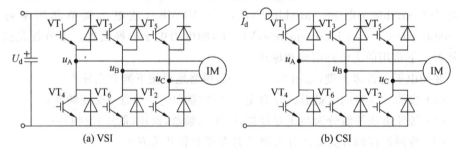

图 6.2.2　VSI 和 CSI 的主电路

上述两种逆变器的特点列于表6.2.1。注意两类变频器对负载特性的要求是不一样的。

表 6.2.1　电压源型和电流源型逆变器的特点

比 较 内 容	电 压 源 型	电 流 源 型
直流回路滤波环节	电容	电感
输出电压波形	矩形波	与负载有关,对异步机近似为正弦波
输出电流波形	与负载的功率因数有关,对异步机近似为正弦波	矩形波
对负载的要求	**感性负载**	**容性负载**
回馈制动	不能,需另设反并联逆变器	能,不需附加设备
过流及短路保护	**极为重要**	简单
过压保护	简单	**极为重要**
电机电磁转矩的动态响应	较慢。为加快响应,需设置电流环	由于用电流直接控制转矩,所以响应快
对开关器件的要求	有电压源限制,耐压值明确	耐压高

2. 两电平和多电平逆变电路

构成变频电源的功率器件为 MOSFET、IGBT、GTO 等。为了减少功率器件的损耗,只能使其工作在开关状态。由此,直-交变频电源的输出电压(对 VSI)或输出电流(对 CSI)波形是一个个的方波。另一方面,由第 5 章可知,为了使电动机有效地运行,希望施加于电动机的电压或电流是正弦波形。所以需要将上述变频电源输出的一个个的方波去逼近电动机所需的正弦波形。用方波去逼近正弦波的方法有以下两种方法。

① 对图 6.2.2(a)所示的主电路,用脉宽调制方法(PWM)将一个电平"斩波"成多个脉冲序列,使得该脉冲序列中的基波为所需的正弦波(具体方法在 6.2.2 节讲述)。由于该逆变电路的各个桥臂只能产生 U_d 或 0 这两个电平的输出电压,所以被称为两电平逆变电路。该电路构成和控制都比较简单,目前应用最广;

② 用多个不同宽度的方波电平串联组合成多电平的波形。当图 6.2.2(a)所示电路的直流电压较高时,电力电子开关器件的开关动作将在输出中产生较高的电压变化率 du/dt 和电流变化率 di/dt。由电力电子技术知,较高的 du/dt 和 di/dt 会带来传导型和辐射型电磁污染,损坏电机线圈绝缘等一系列危害[6-3]。此外,也希望采用耐压较低的电力电子开关器件构成高压逆变电路。为此,采用多电平电路以解决上述问题。以下介绍两种常用的多电平逆变电路。

(1) 中点嵌位的三电平电压逆变电路(neutral point clamped inverter,NPC-Inv.)

为了输出 3 个电平,将图 6.2.2(a)的逆变电路的各个桥臂改为图 6.2.3 的结构。桥臂的中点通过钳位二极管(clamping diode)VD 与直流电源的中点 NP (neutral point,用电容分压得到)相连。因此施加于各个开关器件的电压被钳位在 $U_d/2$。并且各桥臂的 4 个开关器件按表 6.2.2 动作后可得到表中所列的输出电平。所以 NPC 逆变器又称为 3 电平逆变器(参考文献[6-3,6-11])。

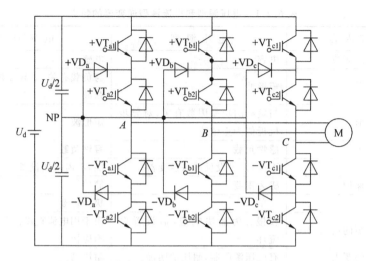

图 6.2.3　中点嵌位的三电平电压逆变器的主电路

表 6.2.2　NPC 逆变器单臂的输出电平

输出端电压		U_d	$U_d/2$	0
各个开关管的状态	$+VT_1$	ON	OFF	OFF
	$+VT_2$	ON	ON	OFF
	$-VT_1$	OFF	ON	ON
	$-VT_2$	OFF	OFF	ON

（2）串级多电平逆变电路（case-cade multilevel inverter）

用图 6.2.4(a)单相 H 桥逆变单元，串联后可以构成图 6.2.4(b)中所示的多电平逆变电路。由于每个单元的电平数为 2，设串联数为 N，串联后每个桥臂输出电压的电平数为 $2N+1$。图 6.2.5 是一个 5 级串联装置发出的 11 电平波形。

该电路的特点是用低压器件实现高压、用多电平组合出任意波形。所以有以下优点：

① 基本单元为由低耐压值开关器件构成的单相逆变单元。其技术成熟价格低廉，所以使得高压大功率逆变器的实现变得简单经济；

② 通过多电平组合出的输出波形具有较低的 du/dt，di/dt，配合合适的控制方式和辅助电路，可以使整个电路具有低开关频率、高电路利用率和低电磁干扰等特点（参考文献［6-3,6-11]）。

6.2.2　正弦波脉宽调制

本节以图 6.2.2(a)所示的两电平 VSI 为例，讨论如何用 VSI 输出的一组方波去逼近所需正弦波形的脉宽调制方法。脉宽调制方法主要分为正弦波脉宽调制

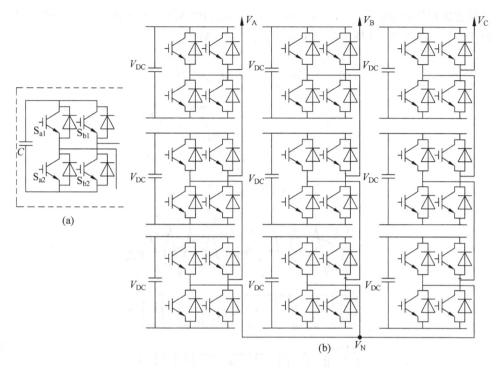

图 6.2.4　串级多电平逆变电路

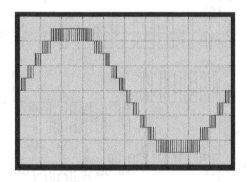

图 6.2.5　PWM 调制的 11 电平电路的线电压波形

(sinusoidal pulse width modulation，SPWM)方法和基于空间电压矢量(space voltage vector)的调制方法(space vector pulse width modulation，SVPWM)。

广义地，在设计 VSI 的输出为某个期望波形时，以频率比期望波频率高得多的等腰三角波作为载波(carrier wave)，用期望波作为调制波(modulation wave)。如图 6.2.6(b)①所示，其调制波是三个正弦波。调制波与载波依时间发生时将产生一系列交点，如果用这些交点确定逆变器开关器件开通和关断的时刻，就可以获得一系列等幅不等宽的矩形波，如图 6.2.6(b)②所示。于是，在各个开关周期内，每一个矩形波的面积与相应周期内的调制波的面积基本相等(波形面积相等原则)。这种调制方法称作脉宽调制(pulse width modulation,PWM)。当调制波为正弦波时,称为正弦波脉宽调制,这种序列的矩形波称作 SPWM 波。

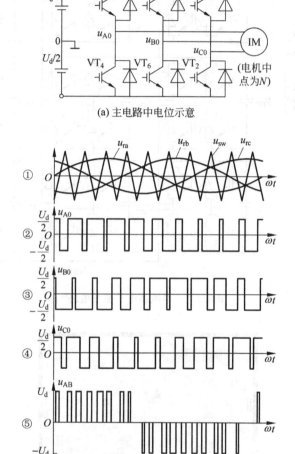

(a) 主电路中电位示意

(b) 调制波和输出波形

图 6.2.6　三相逆变电路及 SPWM 控制下的输出波形

需要注意的是,在负载呈感性条件下,上述矩形波电压序列与调制波的响应才等效。也就是说,对于这类负载,SPWM 电压激励的电流响应中的基波分量与正弦电压激励的电流响应才能够相同。对于容性负载,由于电流响应是电压激励的微分,所以这两种电压的电流响应就不同了。与上述原理对应,对 CSI 而言,负载应该呈容性。

以下叙述具体的 SPWM 方法以及该方法的特点。

1. 调制方法

为了得到 SPWM 波形,采用正弦波作为调制波信号与载波信号比较。规定主电路各点的电位如图 6.2.6(a)所示,可按以下步骤实现 SPWM。

(1) 频率为 $f_{sw}=1/T_{sw}$、幅值为 $U_d/2$ 的三角载波 u_{sw} 与三个互差 $120°$ 电角度的频率和幅值(最大值 $U_d/2$)可调的正弦调制波 u_{ra},u_{rb},u_{rc} 相交,所产生的交点如图 6.2.6(b)-①所示,用以分别控制 A,B,C 各相的开关器件。

(2) 以 A 相为例,以 u_{sw} 与正弦波 u_{ra} 的交点为界,$u_{sw}<u_{ra}$ 时控制开关器件 VT1 开通 VT4 关断,反之 VT1 关断 VT4 开通。由此产生图 6.2.6(b)-②所示的输出电压 u_{AO}。u_{AO} 中所含的基波分量即为正弦波 u_{ra}。换句话说,第 k 个开关周期 $1/f_{sw}$ 内的正弦波 u_{ra} 的平均值 $u_{ra}(k)$ 与该周期内矩形波 $u_{AO}(k)$ 的平均值相等。

(3) 同理,可得图 6.2.6(b)-③所示的 u_{BO},由此可得图 6.2.6(b)-⑤所示的线电压

$$u_{AB} = u_{AO} - u_{BO} \tag{6.2-1}$$

该调制方法可以用模拟电路简单地实现,也可以用微处理器实现。

SPWM 方法有以下特点:

(1) 可输出的基波线电压最大值：由上述知,由于三相中的各个相是按相电压 u_{AO}、u_{BO} 和 u_{CO} 独立调制,各相的输出电压最大幅值为

$$U_{phase,max} = U_d/2 \tag{6.2-2}$$

由于基波线电压的幅值是相电压幅值的 $\sqrt{3}$ 倍,基波线电压的最大值为

$$U_{line,max} = \sqrt{3}U_d/2 = 0.8667U_d \tag{6.2-3}$$

上式说明,由于输出电压的最大值为直流电源电压 U_d 的 86.67%,就输出的基波电压而言,采用该调制方法时对直流电源的有效利用率仅为 86.67%。为了提高这个利用率需要采用其他调制方法。

(2) 由于在每个调制周期 T_{sw} 内各个开关器件仅开关一次。所以开关次数少,对应的开关损耗也小。

(3) 由于施加在三相电动机上的瞬时电压值之和不为零,所以在电动机中点 N 与电源的零电平(图 6.2.6(a)的 O 点)之间还存在一个电压 $u_{AO}-u_{AN}$。

2. 同步调制和异步调制方式

通常,根据载波频率和调制波频率的关系可将调制方法分为同步调制、异步调制和分段同步调制方式。

(1) 同步调制　这种调制方式下,式(6.2-4)定义的载波比 N 为整数

$$N = f_{sw}/f_{out} \tag{6.2-4}$$

式中,f_{out} 为 SPWM 的调制波频率也就是输出波形中的基波频率,f_{sw} 为载波频率。在中小型调速系统中,$f_{sw} \gg f_{out}$。

一般地,设定 N 为 3 的倍数。这样可保证逆变器的输出波形正、负半波对称。

但是,由于在低频时逆变电源输出电压的脉冲间隔较大,谐波电压将使得电机的谐波电流分量变大。

(2)异步调制   在逆变电源的变频范围内,载波比 N 不等于常数。一般取 f_{sw} 为常数,于是将产生下式所示的次谐波(sub-harmonic),即

$$\frac{f_{sw}}{\text{Int}(f_{sw}/f_{out})} - f_{out} \qquad (6.2\text{-}5)$$

式中,Int 为取整函数。次谐波是一种时间谐波,其频率一般大大低于输出频率 f_{out}。由于调速系统拖动的机械负载的共振频率很低,所以次谐波严重时可引起系统在该谐波上发生振荡。

(3)分段同步调制   如图 6.2.7 所示,这是将同步调制和异步调制结合起来的方法。在 f_{out} 的高速段采用低载波比的同步调制以降低开关损耗;而在中、低速段,则提高载波比以改善波形。有时在极低速段还采用异步调制改善低速性能。图中的虚线是滞环线,目的是当输出频率恰好设在切换点时,防止由 f_{out} 波动引起载波频率 f_{sw} 的频繁切换。

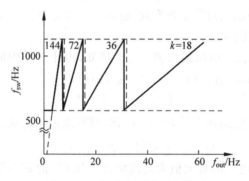

图 6.2.7   同步调制和异步调制

*6.2.3   空间电压矢量调制

1. 空间电压矢量

(1)空间电压矢量的概念

设给电动机供电的理想电源的电压为式(6.2-6)(注意,为了简便,这里是以电压为参考量)

$$\begin{cases} u_A = U_{phase}\cos\omega_1 t \\ u_B = U_{phase}\cos(\omega_1 t - 2\pi/3) \\ u_C = U_{phase}\cos(\omega_1 t + 2\pi/3) \end{cases} \qquad (6.2\text{-}6)$$

式中,U_{phase} 是相电压的幅值。当由上式表述的仅为时间变量的各相电压 u_A, u_B, u_C 分别加在图 6.2.8 所示的空间位置上互差 120°电角度的绕组上后,可以将其定义为相电压矢量

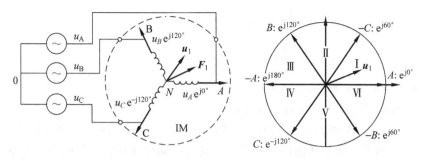

(a) 三相理想电源和空间电压矢量　　　(b) 用相邻矢量表示空间电压矢量

图 6.2.8　空间电压矢量及其用相邻矢量的表示

$$u_A = u_A e^{j0}, \quad u_B = u_B e^{j120}, \quad u_C = u_C e^{-j120} \qquad (6.2\text{-}7)$$

上述矢量的方向始终处于各相的相轴方向上,其大小则随时间按正弦规律脉动、各相相位互差 120°电角度。与空间磁动势的定义相仿,可定义三相定子电压空间矢量的合成矢量 u_1 为

$$u_1 \stackrel{\text{def}}{=} \sqrt{2/3}\,(u_A + u_B + u_C) = \sqrt{2/3}\,(u_A e^{j0°} + u_B e^{j120°} + u_C e^{-j120°}) \qquad (6.2\text{-}8)$$

这个电压矢量 $u_1(t)$ 还可用极坐标表示为

$$u_1(t) = u_1(t) e^{j\theta} \qquad (6.2\text{-}9)$$

式中,$u_1(t)$ 为电压 $u_1(t)$ 的幅值(由例题 6.2-2 可知,在稳态时 $u_1(t) = \sqrt{3/2}\,U_{\text{phase}}$);$\theta = \omega_1 t$ 为 $u_1(t)$ 的空间位置。

由上式可知,$u_1(t)$ 是一个旋转的空间矢量,它以电源角频率 ω_1 作旋转,稳态时的轨迹为圆。当某一相电压为最大值时,矢量 u_1 就落在该相的轴线上。

例 6.2-1　试证明:基于功率不变原则(也称为绝对变换,power invariant transformation)将三相电压、电流变换为空间矢量表达式时,定义中的系数为 $\sqrt{2/3}$。

证明　定义空间电压矢量为

$$u_1 = k(u_A e^{j0°} + u_B e^{j120°} + u_C e^{-j120°}) \qquad (6.2\text{-}10)$$

定义空间电流矢量为

$$i_1 = k(i_A e^{j0°} + i_B e^{j120°} + i_C e^{-j120°}) \qquad (6.2\text{-}11)$$

将三相电压、电流变换为空间矢量前后的电机的输入功率分别由式(6.2-12)和式(6.2-13)表示,即

$$p = u_A i_A + u_B i_B + u_C i_C \qquad (6.2\text{-}12)$$

$$p = u_1^{\mathrm{T}} i_1 \qquad (6.2\text{-}13)$$

将式(6.2-13)中的 $\{u_1, i_1\}$ 用正交坐标表示以化简矢量的点积运算,则

$$
\begin{aligned}
p &= u_1^{\mathrm{T}} i_1 \\
&= k^2 (u_A e^{j0°} + u_B e^{j120°} + u_C e^{-j120°})^{\mathrm{T}} (i_A e^{j0°} + i_B e^{j120°} + i_C e^{-j120°}) \\
&= k^2 \left\{ \frac{3}{2} u_A e^{j0°} + \frac{\sqrt{3}}{2}(u_B - u_C) e^{j90°} \right\}^{\mathrm{T}} \left\{ \frac{3}{2} i_A e^{j0°} + \frac{\sqrt{3}}{2}(i_B - i_C) e^{j90°} \right\}
\end{aligned}
$$

$$= k^2 \left\{ \frac{9}{4} u_A i_A + \frac{3}{4}(u_B - u_C)(i_B - i_C) \right\}$$

$$= k^2 \frac{3}{2}(u_A i_A + u_B i_B + u_C i_C)$$

所以,基于功率不变原则,即令式(6.2-12)和式(6.2-13)相等时,有 $k = \sqrt{2/3}$。

(2) 利用线电压表示空间电压矢量

由于 $\boldsymbol{u}_1(t)$ 是平面矢量,$\boldsymbol{u}_1(t)$ 还可用平面上任意两个线性独立的矢量之和表示。例 6.2-2 给出了一个具体的用一些特殊矢量表示 $\boldsymbol{u}_1(t)$ 的例子,目的为了与本节第 2 小节"空间电压矢量的调制"的空间电压矢量的调制方法相比较。

例 6.2-2　(1)说明基于式(6.2-8)定义的电压矢量 $\boldsymbol{u}_1$ 可用方向为 $\{e^{j0}, e^{j60°}, e^{j120°}, e^{j180°}, \cdots\}$ 中与 $\boldsymbol{u}_1$ 相邻的单位矢量、幅值为线电压的两个矢量和表示;(2)设图 6.2.8 所示理想电压源的线电压幅值的最大值为 U_d,计算 $\boldsymbol{u}_1(t)$ 幅值的最大值 $U_{1\max}$。

解　(1)由线性代数的知识可知这种表示是可行的。将平面用单位矢量 $\{e^{j0}, e^{j60°}, e^{j120°}, e^{j180°}, \cdots\}$ 分为 6 个扇区,如图 6.2.8(b)所示。用 $\{e^{j0°}, e^{j60°}\}$ 和幅值为线电压表示的 $\boldsymbol{u}_1(t)$ 为

$$\boldsymbol{u}_1(t) = \sqrt{2/3}(u_A e^{j0°} + u_B e^{j120°} + u_C e^{-j120°})$$

$$= \sqrt{2/3}[u_A e^{j0°} - u_B(e^{j0°} - e^{j60°}) - u_C e^{j60°}]$$

$$= \sqrt{2/3}(u_{AB} e^{j0°} + u_{BC} e^{j60°}) \tag{6.2-14}$$

如果限定用相邻的单位矢量表示 $\boldsymbol{u}_1(t)$,则在图示的第 Ⅰ 扇区($0 < \omega t \le 60°$)仍然为

$$\boldsymbol{u}_1(t) = \sqrt{2/3}(u_{AB} e^{j0°} + u_{BC} e^{j60°}) \qquad (0 < \omega t \le 60°)$$

在其他扇区上用相邻矢量表示 $\boldsymbol{u}_1(t)$ 的方法如表 6.2.3 所示。

表 6.2.3　用 60°划分的各个扇区以及用相邻矢量表示空间矢量 $\boldsymbol{u}_1$

扇区	Ⅰ	Ⅱ	Ⅲ	Ⅳ	Ⅴ	Ⅵ
分量 1	$u_{AB} e^{j0}$	$u_{AC} e^{j60°}$	$u_{CA} e^{j120°}$	$u_{CB} e^{j180°}$	$u_{BC} e^{j240°}$	$u_{BA} e^{j300°}$
分量 2	$u_{BC} e^{j60°}$	$u_{BA} e^{j120°}$	$u_{AB} e^{j180°}$	$u_{AC} e^{j240°}$	$u_{CA} e^{j300°}$	$u_{CB} e^{j0}$

为了与本节第 2 小节逆变电源所产生的基本电压矢量 $\boldsymbol{u}_{V_i}$ 的实现方法作比较,再讨论用矢量 $u_{AB} e^{-j30°}$ 和矢量 $u_{AC} e^{j30°}$ 之和表示 $\boldsymbol{u}_1(t)$。此时

$$\boldsymbol{u}_1(t) = \sqrt{2/3}(u_A e^{j0°} + u_B e^{j120°} + u_C e^{-j120°})$$

$$= \sqrt{2}/3\{u_A(e^{j30°} + e^{-j30°}) + u_B(e^{j30°} - 2e^{-j30°}) + u_C(-2e^{j30°} + e^{-j30°})\}$$

$$= \sqrt{2}/3\{u_{AB} e^{-j30°} + u_{AC} e^{j30°} + u_{BC} e^{j90°}\} \tag{6.2-15}$$

(2) 基于式(6.2-14)

$$\boldsymbol{u}_1(t) = \sqrt{2/3}(u_{AB} e^{j0°} + u_{BC} e^{j60°})$$

$$= \sqrt{2/3}\{(u_{AB} + u_{BC}/2) + j\sqrt{3} u_{BC}/2\}$$

所以,$|\boldsymbol{u}_1(t)| = \sqrt{2/3}\sqrt{(u_{AB} + 0.5 u_{BC})^2 + 3/4 u_{BC}^2}$。将式(6.2-6)代入,$\boldsymbol{u}_1(t)$ 幅值的最大值 $U_{1\max}$

$$U_{1\max} = U_d/\sqrt{2}, \quad 或\ U_{1\max} = \sqrt{3/2}\,U_{phase} \tag{6.2-16}$$

2. 空间电压矢量调制的经典实现方法

以下以两电平电压型三相逆变器供电为例说明典型的空间电压矢量调制方法。

如图 6.2.9 所示,采用逆变电源为电动机供电时,与图 6.2.8(a)对应,变频电源输出的 PWM 性质的三相电压也可以形成旋转的空间电压矢量 $u_1(t)$。与理想电压源不同的是,在逆变电源中要解决以下问题。

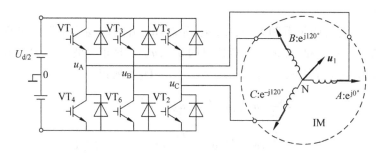

图 6.2.9 由三相逆变电源产生的空间电压矢量

① 以开关周期为 $T_{sw}=1/f_{sw}$ 的 PWM 调制时,逆变电源用各个开关周期 T_{sw} 的离散量 $u_1(k)$ 近似理想电压源输出的连续量 $u_1(t)$。也就是说,使得周期 T_{sw} 内开关波形的平均值 $u_1(k)$ 等于该周期内 $u_1(t)$ 的平均值;

② 如图 6.2.9 所示,变频电源施加的空间电压矢量 $u_1(k)$ 是由各个桥臂上开关器件的开关动作完成的。一共有 8 种开关组合,需要讨论这些开关动作与 $u_1(k)$ 的关系。

此外,由于这些开关动作相互独立,比起图 6.2.8(a)的电路产生的波形,图 6.2.9 中的逆变电源能够实现更多类型的 $u_1(k)$ 波形。例如,在用于有源电力滤波器时,可以产生所需要的谐波电压。

（1）基本电压矢量

我们知道,理想三相变频电源的三组桥臂有三组开关;正常工作时上臂（VT_1,VT_3,VT_5）与下臂（VT_4,VT_6,VT_2）开关的动作相反,即上臂开（可记为二进制的"1"）或关（可记为二进制的"0"）时下臂要关（记为"0"）或开（记为"1"）。由此,按照图 6.2.9 将变频电源与三相负载（这里以电机定子绕组为例）相接时,一共有 8 种开关组合,如表 6.2.4 所示。以下解释该表的内容。

表 6.2.4 三相变频电源的开关状态与基本电压矢量

各桥臂的开关状态	A	0	1	1	0	0	0	1	1
	B	0	0	1	1	1	0	0	1
	C	0	0	0	0	1	1	1	1
基本电压矢量		u_{V_0}	u_{V_1}	u_{V_2}	u_{V_3}	u_{V_4}	u_{V_5}	u_{V_6}	u_{V_7}
基本矢量的方向（空间位置）		V_0 —	V_1 e^{j0}	V_2 $e^{j60°}$	V_3 $e^{j120°}$	V_4 $e^{j180°}$	V_5 $e^{j240°}$	V_6 $e^{j300°}$	V_7 —

① 8 组开关状态对应于施加于电机绕组上的 8 种电压状态,它们可用 2 进制表示,此时 $\{C,B,A\}$ 桥臂的开关状态分别用 2 进制的 $\{2^0,2^1,2^2\}$ 位表示;

② 有 6 组开关状态,当其状态持续开通时间 $\tau_i(i=1,2,3,4,5,6)$ 后,将在电机上施加一个瞬态的电压矢量,称其为非零基本电压矢量,定义为 $\{u_{V_1}\sim u_{V_6}\}$。$\{u_{V_1}\sim u_{V_6}\}$ 的方向由电机绕组在空间的位置确定。由于 PWM 方法是以一个载波周期 T_{sw} 中的电压平均值表述其大小,直流电压 U_d 为常数时,$\{u_{V_1}\sim u_{V_6}\}$ 的大小正比于各自的开通时间 τ_i。此外,状态 $\{000\}$ 和 $\{111\}$ 对应的输出电压 $\{u_{V_0},u_{V_7}\}$ 为零,被称为零电压矢量;

③ $\{u_{V_1}\sim u_{V_6}\}$ 的位置和大小:以 u_{V_1} 为例,u_{V_1} 开通时逆变电源向电机定子施加线电压矢量 $u_{AB}e^{-j30°}$ 和 $u_{AC}e^{j30°}$(注意这里的 u_{AB}、u_{AC} 不是正弦波);并且若在载波周期 T_{sw} 内保持 $\{100\}$,则得到最大值 $u_{ABmax}=u_{ACmax}=U_d$。所以

$$u_{V_1 max}=\frac{\sqrt{2}}{3}\{u_{ABmax}e^{-j30°}+u_{ACmax}e^{j30°}\}$$

$$=\frac{\sqrt{2}}{3}\{e^{-j30°}+e^{j30°}\}\frac{U_d}{T_{sw}}\tau\Big|_{\tau=T_{sw}}=\sqrt{\frac{2}{3}}U_d e^{j0°} \qquad (6.2\text{-}17)$$

u_{V_1} 的方向为 $e^{j0°}$,最大值为 $\sqrt{2/3}U_d$。

注意,该值不是式(6.2-16)的 $U_{1max}=U_d/\sqrt{2}$。此外,由于瞬时的 $u_1(k)$ 含有谐波,图 6.2.9 中"O"点的电位与"N"点电位不等,也即 $u_{AO}\neq u_{AN}$,…。所以上述讨论中,采用施加于电机上的线电压计算基本电压矢量的大小。

同理可知,$\{u_{V_3},u_{V_5}\}$ 分别和 u_{BN},u_{CN} 的位置相同;$\{u_{V_4},u_{V_6},u_{V_2}\}$ 分别和 $\{-u_{AN},-u_{BN},-u_{CN}\}$ 位置相同。由此可定义 6 个基本电压矢量方向分别为 $\{e^{j0},e^{j60°},e^{j120°},e^{j180°},e^{j240°},e^{j300°}\}$,用 $\{V_1\sim V_6\}$ 表示。将这些基本矢量方向与图 6.2.8(b)中的坐标对应,可将它们作于图 6.2.10(a)。于是,如果 $\{u_{V_1}\sim u_{V_6}\}$ 发生的时间为 τ_i,则某个基本矢量可表示为(含大小和方向)式(6.2-18)。于是基本矢量的最大值如图 6.2.10(a)所示。

$$u_{V_i}=\frac{\tau_i}{T_{sw}}\sqrt{\frac{2}{3}}U_d V_i, \quad i=1,2,3,4,5,6 \qquad (6.2\text{-}18)$$

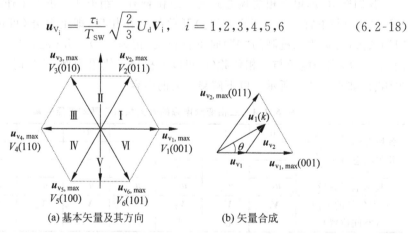

(a) 基本矢量及其方向　　　　(b) 矢量合成

图 6.2.10　基本空间电压矢量和由其合成的任意矢量

例 6.2-3 为了便于理解空间矢量调制方法的具体内容,以下给出采用 6 组脉冲实现一个周期的 $u_1(k)$ 的例子。例子中使 $u_1(k)=0.5u_{1\max}(k)$。

解 由于采用 6 组脉冲实现,最简单的方法是采用 8 个基本电压矢量进行调制。其前三个开关周期中的 $u_1(1),u_1(2),u_1(3)$ 以及对应三个相电压的输出电压波形如图 6.2.11 所示。因为 $u_1(k)=0.5u_{1\max}(k)$,所以根据式(6.2-18)各个基本电压矢量的开通时间为 $0.5T_{sw}$。于是,一个周期 T_{sw} 中不开通的 $0.5T_{sw}$ 部分必须发出零矢量。在图 6.2.11(b)中,将这个零矢量用 u_{V_0} 和 u_{V_7} 实现了,即 $\tau_0=\tau_7=0.25T_{sw}$。如后文所述,将 $u_1(1),u_1(2),u_1(3)$ 设计成图 6.2.11(b)所示波形的方法称为七段法。

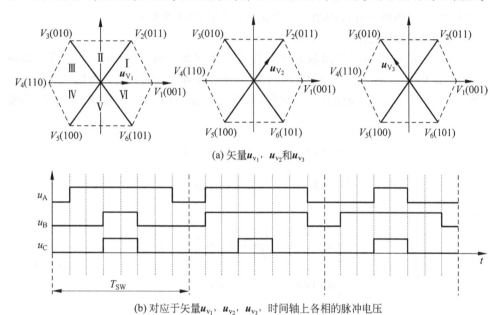

(a) 矢量 u_{V_1}, u_{V_2} 和 u_{V_3}

(b) 对应于矢量 u_{V_1}, u_{V_2}, u_{V_3}, 时间轴上各相的脉冲电压

图 6.2.11 采用空间电压矢量调制的一个例子

(2)用相邻的基本电压矢量表示该扇区内的空间矢量 $u_1(k)$

与前述方法的原理一样,$u_1(k)$ 可用其相邻的两个基本电压矢量之和得到。如图 6.2.10(b),在第 I 扇区的 $u_1(k)$ 可以用其在基本电压矢量方向 V_1 和 V_2 上的投影 u_{V1} 和 u_{V2} 表示,即

$$u_1(k)=u_{V1}(k)+u_{V2}(k) \quad 0<\omega t\leqslant 60° \tag{6.2-19}$$

尽管矢量 $u_1(k)$ 还可用图 6.2.10(a)中的其他基本矢量表示,可以证明,用相邻基本矢量表示时实际输出电压中所含的谐波分量最小。用相邻基本矢量表示 $u_1(k)$ 的另一个优点是,当由一个分矢量变为另一个分矢量时,只需改变逆变器一个桥臂的开关状态。例如 $u_{V1}\rightarrow u_{V2}$ 时,只需将三个桥臂的开关状态由(001)变为(011)、即将 B 桥臂的"关"变为"开"即可。这样做,使得逆变电源的开关次数最少,从而减少功率开关器件的开关损耗。

此外,由图 6.2.10 或者式(6.2-9)可知,为使生成基波磁动势矢量的基波电流矢

量 $i_1(t)$ 的轨迹为圆形,由理想电源构成的 $u_1(t)$ 轨迹也应为圆形。但是,对于稳态的 SVPWM,在对称三相三线制系统条件下,即使电压矢量 $u_1(k)$ 含有 3 次谐波,因为 3 的整数倍谐波电压不会出现在线电压里,$i_1(k)$ 轨迹也是圆形。由图 6.2.10(a)可知,在载波周期 T_{sw} 一定条件下,在各个基本电压矢量方向上,空间电压矢量 $u_1(k)$ 的幅值最大值(最大的电压输出)$U_{1max} = \sqrt{2/3}U_d$,而在 $\theta = 30°$ 等位置上

$$U_{1max} = \frac{\sqrt{3}}{2}|u_{V_i,max}| = U_d/\sqrt{2} \tag{6.2-20}$$

这与例 6.2-2(2)的结论一致。换句话说,$u_1(k)$ 的轨迹最大可被调制为图 6.2.10(a) 所示正六边形,当然也可被调制为这个正六边形内的任意波形。

(3) 线性调制方法

使 $u_1(k)$ 的轨迹为圆的调制方法被称为线性调制(linear modulation)或欠调制 (under modulation)[6-13]。以 $u_1(k)$ 处于第 I 扇区为例讨论该方法。将图 6.2.10(b) 重画于图 6.2.12(a),由此图可以得到两个分矢量 $u_{V1}(k)$、$u_{V2}(k)$ 的模与 $u_1(k)$ 的模的关系式

$$\begin{cases} u_{V1}(k)\sin\dfrac{\pi}{3} = u_1(k)\sin\left(\dfrac{\pi}{3} - \theta\right) \\[3mm] u_{V2}(k)\sin\dfrac{\pi}{3} = u_1(k)\sin\theta \end{cases}$$

由此

$$\begin{cases} u_{V1}(k) = \dfrac{2}{\sqrt{3}}u_1(k)\sin\left(\dfrac{\pi}{3} - \theta\right) \\[3mm] u_{V2}(k) = \dfrac{2}{\sqrt{3}}u_1(k)\sin\theta \end{cases} \tag{6.2-21}$$

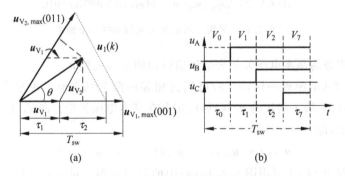

图 6.2.12 矢量合成方法及对应的 PWM 波

如果按圆轨迹调制,注意到对应于输出 $U_{1max} = U_d/\sqrt{2}$,两个合成矢量开通时间的和的最大值在 $u_1(k)$ 的位置 $\theta = 30°$ 等处发生,此时该值为 T_{sw},由图 6.3.12(a)可知

$$u_1(k) = u_{V1}(k) + u_{V2}(k) = U_{1max}\frac{1}{T_{sw}}\{\tau_1 V_1 + \tau_2 V_2\} \tag{6.2-22}$$

$$\tau_1 + \tau_2 \leqslant T_{sw}$$

于是,求解 $u_1(k)$ 就变成求解在基本电压矢量方向 $\boldsymbol{V}_1$ 和 $\boldsymbol{V}_2$ 上的开通时间 τ_1 和 τ_2 了。由上式可得对应于 $u_{V1}(k)$,$u_{V2}(k)$ 的开通时间 τ_1 和 τ_2 为

$$\begin{cases} \tau_1 = u_{V1} T_{sw}/U_{1max} \\ \tau_2 = u_{V2} T_{sw}/U_{1max} \end{cases} \tag{6.2-23}$$

对于一个开关周期 T_{sw} 内 $\tau_1+\tau_2$ 以外的时间,需要输出零电压矢量。其持续时间 τ_0 和 τ_7 为

$$\tau_0 = \tau_7 = \frac{1}{2}(T_{sw} - \tau_1 - \tau_2) \tag{6.2-24}$$

需要说明的是,取 $\tau_0 = \tau_7$ 可以使得谐波分量最小,相关证明可参考文献[6-4,6-5]。

与式(6.2-21)、式(6.2-23)和式(6.2-24)表示的调制算法相对应,在时间坐标系上 A、B、C 各个桥臂的输出脉冲如图 6.2.12(b)所示,即矢量按 $u_{V_0} \to u_{V_1} \to u_{V_2} \to u_{V_7}$ 顺序发出。该方法也被称为四段法。

此外,还有七段法如图 6.2.13 所示。该方法的动作顺序为

$$\frac{u_{V_0}}{2} \to \frac{u_{V_1}}{2} \to \frac{u_{V_2}}{2} \to u_{V_7} \to \frac{u_{V_2}}{2} \to \frac{u_{V_1}}{2} \to \frac{u_{V_0}}{2} \tag{6.2-25}$$

可以看出与四段法不同的是,在一个开关周期七段法从零矢量出发又回到零矢量。

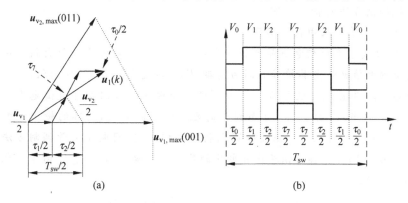

图 6.2.13　7 段法及输出的 PWM 波

实际上,基于这种以相邻基本矢量(即以 60° 作为基底,是一种非正交基分解)表示,还可以推导出比式(6.2-21)所表述的非线性运算更为简单的算法。具体方法可参考文献[6-6,6-7]。

此外,对于各种多电平电路,可以依据上述基于基本矢量合成所需矢量的思想研发相关的算法。具体可参考文献[6-8]。

例 6.2-4　考察采用 12 个脉冲、线性调制的 $u_1(k)$,使 $u_1(k)=0.5|u_1(k)|_{max}$。

解　由于采用 12 组脉冲实现,最简单的方法是采用每隔 30° 进行调制。其中的 6 个脉冲的位置在 6 个基本电压矢量上,其余的 6 个电压矢量的位置为 30°,90°,150°,…。采用七段法,其前 4 个开关周期中的 $u_1(k)$ 及其对应的 4 组相电压的输出电压波形如图 6.2.14 所示。

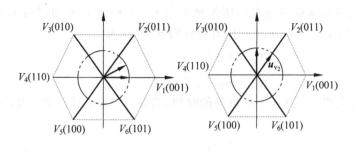

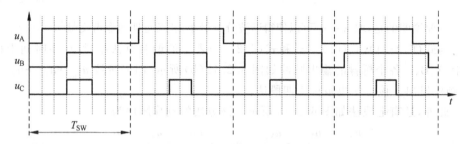

图 6.2.14　采用空间电压矢量调制的另一个例子

线性调制方法的特点如下：

① 可以简单地采用软件实现。

② 输出线电压和相电压最大值。先讨论输出的线电压基波最大值。由于电压矢量输出最大值也就是其持续时间为周期 T_{SW}（不发零矢量）时候的值，此时的线电压幅值 $U_{\text{line,max}}$ 为直流供电电压 U_d。这说明输出电压最大时对于直流电源电压的利用率为 100%（当然，由于 6.3.4 节讨论的死区时间的影响，实际的输出线电压幅值不可能达到 U_d）。所以与正弦波脉宽调制方法相比，空间电压矢量调制方法的电压利用率高出约 15%。再讨论输出相电压的基波最大幅值 $U_{\text{phase,max}}$。由于三相电压对称，由电路原理知

$$U_{\text{phase,max}} = U_{\text{line,max}}/\sqrt{3} = U_d/\sqrt{3} \tag{6.2-26}$$

③ 相电压波形。尽管空间电压矢量 $u_1(t)$ 稳态时的轨迹为一正圆，可以证明（参考文献[6-4,6-5]），其相电压 $u_A(k)$ 是由基波和 3 倍于基波的谐波分量构成的。这个谐波也可以从图 6.2.14 中看出。当 $u_1(k)$ 为圆时，在各个基本电压矢量位置上，电压开通时间较短，与此对应的瞬态相电压幅值会减小。由于负载是三相三线系统，如果不考虑死区时间的影响，这些 3 的整数倍谐波电压不会出现在线电压里，也就不会引起相应的谐波电流。将实际输出的 PWM 波中开关频率及开关频率以上的谐波滤除后，就得到了图 6.2.15 所示的线电压 u_{AB} 和含有 3 次谐波的相电压 u_A 波形。图中用虚线表示与相电压 u_A 对应的相电压基波波形 $u_{A,\text{基波}}$。

④ 开关次数和谐波：

由图 6.2.12 知，由于开关顺序是 $u_{V_0} \rightarrow u_{V_1} \rightarrow u_{V_2} \rightarrow u_{V_7}$，空间电压矢量方法与三角波调制方法一样，在每个调制周期 T_{sw} 内开关器件的开关次数最少。由于输出电

压矢量采用相邻基本矢量表示,实际输出电压中所含的谐波分量最小。

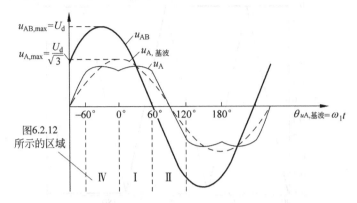

图 6.2.15　基于空间电压矢量调制的线电压和相电压波形

(4)* 非线性调制方法

使 $u_1(k)$ 的轨迹不为圆的调制方法被称为**非线性调制**(nonlinear modulation)或过调制(over modulation)[6-13]。在工程上,过调制被用于实现参考电压矢量轨迹位于空间矢量六边形内切圆之外的场合。有多种各具特色的非线性调制方法,其中一种是对非零矢量的开通时间进行线性调制,即按照下式调节 $u_1(k)$ 的幅值

$$\tau_1 + \tau_2 = \eta T_{sw}, \quad 0 \leqslant \eta \leqslant 1 \tag{6.2-27}$$

按照这种调制方法,通过分析图 6.2.10(a)可以看出,由于 $u_1(k)$ 在各个非零基本矢量处的幅值大,而在垂直于正六边形底边($\theta=30°$ 等位置)时的幅值最小,$u_1(k)$ 的轨迹将是一个正六边形。图 6.2.16 为 $\eta=1$ 时对应的线电压和相电压标么值的波形。由于线电压为梯形波,可以证明其基波分量的最大幅值为 $1.05U_d$。

此外,由图 6.2.16(a)看出,线电压波形含有 5、7 次谐波,这些谐波将引起电磁转矩的脉动。

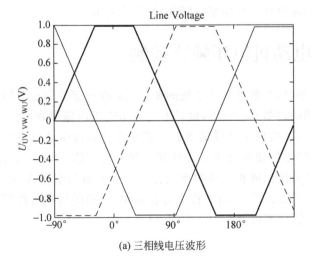

(a) 三相线电压波形

图 6.2.16　过调制时的线电压和相电压以及线电压的 FFT

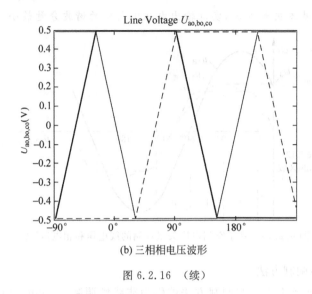

(b) 三相相电压波形

图 6.2.16 （续）

本节小结

（1）复习了逆变电源中常用的主电路拓扑结构,其中两电平的 VSI 是目前交流电动机控制系统中最常用的电路。

（2）讨论了逆变电路两种 PWM 方法的原理,使用条件,以及 SPWM 的具体实现方法。

（3）空间矢量是现代电力电子技术和现代电动机控制技术中一个非常重要的物理概念。在 5.2 节所讨论的基础上,本节重点讨论了三相电力系统的电压空间矢量以及基于三相逆变电路的实现（调制）方法。空间电压矢量调制方法将空间电压的发生和逆变电源中的开关动作联系在一起,使得逆变电源的建模和控制变得清晰和简单,也提高了直流电压的利用率,目前已被广泛应用。

6.3　异步电动机恒压频比控制

在许多应用场合,对电机调速系统的要求是：有一定的调速范围而速度响应不必太快,但所采用的控制方法简单,最好不要使用电机内部参数,也不希望在电机轴上加装速度传感器以构成速度反馈等。三相交流变频器驱动异步电动机时所采用的基于恒压频比的变压变频方法正是这样一种调速方法。"恒压频比"的意思是施加于电动机上的"电压幅值和电压频率之比为一个常数",俗称 V/F 控制（volts per hertz control, V/F control）。由于控制方法简单,电机的机械特性近似于他励直流电机的降压调速特性,所以这个方法应用很广。

6.3.1 恒压频比控制的基本原理

5.3.3 节中,恒压恒频的正弦波电压源供电时异步电动机的机械特性参数表达为式(5.3.61),即

$$T_e = 3n_p \left(\frac{U_1}{\omega_1}\right)^2 \frac{s\omega_1 r_2'}{(sr_1 + r_2')^2 + s^2 \omega_1^2 (L_{\sigma1} + L_{\sigma2}')^2}$$

式中,$L_{\sigma1}$、$L_{\sigma2}'$、r_1、r_2' 分别是各相定子和等效到定子侧的转子电路上的漏感和电阻,ω_1 为同步电角速度,s 为转差率。恒压恒频条件下,当 s 很小以及 s 接近于 1 时,分别有

$$T_e \big|_{s \ll 1} \approx 3n_p \left(\frac{U_1}{\omega_1}\right)^2 \frac{s\omega_1}{r_2'} \propto s \tag{6.3-1}$$

$$T_e \big|_{s \to 1} \approx 3n_p \left(\frac{U_1}{\omega_1}\right)^2 \frac{\omega_1 r_2'}{s[r_1^2 + \omega_1^2 (L_{\sigma1} + L_{\sigma2}')^2]} \propto \frac{1}{s} \tag{6.3-2}$$

两条曲线如图 6.3.1 中的虚线所示,当 s 很小时转矩近似与 s 成正比,机械特性 $T_e = f(s)$ 是一段直线;当 $s \to 1$ 时,可忽略式(6.3.1)分母中的 r_2',$T_e = f(s)$ 是对称于原点的一段双曲线。当 s 为以上两段的中间数值时,机械特性从直线段逐渐过渡到双曲线段。

如 3.2 节所述,$s_{Tmax} < s < 1$ 的机械特性段对于常见的恒转矩类负载是不稳定的,因此在调速时不希望电机工作在该特性段。那么,应该按什么规律控制施加于电机的电压的幅值和频率,从而使电机工作在 $0 < s < s_{Tmax}$ 特性段呢?

在进行电动机调速时,常需考虑的一个重要因素就是,希望保持电动机中每极磁通量幅值 Φ_m 为额定值不变。由 6.3.2 节分析可知,如果磁通太弱,电机就不能输出最大转矩;如果过分增大磁通,又会使铁心饱和,从而导致过大的

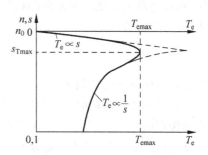

图 6.3.1　恒压恒频时异步电动机的机械特性

励磁电流,严重时会因绕组过热而损坏电机。对于直流电动机,励磁系统是独立的,只要对电枢反应有恰当的补偿,保持 Φ_m 不变是很容易做到的。在交流异步电动机中,磁通由定子和转子磁势合成产生,在改变同步转速的同时要保持磁通恒定就要费一些周折了。

由 5.3.1 节式(5.3-2)知,三相异步电动机定子每相电动势的有效值是

$$E_g = 4.44 f_1 W_{1eff} \Phi_m \tag{6.3-3}$$

式中,E_g 为气隙磁通在定子每相中感应电动势的有效值,单位为 V;f_1 为施加于定子绕组上电源的基波频率,单位为 Hz;W_{1eff} 为定子每相绕组有效匝数;Φ_m 为每极气隙磁通幅值,单位为 Wb。

在第 5 章中,我们按照电机学的惯例讨论了感应电动势 $\dot{E}_g$ 与磁通 $\dot{\Phi}_m$ 的关系。

由各个结论知,$\dot{E}_{\mathrm{g}}$ 仅仅与磁通 $\dot{\Phi}_{\mathrm{m}}$ 与有效绕组匝数 $W_{1\mathrm{eff}}$ 相连接的部分,即磁链有关。由磁链 ψ 定义式(2.3-1)知,可定义时间变量气隙磁链 $\psi_{\mathrm{g}} = W_{1\mathrm{eff}}\phi_{\mathrm{m}}$,或稳态时该正弦量的幅值 $\Psi_{\mathrm{g}} = W_{1\mathrm{eff}}\Phi_{\mathrm{m}}$。于是式(6.3-3)可改写为

$$E_{\mathrm{g}} = 4.44 f_1 \Psi_{\mathrm{g}} \tag{6.3-4}$$

由于电机制造好之后绕组 $W_{1\mathrm{eff}}$ 不变,所以从使用电机的角度,不必关心绕组的结构而需要关注电机运行时磁链的状态。因此,今后如果不特别强调,将用磁链讨论有关问题。

由式(6.3-4)可知,只要控制好 E_{g} 和 f_1,便可达到控制气隙磁链幅值 Ψ_{g} 的目的。对此,需要考虑基频(也即电动机的额定频率 $f_{1\mathrm{N}}$)以下和基频以上两种情况。

对于基频以下调速,由式(6.3-4)知,要保持气隙磁链幅值 Ψ_{g} 不变,当频率 f_1 从电机的额定频率 $f_{1\mathrm{N}}$ 向下调节时必须同时降低 E_{g},使

$$\frac{E_{\mathrm{g}}}{f_1} = 常值 \tag{6.3-5}$$

即采用气隙感应电势和定子电压频率之比为恒值的控制方式。然而,由于绕组中的气隙感应电动势不能直接被检测到,所以难以作为被控量实现式(6.3-5)的控制。由于定子相电压的基波有效值 U_1 可由变频电源给出,并且当电动势有效值 E_{g} 较大时,可以忽略定子绕组的漏磁阻抗压降而认为定子相电压有效值 $U_1 \approx E_{\mathrm{g}}$,所以可以将式(6.3-5)改为

$$\frac{U_1}{f_1} = 常值 \tag{6.3-6}$$

这就是恒压频比的控制方式。

在基频以上调速时,频率应该从 $f_{1\mathrm{N}}$ 向上升高,但定子电压 U_1 却不可能超过电机的额定电压 $U_{1\mathrm{N}}$,最多只能保持 $U_1 = U_{1\mathrm{N}}$。由式(6.3-4)知,这将迫使磁链与频率成反比地降低,相当于直流电动机弱磁调速的情况。

6.3.2 　基频以下的电压-频率协调控制

由 6.2.3 节知鼠笼式异步电动机的电压、电流等可表示为矢量,例如用极坐标表示定子电压 $\boldsymbol{u}_1$ 时,其两个分量为幅值和角度,即用复数表示时,有 $\boldsymbol{u}_1 = U_1 \mathrm{e}^{\mathrm{j}\omega_1 t}$。但是,由于在稳态时电机模型可用单相等效电路表示,所以本节的讨论都基于图 5.3.8(a)所示的鼠笼式异步电机稳态等效电路。为了以下叙述方便,将图 5.3.8(a)改作图 6.3.2。注意图 6.3.2 中电压 $\dot{U}_1$ 的幅值 U_1 和频率 ω_1 为可调节的输入量,铁损 r_{m} 也被忽略了。

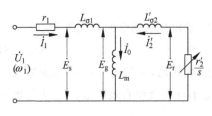

图 6.3.2　异步电动机稳态等效电路和感应电动势

此外,图中几个新的变量及其物理意义如下:

(1) E_g 为气隙磁链 Ψ_g 在定子每相绕组中的感应电动势,也就是 5.3.3 节中定义的定子电势 E_1;

(2) E_s 为定子全磁链 Ψ_s(包含了气隙磁链和定子漏磁链)在定子每相绕组中的感应电动势有效值;

(3) E_r 为转子全磁链 Ψ_r(包含了气隙磁链和转子漏磁链)在转子绕组中的感应电动势有效值(折合到定子侧)。

1. 恒压频比控制($U_1/\omega_1 =$ 恒值)

6.3.1 节中已经指出,为了近似地保持气隙磁链有效值 Ψ_g 不变,以便充分利用电动机铁心,发挥电动机产生转矩的能力,在基频以下必须采用恒压频比控制。需要指出的是,保持气隙磁链有效值 Ψ_g 不变,也就是需要保持图 6.3.2 中的等效励磁电流 $\dot{I}_0$ 的幅值 I_0 不变。

在改变同步频率时,同步转速 n_1 自然要依据下式变化,即

$$n_1 = \frac{60\omega_1}{2\pi n_p} \tag{6.3-7}$$

带负载时的转速降落 Δn 为

$$\Delta n = s n_1 = \frac{60}{2\pi n_p} s\omega_1 \tag{6.3-8}$$

在式(6.3-2)所表示的机械特性近似直线段上,可以导出

$$s\omega_1 \approx \frac{r_2' T_e}{3n_p \left(\dfrac{U_1}{\omega_1}\right)^2} \tag{6.3-9}$$

由此可见,当 U_1/ω_1 为恒值时,对于同一转矩 T_e,$s\omega_1 = \omega_1 - \omega$ 是基本不变的,因而 Δn 也是基本不变的。这就是说,在恒压频比的条件下改变频率 ω_1 时,机械特性基本上是平行下移,如图 6.3.3(a)所示。它们和他励直流电动机变压调速时的情况基本相似,所不同的是,当转矩增大到最大值以后,转速再降低,电磁转矩就会急剧减小。而且频率越低时最大转矩值越小。将 5.3.3 节 T_{emax} 的公式(5.3-58)稍加整理后可得在第 Ⅰ 象限内的机械特性为

$$T_{emax} = \frac{3n_p}{2} \left(\frac{U_1}{\omega_1}\right)^2 \frac{1}{\dfrac{r_1}{\omega_1} + \sqrt{\left(\dfrac{r_1}{\omega_1}\right)^2 + (L_{\sigma 1} + L_{\sigma 2}')^2}} \tag{6.3-10}$$

由上式可知,由于项 r_1/ω_1 的存在,最大转矩 T_{emax} 是随着 ω_1 的降低而减小的。频率很低时 T_{emax} 太小,将限制电动机的带载能力。造成 T_{emax} 降低的原因是在低频段 U_1 和 E_g 都较小,如图 6.3.3(a)中的曲线 ω_{12} 和 ω_{13} 所示。此时定子阻抗 $r_1 + j\omega_1 L_{\sigma 1}$ 上的压降所占的分量比较显著,从而使励磁电流 I_0 减小。为了使 I_0 不变,可以在低速段人为地把电压 U_1 抬高一些,以便近似地补偿定子压降。带定子阻抗压降补偿的恒压频比控制特性示于图 6.3.3(b)中的曲线 b,其算式为

$$U_1 = K f_1 + U_{10} \tag{6.3-11}$$

式中,K 为常数。而依据式(6.3-6),即无定子阻抗压降补偿的控制特性则为曲线 a。在实际应用中,由于负载大小不同,需要补偿的定子压降值也不一样。所以在变压变频器的控制器中备有不同斜率 K 和补偿电压 U_{10} 的曲线,以便用户选择。

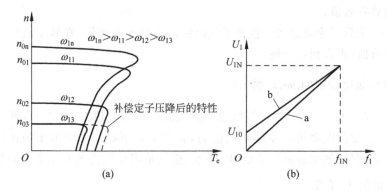

图 6.3.3　基于恒压频比控制的变频调速下电机的机械特性

由上述分析可知,由于在使用变压变频器时只需要根据经验或试运行设定参数 K 和 U_{10},所以该控制方法十分方便。

2. 恒 E_g/ω_1 控制

在电压频率协调控制中,如果恰当地提高电压 U_1 的数值来维持 E_g/ω_1 为恒值,则由式(6.3-4)可知,无论频率高低,每极磁链幅值 Ψ_g 均为常值。此时由图 6.3.2 等效电路可以看出

$$I'_2 = \frac{E_g}{\sqrt{\left(\dfrac{r'_2}{s}\right)^2 + \omega_1^2 L'^2_{\sigma 2}}}$$

代入 5.3 节的电磁转矩公式(5.3-55)后,得

$$T_e = \frac{3n_p}{\omega_1} \frac{E_g^2}{\left(\dfrac{r'_2}{s}\right)^2 + \omega_1^2 L'^2_{\sigma 2}} \frac{r'_2}{s} = 3n_p \left(\frac{E_g}{\omega_1}\right)^2 \frac{s\omega_1 r'_2}{r'^2_2 + s^2 \omega_1^2 L'^2_{\sigma 2}} \tag{6.3-12}$$

这就是恒 E_g/ω_1 控制时的机械特性方程式。

利用与 6.3.1 节相似的分析方法,当 s 很小时,可忽略式(6.3-12)分母中含 s 项,则

$$T_e \approx 3n_p \left(\frac{E_g}{\omega_1}\right)^2 \frac{s\omega_1}{r'_2} \propto s \tag{6.3-13}$$

这表明机械特性的这一段近似为一条直线。当 s 接近于 1 时,可忽略式(6.3-12)分母中的 r'^2_2 项,则

$$T_e \approx 3n_p \left(\frac{E_g}{\omega_1}\right)^2 \frac{r'_2}{s\omega_1 L'^2_{\sigma 2}} \propto \frac{1}{s} \tag{6.3-14}$$

这是一段双曲线。

s 值为上述两段的中间值时,机械特性在直线和双曲线之间逐渐过渡,整条特性

与恒压频比特性相似。但是,对比式(6.3-1)和式(6.3-12)可以看出,恒 E_g/ω_1 特性分母中含 s 项的参数要小于恒 U_1/ω_1 特性中的同类项,也就是说,s 值要更大一些才能使该项占有显著的分量,从而不能被忽略,因此恒 E_g/ω_1 特性的线性段范围更宽。图 6.3.4 给出这种控制方式下电机在第 I 象限的机械特性。与图 6.3.3(a)比较可知,在低速段的特性被大大改善。

将式(6.3-12)对 s 求导,并令 $\mathrm{d}T_e/\mathrm{d}s=0$,可得恒 E_g/ω_1 控制特性在最大转矩时的转差率

$$s_{\mathrm{Tmax}} = \frac{r_2'}{\omega_1 L_{\sigma2}'} \qquad (6.3-15)$$

和最大转矩

$$T_{\mathrm{emax}} = \frac{3}{2} n_p \left(\frac{E_g}{\omega_1}\right)^2 \frac{1}{L_{\sigma2}'} \qquad (6.3-16)$$

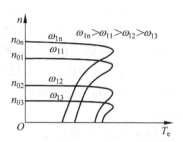

图 6.3.4　恒 E_g/ω_1 控制时变频调速系统在 I 象限的机械特性

值得注意的是,在式(6.3-16)中,当 E_g/ω_1 为恒值时,T_{emax} 恒定不变。可见恒 E_g/ω_1 控制的稳态性能优于"$U_1/\omega_1=$恒值"控制时的稳态性能。这也正是采用式(6.3-11)补偿定子阻抗压降所期望达到的特性。

但是,即使控制使得 $\varPsi_g$ 为常值,机械特性曲线仍然存在双曲线段,这是为什么呢?由电磁转矩的表达式 $T_e=C_T\varPhi_m I_2'\cos\theta_2$ 可知,即使 $\varPhi_m$ 为常数,由于转子回路中漏电抗的存在,有功电流分量 $I_2'\cos\theta_2$ 会随着滑差的增加而大幅减小,因此 T_e 也随之减小。

此外,该控制方法需要电机的参数 $\{r_1, L_{\sigma1}\}$ 来补偿压降 $\sqrt{r_1^2+(\omega_1 L_{\sigma1})^2}\, I_1$。对于不同的电机,这组参数不同,并且电阻 r_1 还会随电机温度的变化而变化。所以需要在控制器中加入可以辨识该组参数的功能,但目前在线辨识该组参数的方法还比较复杂。

3. 恒 E_r/ω_1 控制

如果把电压-频率协调控制中的电压基波有效值 U_1 再进一步提高,把图 6.3.2 的转子漏抗 $\omega_1 L_{\sigma2}'$ 上的压降也抵消掉,得到恒 E_r/ω_1 控制。以下分析对应的机械特性曲线。由图 6.3.2 可写出 $I_2' = \dfrac{E_r}{r_2'/s}$,代入电磁转矩公式(5.3-55),得

$$T_e = \frac{3n_p}{\omega_1} \frac{E_r^2}{\left(\frac{r_2'}{s}\right)^2} \frac{r_2'}{s} = 3n_p \left(\frac{E_r}{\omega_1}\right)^2 \frac{s\omega_1}{r_2'} \qquad (6.3-17)$$

定义 ω 为用电角频率表示的转子转速,注意到 $s=(\omega_1-\omega)/\omega_1$,可将上式改写为

$$\omega = \omega_1 - \frac{r_2'}{3n_p}\left(\frac{\omega_1}{E_r}\right)^2 \cdot T_e = \omega_1 - kT_e \qquad (6.3-18)$$

式中,$k=\dfrac{r_2'}{3n_p}\left(\dfrac{\omega_1}{E_r}\right)^2$ 在"恒 E_r/ω_1 控制"时为常数。由上式可知,这时的机械特性 $T_e=$

$f(s)$完全是一条下垂的直线。

式(6.3-17)还可以改写为

$$T_e = 3n_p \left(\frac{E_r}{\omega_1}\right)^2 \frac{s\omega_1}{r_2'} = 3n_p \left(\frac{E_r}{\omega_1}\right) I_2'$$

上式说明,实现了"恒E_r/ω_1控制"时,电磁转矩与转子电流成正比。

为了比较,图6.3.5给出上述三种控制方式下第Ⅰ象限的机械特性曲线。显然,恒E_r/ω_1控制的稳态性能最好,可以获得和他励直流电动机完全相同的线性机械特性。这正是高性能交流变频调速所要求的特性。

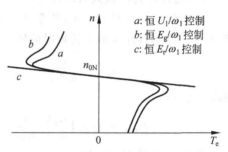

图6.3.5　不同电压-频率协调控制下的机械特性

问题是,怎样控制交流变频装置输出电压的大小和频率才能获得恒定的E_r/ω_1呢?在式(6.3-4)中,气隙磁链的感应电动势E_g对应于气隙磁链Ψ_g,那么,转子全磁通的感应电动势E_r与转子全磁链Ψ_r的关系为

$$E_r = 4.44 f_1 \Psi_r \tag{6.3-19}$$

由此可见,只要能够按照转子全磁链幅值"Ψ_r=恒值"进行控制,就可以获得恒E_r/ω_1了。这正是7.3节异步电动机矢量控制(vector control)或称磁场定向控制(field-oriented control)系统所遵循的原则。

但是由于$\dot{\Psi}_r$不可测量,所以直接控制"Ψ_r=恒值"很难。相关工程方法的原理及其工程实现方法将在7.3节中详细讨论。以下仅基于图6.3.2所示的稳态模型简述其控制思路(这部分内容也可以在学习完7.3节之后再阅读)。

将图6.3.2所示的T型等效电路按照式(6.3-20)作恒等变换,可以得到图6.3.6所示的被工程上称作T-I型的等效电路(推导详见7.2.2节中"采用等效电路表示的模型")。

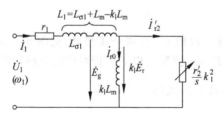

图6.3.6　异步电动机稳态T-I型等效电路

$$\begin{cases} \dot{I}_{r2}' = -\dot{I}_2'/k_1 \\ \dot{I}_{r0} = \dot{I}_1 + \dot{I}_2'/k_1 \\ k_1 = \dfrac{L_m}{L_m + L_{\sigma2}'} \end{cases} \tag{6.3-20}$$

图中,I_{r0}'、$k_1 L_m$分别为对应转子磁链Ψ_r的励磁电流和等效电感;$L_1 = L_{\sigma1} + L_m - L_m k_1$为变换后T-I型等效电路中转子磁链之外的等效电感。与这种等效电路对应的异步电动机时间相量-空间矢量图如图6.3.7(b)所示。无论负载(也就是滑差s)如何变化,表示输出功率的等效转子电流$\dot{I}_{r2}'$始终与转子磁链$\dot{\Psi}_r$正交。而图6.3.7(a)所示的是恒E_g/ω_1控制时电动机的时空矢量图。由图6.3.7(a)可知,即使控制使得气隙磁链幅

值 Ψ_g 为常数(也就是 I_0 为常数),由于漏感 $L'_{\sigma2}$ 上压降的影响,在滑差 s 较大的时候仍然使得 $\dot{I}'_2$ 与 $\dot{\Psi}_g$ 正交的分量减小,从而减小了电磁转矩。

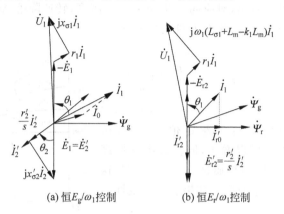

(a) 恒 E_g/ω_1 控制　　(b) 恒 E_r/ω_1 控制

图 6.3.7　恒 E_g/ω_1 控制和恒 E_r/ω_1 控制的"时间相量-空间矢量图"

"$\Psi_r=$恒值"也等效为其对应的励磁电流有效值 I'_{r0} 为恒值。由图 6.3.6 知

$$\omega_1 k_1 L_m = k_1^2 \frac{r'_2}{s} \frac{I'_{r2}}{I'_{r0}}$$

或

$$\omega_s = \omega_1 - \omega = \frac{r'_2}{L_m + L'_{\sigma2}} I'_{r2} / I'_{r0} \qquad (6.3\text{-}21)$$

式中,ω_s 为转差频率。式(6.3-21)与 7.3 节所述的间接型矢量控制方法中求转差频率的公式在本质上是相同的。不同的是,式(6.3-21)是基于三相坐标的一相的稳态等效方程,而 7.3 节的公式则基于 α,β 坐标下的动态方程。

4. 基频以下 3 种控制方法的转矩特性

由图 6.3.5 可知,对于"恒 U_1/ω_1"和"恒 E_g/ω_1"控制方法,在机械特性 $0<s<s_{T_{\text{emax}}}$ 段上,由于磁链幅值恒定,转矩近似与 s 成正比。而恒 E_r/ω_1 控制可以得到和直流他励电动机降压调速一样的线性机械特性。按照 3.5 节所述电力拖动系统的转矩特性可知,上述调速方法都属于恒转矩调速。

*6.3.3　基频以上的恒压变频控制

在基频 ω_{1N} 以上变频调速时,由于异步电动机的工作原理不变,机械特性的基本形状仍然与图 6.3.1 相同。但是,由于电压有效值 $U_1=U_{1N}$ 不可能再变大了,当同步角频率 ω_1 提高时,同步转速 n_1 随之提高,机械特性上移。式(6.3-10)的最大转矩表达式可改写成

$$T_{\text{emax}} = \frac{3}{2} n_p U_{1N}^2 \frac{1}{\omega_1 \left[r_1 + \sqrt{r_1^2 + \omega_1^2 (L_{\sigma1} + L'_{\sigma2})^2} \right]} \qquad (6.3\text{-}22)$$

由此可见，最大转矩 T_{emax} 随 ω_1 提高而减小。那么，在 $0 \leqslant s \leqslant s_{Tmax}$ 特性段上的斜率如何呢？同步角频率 ω_1 较大时可以忽略定子电阻项，于是转矩公式（6.3-1）可以改写为式（6.3-23）。可以看出，对应同一 T_e 的值，ω_1 越高，转速降落 Δn（也就是 $\omega_1 - \omega_r$）越大。因此，机械特性的形状变为图 6.3.8 所示。

$$T_e \big|_{s \ll 1} \approx 3 n_p \left(\frac{U_1}{\omega_1} \right)^2 \frac{s \omega_1}{r_2'} = 3 n_p \frac{U_1^2}{r_2'} \frac{\omega_1 - \omega_r}{\omega_1^2}$$

$$(6.3\text{-}23)$$

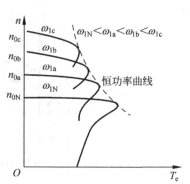

图 6.3.8　基频以上恒压变频调速的机械特性

在供电电压已经达到额定值 U_{1N} 时，由图 6.3.2 的等效电路可以看出，同步频率的提高将使励磁电流 I_0 变小，气隙磁链 Ψ_g 势必减弱，这是电磁转矩减小的根本原因。如果假定是线性磁路，则有 $\Psi_g \propto 1/\omega_1$。

以下定性分析电动机输出最大转矩以及相应的电磁功率随同步角频率 ω_1 的变化规律。同步角频率 ω_1 较大时，可以忽略式（6.3-22）中的定子电阻项，于是该式可改写为

$$T_{emax} \approx \frac{3}{2} n_p U_{1N}^2 \frac{1}{\omega_1^2 (L_{\sigma1} + L_{\sigma2}')} \propto \frac{1}{\omega_1^2} \bigg|_{U_{1N}} \qquad (6.3\text{-}24)$$

基于式 $P_M = T_e \Omega_1$，最大的电磁功率

$$P_{Mmax} = \frac{T_{emax}}{n_p} \omega_1 \propto \frac{1}{\omega_1} \bigg|_{U_{1N}} \qquad (6.3\text{-}25)$$

上式说明，在基频以上对异步电动机作恒压变频控制时，由于弱磁运行，P_{Mmax} 和 T_{emax} 将随 ω_1 的增大而迅速变小。

以"恒 E_g / ω_1"控制方法为例，把基频以下和基频以上在机械特性 $0 < s < s_{T_e max}$ 段上，两种转矩特性画在一起，就可以得到图 6.3.9(a)所示的 T_{emax} 和 P_{Mmax} 特性曲线。

那么，是否与他励直流电动机弱磁调速一样，在弱磁区域还可以实现恒功率调速特性呢？定性地说，如果负载为恒功率负载，则在图 6.3.9(a)中 P_{Mmax} 曲线以下的区域，就可以实现恒功率调速。

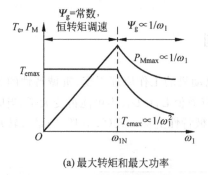

(a) 最大转矩和最大功率

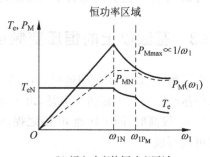

(b) 额定功率的恒功率区域

图 6.3.9　变压变频时异步电动机的机械特性

需要注意的是,对应于额定电压、额定同步频率和额定负载,定子电流为额定电流;如果当 $\omega_{1N} \leqslant \omega_1$ 时输出恒定的额定功率,则定子电流要大于额定电流。而定子电流不能大于所允许的最大电流(电机允许的最大过载电流和驱动电机的变频电源的最大电流中较小的一个),所以,只能在一定的频率范围内($\omega_{1N} \leqslant \omega_1 \leqslant \omega_{1P_M}$)实现额定功率的恒功率输出,如图 6.3.9(b)中虚线所示。当同步频率达到 ω_{1P_M},定子电流也达到最大值,所以在 $\omega_1 > \omega_{1P_M}$ 后定子电流将不能再增加,于是有随同步频率减少的 $P_M = P_{Mmax}$。实现该特性的一个具体控制方法可参考文献[6-14]。

6.3.4　系统构成与动静态特性

本节讨论恒压频比控制的典型系统构成以及动静态特性。此外,作为常识了解,最后介绍由于变频电源供电所带来的死区时间、电压谐波等引发的典型问题。

1. 系统的构成

本节只讨论基于"U_1/ω_1＝恒值"控制以及电压源型逆变电源构成的系统。

基于 6.3.3 节中对恒压频比(U_1/ω_1＝恒值)控制原理的分析,可以得到系统结构如图 6.3.10(a)所示,系统分为控制器、6.2.2 节所述的 PWM 调制单元、6.2.1 节所述的电压源型逆变电源以及"电动机及其负载"。图 6.3.10(a)中,f_1^* 为系统的同步频率(转速)指令值,f_1 为逆变电源输出电压的基波频率。以电机从零开始升速为例,如果设定的从 $f_1=0$ 到 $f_1=f_1^*$ 的加速时间为 T_{rise},则在 $0 < t \leqslant T_{rise}$ 时刻的输出频率为

$$f_1 = \frac{f_1^*}{T_{rise}} t \tag{6.3-26}$$

对角频率 $2\pi f_1$,经过积分运算得到 t 时刻变频器输出电压的相角 θ_{U1};根据 f_1 和设定的恒压频比特性可以计算出当前实际输出的电压幅值 U_1,由 U_1 和 θ_{U1} 构成的输出电压指令值经 PWM 单元调制后产生脉冲信号驱动三相逆变电路。注意,一般不能使施加于电机的同步频率 f_1 发生突变。其原因将在下面"静特性与动特性"中加以说明。

图 6.3.10(b)是一个采用"交-直-交"电压源型逆变器供电的系统构成示意图。图中主电路由不可控整流电路、三相逆变电路和用于释放由电机回馈到电容上电能的能耗电路构成。送往主电路的两个点划线箭头表示 PWM 触发信号。

在运行之前,需要用人机界面或上位机设定:

(1) 根据估计的异步电机定子阻抗值、依据式(6.3-11)选择适当的恒压频比控制特性;

(2) 设定以下参数:对应于电机同步转速的电压频率指令值 f_1^*,用于逆变器实际输出频率 f_1 从零加速到指令值 f_1^* 所需的加速时间 T_{rise}(频率升至设定的频率所需的时间)及减速时间,用于 6.2 节所述 PWM 调制所需的载波频率 f_{sw} 等;

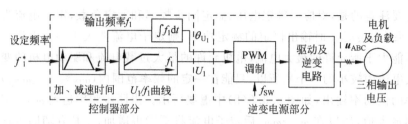

(a) 功能构成示意

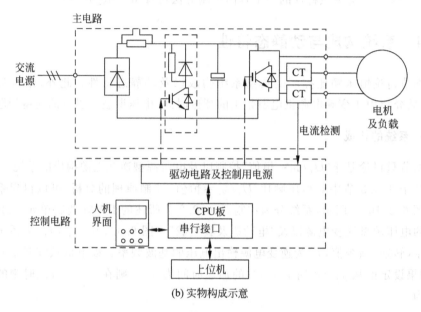

(b) 实物构成示意

图 6.3.10　系统的基本构成示意

(3) 设定一系列其他的功能,重要的如过电流保护、过电压保护以及与其他设备通信所需参数等。

随着技术的进步,一些高水平的通用变频器中已经装载了相关的软硬件以实现自动的电机参数整定和控制器参数的设定。这些功能中,最为重要的是自动测定所拖动的电动机 T 型等效电路中的各个参数以及额定励磁电流值。一个典型的方法见参考文献[6-16]。

2. 静特性与动特性

(1) 静特性

以稳态电动运行为例,如图 6.3.11 中的第 I 象限所示,转子转速 n 小于同步转速 n_1,所以这种调速方法是静态有差的,并且转速误差为电机的滑差转速 sn_1。

此外,采用数字控制时,还有许多因素产生输出频率的误差。例如:①由于异步调制,将产生式(6.2-5)所示的次谐波;②在图 6.3.10(a)中作数字式积分 $\theta_{U_1} = \int f_1 \mathrm{d}t$ 运算时,由于 PWM 输出的字长有限,会产生截断误差,这种误差也会产生次谐波。

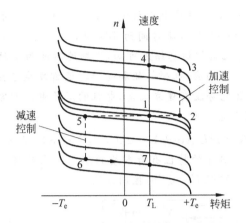

图 6.3.11　恒压频比控制的加、减速过程

（2）动特性

采用变压变频调速的目的在于"动态地"调节电机的速度系统，但本节所述的控制方法却基于电机的稳态数学模型。如果使施加于电机的同步频率 f_1 和电压发生突变，那么该突变必然导致产生较大的转差频率。如果转差频率太大，将使系统不再工作在机械特性的线性段（对于大多数负载为稳定工作区），从而引起系统的非正常运行。那么，如何合理地"动态地"调节电机的速度呢？

事实上，本节所说的动态，不是控制理论所讲的动态，而是使系统由一个静态缓慢地变化到另一个静态。所以只要缓慢地实施"加速或减速"控制就可以避开动态问题。而这种"调速性能"已经可以满足现实中许多需求。用图 6.3.11 对这一调速过程做一说明。设电机在 $t=0$ 时刻稳定运行在工作点"1"，此时 $T_e = T_L$。当需要加速时，变频调速器随时间从下到上提供了由点 2 和点 3 之间的一组" $E_g / f_1 =$ 常值"曲线。由于点 2 处的电机输出电磁转矩 $T_e > T_L$，电机开始逐渐加速并随变频器提供的这组曲线加速至点 3 处。最终沿点 3 的机械特性曲线稳定工作在点 4。同样方法，也可完成减速过程，如图中工作点"1→5→6→7"所示。

例 6.3-1　电机参数如表 6.3.1 所示，采用 MATLAB 仿真处于静止的空载电机突加额定电压时的转矩、定子电流和转速波形。

表 6.3.1　仿真用电动机参数

$r_1 = 0.877\Omega$,　$r_2' = 1.47\Omega$,　$L_{\sigma 1} = 4.34$mh,　$L_{\sigma 2}' = 4.34$mh,　$L_m = 160.8$mh, $n_p = 2, J = 0.015$kg·m^2
额定线电压 380V,额定转矩 14.6Nm,额定功率 2.2kW,额定频率 50Hz；额定转速：1420r/min,额定功率因数 0.85

解　仿真结构图如图 6.3.12(a)。图中，异步电机模型由 MATLAB 仿真库提供，设定负载转矩 T_L 为零，检测环节用于导出定子电流的幅值 I_s，转速 ω_r 和电磁转矩 T_e 的波形。

为对比"恒 U_1 / ω_1"控制不同加速时间的条件下，系统响应的不同，进行以下两组仿真：①当加速时间为零时,即空载电机突加额定电压,系统对"恒 U_1/ω_1"控制的响应如图 6.3.12(b)所示；②当加速时间为 10s 时,系统对"恒 U_1/ω_1"控制的响应如图 6.3.12(c)所示。对比两组仿真结果可知,当加速时间为零时：

（1）由于不再是稳态响应,电磁转矩和转子转速都发生了振荡；

（2）加电压后在反电势没有建立之前,电机的定子电流非常大（近 100A）。而根据参数可以计算出额定电流为

$$I_N = P_N/(\sqrt{3}U_N\cos\theta_N) = 2200/(\sqrt{3} \cdot 380 \cdot 0.85) \approx 4A$$

所以该机械特性与图 6.3.1 的特性有着本质的不同。由此可知,对于加减速要求很快的调速系统,不能采用"恒 U_1/ω_1"的控制方法。

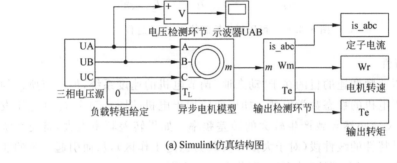

(a) Simulink仿真结构图

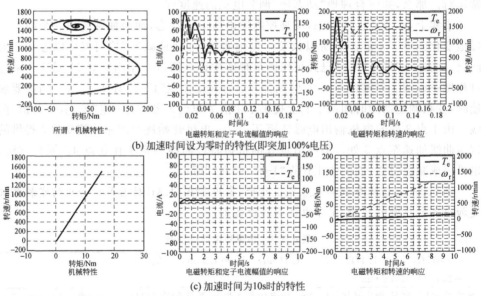

图 6.3.12　空载以及不同电压条件下,电机的转矩

6.4* 变频电源供电的一些实际问题

本节简单介绍采用变频电源驱动电动机,或者驱动电动机的商业电源中含有谐波时,调速系统出现的一些典型问题。这些典型问题严重时,将引发调速系统的机

械或电气事故。

6.4.1　与 PWM 变频电源相关的问题

调速系统所使用的变频电源一般都工作在硬开关的 PWM 方式下,所使用的 IGBT 或 MOSFET 等开关器件的开关速度很高。例如,IGBT 的开关时间大约在 $10^{-7} \sim 10^{-6}$ s,这也就是 PWM 电压波形的开关时间。一般小型电源的 PWM 载波频率大约在 $5 \sim 20$ kHz。由于 PWM 形状电压的上升沿和下降沿非常陡,由此会引发常规正弦交流电路中没有的现象。以下基于图 6.4.1 对典型现象做简单介绍。

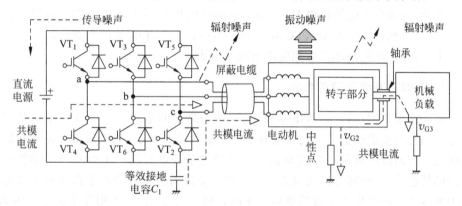

图 6.4.1　变频电源驱动电动机系统时的典型问题

(1) 电动机绕组的绝缘恶化

变频电压源通过电缆与电动机相连,加在电机定子端口的电压除了基波以及基波的 5、7、11 等次低频谐波电压之外,还会有大大高于开关频率的高频电压分量。这类高频波在电缆上由于反射其幅值会增倍,从而击穿原来只基于基波电压幅值所设计的导线绝缘,或者加快绝缘材料的老化。

(2) 共模电流使电动机的轴承等部件被电腐蚀

变频电源驱动电动机系统中,接地问题非常重要。由 6.2.1 节可知,由于 PWM 波的原因,电动机中点的电位不为零,所以电动机定子中点不能接地。但是电动机的外壳必须进行安全接地。于是就产生了如图 6.4.1 中虚线所示的、经电动机轴承以及不接地的变频电源中的漂浮电容 C_1 构成的共模电流(common mode current)的通路。由于这个高频电流,会逐渐腐蚀轴承的表面。

高频的波状电压还会向空间辐射(emission)电磁波,产生辐射干扰,也会通过导体产生传导干扰。

上述问题被称为 EMC(electromagnetic compatibility)问题。相关的分析以及技术对策,请见参考文献[6-3,6-18]。

此外,送入电动机定子上的谐波电流也会产生电磁转矩的谐波分量,或者称为转矩脉动。以下分析其机理。

6.4.2　谐波引发的电动机转矩波动问题

在常规的恒压恒频正弦波电源供电的电动机拖动系统中,几乎没有谐波电流。此时如5.2.3节所述,由于三相异步电动机的绕组在空间是短距对称分布的,基波电流产生的谐波磁势在相与相之间叠加时被极大地削弱(称为空间谐波),而谐波磁通在绕组中感应的谐波电动势也同样在叠加时被削弱。此外,由装载绕组的齿槽而引发的齿谐波虽然不会被绕组的分布和短距因素所削弱,但却会因为槽数的增多和槽口的闭合而削弱。

然而,变频变压电源供电时,电源输出的线电压波形中含有高次谐波以及次谐波,这个谐波被称为时间谐波(time harmonics)。于是在电动机侧也会产生相应的谐波电流,并在电机内部产生相应的谐波磁动势。

1. PWM 波所含谐波的影响

研究结果表明,对大多数电动机而言,影响最大的是由谐波电流产生的基波磁动势。因为基波磁动势在空间合成时受绕组系数的影响小,不能像谐波磁动势那样被削弱。但谐波电流所产生的基波磁动势却与基波电流所产生的基波磁动势有着不同的转速,甚至旋转方向也可能不同。如第 μ 次谐波电流所产生的基波磁动势转速为基波电流所产生的基波磁动势转速的 μ 倍。表 6.4.1[6-19] 用几个例子说明第 μ 次时间谐波与第 ν 次空间谐波组合后对转速的影响。其中,等效的极对数可用图 5.1.12 及其说明理解;绕组系数以及磁动势公式可参照5.2.1节的相关内容理解。例如,对于 $\mu=5,\nu=1$,相当于供电电压的频率为基波的 5 倍,因此,只能使得电动机的同步转速以基波频率供电时的转速 n_1 的 5 倍反转。

表 6.4.1　时间谐波与空间谐波组合的例子(μ 为时间谐波,ν 为空间谐波)

空间谐波次数 ν 和时间谐波次数 μ	用极对数表示的合成磁动势的空间分布(设理想时极对数为 n_p)	合成磁动势的旋转电角频率	绕组系数变化(定义见5.2.3节)	磁动势幅值(式(5.2-16)和式(5.2-18))	该磁动势分量对应的转速
$\mu=1,\nu=1$	n_p	ω	K_{dp1}	$1.35\dfrac{W_{1\text{eff}}}{n_p}I_1$	n_1
$\mu=1,\nu=5$	$5n_p$	ω	K_{dp5}	$1.35\dfrac{W_{5\text{eff}}}{5n_p}I_1$	$-n_1/5$
$\mu=5,\nu=1$	n_p	5ω	K_{dp1}	$1.35\dfrac{W_{1\text{eff}}}{n_p}I_1$	$-5n_1$
$\mu=5,\nu=5$	$5n_p$	5ω	K_{dp5}	$1.35\dfrac{W_{5\text{eff}}}{5n_p}I_1$	n_1

很明显,时间谐波与空间谐波合成的谐波磁动势将使电动机增大转矩脉动(torque vibration)、振动和噪声;其次,时间谐波电流产生的基波磁动势会与基波电

流所产生的基波磁动势相叠加。在最恶劣的情况下,所有的磁动势代数和相加,增大了磁场的饱和程度。同时,这些转速不同的谐波磁动势在电路中感应出谐波电动势。因此,在供电电压有谐波时异步电动机的铁损和铜损都要增加、功率因数变差。

为了改善上述问题,需要尽可能减少变频变压电源输出的各种谐波电压;此外,对特殊应用场合一般采用被称为变频电动机的适合于 PWM 变频电源的专用电动机。变频电动机的设计要点请参考文献[6-19]。

2. 变频电源器件开关死区引发的谐波

变频电源中器件的开关死区引发的电压谐波问题比较特殊。

在前面讨论 PWM 控制的变压变频器工作原理时,我们一直认为逆变器中的功率开关器件都是理想开关,也就是说,它们的导通与关断都随其驱动信号同步地、无时滞地完成。但实际上功率开关器件都不是理想开关,它们都存在导通时延与关断时延。因此,为了保证逆变电路安全工作,必须在同一相上、下两个桥臂开关器件的通断信号之间设置一段死区时间 t_d。即在上(下)臂器件得到关断信号后,要滞后 t_d 时间以后才允许给下(上)臂器件送入导通信号,以防止上、下两桥臂器件同时导通,产生逆变器输出侧被短路的事故。由于死区时间的存在使变压变频器不能完全精确地复现 PWM 控制信号的理想波形,所以会产生额外谐波。

以图 6.4.2(a)所示的典型电压源型逆变电路为例,为分析方便起见,假设①逆变电路是 SPWM 波形输出;②负载电动机的电流为正弦波形,并具有功率因数角 φ;③不考虑开关器件的开关所需上升下降时间。此时,变压变频器 A 相输出的理想 SPWM 相电压波形 u_{A0}^{*} 如图 6.4.2(b-1)所示,它与该相的 SPWM 控制信号的脉宽一致。考虑到器件开关死区时间 t_d 的影响后,A 相桥臂功率开关器件 VT_1 与 VT_4 的实际驱动信号分别示于图 6.4.2(b-2)和图 6.4.2(b-3)。在死区时间 t_d 中,上、下桥臂两个开关器件都没有驱动信号,桥臂的工作状态取决于该相电流 i_A 的方向和续流二极管 VD_1 或 VD_4 的作用。

设图 6.4.2(a)中所表示的 i_A 方向为正方向。当 $i_A > 0$ 时,VT_1 关断后即通过 VD_4 续流,此时 A 点被钳位于零电位;若 $i_A < 0$,则通过 VD_1 续流,A 点被钳位于 $+U_d$。在 VT_4 关断与 VT_1 导通间死区 t_d 内的续流情况也是如此。总之,当 $i_A > 0$ 时,如图 6.4.2(b-4),变压变频器实际输出电压波形的零脉冲增宽,而正脉冲变窄;当 $i_A < 0$ 时,如图 6.4.2(b-5),则反之。波形 u_{A0} 与 u_{A0}^{*} 之差为一系列的脉冲电压 u_{error},其宽度为 t_d,幅值为 U_d,极性与 i_A 方向相反,并且和 SPWM 脉冲本身的正负无关。一个周期内 u_{error} 的脉冲数取决于 SPWM 波的开关频率。

偏差电压脉冲序列 u_{error} 可以等效为一个矩形波的偏差电压 U_{error}(U_{error} 为脉冲序列的平均值)。由于在半个变压变频器输出电压基波 f_{out} 的周期 T_{out} 内有等式

$$U_{error} \frac{T_{out}}{2} = t_d U_d \frac{N}{2} \tag{6.4-1}$$

所以偏差电压 U_{error}

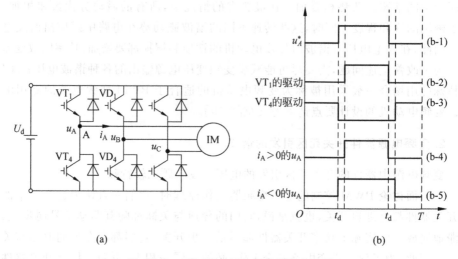

(a)　　　　　　　　　　　　　　(b)

图 6.4.2　死区及变压变频器的输出波形

$$U_{error} = \frac{t_d U_d N}{T_{out}} \tag{6.4-2}$$

式中,$N = f_{sw}/f_{out}$ 为式(6.2-7)定义的 SPWM 波载波比;f_{sw} 为载波频率;U_d 为直流侧电压值。偏差电压 U_{error} 以及由该电压引起的输出电压的畸变见图 6.4.3(a)。

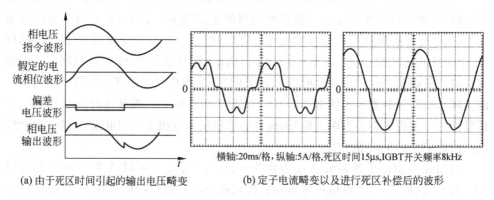

横轴:20ms/格,纵轴:5A/格,死区时间15μs,IGBT开关频率8kHz

(a) 由于死区时间引起的输出电压畸变　　　(b) 定子电流畸变以及进行死区补偿后的波形

图 6.4.3　死区引起的偏差电压对系统的影响

由上述分析可知,死区对变压变频器输出电压的影响为:

(1) 死区形成的偏差电压会使 SPWM 变压变频器实际输出基波电压的幅值比理想的输出基波电压幅值有所减少。如果载波频率 f_{sw} 为一常值(异步调制),则随着输出频率的降低,死区形成的偏差电压越来越大。

(2) 对于三相三线的变压变频电源,A,B,C 相上死区形成的 3 个偏差电压为三个互差 120°电角度的方波。由此在输出电压中引入了较大的 5、7、11 等次谐波,这些谐波电压必然引起电流波形的畸变并由谐波电流在交流电机中产生脉动转矩。对于有电流闭环的系统,这个谐波电流会得到一定程度的抑制。而对于 6.3 节所述的开环系统,谐波电流严重时将使系统速度产生脉振以至不能正常运行。图 6.4.3(b)左边的波形是一个实际系统由死区时间引起的畸变的电流波形。

以上仅以 SPWM 波形为例说明了死区的影响。实际上,死区的影响在各种 PWM 控制方式的变压变频器中都是存在的。有多种方法补偿死区影响,补偿后的电流波形如图 6.4.3(b)的右图所示。有关死区时间补偿的成果可参考文献[6-9,6-10]。

本节小结

(1) 变压变频调速有两种基本方式:在基频以下,希望维持气隙磁链不变,需按比例地同时控制电压和频率,低频时还应适当抬高电压以补偿定子压降;在基频以上,由于电压无法再升高,只好仅提高频率而迫使磁链减弱。这一思路不但适合于基于电机稳态模型的变压变频调速系统,也适合于其他控制方法。

(2) 基于电机稳态模型的变压变频调速系统是一个开环系统,其构成简单,功能实用。常用的是"U_1/f_1＝恒值"控制,它不需要采用电机的任何参数,所以具有对系统参数变化的鲁棒性;而"E_r/f_1＝恒值"控制则反映了矢量控制的基本思想。

(3) "U_1/f_1＝恒值"控制系统的特性:①由于这些控制方法基于电动机的稳态模型,所以不适用于对动态性能要求高的场合;②系统是稳态有差的,转速误差为滑差频率。

(4) 由于 PWM 方法以及逆变电路的死区时间等将引起输出电压产生谐波,由此也引起谐波电流、电磁转矩脉动以及损耗增加等问题。

本章习题

有关 6.1 节

6-1　与交流电机比较,为什么直流电机的容量不能做大,转速不能做高?

6-2　异步电动机有哪些调速方法,同步电机有哪些调速方法? 依据的公式是什么?

有关 6.2 节

6-3　思考:

(1) 为什么直-交逆变器中的逆变单元的功率器件要工作在开关状态?

(2) 为什么要采用多电平电路?

(3) 为什么正弦波脉宽调制(SPWM)要按正弦波调制?

(4) 交流变频电源中的 SPWM 与 4.2 节所述可控直流电压源中的 PWM 有何异同?

6-4　"正弦波电压 PWM"方法基于以下哪个说法?

(1) 某一时刻指令正弦波电压值等于对应于该时刻的开关周期内 PWM 输出电压的平均值;

（2）某一时刻指令正弦波电压值等于对应于该时刻的开关周期内 PWM 输出电压的有效值；

（3）某一开关周期内 PWM 输出电压的平均值对应于该周期正弦波电压的平均值。

6-5　为什么说"采用 VSI 供电，负载必须呈感性，而用 CSI 供电，负载必须呈容性"？

6-6　交流电机定子三相绕组通入相同的交流电流时，其空间矢量由下式表示。此时绕组电流产生的磁动势有什么特点？

$$i_1 = \sqrt{2/3}\,(i_A e^{j0^\circ} - 0.5i_A e^{j120^\circ} - 0.5i_A e^{-j120^\circ})$$

6-7　试回答：

（1）由电路原理可知，三相电路中的电压为时间变量，稳态时为相量。为什么将三相电压施加在三相电机上时可以将其看作空间电压矢量？

（2）采用 Y 形接法的三相正弦交流电压源给电动机供电时，电源中点 O 与电动机中点 N 之间没有电位差。而图 6.2.5(a)中，这两点之间有电位差，为什么？

6-8　有关空间电压矢量调制方法，问：

（1）为什么要将非零的基本电压矢量方向和基本电压矢量区别开来？

（2）采用空间电压矢量调制方法的最大输出电压为什么比正弦波 PWM 调制方法的最大输出电压高？

（3）为什么相电压中含有三次谐波？为什么该谐波不出现在线电压中？

（4）对于线性调制，稳态时 $u_1(k)$ 的幅值为常数，输出线电压的幅值也为常数，对吗？

6-9　Swiss Federal Institute of Technology Zurich 的教授 Drofenik. Kolar 开发了"交互式电力电子技术课程(iPES)"（网页 www. ipes. ethz. ch）。请学习该课程中的"Space Vector Based Current Control of a Six-Switch PWM Rectifier"一节。

有关 6.3 节

6-10　在对异步电动机进行速度调节时，为什么要控制使得电机的气隙磁链幅值 Ψ_g＝常数？

6-11　可以对鼠笼式电机实施 $f_1＝0$（即向电机施加直流）的调速吗？为什么？

6-12　使用图 6.3.2 解释为什么在基频以上的恒压变频调速会使气隙磁链减弱？

6-13　试解释为什么图 6.3.5 中的曲线 b 还存在非线性段（双曲线 $1/s$ 段）？曲线 c 下斜的原因是什么？请将该原因与他励直流电机主磁通为额定时机械特性下垂的原因作比较。

6-14　转子全磁链 Ψ_r 与气隙磁链 Ψ_g 相比多了哪部分磁链？

6-15　基于异步电动机稳态模型的"恒 U_1/ω_1"控制在进行调速控制时（动态），为什么不应该使加在电机上的同步频率 f_1 发生突变？

6-16　在直流拖动系统用 PWM 脉宽调制电源中，死区时间也对输出电压产生影响。但为什么没有讨论该影响？对于直流开环系统,死区时间是否会引起系统不稳定？直流双闭环系统是否可以抑制死区时间产生的影响？（提示：是否引起不希望的谐波？）

6-17　对于大部分通风机和泵类负载,其"转矩-速度"特性和"功率-速度"特性可简单地用题图 6.17 表示,图中 k_T,k_P 为常数。采用异步电机拖动这类负载时,请问如果采用"恒压频比"方法调速,在第 I 象限可能的稳态工作点有几个？试作图表示。

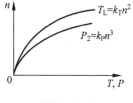

题图　6.17

有关 6.4 节

6-18　什么是空间谐波,什么是时间谐波？两者产生的原因是什么？两者所产生的电磁转矩谐波分量的特点是什么（提示：参考表 6.4.1）？

6-19　试说明采用 PWM 变频电源拖动交流电机时,与采用正弦波电压拖动电机相比,有哪些新现象？

综合练习

6-20　异步电动机的"恒 U_1/ω_1"控制的 Simulink 仿真。

采用例 6.3-1 的异步电动机参数和图 6.3.12(a)所示的 Simulink 仿真图,将图中突加电压给定部分换成 U_1/ω_1 给定。参照图 6.3.10 中"控制器"部分和式(6.3-23)设计 U_1/ω_f 控制方式的频率和电压给定。要求将加速时间 T_{rise} 设为 20s,当给定频率 f_1^* 分别为 10Hz 和 40Hz 时给出某一相定子电压和电流以及电磁转矩和转速随时间变化的波形。

第7章

具有转矩闭环的
异步电动机调速系统

第 6 章讨论了基于稳态数学模型的异步电动机调速系统能够在一定范围内实现平滑调速,但是,如果遇到如轧钢机、数控机床、机器人、载客电梯等需要高动态性能调速系统或伺服系统的场合,这种系统就不能完全适应了。由 4.4 节可知,实现高动态性能直流电动机调速的关键是能够快速而稳定地控制电磁转矩。这一结论同样也适用于交流电动机调速系统。因此,本章重点讨论具有转矩闭环的交流电动机速度控制系统。

如果要使交流电动机调速系统实现高动态性能,就需要基于动态数学模型讨论其控制方法。作为基础知识,在 7.1 节先介绍用于系统分析的各种坐标变换。之后,在 7.2 节先引出异步电动机非线性多变量动态数学模型,并利用坐标变换加以简化,得到常用的二维正交坐标系上的模型。在 7.3 节中,首先从多变量数学模型出发讲述假定转子磁链可测条件下的矢量控制原理;然后讨论工程上的转速、磁链闭环控制(直接矢量控制)和转差频率控制(间接矢量控制)两种矢量控制系统。在第 7.4 节,首先讨论最原始的直接转矩控制系统,然后通过建立定、转子磁链定向下的感应电动机模型揭示直接转矩控制原理及其特点。本章各节的关系以及与第 8 章的关系如图 7.0.1 所示。此外,在本章中,变量采用小写字母,其中,矢量使用粗斜字体表示。

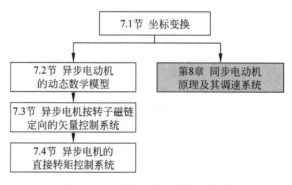

图 7.0.1　本章内容及其相互关系

7.1 坐标变换

在今后的分析中,常常使用一些恒等变换以简化被控对象的模型或认识其某些物理特征。为此,本节简要介绍这些变换。

7.1.1 三相静止坐标系——两维正交静止坐标系变换

由 6.2.3 节知,三相交流电动机数学模型可直接采用三相静止坐标系表示。该坐标系如图 7.1.1(a)所示,三个坐标分别为平面上位置为 $e^{j0°}$,$e^{j120°}$ 和 $e^{-j120°}$ 的 A、B、C 坐标。在稳态时,三个时间变量 u_{AB}、u_{BC} 和 u_{CA} 是相位相差 120°电角度的正弦量。由 7.2 节可知,基于三相静止坐标系的数学模型非常复杂,因此希望能够化简模型。以下讨论相关的坐标变换。

三相交流电动机,在三相绕组的空间位置为 $e^{j0°}$,$e^{j120°}$,$e^{-j120°}$ 的前提下,由于

$$u_{AB} + u_{BC} + u_{CA} = 0, \quad i_A + i_B + i_C = 0$$

即各组变量之间**线性相关**。所以可以将三相中的三个变量用两个线性独立的变量表示,也就是用平面上的两维坐标表示。其中,最为简单的是采用正交坐标表示,本书称为 $\alpha\beta$ 坐标。坐标以及绕组位置如图 7.1.1(b)所示。

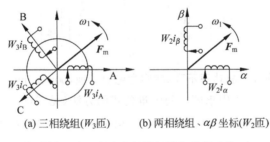

(a) 三相绕组(W_3匝)　　　　(b) 两相绕组、$\alpha\beta$ 坐标(W_2匝)

图 7.1.1　交流电机绕组及相关磁动势

以下以**磁动势矢量**为例来讨论两个坐标系之间的关系。由第 5 章知,基波空间磁动势 $\boldsymbol{F}_m$ 并不一定非要三相绕组产生不可。二相、三相、五相、…… 等任意对称的多相绕组通入平衡(总和为零)的多相电流,都能产生这个旋转磁动势。其中最为简单的方法如图 7.1.1(b)所示,在静止正交坐标系 $\{\alpha,\beta\}$ 的两绕组中通入时间上互差 90°电角度的两相平衡交流电流。设三相绕组每相的有效匝数为 W_3、电流矢量为 $\boldsymbol{i}_{ABC}$(下标 ABC 表示三相坐标系)、两相绕组每相的有效匝数为 W_2、电流矢量为 $\boldsymbol{i}_{\alpha\beta}$(下标表示 $\alpha\beta$ 坐标系),则

$$\begin{aligned}
\boldsymbol{F}_m(t) &= W_3 \boldsymbol{i}_{ABC} = W_3 \sqrt{2/3}\,(i_A e^{j0°} + i_B e^{j120°} + i_C e^{-j120°}) \\
&= W_2 \boldsymbol{i}_{\alpha\beta} = W_2 \sqrt{2/3}\,(i_\alpha e^{j0°} + i_\beta e^{j90°})
\end{aligned} \tag{7.1-1}$$

式中,系数 $\sqrt{2/3}$ 如 6.2.3 节所述。对于基波电流,有

$$\begin{cases} I_s = \sqrt{i_\alpha^2 + i_\beta^2} \\ i_\alpha = I_s\cos\omega_1 t, i_\beta = I_s\sin\omega_1 t \end{cases} \tag{7.1-1a}$$

式(7.1-1)说明,图 7.1.1 中的两个旋转磁动势相等时,在三相静止坐标系下的 $W_3 i_{ABC}$ 和在两维静止正交坐标系下的 $W_2 i_{\alpha\beta}$ 是等效的。据此,可将两种坐标系下的不同电流进行变换。这种在三相静止绕组 A、B、C 中的变量和两维静止绕组 a、β 中的变量之间的变换,称为**三相静止坐标系和两维静止坐标系间的变换**,简称 **3/2 变换**。

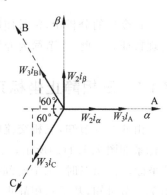

图 7.1.2　三相、两维坐标系与绕组磁动势的空间矢量

将图 7.1.1 的(a)和图 7.1.1(b)合成为图 7.1.2,为方便起见取 A 轴和 α 轴重合,同时将各轴上的磁动势(有效匝数与电流的乘积)矢量作于本坐标轴上。由于交流磁动势的大小随时间在变化着,图中磁动势矢量的长度是随意的。

设磁动势波形是正弦分布的,当三相总磁动势与二相总磁动势相等时,两套绕组瞬时磁动势在 a、β 轴上的投影都应相等,因此可得用矩阵表示的两者关系

$$\begin{bmatrix} i_\alpha \\ i_\beta \end{bmatrix} = \frac{W_3}{W_2}\begin{bmatrix} 1 & -\dfrac{1}{2} & -\dfrac{1}{2} \\ 0 & \dfrac{\sqrt{3}}{2} & -\dfrac{\sqrt{3}}{2} \end{bmatrix}\begin{bmatrix} i_A \\ i_B \\ i_C \end{bmatrix} \tag{7.1-2}$$

为了使坐标变换前后**总功率不变**(被称为绝对变换,power invariant transformation),按照 6.2.3 节的例 6.2-1 中求解空间矢量公式的方法(见式(6.2-11)),即

$$p = \boldsymbol{u}_{ABC}^T \boldsymbol{i}_{ABC} = u_A i_A + u_B i_B + u_C i_C = \boldsymbol{u}_{\alpha\beta}^T \boldsymbol{i}_{\alpha\beta} = u_\alpha i_\alpha + u_\beta i_\beta$$

式中的 $\boldsymbol{u}^T$ 为 $\boldsymbol{u}$ 的转置矢量。由上式的条件可以求得匝数比 $W_3/W_2 = \sqrt{2/3}$,将其代入式(7.1-2)得

$$\begin{bmatrix} i_\alpha \\ i_\beta \end{bmatrix} = \sqrt{\frac{2}{3}}\begin{bmatrix} 1 & -\dfrac{1}{2} & -\dfrac{1}{2} \\ 0 & \dfrac{\sqrt{3}}{2} & -\dfrac{\sqrt{3}}{2} \end{bmatrix}\begin{bmatrix} i_A \\ i_B \\ i_C \end{bmatrix} \tag{7.1-3}$$

令 $C_{3/2}$ 表示从三相坐标系变换到两维坐标系的变换矩阵,则

$$C_{3/2} \stackrel{\text{def}}{=} \sqrt{\frac{2}{3}}\begin{bmatrix} 1 & -\dfrac{1}{2} & -\dfrac{1}{2} \\ 0 & \dfrac{\sqrt{3}}{2} & -\dfrac{\sqrt{3}}{2} \end{bmatrix} \tag{7.1-4}$$

如果要从两维坐标系变换到三相坐标系(简称 2/3 变换),可利用增广矩阵的方法把 $C_{3/2}$ 扩成方阵。求其逆矩阵后,再除去增加的一列,即得

$$C_{2/3} \stackrel{\text{def}}{=} \sqrt{\frac{2}{3}} \begin{bmatrix} 1 & 0 \\ -\dfrac{1}{2} & \dfrac{\sqrt{3}}{2} \\ -\dfrac{1}{2} & -\dfrac{\sqrt{3}}{2} \end{bmatrix} \qquad (7.1\text{-}5)$$

所以 2/3 变换式为

$$\begin{bmatrix} i_A \\ i_B \\ i_C \end{bmatrix} = C_{2/3} \begin{bmatrix} i_\alpha \\ i_\beta \end{bmatrix} \qquad (7.1\text{-}6)$$

由于 $i_A + i_B + i_C = 0$，或 $i_C = -i_A - i_B$，代入式(7.1-3)和式(7.1-6)并整理后得

$$\begin{bmatrix} i_\alpha \\ i_\beta \end{bmatrix} = \begin{bmatrix} \sqrt{\dfrac{3}{2}} & 0 \\ \dfrac{1}{\sqrt{2}} & \sqrt{2} \end{bmatrix} \begin{bmatrix} i_A \\ i_B \end{bmatrix}, \quad \begin{bmatrix} i_A \\ i_B \end{bmatrix} = \begin{bmatrix} \sqrt{\dfrac{2}{3}} & 0 \\ -\dfrac{1}{\sqrt{6}} & \dfrac{1}{\sqrt{2}} \end{bmatrix} \begin{bmatrix} i_\alpha \\ i_\beta \end{bmatrix} \qquad (7.1\text{-}7)$$

此外，对于供电系统中的 3 相 4 线系统，由于 $i_A + i_B + i_C \neq 0$，也可将互差 120° 的 A、B、C 坐标系变换为三维空间中的正交坐标系，即 $\{\alpha, \beta, 0\}$ 坐标系表示。此时的变换式为

$$\begin{bmatrix} i_\alpha \\ i_\beta \\ i_0 \end{bmatrix} = \sqrt{\frac{2}{3}} \begin{bmatrix} 1 & -\dfrac{1}{2} & -\dfrac{1}{2} \\ 0 & \dfrac{\sqrt{3}}{2} & -\dfrac{\sqrt{3}}{2} \\ \dfrac{1}{\sqrt{2}} & \dfrac{1}{\sqrt{2}} & \dfrac{1}{\sqrt{2}} \end{bmatrix} \begin{bmatrix} i_A \\ i_B \\ i_C \end{bmatrix} = C_{ABC/\alpha\beta0} \begin{bmatrix} i_A \\ i_B \\ i_C \end{bmatrix} \qquad (7.1\text{-}8)$$

上式中的 i_0 为流经零线的电流。同样，由 $\{\alpha, \beta, 0\}$ 坐标系向 $\{A, B, C\}$ 坐标系的变换为

$$\begin{bmatrix} i_A \\ i_B \\ i_C \end{bmatrix} = \sqrt{\frac{2}{3}} \begin{bmatrix} 1 & 0 & \dfrac{1}{\sqrt{2}} \\ -\dfrac{1}{2} & \dfrac{\sqrt{3}}{2} & \dfrac{1}{\sqrt{2}} \\ -\dfrac{1}{2} & -\dfrac{\sqrt{3}}{2} & \dfrac{1}{\sqrt{2}} \end{bmatrix} \begin{bmatrix} i_\alpha \\ i_\beta \\ i_0 \end{bmatrix} = C_{\alpha\beta0/ABC} \begin{bmatrix} i_\alpha \\ i_\beta \\ i_0 \end{bmatrix} \qquad (7.1\text{-}9)$$

注意，①上述变换以电流为例。按照所采用的条件可证明，这些变换阵适用于任意的平面矢量如电压、磁链和功率；②当三相绕组的有效匝数不等，或者三相的相轴不对称也就是 $e^{j0°} + e^{j120°} + e^{-j120°} = 0$ 不成立时，这个变换依然成立。

7.1.2　平面上的静止坐标——旋转坐标变换

在平面上表述的矢量，其独立的分量可以用直角坐标系表述，也可以用极坐标

表述。以下分别讨论。

1. 直角坐标系下的静止坐标——旋转坐标变换(2s/2r 变换)

为了叙述方便,将图 7.1.1(b)重绘于图 7.1.3(a)。设电流 $i_{\alpha\beta}=[i_\alpha i_\beta]^T$ 的各个分量为基波

$$i_\alpha = I_s\cos\omega_1 t, \quad i_\beta = I_s\sin\omega_1 t$$

式中,幅值 $I_s = \sqrt{i_\alpha^2 + i_\beta^2}$。

图 7.1.3(a)的旋转磁动势 $\boldsymbol{F}_m$ 还可以用下列方式产生:用两个匝数也为 W_2 且互相垂直的绕组 $\{d,q\}$ 中分别通以直流电流 i_d 和 i_q,并且使得包含这两个绕组在内的整个铁心以与旋转磁动势 $\boldsymbol{F}_m$ 同步的转速 ω_1 旋转,如图 7.1.3(b)。当观察者也站到该铁心上和绕组一起旋转时,在他看来,d 和 q 是两个通入直流而相互垂直的静止绕组。此时,$\boldsymbol{i}_{dq}=[i_d i_q]^T$ 产生的 $\boldsymbol{F}_m$ 与图 7.1.3(a)中 $\boldsymbol{i}_{\alpha\beta}=[i_\alpha i_\beta]^T$ 产生的 $\boldsymbol{F}_m$ 相等。

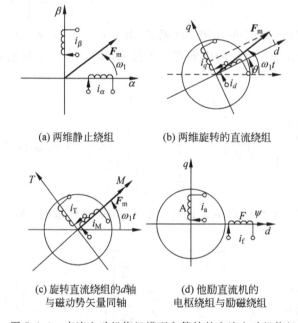

(a) 两维静止绕组　　　　(b) 两维旋转的直流绕组

(c) 旋转直流绕组的d轴　　(d) 他励直流机的
　　与磁动势矢量同轴　　　　电枢绕组与励磁绕组

图 7.1.3　直流电动机绕组模型和等效的交流电动机绕组

进一步如图 7.1.3(c)所示选择旋转磁动势 $\boldsymbol{F}_m$ 的方向为 d 坐标的方向,此时电角度 $\theta=\omega_1 t$。为了区别,将此时的 d 轴更名为 M 轴,q 轴改为 T 轴。则 M 坐标表示的电流 i_M 为

$$\begin{cases} i_M = I_s = \sqrt{i_\alpha^2 + i_\beta^2} \\ \omega_1 t = \arccos\left(\dfrac{i_\alpha}{\sqrt{i_\alpha^2 + i_\beta^2}}\right) \end{cases} \tag{7.1-10}$$

此时 i_M 的方向与旋转磁动势 $\boldsymbol{F}_m$ 的方向重合,即等价为磁动势 $\boldsymbol{F}_m$ 由旋转坐标 M 上的直流电流 i_M 产生,T 轴电流为 $i_T=0$。这时,绕组 M 相当于励磁绕组。注意,在忽

略铁损的条件下 $\boldsymbol{F}_{\mathrm{m}}$ 的方向与气隙磁链 $\boldsymbol{\psi}_{\mathrm{m}}$ 的方向一致。

　　回想在第 3 章学习的他励直流电动机的电枢电流 i_{a} 和励磁电流 i_{f} 之间的空间关系可用图 7.1.3(d)表示。比较图 7.1.3(c)和图 7.1.3(d)可知,两者的励磁方式没有本质上的区别。

　　由此可见,以产生同样的旋转磁动势为准则,图 7.1.3(a)的两个交流绕组、图 7.1.3(b)中的两个直流绕组以及图 7.1.3(c)中的直流绕组 M 彼此等效。或者说,两维坐标系下的 $\{i_{a},i_{\beta}\}$、旋转两维坐标系下的直流 $\{i_{d},i_{q}\}$ 以及与旋转磁动势 $\boldsymbol{F}_{\mathrm{m}}$ 同相位的 M 坐标(位置 θ 为式(7.1-10)所示)上的直流 i_{M} 都是等效的,它们能产生一个相同的基波磁动势。

　　图 7.1.3 中从两维静止坐标系 $\{\boldsymbol{\alpha},\boldsymbol{\beta}\}$ 到两维旋转坐标系 $\{\boldsymbol{d},\boldsymbol{q}\}$、或者到两维坐标系 $\{\boldsymbol{M},\boldsymbol{T}\}$ 的变换称作两维正交静止坐标——两维正交旋转坐标,简称 **2s/2r 变换**,其中 s 表示静止,r 表示旋转。把 $\{\alpha,\beta\}$ 和 $\{d,q\}$ 坐标系画在一起,即得图 7.1.4(a)。图中,两相交流电流 $\{i_{a},i_{\beta}\}$ 和两个直流电流 $\{i_{d},i_{q}\}$ 产生同样的以同步转速 ω_{1} 旋转的合成磁动势 $\boldsymbol{F}_{\mathrm{m}}$。由于各绕组匝数都相等,可以略去磁动势中的匝数,直接用电流表示,即 $\boldsymbol{F}_{\mathrm{m}}$ 可以直接标成电流空间矢量 $\boldsymbol{i}_{\mathrm{s}}$。

　　在图 7.1.4 中,$\{d,q\}$ 轴和矢量 $\boldsymbol{F}_{\mathrm{m}}$,$\boldsymbol{i}_{a\beta}$ 都以转速 ω_{1} 旋转。分量 i_{d}、i_{q} 的长短不变,相当于 d、q 绕组的直流磁动势。但 α、β 轴是静止的,α 轴与 d 轴的夹角 θ 随时间而变化,因此 $\boldsymbol{i}_{a\beta}$ 在 α、β 轴上的分量 i_{a} 和 i_{β} 在稳态时随时间按正弦规律变化,相当于 α、β 绕组交流磁动势的瞬时值。

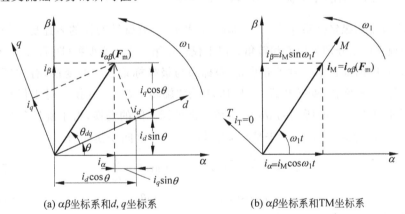

(a) $\alpha\beta$ 坐标系和 d,q 坐标系　　　　(b) $\alpha\beta$ 坐标系和 TM 坐标系

图 7.1.4　两相静止、旋转坐标系以及磁动势(电流)空间矢量

　　规定 ω_{1} 的方向为角度 θ 的正方向,由图可见,$\{i_{a},i_{\beta}\}$ 和 $\{i_{d},i_{q}\}$ 之间存在下列关系

$$\begin{bmatrix} i_{a} \\ i_{\beta} \end{bmatrix} = \begin{bmatrix} \cos\theta & -\sin\theta \\ \sin\theta & \cos\theta \end{bmatrix} \begin{bmatrix} i_{d} \\ i_{q} \end{bmatrix} = C_{2\mathrm{r}/2\mathrm{s}} \begin{bmatrix} i_{d} \\ i_{q} \end{bmatrix} \tag{7.1-11}$$

式中,两维旋转坐标系变换到两维静止坐标系的变换阵

$$C_{2\mathrm{r}/2\mathrm{s}} \stackrel{\mathrm{def}}{=} \begin{bmatrix} \cos\theta & -\sin\theta \\ \sin\theta & \cos\theta \end{bmatrix} \tag{7.1-12}$$

可知该矩阵为正交矩阵。并且由于其行列式的值为$+1$,数学上被称为"第一类正交矩阵"。

对式(7.1-11)两边都左乘以变换阵$C_{2r/2s}$的逆矩阵,即得

$$\begin{bmatrix} i_d \\ i_q \end{bmatrix} = \begin{bmatrix} \cos\theta & \sin\theta \\ -\sin\theta & \cos\theta \end{bmatrix} \begin{bmatrix} i_\alpha \\ i_\beta \end{bmatrix} = C_{2s/2r} \begin{bmatrix} i_\alpha \\ i_\beta \end{bmatrix} \tag{7.1-13}$$

式中的两维静止坐标系变换到两维旋转坐标系的变换阵是

$$C_{2s/2r} \overset{\text{def}}{=} \begin{bmatrix} \cos\theta & \sin\theta \\ -\sin\theta & \cos\theta \end{bmatrix} \tag{7.1-14}$$

电压和磁链的旋转变换阵也与电流(磁动势)旋转变换阵相同。

注意,还有一类旋转变换,其变换阵为

$$C'_{2s/2r} = C'_{2r/2s} = \begin{bmatrix} \cos\theta & \sin\theta \\ \sin\theta & -\cos\theta \end{bmatrix} \tag{7.1-15}$$

在这个变换的坐标系上,d轴与图7.1.4(a)的d轴相同,而q轴与图7.1.4(a)上的q轴相差$180°$。这个变换与图7.1.4(a)定义的变换在本质上是相同的,只是对q轴的定义不同。由于式(7.1-15)的行列式的值为-1,在数学上称为"第二类正交矩阵"。这个坐标系常常用在电力系统的分析和控制上,此时,d轴称为有功轴,而q轴称为无功轴。

2. 极坐标下的静止坐标——旋转坐标变换

平面矢量用**极坐标系**(polar coordinates)表示时,其旋转变换的表述更为简单。此时,两个独立标量分别为幅值和转角。以下仅讨论第一类正交变换(图7.1.4(a))。

(1) 采用标量表示　对于静止$\alpha\beta$坐标系与极坐标系之间的变换,有式(7.1-1a)所示的"静止→旋转"变换和式(7.1-10)所示"旋转→静止"变换。对于任意旋转坐标系,例如图7.1.4(a)所示的dq坐标系与极坐标之间的变换,由于旋转矢量$i_{\alpha\beta}$和d轴的位置关系为$\omega_1 t = \theta_{dq} + \theta$,于是$\{i_d, i_q\}$与$\{I_s, \omega_1 t\}$之间变换式为

$$I_s = \sqrt{i_d^2 + i_q^2}, \quad \theta_{dq} = \arctan \frac{i_q}{i_d} \tag{7.1-16}$$

$$i_d = I_s \cos\theta_{dq}, \quad i_q = I_s \sin\theta_{dq} \tag{7.1-17}$$

(2) 采用矢量表示　由于

$$\boldsymbol{i}_{\alpha\beta} = I_s e^{j(\theta+\theta_{dq})}, \quad \boldsymbol{i}_{dq} = I_s e^{j\theta_{dq}} \tag{7.1-18}$$

两个坐标系之间的夹角为θ。只要定义正向旋转因子为$e^{j\theta}$,则由静止坐标到旋转坐标以及由旋转坐标到静止坐标的变换分别为

$$\begin{cases} \boldsymbol{i}_{dq} = \boldsymbol{i}_{\alpha\beta} e^{-j\theta} \\ \boldsymbol{i}_{\alpha\beta} = \boldsymbol{i}_{dq} e^{j\theta} = I_s e^{j\omega_1 t} \end{cases} \tag{7.1-19}$$

在7.4.3节中,将采用极坐标表示电动机的各个变量,以便分析直接转矩控制方法的本质。

7.2　异步电动机的动态数学模型

7.2.1　异步电动机的基本动态模型及其性质

在推导异步电动机的多变量非线性数学模型时，常作如下的假设：

（1）忽略空间谐波（见 5.2 节）；设三相绕组匝数相等，且空间位置对称；只考虑各个状态变量的基波分量（相关叙述见 5.2.4 节）；

（2）忽略磁路饱和以及铁心损耗；各绕组的自感和互感都是恒定的；

（3）不考虑频率变化和温度变化对绕组电阻的影响；

（4）无论电动机转子是绕线型还是笼型的，都等效成三相绕线转子，并且进行了绕组折算（折算后的定子和转子绕组匝数都相等）。

这样，三相异步电动机绕组就可以等效成图 7.2.1 所示的绕组模型。图中，定子三相绕组轴线 A、B、C 在空间是固定的，以 A 轴为参考坐标轴；转子绕组轴线 a、b、c 随转子旋转，转子 a 轴和定子 A 轴间的电角度 θ_r 为两者的角位移。规定各绕组电压、电流、磁链的正方向符合电动机惯例和右手螺旋定则。

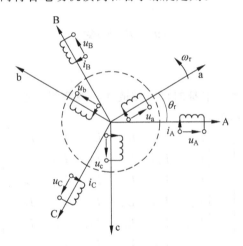

图 7.2.1　三相异步电动机的绕组模型

基于图 7.2.1，三相异步电动机的数学模型可以由下述电压方程、磁链方程、转矩方程和运动方程组成。

1. 电压方程

由图 7.2.1 可知，三相定子绕组的电压平衡方程为

$$\begin{bmatrix} u_A \\ u_B \\ u_C \end{bmatrix} = \begin{bmatrix} R_s & 0 & 0 \\ 0 & R_s & 0 \\ 0 & 0 & R_s \end{bmatrix} \begin{bmatrix} i_A \\ i_B \\ i_C \end{bmatrix} + p \begin{bmatrix} \psi_A \\ \psi_B \\ \psi_C \end{bmatrix} \tag{7.2-1}$$

与此相应,转子绕组仅进行绕组折算(折算到定子侧)之后,基于**旋转轴线** a、b、c 的电压方程为

$$
\begin{bmatrix} u_a \\ u_b \\ u_c \end{bmatrix} = \begin{bmatrix} R_r & 0 & 0 \\ 0 & R_r & 0 \\ 0 & 0 & R_r \end{bmatrix} \begin{bmatrix} i_a \\ i_b \\ i_c \end{bmatrix} + p \begin{bmatrix} \psi_a \\ \psi_b \\ \psi_c \end{bmatrix}
\tag{7.2-2}
$$

式中,p 为微分算子,表示微分符号 $\mathrm{d}/\mathrm{d}t$；u_A,u_B,u_C,u_a,u_b,u_c 为定子和转子相电压的瞬时值；i_A,i_B,i_C,i_a,i_b,i_c 为定子和转子相电流的瞬时值；$\psi_A,\psi_B,\psi_C,\psi_a,\psi_b,\psi_c$ 为各相绕组的全磁链；R_s,R_r 分别为定子和转子绕组电阻。上述各量都已折算到定子侧,为了简单起见,从本节开始均省略表示折算的上角标"$'$"。

将电压方程写成矩阵形式,有

$$
\begin{bmatrix} u_A \\ u_B \\ u_C \\ u_a \\ u_b \\ u_c \end{bmatrix} = \begin{bmatrix} R_s & 0 & 0 & 0 & 0 & 0 \\ 0 & R_s & 0 & 0 & 0 & 0 \\ 0 & 0 & R_s & 0 & 0 & 0 \\ 0 & 0 & 0 & R_r & 0 & 0 \\ 0 & 0 & 0 & 0 & R_r & 0 \\ 0 & 0 & 0 & 0 & 0 & R_r \end{bmatrix} \begin{bmatrix} i_A \\ i_B \\ i_C \\ i_a \\ i_b \\ i_c \end{bmatrix} + p \begin{bmatrix} \psi_A \\ \psi_B \\ \psi_C \\ \psi_a \\ \psi_b \\ \psi_c \end{bmatrix}
\tag{7.2-3}
$$

或写成

$$
\boldsymbol{u} = \boldsymbol{R}\boldsymbol{i} + p\boldsymbol{\Psi}
\tag{7.2-3a}
$$

2. 磁链方程

每个绕组的磁链是它本身的自感磁链和其他绕组对它的互感磁链之和,因此,六个绕组的磁链可表示为

$$
\begin{bmatrix} \psi_A \\ \psi_B \\ \psi_C \\ \psi_a \\ \psi_b \\ \psi_c \end{bmatrix} = \begin{bmatrix} L_{AA} & L_{AB} & L_{AC} & L_{Aa} & L_{Ab} & L_{Ac} \\ L_{BA} & L_{BB} & L_{BC} & L_{Ba} & L_{Bb} & L_{Bc} \\ L_{CA} & L_{CB} & L_{CC} & L_{Ca} & L_{Cb} & L_{Cc} \\ L_{aA} & L_{aB} & L_{aC} & L_{aa} & L_{ab} & L_{ac} \\ L_{bA} & L_{bB} & L_{bC} & L_{ba} & L_{bb} & L_{bc} \\ L_{cA} & L_{cB} & L_{cC} & L_{ca} & L_{cb} & L_{cc} \end{bmatrix} \begin{bmatrix} i_A \\ i_B \\ i_C \\ i_a \\ i_b \\ i_c \end{bmatrix}
\tag{7.2-4}
$$

或写成

$$
\boldsymbol{\phi} = \boldsymbol{L}\boldsymbol{i}
\tag{7.2-4a}
$$

式中,$\boldsymbol{L}$ 是 6×6 电感矩阵,其中对角线元素 L_{AA}、L_{BB}、L_{CC}、L_{aa}、L_{bb}、L_{cc} 是各有关绕组的自感,其余各项则是绕组间的互感。

实际上,与电动机绕组交链的磁通主要有两类:一类是穿过气隙的相间互感磁通,另一类是只与一相绕组交链而不穿过气隙的漏磁通,前者是主要的。定子各相漏磁通所对应的电感称作定子漏感 $L_{\sigma1}$,由于绕组的对称性,各相漏感值均相等；同样,转子各相漏磁通则对应于转子漏感 $L_{\sigma2}$。与定子一相绕组交链的最大互感磁通对应于定子互感 L_{m1},与转子一相绕组交链的最大互感磁通对应于转子互感 L_{m2}。由

于**折算后定、转子绕组匝数相等**，且各绕组间互感磁通都通过气隙，磁阻相同，故可认为

$$L_{m1} = L_{m2} \overset{\text{def}}{=} L_m \tag{7.2-5}$$

对于每一相绕组来说，它所交链的磁通是互感磁通与漏感磁通之和，因此，定子和转子各相自感分别为

$$\begin{cases} L_{AA} = L_{BB} = L_{CC} = L_m + L_{\sigma1} \\ L_{aa} = L_{bb} = L_{cc} = L_m + L_{\sigma2} \end{cases} \tag{7.2-6}$$

两个绕组之间只有互感。互感又分为两类：

(1) 定子三相之间以及和转子三相之间位置都是固定的，故这类互感为常值；

(2) 定子任一相与转子任一相之间的位置是变化的，所以定转子之间的互感是转子相对于定子角位移 θ_r 的函数。

现在先讨论第一类，三相绕组轴线彼此在空间的相位差是 $\pm120°$，在假定气隙磁通为正弦分布的条件下，互感值应为 $L_m\cos120° = L_m\cos(-120°) = -\dfrac{1}{2}L_m$，于是

$$\begin{cases} L_{AB} = L_{BC} = L_{CA} = L_{BA} = L_{CB} = L_{AC} = -L_m/2 \\ L_{ab} = L_{bc} = L_{ca} = L_{ba} = L_{cb} = L_{ac} = -L_m/2 \end{cases} \tag{7.2-7}$$

至于第二类，即定子与转子绕组间的互感，由于相互间位置的变化（见图7.2.1），可分别表示为

$$\begin{cases} L_{Aa} = L_{aA} = L_{Bb} = L_{bB} = L_{Cc} = L_{cC} = L_m\cos\theta_r \\ L_{Ab} = L_{bA} = L_{Bc} = L_{cB} = L_{Ca} = L_{aC} = L_m\cos(\theta_r + 120°) \\ L_{Ac} = L_{cA} = L_{Ba} = L_{aB} = L_{Cb} = L_{bC} = L_m\cos(\theta_r - 120°) \end{cases} \tag{7.2-8}$$

当定子和转子两套绕组轴线一致时，两者之间的互感值最大，就是每相最大互感 L_m。

将式(7.2-5)～式(7.2-8)都代入式(7.2-4)，即得完整的磁链矩阵方程，显然这个矩阵方程是比较复杂的，为了方便起见，可以将它写成分块矩阵的形式

$$\begin{bmatrix} \boldsymbol{\Psi}_s \\ \boldsymbol{\Psi}_r \end{bmatrix} = \boldsymbol{L}_{\theta r} \begin{bmatrix} \boldsymbol{i}_s \\ \boldsymbol{i}_r \end{bmatrix} = \begin{bmatrix} \boldsymbol{L}_{ss} & \boldsymbol{L}_{sr}(\theta_r) \\ \boldsymbol{L}_{rs}(\theta_r) & \boldsymbol{L}_{rr} \end{bmatrix} \begin{bmatrix} \boldsymbol{i}_s \\ \boldsymbol{i}_r \end{bmatrix} \tag{7.2-9}$$

式中，$\boldsymbol{\Psi}_s = \begin{bmatrix} \psi_A & \psi_B & \psi_C \end{bmatrix}^T$，$\boldsymbol{\Psi}_r = \begin{bmatrix} \psi_a & \psi_b & \psi_c \end{bmatrix}^T$，$\boldsymbol{i}_s = \begin{bmatrix} i_A & i_B & i_C \end{bmatrix}^T$，$\boldsymbol{i}_r = \begin{bmatrix} i_a & i_b & i_c \end{bmatrix}^T$

$$\boldsymbol{L}_{ss} = \begin{bmatrix} L_m + L_{\sigma1} & -\dfrac{1}{2}L_m & -\dfrac{1}{2}L_m \\ -\dfrac{1}{2}L_m & L_m + L_{\sigma1} & -\dfrac{1}{2}L_m \\ -\dfrac{1}{2}L_m & -\dfrac{1}{2}L_m & L_m + L_{\sigma1} \end{bmatrix} \tag{7.2-10}$$

$$\boldsymbol{L}_{rr} = \begin{bmatrix} L_m + L_{\sigma2} & -\dfrac{1}{2}L_m & -\dfrac{1}{2}L_m \\ -\dfrac{1}{2}L_m & L_m + L_{\sigma2} & -\dfrac{1}{2}L_m \\ -\dfrac{1}{2}L_m & -\dfrac{1}{2}L_m & L_m + L_{\sigma2} \end{bmatrix} \tag{7.2-11}$$

$$\boldsymbol{L}_{\text{rs}}(\theta_r) = \boldsymbol{L}_{\text{sr}}(\theta_r)^{\text{T}} = L_{\text{m}} \begin{bmatrix} \cos\theta_r & \cos(\theta_r - 120°) & \cos(\theta_r + 120°) \\ \cos(\theta_r + 120°) & \cos\theta_r & \cos(\theta_r - 120°) \\ \cos(\theta_r - 120°) & \cos(\theta_r + 120°) & \cos\theta_r \end{bmatrix}$$

$$(7.2\text{-}12)$$

值得注意的是,$\boldsymbol{L}_{\text{rs}}$ 和 $\boldsymbol{L}_{\text{sr}}$ 两个分块矩阵互为转置,且均与转子角位移 θ_r 有关,它们的元素都是变参数,这是系统非线性的一个根源。为了把变参数矩阵转换成常参数矩阵需利用坐标变换,后面将详细讨论这个问题。

如果把磁链方程式(7.2-4a)代入电压方程式(7.2-3a),即得展开后的电压方程:

$$\boldsymbol{u} = \boldsymbol{R}\boldsymbol{i} + p(\boldsymbol{L}_{\theta_r}\boldsymbol{i}) = \boldsymbol{R}\boldsymbol{i} + \boldsymbol{L}_{\theta_r}\frac{\mathrm{d}\boldsymbol{i}}{\mathrm{d}t} + \frac{\mathrm{d}\boldsymbol{L}_{\theta_r}}{\mathrm{d}t}\boldsymbol{i}$$

$$= \boldsymbol{R}\boldsymbol{i} + \boldsymbol{L}_{\theta_r}\frac{\mathrm{d}\boldsymbol{i}}{\mathrm{d}t} + \frac{\mathrm{d}\boldsymbol{L}_{\theta_r}}{\mathrm{d}\theta_r} \cdot \omega_r \boldsymbol{i} \tag{7.2-13}$$

式中,$\boldsymbol{L}_{\theta_r}\dfrac{\mathrm{d}\boldsymbol{i}}{\mathrm{d}t}$ 项属于电磁感应电动势中的变压器电动势,$\dfrac{\mathrm{d}\boldsymbol{L}_{\theta_r}}{\mathrm{d}\theta_r} \cdot \omega_r \boldsymbol{i}$ 项属于电磁感应电动势中与转子转速 ω_r 成正比的**旋转(运动)电动势**。

3. 转矩方程

由第 2 章所述机电能量转换原理,在多绕组电动机中,在线性电感的条件下,磁场的储能 W_{m} 和磁共能 W'_{m} 为

$$W_{\text{m}} = W'_{\text{m}} = \frac{1}{2}\boldsymbol{i}^{\text{T}}\boldsymbol{\Psi} = \frac{1}{2}\boldsymbol{i}^{\text{T}}\boldsymbol{L}_{\theta}\boldsymbol{i} \tag{7.2-14}$$

由式(2.5-15),电磁转矩等于机械角位移变化时磁共能的变化率 $\dfrac{\partial W'_{\text{m}}}{\partial \theta_{\text{M}}}$(电流约束为常值且转子机械角位移 $\theta_{\text{M}} = \theta_r/n_{\text{p}}$)。于是电磁转矩的幅值

$$T_{\text{e}} = \frac{\partial W'_{\text{m}}}{\partial \theta_{\text{M}}}\bigg|_{i = const.} = n_{\text{p}}\frac{\partial W'_{\text{m}}}{\partial \theta_r}\bigg|_{i = const.} \tag{7.2-15}$$

将式(7.2-14)代入式(7.2-15),并考虑到电感的分块矩阵关系式(7.2-10)~式(7.2-12),得

$$T_{\text{e}} = \frac{1}{2}n_{\text{p}}\boldsymbol{i}^{\text{T}}\frac{\partial \boldsymbol{L}_{\theta}}{\partial \theta_r}\boldsymbol{i} = \frac{1}{2}n_{\text{p}}\boldsymbol{i}^{\text{T}}\begin{bmatrix} 0 & \dfrac{\partial \boldsymbol{L}_{\text{sr}}}{\partial \theta_r} \\ \dfrac{\partial \boldsymbol{L}_{\text{rs}}}{\partial \theta_r} & 0 \end{bmatrix}\boldsymbol{i} \tag{7.2-16}$$

又由于 $\boldsymbol{i}^{\text{T}} = \begin{bmatrix} \boldsymbol{i}_s^{\text{T}} & \boldsymbol{i}_r^{\text{T}} \end{bmatrix} = \begin{bmatrix} i_{\text{A}} & i_{\text{B}} & i_{\text{C}} & i_{\text{a}} & i_{\text{b}} & i_{\text{c}} \end{bmatrix}^{\text{T}}$,代入式(7.2-16)得

$$T_{\text{e}} = \frac{1}{2}n_{\text{p}}\left[\boldsymbol{i}_r^{\text{T}}\frac{\partial \boldsymbol{L}_{\text{rs}}}{\partial \theta_r}\boldsymbol{i}_s + \boldsymbol{i}_s^{\text{T}}\frac{\partial \boldsymbol{L}_{\text{sr}}}{\partial \theta_r}\boldsymbol{i}_r \right] \tag{7.2-17}$$

将式(7.2-12)代入式(7.2-17)并展开后,舍去负号,意即电磁转矩的正方向为使 θ_r 减小的方向,则

$$T_{\text{e}} = n_{\text{p}}L_{\text{m}}\big[(i_{\text{A}}i_{\text{a}} + i_{\text{B}}i_{\text{b}} + i_{\text{C}}i_{\text{c}})\sin\theta_r$$
$$+ (i_{\text{A}}i_{\text{b}} + i_{\text{B}}i_{\text{c}} + i_{\text{C}}i_{\text{a}})\sin(\theta_r + 120°) + (i_{\text{A}}i_{\text{c}} + i_{\text{B}}i_{\text{a}} + i_{\text{C}}i_{\text{b}})\sin(\theta_r - 120°)\big]$$

$$(7.2\text{-}18)$$

应该指出,上述公式是在**线性磁路、磁动势在空间按正弦分布**的假定条件下得出来的,但对定、转子电流相对于时间的波形未作任何假定。因此,上述电磁转矩公式完全适用于任何非正弦波形电源供电的三相异步电动机系统。

4. 电力拖动系统运动方程

在忽略电力拖动系统机构中的阻转矩阻尼和扭转弹性转矩时,在第 3 章所述的电力拖动系统的运动方程式可写为

$$T_e = T_L + \frac{J}{n_p}\frac{d\omega_r}{dt} \tag{7.2-19}$$

式中,T_L 为负载转矩,ω_r 为转子的电角速度,J 为拖动系统的转动惯量。将式(7.2-13)、式(7.2-16)和式(7.2-19)综合起来,再加上

$$\omega_r = \frac{d\theta_r}{dt} \tag{7.2-20}$$

便构成下式所示的三相异步电动机的多变量非线性数学模型

$$\begin{cases} \boldsymbol{u} = \boldsymbol{R}\boldsymbol{i} + \boldsymbol{L}_{\theta_r}\dfrac{d\boldsymbol{i}}{dt} + \omega_r\dfrac{\partial\boldsymbol{L}_{\theta_r}}{\partial\theta_r}\boldsymbol{i} \\[2mm] T_e = \dfrac{1}{2}n_p\boldsymbol{i}^T\dfrac{\partial\boldsymbol{L}_{\theta_r}}{\partial\theta_r}\boldsymbol{i} = T_L + \dfrac{J}{n_p}\dfrac{d\omega_r}{dt} \\[2mm] \omega_r = \dfrac{d\theta_r}{dt} \end{cases} \tag{7.2-21}$$

式(7.2-21)可表示为图 7.2.2 所示的结构图。

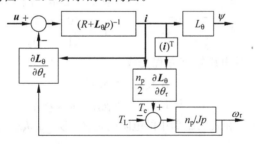

图 7.2.2　异步电动机的多变量非线性动态结构图

图 7.2.2 表明异步电动机数学模型具有下列特点:

(1) 异步电动机可以看成一个双输入双输出的系统。输入量是电压矢量 $\boldsymbol{u}(u,\omega_1)$ 和负载转矩 T_L。状态变量是矢量 $\{\boldsymbol{\varPsi},\boldsymbol{i}\}$ 和转子角速度 ω_r。定子电流矢量 $\boldsymbol{i}$ 和转子角速度 ω_r 可以看作是输出量。

(2) 非线性因素存在于产生旋转电动势 $e_r = \omega_r\dfrac{\partial\boldsymbol{L}_\theta}{\partial\theta_r}\boldsymbol{i}$ 和电磁转矩 T_e 和电感矩阵 $\boldsymbol{L}_{\theta_r}$ 中。旋转电动势和电磁转矩的非线性关系和直流电动机弱磁控制的情况相似,只是关系更复杂一些。

(3) 多变量之间的耦合关系主要也体现在 $e_r = \omega_r\dfrac{\partial\boldsymbol{L}_\theta}{\partial\theta_r}\boldsymbol{i}$ 和 T_e 两个环节上。

　　由于这些原因,异步电动机是一个多变量(多输入多输出)系统,而各个变量之间又互相都有影响,所以是强耦合、非线性的多变量系统。

7.2.2　两维正交静止坐标系(αβ坐标系)上的数学模型

　　上述异步电动机数学模型是建立在三相**静止**的 ABC 坐标系和三相旋转的 abc 坐标系上的,如果把它变换到两维正交并且**静止**的坐标系(称为 $\alpha\beta$ 坐标系)上,由于该坐标系的两坐标轴互相垂直,两个绕组之间没有磁的耦合。利用这种恒等变换,就会化简上述数学模型。

　　要把三相定子(静止)和三相转子(以 $\omega_r t$ 旋转)的坐标系上的电压方程、磁链方程和转矩方程都变换到两维静止坐标系上,可以利用 3/2 变换和旋转变换将方程式中定子和转子的电压、电流、磁链和转矩进行变换。注意,三相转子(旋转的 abc 坐标系)上的变量例如磁链 $\boldsymbol{\psi}_{\mathrm{rabc}}$ 与转子静止 $\alpha\beta$ 坐标上的 $\boldsymbol{\psi}_{\mathrm{r}\alpha\beta}$ 之间的关系为 $\boldsymbol{\psi}_{\mathrm{r}\alpha\beta} = \boldsymbol{\psi}_{\mathrm{rabc}}\,\mathrm{e}^{-\mathrm{j}\omega_r t}$。

　　由于具体的变换过程比较复杂,以下不再赘述推导,仅给出变换结果。

1. 电压方程

　　令

$$\begin{cases} \boldsymbol{u}_{s\alpha\beta} = \begin{bmatrix} u_{s\alpha} & u_{s\beta} \end{bmatrix}^{\mathrm{T}}, & \boldsymbol{u}_{r\alpha\beta} = \begin{bmatrix} u_{r\alpha} & u_{r\beta} \end{bmatrix}^{\mathrm{T}} \\ \boldsymbol{i}_{s\alpha\beta} = \begin{bmatrix} i_{s\alpha} & i_{s\beta} \end{bmatrix}^{\mathrm{T}}, & \boldsymbol{i}_{r\alpha\beta} = \begin{bmatrix} i_{r\alpha} & i_{r\beta} \end{bmatrix}^{\mathrm{T}} \\ \boldsymbol{\psi}_{s\alpha\beta} = \begin{bmatrix} \psi_{s\alpha} & \psi_{s\beta} \end{bmatrix}^{\mathrm{T}}, & \boldsymbol{\psi}_{r\alpha\beta} = \begin{bmatrix} \psi_{r\alpha} & \psi_{r\beta} \end{bmatrix}^{\mathrm{T}} \\ \boldsymbol{I} = \begin{bmatrix} 1 & 0 \\ 0 & 1 \end{bmatrix}, & \boldsymbol{J} = \begin{bmatrix} 0 & -1 \\ 1 & 0 \end{bmatrix} \end{cases} \tag{7.2-22}$$

变换以后,式(7.2-3)的电压矩阵方程变成

$$\begin{cases} \boldsymbol{u}_{s\alpha\beta} = R_s \boldsymbol{i}_{s\alpha\beta} + p\,\boldsymbol{\psi}_{s\alpha\beta} \\ \boldsymbol{u}_{r\alpha\beta} = R_r \boldsymbol{i}_{r\alpha\beta} + p\,\boldsymbol{\psi}_{r\alpha\beta} - \omega_r \boldsymbol{J} \boldsymbol{\psi}_{r\alpha\beta} \end{cases} \tag{7.2-23}$$

式中,R_s、R_r 同式(7.2-1 和式 7.2-2)中的电阻的定义;项 $-\omega_r \boldsymbol{J} \boldsymbol{\psi}_{r\alpha\beta}$ 为转子的运动电动势。

2. 磁链方程

　　式(7.2-9)的磁链方程改为

$$\begin{bmatrix} \psi_{s\alpha} \\ \psi_{s\beta} \\ \psi_{r\alpha} \\ \psi_{r\beta} \end{bmatrix} = \begin{bmatrix} L_s & 0 & L_M & 0 \\ 0 & L_s & 0 & L_M \\ L_M & 0 & L_r & 0 \\ 0 & L_M & 0 & L_r \end{bmatrix} \begin{bmatrix} i_{s\alpha} \\ i_{s\beta} \\ i_{r\alpha} \\ i_{r\beta} \end{bmatrix}$$

即

$$\begin{bmatrix} \boldsymbol{\psi}_{s\alpha\beta} \\ \boldsymbol{\psi}_{r\alpha\beta} \end{bmatrix} = \begin{bmatrix} L_s \boldsymbol{I} & L_M \boldsymbol{I} \\ L_M \boldsymbol{I} & L_r \boldsymbol{I} \end{bmatrix} \begin{bmatrix} \boldsymbol{i}_{s\alpha\beta} \\ \boldsymbol{i}_{r\alpha\beta} \end{bmatrix} \tag{7.2-24}$$

式中

$$\begin{cases} L_{\text{M}} = \dfrac{3}{2} L_{\text{m}} \\[2mm] L_{\text{s}} = \dfrac{3}{2} L_{\text{m}} + L_{\sigma 1} = L_{\text{M}} + L_{\sigma 1} \\[2mm] L_{\text{r}} = \dfrac{3}{2} L_{\text{m}} + L_{\sigma 2} = L_{\text{M}} + L_{\sigma 2} \end{cases} \tag{7.2-25}$$

分别为 $\alpha\beta$ 坐标系定子与转子同轴等效绕组间的互感、定子等效绕组的自感和转子等效绕组的自感。应该注意,两个绕组互感 L_{M} 是原三相绕组中任意两相间最大互感(当轴线重合时)L_{m} 的 $3/2$ 倍,这是因为用两个正交绕组等效地取代了三相绕组的缘故。

由式(7.2-23)和式(7.2-24)

$$\begin{bmatrix} \boldsymbol{u}_{\text{s}\alpha\beta} \\ \boldsymbol{u}_{\text{r}\alpha\beta} \end{bmatrix} = \begin{bmatrix} R_{\text{s}}\boldsymbol{I} & 0 \\ 0 & R_{\text{r}}\boldsymbol{I} \end{bmatrix} \begin{bmatrix} \boldsymbol{i}_{\text{s}\alpha\beta} \\ \boldsymbol{i}_{\text{r}\alpha\beta} \end{bmatrix} + \begin{bmatrix} p\boldsymbol{I} & 0 \\ 0 & p\boldsymbol{I} - \omega_{\text{r}}\boldsymbol{J} \end{bmatrix} \begin{bmatrix} \boldsymbol{\psi}_{\text{s}\alpha\beta} \\ \boldsymbol{\psi}_{\text{r}\alpha\beta} \end{bmatrix} \tag{7.2-26}$$

$$= \begin{bmatrix} (R_{\text{s}} + pL_{\text{s}})\boldsymbol{I} & pL_{\text{M}}\boldsymbol{I} \\ pL_{\text{M}}\boldsymbol{I} - \omega_{\text{r}}L_{\text{M}}\boldsymbol{J} & (R_{\text{r}} + pL_{\text{r}})\boldsymbol{I} - \omega_{\text{r}}L_{\text{r}}\boldsymbol{J} \end{bmatrix} \begin{bmatrix} \boldsymbol{i}_{\text{s}\alpha\beta} \\ \boldsymbol{i}_{\text{r}\alpha\beta} \end{bmatrix} \tag{7.2-27}$$

对比式(7.2-26)和式(7.2-3)可知,两维坐标系上的电压方程是 4 维的,它比三相坐标系上的 6 维电压方程降低了 2 维。

在电压方程式(7.2-27)等号右侧的系数矩阵中,含 R 项表示电阻压降,含微分算子 p 的项表示电感压降,即脉变电动势,含 ω_{r} 项表示旋转电动势。为了使物理概念更清楚,可以把它们分开写,即

$$\begin{bmatrix} \boldsymbol{u}_{\text{s}\alpha\beta} \\ \boldsymbol{u}_{\text{r}\alpha\beta} \end{bmatrix} = \begin{bmatrix} (R_{\text{s}} + pL_{\text{s}})\boldsymbol{I} & pL_{\text{M}}\boldsymbol{I} \\ pL_{\text{M}}\boldsymbol{I} & (R_{\text{r}} + pL_{\text{r}})\boldsymbol{I} \end{bmatrix} \begin{bmatrix} \boldsymbol{i}_{\text{s}\alpha\beta} \\ \boldsymbol{i}_{\text{r}\alpha\beta} \end{bmatrix} + \begin{bmatrix} 0 & 0 \\ 0 & -\omega_{\text{r}}\boldsymbol{J} \end{bmatrix} \begin{bmatrix} \boldsymbol{\psi}_{\text{s}\alpha\beta} \\ \boldsymbol{\psi}_{\text{r}\alpha\beta} \end{bmatrix} \tag{7.2-28}$$

令 $\boldsymbol{R} = \begin{bmatrix} R_{\text{s}}\boldsymbol{I} & 0 \\ 0 & R_{\text{s}}\boldsymbol{I} \end{bmatrix}$,$\boldsymbol{L} = \begin{bmatrix} L_{\text{s}}\boldsymbol{I} & L_{\text{M}}\boldsymbol{I} \\ L_{\text{M}}\boldsymbol{I} & L_{\text{r}}\boldsymbol{I} \end{bmatrix}$,$\boldsymbol{u}_{\alpha\beta} = \begin{bmatrix} \boldsymbol{u}_{\text{s}\alpha\beta} \\ \boldsymbol{u}_{\text{r}\alpha\beta} \end{bmatrix}$,$\boldsymbol{i}_{\alpha\beta} = \begin{bmatrix} \boldsymbol{i}_{\text{s}\alpha\beta} \\ \boldsymbol{i}_{\text{r}\alpha\beta} \end{bmatrix}$,旋转电动势矢量 $\boldsymbol{e}_{\text{r}\alpha\beta} = \begin{bmatrix} 0 & 0 \\ 0 & -\omega_{\text{r}}\boldsymbol{J} \end{bmatrix} \begin{bmatrix} \boldsymbol{\psi}_{\text{s}\alpha\beta} \\ \boldsymbol{\psi}_{\text{r}\alpha\beta} \end{bmatrix}$,则式(7.2-28)可改写为

$$\boldsymbol{u}_{\alpha\beta} = \boldsymbol{R}\boldsymbol{i}_{\alpha\beta} + \boldsymbol{L}p\boldsymbol{i}_{\alpha\beta} + \boldsymbol{e}_{\text{r}\alpha\beta} \tag{7.2-29}$$

这是 $\alpha\beta$ 坐标系上的异步电动机动态电压方程式。与 7.2.1 节中 ABC 坐标系方程不同的是:此处电感矩阵 $\boldsymbol{L}$ 变成 4×4 常参数线性矩阵,而整个电压方程也降低为 4 维方程。

对于笼式异步电动机,由于转子短路,即 $\boldsymbol{u}_{\text{r}\alpha\beta} = 0$,则电压方程可变化为

$$\begin{bmatrix} \boldsymbol{u}_{\text{s}\alpha\beta} \\ 0 \end{bmatrix} = \begin{bmatrix} (R_{\text{s}} + pL_{\text{s}})\boldsymbol{I} & pL_{\text{M}}\boldsymbol{I} \\ pL_{\text{M}}\boldsymbol{I} - \omega_{\text{r}}L_{\text{M}}\boldsymbol{J} & (R_{\text{r}} + pL_{\text{r}})\boldsymbol{I} - \omega_{\text{r}}L_{\text{r}}\boldsymbol{J} \end{bmatrix} \begin{bmatrix} \boldsymbol{i}_{\text{s}\alpha\beta} \\ \boldsymbol{i}_{\text{r}\alpha\beta} \end{bmatrix}$$

$$= \begin{bmatrix} (R_{\text{s}} + \sigma L_{\text{s}}p)\boldsymbol{I} & (L_{\text{M}}/L_{\text{r}})p\boldsymbol{I} \\ -L_{\text{M}}R_{\text{r}}\boldsymbol{I} & (R_{\text{r}} + L_{\text{r}}p)\boldsymbol{I} - \omega_{\text{r}}L_{\text{r}}\boldsymbol{J} \end{bmatrix} \begin{bmatrix} \boldsymbol{i}_{\text{s}\alpha\beta} \\ \boldsymbol{\psi}_{\text{r}\alpha\beta} \end{bmatrix} \tag{7.2-30}$$

式中,$\sigma = 1 - (L_{\text{M}}^2/L_{\text{s}}L_{\text{r}})$。

3. 电磁转矩

式(7.2-17)经变换后，可得到 $\alpha\beta$ 坐标上的电磁转矩的幅值为

$$T_e = n_p L_M (i_{s\beta} i_{r\alpha} - i_{s\alpha} i_{r\beta}) \tag{7.2-31}$$

式(7.2-24)、式(7.2-26)、式(7.2-31)再加上运动方程式(7.2-19)便构成为 $\alpha\beta$ 坐标系上的异步电动机数学模型。这种在两维静止坐标系上的数学模型又称作 Kron 的异步电动机方程式或双轴原型电动机(two axis primitive machine)基本方程式，它比三相坐标系上的数学模型简单得多，阶次也降低了，但其非线性、多变量、强耦合的性质并未改变。

事实上，可以基于式(7.2-24)、选择不同的变量构成电磁转矩的各种表达式。用定转子电流表示

$$\boldsymbol{T}_e = n_p L_M (\boldsymbol{i}_{r\alpha\beta} \times \boldsymbol{i}_{s\alpha\beta}), \quad \text{幅值 } T_e = n_p L_M (\boldsymbol{i}_{s\alpha\beta}^{\mathrm{T}} \boldsymbol{J} \boldsymbol{i}_{r\alpha\beta}) \tag{7.2-32a}$$

用定子变量表示

$$\boldsymbol{T}_e = n_p (\boldsymbol{i}_{s\alpha\beta} \times \boldsymbol{\psi}_{s\alpha\beta}), \quad \text{幅值 } T_e = n_p (\boldsymbol{\psi}_{s\alpha\beta}^{\mathrm{T}} \boldsymbol{J} \boldsymbol{i}_{s\alpha\beta}) \tag{7.2-32b}$$

用定子电流和转子磁链表示

$$\boldsymbol{T}_e = n_p (L_M/L_r)(\boldsymbol{\psi}_{r\alpha\beta} \times \boldsymbol{i}_{s\alpha\beta}), \quad \text{幅值 } T_e = n_p (L_M/L_r)(\boldsymbol{i}_{s\alpha\beta}^{\mathrm{T}} \boldsymbol{J} \boldsymbol{\psi}_{r\alpha\beta}) \tag{7.2-32c}$$

用转子变量表示

$$\boldsymbol{T}_e = n_p (\boldsymbol{i}_{r\alpha\beta} \times \boldsymbol{\psi}_{r\alpha\beta}), \quad \text{幅值 } T_e = n_p (\boldsymbol{\psi}_{r\alpha\beta}^{\mathrm{T}} \boldsymbol{J} \boldsymbol{i}_{r\alpha\beta}) \tag{7.2-32d}$$

用定转子磁链表示

$$\boldsymbol{T}_e = n_p \frac{L_M}{\sigma L_s L_r}(\boldsymbol{\psi}_{r\alpha\beta} \times \boldsymbol{\psi}_{s\alpha\beta}), \quad \text{幅值 } T_e = n_p \frac{L_M}{\sigma L_s L_r}(\boldsymbol{\psi}_{s\alpha\beta}^{\mathrm{T}} \boldsymbol{J} \boldsymbol{\psi}_{r\alpha\beta}) \tag{7.2-32e}$$

4. 异步电动机数学模型的状态方程式表示

在某些情况下(例如研究状态观测器等问题时)，为了便于研究，有时需要将电动机模型表示为状态方程的形式，因此有必要再介绍一下状态方程式及相关问题。以下的分析以鼠笼式异步电动机为例。

由两维静止坐标下的电压方程式(7.2-30)可知，以定子电压作为输入的异步电动机模型具有 4 阶电压方程，再加上转矩方程式(7.2-32)和式(7.2-19)表示的 1 阶运动方程，则其状态方程应该是 5 阶的。由于转子转速 ω_r 存在于式(7.2-30)中，方程为非线形方程。

令输入为 $\boldsymbol{u}_{s\alpha\beta}$，状态变量为 $\boldsymbol{i}_{s\alpha\beta}$ 和 $\boldsymbol{\psi}_{r\alpha\beta}$，在同步频率 $\omega_1 \neq 0$ 的条件下，将式(7.2-30)整理后可得

$$\frac{\mathrm{d}}{\mathrm{d}t} \begin{bmatrix} \boldsymbol{i}_{s\alpha\beta} \\ \boldsymbol{\psi}_{r\alpha\beta} \end{bmatrix} = \begin{bmatrix} -\left(\dfrac{R_s}{\sigma L_s} + \dfrac{1-\sigma}{\sigma T_r}\right)\boldsymbol{I} & \dfrac{L_M}{\sigma L_s L_r}\left(\dfrac{1}{T_r}\boldsymbol{I} - \omega_r \boldsymbol{J}\right) \\ \dfrac{L_M}{T_r}\boldsymbol{I} & -\dfrac{1}{T_r}\boldsymbol{I} + \omega_r \boldsymbol{J} \end{bmatrix} \begin{bmatrix} \boldsymbol{i}_{s\alpha\beta} \\ \boldsymbol{\psi}_{r\alpha\beta} \end{bmatrix} + \begin{bmatrix} 1/(\sigma L_s)\boldsymbol{I} \\ 0 \end{bmatrix} \boldsymbol{u}_{s\alpha\beta}$$

$$\tag{7.2-33}$$

令

$$
\begin{cases}
a_{11} = -\left(\dfrac{R_s}{\sigma L_s} + \dfrac{1-\sigma}{\sigma T_r}\right), \quad a_{12} = \dfrac{L_M}{\sigma L_s L_r T_r}, \quad a'_{12} = -\dfrac{L_M \omega_r}{\sigma L_s L_r}, \\[2mm]
a_{21} = \dfrac{L_M}{T_r}, \quad a_{22} = -\dfrac{1}{T_r}, \quad a'_{22} = \omega_r \\[2mm]
T_r = L_r/R_r \\[2mm]
\boldsymbol{A}(\omega_r) = \begin{bmatrix} a_{11}\boldsymbol{I} & a_{12}\boldsymbol{I} + a'_{12}\boldsymbol{J} \\ a_{21}\boldsymbol{I} & a_{22}\boldsymbol{I} + a'_{22}\boldsymbol{J} \end{bmatrix}, \quad \boldsymbol{B} = \left[1/(\sigma L_s)\boldsymbol{I} \quad 0 \right]^T
\end{cases} \tag{7.2-34}
$$

则可将式(7.2-33)改写为

$$
\frac{\mathrm{d}}{\mathrm{d}t}\begin{bmatrix} \boldsymbol{i}_{s\alpha\beta} \\ \boldsymbol{\psi}_{r\alpha\beta} \end{bmatrix} = \boldsymbol{A}(\omega_r)\begin{bmatrix} \boldsymbol{i}_{s\alpha\beta} \\ \boldsymbol{\psi}_{r\alpha\beta} \end{bmatrix} + \boldsymbol{B}\boldsymbol{u}_{s\alpha\beta} \tag{7.2-35}
$$

依据上式和转矩公式(7.2-32c),可得鼠笼式异步电动机的方框图如图 7.2.3 所示,图中阴影的参数为时变的。

依据图 7.2.3,对两维坐标系上的鼠笼式异步电动机可以得到以下结论:

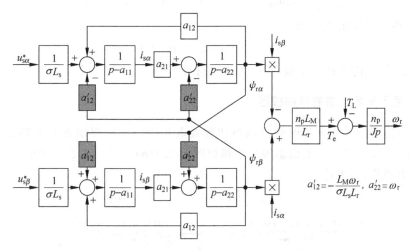

图 7.2.3　两维静止坐标下鼠笼式异步电机数学模型

(1)以电压作为输入的模型由一个 4 阶电压方程和一个 1 阶运动方程构成。对于鼠笼式异步电动机,转子内部是短路的,$u_{r\alpha} = u_{r\beta} = 0$。可供选做状态变量的有:转子转速 ω_r、4 个电流变量 $i_{s\alpha}, i_{s\beta}, i_{r\alpha}, i_{r\beta}$ 或 4 个磁链变量 $\psi_{s\alpha}, \psi_{s\beta}, \psi_{r\alpha}, \psi_{r\beta}$(还可以有气隙磁链等),其中,由式(7.2-24)所反映的电流变量和磁链变量是线性相关的。

(2)由于状态变量转子速度 ω_r 存在于 A 阵之中,并且电磁转矩 T_e 为两个状态变量的点积,所以电动机为非线性和强耦合的。在用传感器检测出电动机转子速度 ω_r 时,一些研究也将 ω_r 作为时变参数处理,此时可将式(7.2-30)的电压方程按 4 阶线性时变方程看待。对于转子速度 ω_r 为未知变量的情况(例如在无速度传感器条件下构成的控制系统),由于在大多数工况下 ω_r 的变化比其他电变量变化得慢,一些研究也将 ω_r 作为时变参数处理。

(3)定子电流 $i_{s\alpha}, i_{s\beta}$ 可测,可直接用来做状态反馈。而转子电流 $i_{r\alpha}$ 和 $i_{r\beta}$、转子磁

链 $\psi_{r\alpha}$ 和 $\psi_{r\beta}$ 不可测量,但可以证明是**可观的**(observable)。

(4) 根据控制系统构成的需要,有多种选取状态变量的方法。常见的有:

① $\omega_r - \psi_r - i_s$ 模型:选定子电流 $i_{s\alpha}$,$i_{s\beta}$ 和转子磁链 $\psi_{r\alpha}$,$\psi_{r\beta}$(可用磁链模型计算或观测)。7.3 节讲述的矢量控制方法采用这组变量;

② $\omega_r - \psi_s - i_s$ 模型:选定子电流 $i_{s\alpha}$,$i_{s\beta}$ 和定子磁链 $\psi_{s\alpha}$,$\psi_{s\beta}$(可用磁链模型计算或观测)。7.4 节所述的直接转矩控制方法采用这组变量。

5*. 采用复变量表示的模型

在静止复数坐标系 $\{+1, j\}$ 上,定义复变量为

$$\bar{u}_{s\alpha\beta} = u_{s\alpha} + ju_{s\beta},\ \bar{i}_{s\alpha\beta} = i_{s\alpha} + ji_{s\beta},\ \bar{i}_{r\alpha\beta} = i_{r\alpha} + ji_{r\beta} \tag{7.2-36}$$

则电压方程式(7.2-27)改写为

$$\begin{bmatrix} \bar{u}_{s\alpha\beta} \\ \bar{u}_{r\alpha\beta} \end{bmatrix} = \begin{bmatrix} R_s + pL_s & pL_m \\ pL_m - j\omega_r L_m & R_r + pL_r - j\omega_r L_r \end{bmatrix} \begin{bmatrix} \bar{i}_{s\alpha\beta} \\ \bar{i}_{r\alpha\beta} \end{bmatrix} \tag{7.2-37a}$$

相应的,电磁转矩的大小为

$$T_e = n_p L_m (\bar{i}_{s\alpha\beta}^* \times \bar{\psi}_{r\alpha\beta})/L_r$$

式中,$\bar{i}_{s\alpha\beta}^*$ 为 $\bar{i}_{s\alpha\beta}$ 的共扼复变量,"$\times$"为叉积符号。

6*. 采用等效电路表示的模型

也可仿照第 5 章异步电动机的单相等效电路将电压方程用等效电路表示。例如,对于式(7.2-37),T 型瞬态等效电路如图 7.2.4(a)所示。注意图中的 e_{rT} 为转子的动生电动势,其表达式为

$$\bar{e}_{rT} = -j\omega_r (L_m \bar{i}_s + L_r \bar{i}_r) = -j\omega_r \bar{\psi}_r \tag{7.2-37b}$$

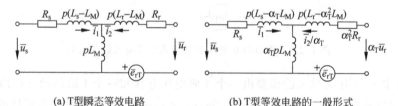

(a) T型瞬态等效电路　　　　(b) T型等效电路的一般形式

图 7.2.4　T 型瞬态等效电路

以下进一步讨论该等效电路,并把它与稳态电路作比较。

为了便于讨论等效电路的各种形式,引入绕组匝数变化倍数 α_T。由于定子和转子绕组匝数相同的等效电路与定子绕组不变、转子绕组匝数变化 α_T 倍的等效电路等效,由式(7.2-37),转子绕组匝数变化 α_T 倍的等效电路方程为

$$\begin{bmatrix} \bar{u}_{s\alpha\beta} \\ \alpha_T \bar{u}_{r\alpha\beta} \end{bmatrix} = \begin{bmatrix} R_s + pL_s & pL_M \\ \alpha_T L_M (p - j\omega_r) & \alpha_T^2 (R_r + pL_r - j\omega_r L_r) \end{bmatrix} \begin{bmatrix} \bar{i}_{s\alpha\beta} \\ \bar{i}_{r\alpha\beta}/\alpha_T \end{bmatrix} \tag{7.2-38}$$

所以 T 型瞬态等效电路的一般形式如图 7.2.4(b)所示。

α_T 分别取以下三种值时,有不同的物理意义:

(1) $\alpha_T = 1$,将磁链等效为气隙磁链,电路为 T 型等效电路;

(2) $\alpha_T = L_M/L_r$,将磁链等效为转子磁链,电路为 T-Ⅰ 型等效电路;

(3) $\alpha_T = L_s/L_M$,将磁链等效为定子磁链,电路为 T-Ⅱ 型等效电路。

对于鼠笼式异步电动机,$\bar{u}_{r\alpha\beta} = 0$,所以 α_T 分别取上述值时的瞬态等效电路如图 7.2.5(a) 的电路。在稳态时,由于 $pi \to j\omega_1 \dot{I}$,由此可得相应的稳态电路图如图 7.2.5(b) 所示。需要注意的是图 7.2.5 都是 α, β 坐标下的等效电路。

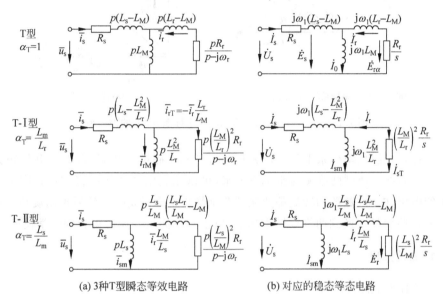

(a) 3种T型瞬态等效电路　　　　　　(b) 对应的稳态等态电路

图 7.2.5　3 种 T 型瞬态和稳态等效电路

7.3 节讨论异步电动机的矢量控制时,常用 T-Ⅰ 型瞬态等效电路分析。而 7.4 节在讨论异步电动机的直接转矩控制时,常用 T-Ⅱ 型瞬态等效电路。

此外,7.4 节选择 $\boldsymbol{\psi}_{s\alpha\beta}$,$\boldsymbol{\psi}_{r\alpha\beta}$ 作为状态变量,由式(7.2-26)可得对应的电压方程为

$$\begin{bmatrix} \boldsymbol{u}_{s\alpha\beta} \\ 0 \end{bmatrix} = \begin{bmatrix} \left(p + \dfrac{R_s}{\sigma L_s}\right)\boldsymbol{I} & -\dfrac{R_s L_M}{\sigma L_s L_r}\boldsymbol{I} \\ -\dfrac{R_r L_M}{\sigma L_s L_r}\boldsymbol{I} & \left(\dfrac{R_r}{\sigma L_r} + p\right)\boldsymbol{I} - \omega_r \boldsymbol{J} \end{bmatrix} \begin{bmatrix} \boldsymbol{\psi}_{s\alpha\beta} \\ \boldsymbol{\psi}_{r\alpha\beta} \end{bmatrix} \tag{7.2-39}$$

式中,$\sigma = 1 - (L_M^2/L_s L_r)$。

7.2.3　两维正交旋转坐标系(dq 坐标系)上的数学模型

两维坐标系可以是静止的,也可以是旋转的,其中以任意转速旋转的坐标系为最一般的情况,有了这种情况下的数学模型,要求出某一特定的两维旋转坐标系上的模型就比较容易了。

如图 7.2.6(a)所示,设两维旋转坐标 d 轴与三相定子坐标 A 轴的夹角为 $\theta_s = \omega_{sdq}t$,则 $p\theta_s = \omega_{sdq}$ 为 dq 坐标系相对于定子的角转速,$\omega_{rdq} = \omega_{sdq} - \omega_r$ 为 dq 坐标系相对于转子 a 轴的角速度,其中 $\omega_r = \omega_{sdq} - \omega_{rdq}$ 为 $n_p = 1$ 条件下电动机转子角速度。

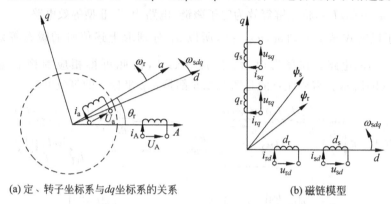

(a) 定、转子坐标系与 dq 坐标系的关系　　　　(b) 磁链模型

图 7.2.6　异步电动机在两相旋转坐标系 dq 上的磁链模型

要把三相静止坐标系上的电压方程式(7.2-3)、磁链方程式(7.2-4)和转矩方程式(7.2-18)都变换到两维旋转坐标系上来,可以先利用 3/2 变换将方程式中定子和转子的电压、电流、磁链和转矩都变换到两维静止坐标系 $\alpha\beta$ 上,然后再用旋转变换阵 $C_{2s/2r}$ 将这些变量变换到两维旋转坐标系 dq 上。下面是变换后得到的数学模型。

1. 磁链方程

对式作 $C_{2s/2r}$ 变换,有

$$\begin{bmatrix} \boldsymbol{\psi}_{sdq} \\ \boldsymbol{\psi}_{rdq} \end{bmatrix} = \begin{bmatrix} L_s\boldsymbol{I} & L_M\boldsymbol{I} \\ L_M\boldsymbol{I} & L_r\boldsymbol{I} \end{bmatrix} \begin{bmatrix} \boldsymbol{i}_{sdq} \\ \boldsymbol{i}_{rdq} \end{bmatrix} \tag{7.2-40}$$

式中 L_m,L_s,L_r 分别为 dq 坐标系上定子与转子同轴等效绕组间的互感、定子等效绕组的自感和转子等效绕组的自感,其值与式(7.2-25)所表示的 $\alpha\beta$ 坐标系上的对应参数相等。

由式(7.2-24a)和式(7.2-40)知,在两维正交静止或旋转坐标系上,定子和转子的等效绕组都落在同样的两根轴上,而且两轴互相垂直,它们之间没有耦合关系。互感磁链只在同轴绕组之间存在,所以式中每个磁链分量只剩下两项,电感矩阵比 ABC 坐标系的 6×6 矩阵简单多了。以式(7.2-40)为例,定转子磁链模型示于图 7.2.6(b)。

2. 电压方程

依据式(7.2-27),dq 坐标系电压-电流方程式可写成

$$\begin{bmatrix} \boldsymbol{u}_{sdq} \\ \boldsymbol{u}_{rdq} \end{bmatrix} = \begin{bmatrix} R_s\boldsymbol{I} + L_s(p\boldsymbol{I} + \omega_{sdq}\boldsymbol{J}) & L_M(p\boldsymbol{I} + \omega_{sdq}\boldsymbol{J}) \\ L_M(p\boldsymbol{I} + \omega_{rdq}\boldsymbol{J}) & R_r\boldsymbol{I} + L_r(p\boldsymbol{I} + \omega_{rdq}\boldsymbol{J}) \end{bmatrix} \begin{bmatrix} \boldsymbol{i}_{sdq} \\ \boldsymbol{i}_{rdq} \end{bmatrix} \tag{7.2-41}$$

式中,$\boldsymbol{u}_{sdq} = \begin{bmatrix} u_{sd} & u_{sq} \end{bmatrix}^T$,$\boldsymbol{i}_{sdq} = \begin{bmatrix} i_{sd} & i_{sq} \end{bmatrix}^T$。

定义 $\boldsymbol{u}_{dq} = \begin{bmatrix} \boldsymbol{u}_{sdq} \\ \boldsymbol{u}_{rdq} \end{bmatrix}, \boldsymbol{i}_{dq} = \begin{bmatrix} \boldsymbol{i}_{sdq} \\ \boldsymbol{i}_{rdq} \end{bmatrix}$，旋转电动势 $\boldsymbol{e}_{rdq} = \begin{bmatrix} \omega_{sdq}\boldsymbol{J} & 0 \\ 0 & \omega_{rdq}\boldsymbol{J} \end{bmatrix}\begin{bmatrix} \boldsymbol{\psi}_{sdq} \\ \boldsymbol{\psi}_{rdq} \end{bmatrix}$，由此，可得

在旋转坐标下的电压矢量方程

$$\boldsymbol{u}_{dq} = \boldsymbol{R}\boldsymbol{i}_{dq} + \boldsymbol{L}p\boldsymbol{i}_{dq} + \boldsymbol{e}_{rdq} \tag{7.2-42}$$

其形式同式(7.2-29)。

3. 转矩和运动方程

依据式(7.2-31)可得到 dq 坐标系上的转矩方程为

$$T_e = n_p L_M(\boldsymbol{i}_{sdq}^T \boldsymbol{J}\boldsymbol{i}_{rdq}) = n_p L_M(i_{sq}i_{rd} - i_{sd}i_{rq}) \tag{7.2-43}$$

运动方程与坐标变换无关，仍为式(7.2-19)，即

$$T_e = T_L + \frac{J}{n_p}\frac{d\omega_r}{dt}$$

式(7.2-40)、式(7.2-41)、式(7.2-43)和式(7.2-19)构成**异步电动机在以任意转速旋转的 dq 坐标系上的数学模型，它也比 ABC 坐标系上的数学模型简单得多，其非线性、多变量、强耦合的性质也未改变。**

4. 异步电动机在两维同步旋转坐标系上的数学模型

在前面讨论的基础上，进一步使坐标轴的旋转速度 ω_{sdq} 等于定子频率的同步角转速，即

$$\omega_{sdq} = \omega_1 \tag{7.2-44}$$

则可以得到另一种很有用的坐标系即两维同步旋转坐标系。其坐标轴仍用 $\{d, q\}$ 表示，而转子的转速为 ω_r，因此 dq 轴相对于转子的角转速即转差角频率为

$$\omega_1 - \omega_r = \omega_s \tag{7.2-45}$$

将上式代入式(7.2-41)，并注意到式(7.2-40)，可得同步旋转坐标系上用定、转子电流表示以及用定子电流和转子磁链表示的电压方程为

$$\begin{bmatrix} \boldsymbol{u}_{sdq} \\ \boldsymbol{u}_{rdq} \end{bmatrix} = \begin{bmatrix} R_s\boldsymbol{I} + L_s(p\boldsymbol{I} + \omega_1\boldsymbol{J}) & L_M(p\boldsymbol{I} + \omega_1\boldsymbol{J}) \\ L_M(p\boldsymbol{I} + \omega_s\boldsymbol{J}) & R_r\boldsymbol{I} + L_r(p\boldsymbol{I} + \omega_s\boldsymbol{J}) \end{bmatrix}\begin{bmatrix} \boldsymbol{i}_{sdq} \\ \boldsymbol{i}_{rdq} \end{bmatrix}$$
$$= \begin{bmatrix} R_s\boldsymbol{I} + \sigma L_s(p\boldsymbol{I} + \omega_1\boldsymbol{J}) & (L_M/L_r)(p\boldsymbol{I} + \omega_1\boldsymbol{J}) \\ -L_M/T_r\boldsymbol{I} & (1/T_r + p)\boldsymbol{I} + \omega_s\boldsymbol{J} \end{bmatrix}\begin{bmatrix} \boldsymbol{i}_{sdq} \\ \boldsymbol{\phi}_{rdq} \end{bmatrix} \tag{7.2-46}$$

此时，磁链方程、转矩方程和运动方程均不变。

两维同步旋转坐标系的突出特点是，当三相 ABC 坐标系中的电压和电流是交流正弦波时，变换到 dq 坐标系上就表现为直流的形式。

对于鼠笼式异步电动机，$\boldsymbol{u}_{rdq} = 0$。依据式(7.2-46)和转矩方程可绘成动态等效电路如图 7.2.7 所示。比起图 7.2.3，图 7.2.7 复杂了一些，但是如果把旋转变换做一个调整，即将 d 轴的方向规定为转子磁链的方向，则由于 $\psi_{rq} = 0$，图形将大大被简化。具体方法将在 7.3 节中讨论。

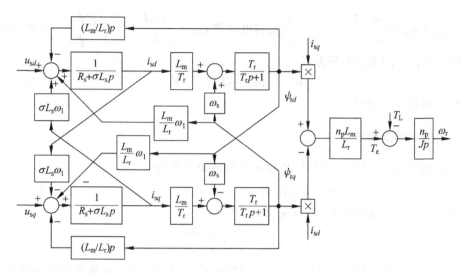

图 7.2.7　鼠笼式异步电动机在 dq 坐标系上的数学模型

本节小结

(1) 详细讨论了异步电动机动态模型的各种表示形式。由图 7.2.3 知,即使忽略铁损和磁路的非线性,该模型还是一个 5 阶非线性方程。因此以电动机为被控对象的系统是一个非线性的控制系统。此外,频率和温度变化对绕组电阻有较大影响。

(2) 要注意建模的条件。例如调速用的异步电动机有时也需要工作在定子电压频率为零(直流,或 $\omega_1=0$)的状态,此时式(7.2-1)中的磁链导数为零。由此,两相静止坐标下的方程式(7.2-33)也不再成立。

(3) 用各种坐标所表示的电动机模型是为实现不同的控制策略服务的,这一点将在 7.3 节和 7.4 节中体现。但是,坐标变换并不能够改变电动机的各种性质。

7.3　异步电动机按转子磁链定向的矢量控制系统

由 7.2 节的分析可知,异步电动机的动态数学模型是一个高阶、非线性、强耦合的多变量系统。虽然通过坐标变换,可以使该模型降阶和化简,但并没有改变其非线性、多变量的本质。因此,在研发具有高动态调速性能的控制方案时,必须基于这样一个动态模型。经过多年的研究和实践,有几种控制方案已经获得了成功的应用,目前应用较多的方案有:

(1) 按转子磁链定向的矢量控制系统;

(2) 按定子磁链控制的直接转矩控制系统。

本节以鼠笼式异步电动机为例讨论第一种控制方案。先介绍矢量控制的基本原理并在假设转子磁链可测的条件下构筑系统;然后讨论为了得到转子磁链、目前工程上已经形成的两种矢量控制策略及其具体实现方法。

7.3.1　基本原理

1. 基本思路

将图 7.1.3(d)重作为图 7.3.1(a),该图给出产生他励直流电动机电磁转矩的两个变量电枢电流 i_a 和主磁通 ψ 的空间关系。在 7.1 节中已经阐明,以产生同样的旋转磁动势为准则,异步电动机的定子交流电流 i_A、i_B 和 i_C,通过 3/2 变换可以等效成两维静止坐标系上的交流电流 i_α 和 i_β,如图 7.3.1(b)所示。再通过同步旋转变换,可以等效成同步旋转坐标系上的直流电流 i_M 和 i_T,如图 7.3.1(c)。如果观察者站到铁心上与坐标系一起旋转,他所看到的便是一台与图 7.3.1(a)结构相同的"直流电动机"。通过控制,可使交流电动机的转子磁链 ψ_r 相当于等效"直流电动机"的励磁磁链,则 M 绕组相当于直流电动机的励磁绕组,i_M 相当于励磁电流 i_f,T 绕组相当于直流电动机的电枢绕组,i_T 相当于与转矩成正比的直流电动机电枢电流 i_a。

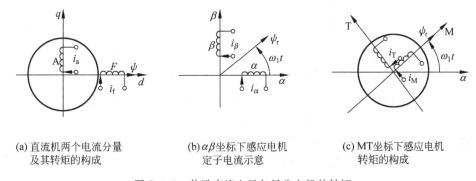

(a) 直流机两个电流分量　　　　(b) $\alpha\beta$ 坐标下感应电机　　　　(c) MT 坐标下感应电机
　　　及其转矩的构成　　　　　　　　定子电流示意　　　　　　　　　转矩的构成

图 7.3.1　他励直流电机与异步电机的转矩

既然异步电动机经过坐标变换可以等效成直流电动机,那么,模仿直流电动机的控制策略,就可以控制这个等效的"直流电动机",从而获得较好的转矩特性,也就能够较好控制异步电动机的电磁转矩了。由于进行坐标变换的是电流(代表磁动势)的空间矢量,所以这样进行矢量变换以简化模型、并模仿直流电机转矩控制的控制方法叫做**矢量控制(vector control)方法**,简称 **VC**。由于是以转子磁链的方向作为 M 轴的方向,这种控制策略也称为按**转子磁链定向或磁场定向控制**(field orientation control,FOC)。磁场定向控制最初的思想可参考文献[7-1]。

2. 转子磁链定向条件下的鼠笼式异步电动机模型

(1) 转子磁链定向条件下的鼠笼式异步电动机模型

首先分析以转子磁链定向时鼠笼式异步电动机的模型以及以转子磁链定向的作用。

选择 $\boldsymbol{i}_{sdq}=\begin{bmatrix}i_{sd} & i_{sq}\end{bmatrix}^T$,$\boldsymbol{\psi}_{rdq}=\begin{bmatrix}\psi_{rd} & \psi_{rq}\end{bmatrix}^T$ 作为状态变量,则电压方程式为(7.2-46),进一步可将其改写为

$$\begin{bmatrix} \boldsymbol{u}_{sdq} \\ 0 \end{bmatrix} = \begin{bmatrix} (R_s + \sigma L_s p)\boldsymbol{I} + \omega_1 \sigma L_s \boldsymbol{J} & (L_M/L_r)\{p\boldsymbol{I} + \omega_1 \boldsymbol{J}\} \\ -L_M/T_r \boldsymbol{I} & (1/T_r + p)\boldsymbol{I} + \omega_s \boldsymbol{J} \end{bmatrix} \begin{bmatrix} \boldsymbol{i}_{sdq} \\ \boldsymbol{\psi}_{rdq} \end{bmatrix} \tag{7.3-1}$$

在 7.2 节所述动态模型分析中,在进行两相同步旋转坐标变换时只规定了 d、q 两轴的相互垂直关系和与定子频率同步的旋转速度,并未规定两轴与电动机旋转磁场的相对位置,如果取 d 轴沿着转子磁链矢量 $\boldsymbol{\psi}_r$ 的方向,称之为 M(magnetization) 轴,而 q 轴为逆时针转 90°,即垂直于矢量 $\boldsymbol{\psi}_r$,称之为 T(torque)轴。这样的两相同步旋转坐标系就具体规定为 MT 坐标系,即按**转子磁链定向**(**field orientation**)的旋转**坐标系**。

由于是以转子磁链 $\boldsymbol{\psi}_r$ 的方向作为 M 轴的方向(即转子磁链定向),此时应有

$$\psi_{rd} = \psi_{rM} = |\psi_r|, \quad \psi_{rq} = \psi_{rT} = 0 \tag{7.3-2}$$

将上式代入转矩方程式(7.2-43)和式(7.3-1),并用 $\{M,T\}$ 替代 $\{d,q\}$,可得此时电磁转矩和电压方程分别为

$$\begin{aligned} T_e &= n_P(L_M/L_r)(i_{sT}\psi_{rM} - i_{sM}\psi_{rT}) \\ &= n_P(L_M/L_r)i_{sT}\psi_{rM} \\ &= n_P(L_M^2/L_r)i_{sT}\frac{1}{T_r p + 1}i_{rM} \end{aligned} \tag{7.3-3}$$

$$\begin{bmatrix} u_{sM} \\ u_{sT} \\ 0 \\ 0 \end{bmatrix} = \begin{bmatrix} R_s + \sigma L_s p & -\omega_1 \sigma L_s & (L_M/L_r)p & 0 \\ \omega_1 \sigma L_s & R_s + \sigma L_s p & \omega_1 L_M/L_r & 0 \\ -L_M/T_r & 0 & 1/T_r + p & 0 \\ 0 & -L_M/T_r & \omega_s & 0 \end{bmatrix} \begin{bmatrix} i_{sM} \\ i_{sT} \\ \psi_{rM} \\ 0 \end{bmatrix} \tag{7.3-4}$$

注意式(7.3-4)中,由于 $\psi_{rT} = 0$,矩阵的第 4 列可改写为零。

对于滑差频率 ω_s,由第 4 行可得

$$\omega_s = \omega_1 - \omega_r = \frac{L_M i_{sT}}{T_r \psi_{rM}}\bigg|_{\psi_{rT}=0} \tag{7.3-5}$$

同时,由式(7.3-4)第 3 行有

$$\psi_{rM} = \frac{L_M}{T_r p + 1}i_{sM} \tag{7.3-6}$$

式(7.3-3)～式(7.3-5)和运动方程式(7.2-19)即为 MT 坐标系上鼠笼式异步电动机的数学模型。相应的方框图如图 7.3.2(图中表示 θ_r 的部分为模型的一部分,不可被省略)。将该图与图 7.2.7 作比较,可以看出采用转子磁链定向后电动机的模型被大大地简化了。

由图 7.3.2 可以得到以下结果:

① 转子磁链 ψ_r 仅由定子电流励磁分量 i_{sM} 产生,与转矩分量 i_{sT} 无关,从这个意义上看,**定子电流的励磁分量与转矩分量是解耦的**。式(7.3-6)还表明,ψ_{rM} 与 i_{sM} 之间的传递函数是一阶惯性环节,其时间常数 T_r 为转子时间常数,当励磁电流分量 i_{sM} 突变时,ψ_r 的变化要受到励磁惯性的阻挠,这和直流电动机励磁绕组的惯性作用是一致的。

② 电磁转矩 T_e 是变量 i_{sT} 和 ψ_{rM} 的点积,即由式(7.3-3)表示。由于 T_e 同时受到

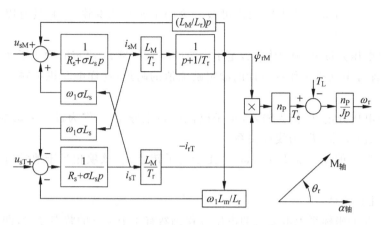

图 7.3.2   TM 坐标系上鼠笼式异步电机的模型

变量 i_{sT} 和 ψ_{rM} 的影响,仍旧是耦合着的。

(2) 转子磁链定向且 $\psi_{rM} = |\psi_r|$ 为常数条件下的电动机模型

由图 7.3.2,如果控制使得

$$\psi_{rM} = |\psi_r| = \text{const.} \tag{7.3-7}$$

则**电磁转矩 T_e 与转矩电流分量 i_{sT} 变成了线性关系**,对转矩的控制问题就转化为对转矩电流分量的控制问题。

此外由电动机原理知,为了输出最大转矩,也需要使电动机工作在额定磁链状态。

注意到在式(7.3-7)条件下,图 7.3.2 中的项 $(L_M/L_r)p\psi_{rM}$ 为零,而项 $\omega_1(L_M/L_r)\psi_{rM}$ 可由式(7.3-5)得到以下等式

$$\omega_1(L_M/L_r)\psi_{rM} = (\omega_r + \omega_s)(L_M/L_r)\psi_{rM}$$
$$= \omega_r(L_M/L_r)\psi_{rM} + (L_M/L_r)^2 R_r i_{sT} \tag{7.3-8}$$

根据上式可进一步将图 7.3.2 化简为图 7.3.3。

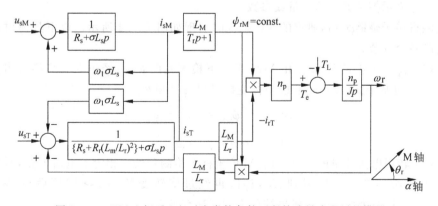

图 7.3.3   TM 坐标系上 $|\psi_r|$ 为常数条件下鼠笼式异步电机的模型

由图 7.3.3 看出,由于参数 σL_s 的值非常小,可以忽略耦合项 $\omega_1 \sigma L_s$ 对各轴的影

响,所以 $\psi_{rM}=$ const 条件下电动机可被分为两个相互基本独立,并具有以下特性的子系统:

① 由电压分量 u_{sM} 作为输入,定子电流的励磁分量 i_{sM} 决定的励磁子系统。该子系统可以保证电动机工作在设计的额定励磁值的附近,这样电动机可输出最大的电磁转矩。

② 由电压分量 u_{sT} 作为输入,定子电流的转矩分量 i_{sT} 作为输出的**转矩子系统**,转矩分量 i_{sT} 与转矩 T_e 为线性关系。

此外,图中的项 $(L_M/L_r)\psi_{rM}\omega_r$ 正比于转子转速 ω_r,该项相当于他励直流电动机的反电势。

需要注意的是:

① 在 MT 坐标系上电动机的电压方程仍然有 4 个独立的状态变量,即定子电流 $\{i_{sT}, i_{sM}\}$,转子磁链矢量的幅值 ψ_{rM} 和位置 θ_r(注意 θ_r 存在于旋转变换公式中)。即转子磁链矢量是用极坐标方式 $\psi_r=\psi_{rM}e^{j\theta}$ 表示的。

② 实现矢量控制的关键是要设法得到转子磁链矢量的幅值和位置 $\{\psi_{rM}, \theta_r\}$,知道这两个变量值才可以实现上述构成转矩的两个分量的解耦。

③ 由下面介绍的"工程实现方法"知,难以保证式(7.3-7)所示的理想条件" T_e 正比于 i_{sT}"在任何状态下成立。此外,当实施变磁链幅值控制(如弱磁控制)时,由于式(7.3-7)不再成立," T_e 正比于 i_{sT}"也不再成立,此时应该按图 7.3.2 讨论转矩的响应特性。

3. 假定转子磁链可测时矢量控制系统的构成

开始实现矢量控制系统时,曾尝试直接检测磁链的方法。从理论上说,直接检测应该比较准确,但目前尚没有实用的检测转子磁链矢量 ψ_r 的方法。为了便于理解矢量控制的原理,下面在假设转子磁链 ψ_r 可以检测的条件下叙述矢量控制系统的实现方法。

为了便于区别控制器中设定的变量(参数)与电动机中实际的变量(参数),用右上标" * "表示控制器中的变量或参数。

测得转子磁链 ψ_r 后,典型的 VC 系统的实现如图 7.3.4 所示。以下具体讨论该系统的各个环节。

(1) $|\psi_r|$ 和 θ_r 的计算。由 ABC 坐标下检测到的 ψ_{rABC},经过 3/2 变换可得 $\psi_r=[\psi_{r\alpha}\psi_{r\beta}]^T$,再基于式(7.3-9)的极坐标变换可得 $|\psi_r|$ 和 θ_r。

$$\begin{cases} \psi_{rM} = |\psi_r| = \sqrt{\psi_{r\alpha}^2 + \psi_{r\beta}^2} \\ \theta_r = \arccos\{\psi_{r\alpha}/\psi_{rM}\} \end{cases} \tag{7.3-9}$$

(2) 转矩电流分量的计算。由 ABC 坐标下检测到的三相定子电流 i_{sABC},对其采用 7.1 节所述 3/2 变换得到 $\{i_{s\alpha}, i_{s\beta}\}$,再经过旋转变换" $\alpha\beta \Rightarrow$ TM "后得到 $i_s=[i_{sM}i_{sT}]^T$。这两个变换的合成也被称为"3s/2r 变换"。

(3) 由磁链给定 $|\psi_r^*|=\psi_{rM}^*$ 和电动机磁链反馈构成磁链闭环,使得 $\psi_{rM}=\psi_{rM}^*$ 成立。

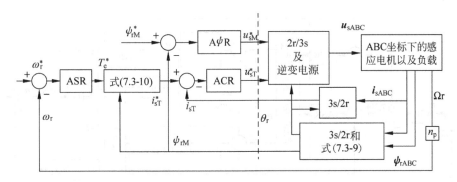

图 7.3.4　转子磁链可测条件下的 VC 系统构成

（ASR：转速调节器；ACR：电流调节器；AψR：磁链调节器）

（4）转速调节器 ASR 的输出是转矩指令 T_e^*，由下式可求出定子电流转矩分量给定信号 i_{sT}^*，与电动机定子电流转矩分量 i_{sT} 构成转矩控制环。

$$i_{sT}^* = \frac{L_r}{n_p L_M \psi_r} T_e^* \tag{7.3-10}$$

（5）MT 轴两个调节器的输出为 $[u_{sM} u_{sT}]^T$。基于 7.1 节旋转反变换式（7.1-11）和 2/3 变换式（7.1-5）（两个变换的合成称为"2r/3s 变换"），将 $[u_{sM} u_{sT}]^T$ 变换为用于控制电动机的电压 $\boldsymbol{u}_{ABC}^* = [u_A^* \ u_B^* \ u_C^*]^T$，即

$$\begin{bmatrix} u_A^* \\ u_B^* \\ u_C^* \end{bmatrix} = \sqrt{\frac{2}{3}} \begin{bmatrix} 1 & 0 \\ -1/2 & \sqrt{3}/2 \\ -1/2 & -\sqrt{3}/2 \end{bmatrix} \begin{bmatrix} \cos\theta_r & -\sin\theta_r \\ \sin\theta_r & \cos\theta_r \end{bmatrix} \begin{bmatrix} u_{sM} \\ u_{sT} \end{bmatrix} \tag{7.3-11}$$

基于图 7.3.4 可以分析系统的稳定性，还可以设计系统中的三个调节器的参数。图中的电动机模型为图 7.3.2 时，系统稳定性的分析较为复杂。以下仅基于图 7.3.3 的电动机模型对这些问题作一定性说明。

由于图 7.3.4 中虚线的右半部分可以等效为 MT 坐标系上的逆变器模型和图 7.3.3 所示的电动机模型，所以可以将图 7.3.4 化简为图 7.3.5 所示的 MT 坐标系上的系统。如果将逆变器的等效传递函数简化为一常数，并且不考虑耦合项 $\omega_1 \sigma L_s$ 的影响，由此图可知：

（1）励磁子系统的被控对象是一个二阶系统，所以采用调节器 AψR 可以使该闭环稳定；

（2）$|\psi_r|$ 为常数条件下，速度环和转矩电流环的结构与他励直流电动机在 $I_f = $ const 条件下电流速度双闭环系统的结构几乎一致。所以可以依据第 4 章所述的直流电动机双闭环系统的校正方法设计系统中的两个调节器 ASR 和 ACR 的参数。

在以上分析中，为了分散学习矢量控制原理的难点，假设转子磁链 $\boldsymbol{\psi}_r = \psi_{rM} e^{j\theta}$ 可测。实际中转子磁链信号是难以实测的。因此如何得到 $\boldsymbol{\psi}_r$ 是实现矢量控制的一个重要课题。现在实用的系统中多采用间接的方法，即利用容易测得的电动机电压、电流或转速等信号，借助于电动机的有关模型，实时地计算转子磁链的幅值与相位。

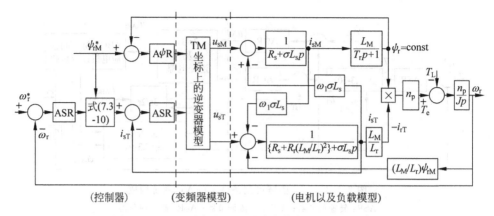

图 7.3.5　TM 坐标系上$|\psi_r|$为常数条件下的 VC 系统

根据获取转子磁链模型的方法不同,典型的工程实现有:

(1) 将转子磁链事先在控制器中算出的方法,被称为间接型矢量控制方法(indirect vector control)或转差频率型矢量控制;

(2) 用计算器或状态观测器得到转子磁链的方法,被称为直接型矢量控制方法(direct vector control)或磁链反馈型矢量控制。

以下分别讨论这些方法。

7.3.2　间接型矢量控制系统

获取转子磁链最直接的方法是用 7.3.3 节所述方法,即将转子磁链作为状态变量,用电动机的磁链模型计算或观测出它并构成反馈。但是由于这一计算要用到电动机的多个参数,其值要受到这些参数变化的影响,造成控制的不准确性。既然这样,与其计算(观测)磁链并以此构成磁链闭环控制,不如根据式(7.3-2)与式(7.3-5)等价性,利用式(7.3-5)得到的转差频率计算磁链的位置,利用式(7.3-6)求得磁链幅值。这样构成的系统反而会简单一些。这样的方法称为间接型矢量控制方法。

1. 控制算法

如图 7.3.6 所示,目的是求得 ψ_{rM} 和 θ_r 以在控制器中重构一个与电动机相同的 MT 模型。设电动机的 T_r 已知,则可在控制器中设定 $T_r^* = T_r$,由于电动机的定子电流 i_s 可测,由式(7.3-5)可得

$$\omega_s^* = (L_M / T_r^*) i_{sT} / \psi_{rM} \tag{7.3-12}$$

此外,在系统中一般设计定子电流闭环以使得 $i_s^* = i_s$。如果磁链定向正确,则有

$$i_{sT}^* = i_{sT}, \quad i_{sM}^* = i_{sM} \tag{7.3-13}$$

所以一般在工程上,采用下式计算

$$\omega_s^* = (L_M / T_r^*) i_{sT}^* / \psi_{rM}^* \tag{7.3-14}$$

式中，ψ_{rM}^* 为转子磁链幅值的指令值，其额定值可根据电动机的参数求得。由于转子转速 ω_r 可被检测，所以转子磁链的位置可由下式得出

$$\theta_r^* = \theta_r = \int_0^t (\omega_r + \omega_s^*)\mathrm{d}t + \theta_r(0) \qquad (7.3\text{-}15)$$

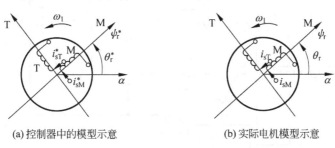

(a) 控制器中的模型示意　　　　　　(b) 实际电机模型示意

图 7.3.6　电机中的 MT 坐标和控制器中的 MT 坐标

对于**定子励磁**条件下的异步电动机，由于其转子磁链的初始位置 $\theta_r(0)$ 是由定子电流决定的，如果在系统运行开始时就采用矢量控制，可以认为 $\theta_r(0)=0$。所以在 $T_r^*=T_r$ 和 $\boldsymbol{i}_s^*=\boldsymbol{i}_s$ 的条件下，依据下式可以通过控制器内的间接运算得到转子磁链的位置，即

$$\theta_r = \int_0^t (\omega_r + \omega_s^*)\mathrm{d}t \qquad (7.3\text{-}16)$$

得到磁链位置 θ_r 后，可以通过旋转变换得到励磁电流分量 i_{sM}，进而可以根据式(7.3-6)求得 ψ_{rM} 并实施反馈控制。

2. 基于电压源型逆变器的系统构成

有多种方式实现转差型矢量控制系统。图 7.3.7 是一个常见的驱动电源采用电压型逆变器(VSI)的系统原理图。对图中的各个环节说明如下：

(1) 转速调节器 ASR 的输出是转矩指令 T_e^*，由矢量控制方程式可求出定子电流的转矩电流分量 i_{sT}^*；转差频率给定信号 ω_s^* 可由式(7.3-14)计算；而转矩电流分量 i_{sT}^* 由式(7.3-10)的变形得到，即

$$i_{sT}^* = \frac{L_r}{n_p L_M \psi_{rM}^*} T_e^* \qquad (7.3\text{-}17)$$

(2) 由式(7.3-16)用转差频率给定信号 ω_s^* 与测得的转子转速算出转子磁链的位置 θ_r^*。

(3) 定子电流励磁分量给定信号 i_{sM}^* 和转子磁链给定信号 ψ_r^* 之间的关系如式(7.3-6)所示。在运行时如果设定 $\psi_{rM}^*=\text{const}$，就可以将式中的比例微分环节 $(T_r p+1)$ 省略，用 $i_{sM}^* = \psi_{rM}^*/L_m$ 得到 i_{sM}^*。此外，在 $\psi_{rM}^*=\text{const}$ 条件下，某些控制方案将式(7.3-14)和式(7.3-17)简化为以下两式计算 ω_s^* 和 i_{sT}^*。

$$\omega_s^* = (1/T_r^*) i_{sT}^* / i_{sM}^* \qquad (7.3\text{-}18a)$$

$$i_{sT}^* = \frac{L_r}{n_p L_M^2 i_{sM}^*} T_e^* \qquad (7.3\text{-}18b)$$

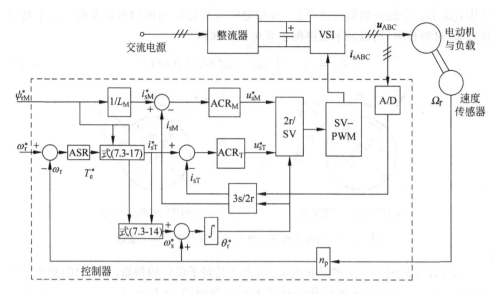

图 7.3.7　间接型矢量控制系统的典型构成

（4）检测出的定子电流经 3/2 变换和旋转变换（图中表示为 3s/2r 框）后得到 MT 轴上的 $[i_{sM} i_{sT}]^T$，并由此构成电流反馈控制。

（5）MT 轴的电流调节器 ACR 的输出为 $[u_{sM}^* u_{sT}^*]^T$，经旋转反变换之后作为电压型逆变器的控制信号。在图 7.3.7 中用 2r/SV 表示，这里的 SV 表示 6.2.3 节所述的空间电压矢量调制方法。

（6）有多种电流控制的方法。图 7.3.7 所示的电流控制在 MT 坐标系上进行。由于稳态时为直流形态，并且由图 7.3.6 知电流环的传递函数较为简单，因此使用 PI 调节器就可以获得较好的电流响应，也就是获得较优良的转矩动态响应。

由以上说明可以看出，间接型矢量控制系统的磁场定向由磁链和转矩的给定信号和速度检测值确定、靠无静差的电流环保证，并没有采用磁链模型实际计算转子磁链及其相位，所以属于间接的磁场定向。此外，转矩控制的效果取决于电流控制的快速性与精度，以及控制器中的转子转差角频率 ω_s^* 是否与电动机的真值 ω_s 相等。

3. 基于电流源型逆变器的系统构成

如果驱动异步电动机的电源是电流型逆变器（CSI），则电动机的输入为定子电流 $\boldsymbol{i}_s^* = \boldsymbol{i}_s$，此时电动机模型就变得比较简单。基于式（7.2-30）的下一行，在 $\{\alpha, \beta\}$ 坐标系上的模型为

$$p\boldsymbol{\psi}_{r\alpha\beta} = \frac{L_M}{T_r}\boldsymbol{i}_{s\alpha\beta} - \left(\frac{1}{T_r}\boldsymbol{I} - \omega_r\boldsymbol{J}\right)\boldsymbol{\psi}_{r\alpha\beta} \tag{7.3-19}$$

或基于式（7.3-1）的下一行，在 $\{M, T\}$ 坐标系上的模型为

$$L_M\boldsymbol{i}_{sMT} = \left[(T_r p + 1)\boldsymbol{I} - \omega_r\boldsymbol{J}\right]\boldsymbol{\psi}_{rMT} \tag{7.3-20}$$

基于式(7.3-14)、式(7.3-16)、式(7.3-17)和由 CSI 实现的 $i_s^* = i_s$，可以设计系统的结构如图 7.3.8 所示。与图 7.3.7 相比，系统没有电流环，但必须设置过电压保护。有关基于电流型逆变器的矢量控制系统的更为详细的讨论，请参考文献[7-2]。

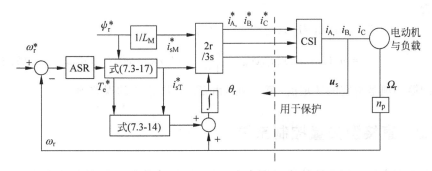

图 7.3.8　基于 CSI 的矢量控制系统的结构

4'. 转子时间常数的变化对转矩控制的影响

事实上，转子时间常数要随转子温度等因素的变化而变化。当 $T_r^* = T_r$ 不成立时，图 7.3.7 所示的控制器中计算出的 M 坐标就偏离了电动机中实际的转子磁链方向，$\theta_r^* = \theta_r$ 也不成立，于是上述转矩解耦的状况就不再成立。此时控制器中采用的是一个人为设定的 MT 坐标上的电动机模型，而电动机侧则要用 $\{d, q\}$ 坐标系上的电动机模型来描述。

由于转子时间常数的变化较慢，仍然可以使用式(7.3-1)作为分析的基础。为了易于分析，以下以图 7.3.7 所示的控制方案为例分析转矩控制的误差。

由于实施了图 7.3.7 的"矢量控制"，以下条件成立：

(1) 电流控制的结果使得稳态时式(7.3-13)成立，即 $i_{sMT}^* = i_{sdq}$

(2) 稳态时的转差频率：由 $\omega_1^* = \omega_1$ 得 $\omega_r + \omega_s^* = \omega_r + \omega_s$，所以

$$\omega_s^* = (1/T_r^*)i_{sT}^*/i_{sM} = \omega_s \neq (1/T_r)i_{sT}/i_{sM} \tag{7.3-21}$$

(3) 控制器中的转矩指令和电动机中实际的转矩分别是

$$\begin{cases} T_e = n_P(L_M/L_r)(i_{sq}\psi_{rd} - i_{sd}\psi_{rq}) \\ T_e^* = n_P(L_M/L_r)i_{sT}^*\psi_{rM}^* \end{cases} \tag{7.3-22}$$

由式(7.3-1)的下一行(转子方程)和式(7.3-4)的 3、4 行可得

$$L_M i_{sMT}^* = \{\boldsymbol{I} + T_r^*(p\boldsymbol{I} + \omega_s^*\boldsymbol{J})\}\boldsymbol{\psi}_{rMT}^*$$

$$= L_M i_{sdq} = \{\boldsymbol{I} + T_r(p\boldsymbol{I} + \omega_s\boldsymbol{J})\}\boldsymbol{\psi}_{rdq} \tag{7.3-23}$$

为了简单，仅分析稳态($p = 0$)时的状况，所以式(7.3-23)变为

$$(\boldsymbol{I} + T_r^*\omega_s^*\boldsymbol{J})\boldsymbol{\psi}_{rMT}^* = (\boldsymbol{I} + T_r\omega_s\boldsymbol{J})\boldsymbol{\psi}_{rdq} \tag{7.3-24}$$

设 $k_1 = T_r^*\omega_s^*$，$k_2 = T_r\omega_s$，并注意到 $\boldsymbol{\psi}_{rMT}^* = [\psi_{rM}^*\, 0]^T$，由上式可得

$$\begin{bmatrix} \psi_{rd} \\ \psi_{rq} \end{bmatrix} = \frac{1}{1 + k_2^2} \begin{bmatrix} (1 + k_1 k_2)\psi_{rM}^* \\ (k_1 - k_2)\psi_{rM}^* \end{bmatrix} \tag{7.3-25}$$

令 $\boldsymbol{\psi}_{rMT}^*$ 与 $\boldsymbol{\psi}_{rdq}$ 之间的夹角为 $\Delta\theta$,由式(7.3-25)知

$$\Delta\theta = \arctan\left(\frac{k_1 - k_2}{1 + k_1 k_2}\right) \tag{7.3-26}$$

将式(7.3-25)代入式(7.3-22)中电动机的转矩方程,则电动机实际产生的电磁转矩为

$$
\begin{aligned}
T_e &= n_P(L_M/L_r)(i_{sq}\psi_{rd} - i_{sd}\psi_{rq}) \\
&= n_P(L_M/L_r)\left\{ i_{sT}^*\psi_{rM}^* + \frac{k_1 - k_2}{1 + k_2^2}(k_2 i_{sT}^* - \psi_{rM}^*/L_M)\psi_{rM}^* \right\}
\end{aligned} \tag{7.3-27}
$$

上式的第一项是给定的转矩值,第二项是由 $T_r^* \neq T_r$ 产生的误差项。

*7.3.3　直接型矢量控制系统

在实现矢量控制系统的研发历史上,最先想到的是如何根据电动机的磁链模型获得转子磁链信号 $\boldsymbol{\psi}_{r\alpha\beta}$,然后基于式(7.3-9)得到 $\{|\boldsymbol{\psi}_r|, \theta_r\}$ 并构成独立的电磁转矩和转子磁链的闭环控制。以下讨论如何得到**转子磁链 $\boldsymbol{\psi}_{r\alpha\beta}$**。

1. 计算、观测转子磁链的方法

转子磁链可以从电动机数学模型中推导出来,也可以利用状态观测器或状态估计理论得到闭环的观测模型。基于电动机模型的计算方法简单易行,但由于没有对计算偏差以及积分器初值偏差引起的误差校正的功能,计算结果不易收敛于真值也就是电动机的实际值。基于磁链(状态)观测器方法的观测值在理论上收敛于真值,但由于观测器中用到的电动机参数过多、计算也复杂,现阶段实用性较差。

(1) 基于电动机模型的计算方法

由于计算中所用到的实测信号的不同,计算方法又分电流模型和电压模型两种。这两种方法的原理容易理解,但由于后面将要提到的原因,一般不能用于实际系统。

① 计算转子磁链的电流模型。根据描述磁链与电流关系的磁链方程来计算转子磁链,所得出的模型叫做计算转子磁链的电流模型。电流模型可以在不同的坐标系上获得,这里只叙述在两相静止坐标系上转子磁链的电流模型。

由实测的三相定子电流通过 3/2 变换很容易得到两相静止坐标系上的电流 $i_{s\alpha}$ 和 $i_{s\beta}$,再利用式(7.2-30)的下一行得到转子磁链在 $\{\alpha, \beta\}$ 轴上的分量为

$$(1 + T_r p)\boldsymbol{\psi}_{r\alpha\beta} = L_M \boldsymbol{i}_{s\alpha\beta} + \omega_r T_r \boldsymbol{J} \boldsymbol{\psi}_{r\alpha\beta}$$

整理后得计算转子磁链的电流模型

$$\boldsymbol{\psi}_{r\alpha\beta}^* = \frac{1}{T_r^* p + 1}(L_M^* \boldsymbol{i}_{s\alpha\beta} + \omega_r T_r^* \boldsymbol{J} \boldsymbol{\psi}_{r\alpha\beta}^*) \tag{7.3-28}$$

式中的 $L_M^* T_r^*$ 为计算器中设定值。有了 $\{\psi_{r\alpha}^*, \psi_{r\beta}^*\}$,要计算 $\boldsymbol{\psi}_{r\alpha\beta}$ 的幅值和相位就很容

易了。

② 计算转子磁链的电压模型。根据电压方程中感应电动势等于磁链变化率的关系,取电动势的积分就可以得到磁链,这样的模型叫做**转子磁链的电压模型**。下面只叙述静止两相坐标上的模型。

由式(7.2-30)第一行可得

$$\boldsymbol{u}_{s\alpha\beta} = (R_s + \sigma L_s p)\boldsymbol{i}_{s\alpha\beta} + (L_M/L_r) p\boldsymbol{\psi}_{r\alpha\beta}$$

整理后即得计算转子磁链的电压模型为

$$\boldsymbol{\psi}_{r\alpha\beta} = \frac{L_r^*}{L_M^*}\left[\int (\boldsymbol{u}_{s\alpha\beta} - R_s^* \boldsymbol{i}_{s\alpha\beta})\mathrm{d}t - \sigma L_s^* \boldsymbol{i}_{s\alpha\beta}^*\right] \tag{7.3-29}$$

式中,L_s^*、L_M^* 和 R_s^* 为控制器中的设定值。

按式(7.3-29)构成转子磁链的电压模型如图 7.3.9 所示。由图可见,它只需要实测的电压和电流信号,且算法只与定子电阻 R_s 有关。但是,由于电压模型包含纯积分项,积分的初始值和累积误差都影响计算结果。在低速时,定子电阻压降变化的影响也较大。

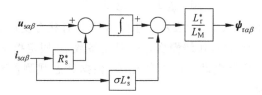

图 7.3.9　计算转子磁链的电压模型

由以上分析可知,比起间接型矢量控制方法,基于电动机模型计算磁链的方法使用了更多的电动机参数。

(2) 采用状态观测器观测转子磁链

对于上述采用"开环计算"计算状态变量 $\boldsymbol{\psi}_{r\alpha\beta}$ 的方法,由控制理论知,由于计算器中的积分初值与实际对象的积分初值不等,以及设定参数与电动机实际参数之间的误差等原因,难以保证其计算值能够收敛于真值(也即实际值)。因此,在实际系统中一般使用具有"误差反馈"环节的状态观测器(observer)来保证被观测值的收敛性。

① 全维磁链观测器。由式(7.2-35)描述的电动机可看作参考模型(reference model)

$$\dot{\boldsymbol{x}} = \boldsymbol{Ax} + \boldsymbol{Bu}_s \tag{7.3-30}$$

式中,状态变量 $\boldsymbol{x} = [\boldsymbol{i}_s \boldsymbol{\psi}_r]^\mathrm{T}$。该模型输出变量为电动机定子电流 $\boldsymbol{i}_s$。状态变量转子磁链 $\boldsymbol{\psi}_r$ 在现阶段技术水平下难以有效地检测到,但是,可以证明,当同步转速 ω_1 不为零时,$\boldsymbol{\psi}_r$ 是可观的(observable)。

依据式(7.2-35),可以在控制器中重构一个状态变量为 $\{\hat{\boldsymbol{i}}_s, \hat{\boldsymbol{\psi}}_r\}$ 的全维磁链观测器,其结构如图 7.3.10 中的虚线框所示。该观测器的维数与电动机的实际维数相等,被称为全维状态观测器(full order observer)。由于这两个模型的输入相同,并且由于有反馈项 $G(i_s - \hat{i}_s)$,所以观测误差可最终被消除。以下具体说明。

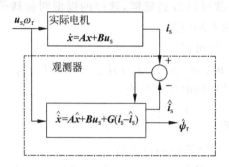

图 7.3.10　电机转子磁链全维观测器示意图

由公式(7.2-35),在同步转速 $\omega_1 \neq 0$ 的条件下,电动机的模型为

$$\frac{\mathrm{d}}{\mathrm{d}t}\begin{bmatrix} i_s \\ \boldsymbol{\psi}_r \end{bmatrix} = A\begin{bmatrix} i_s \\ \boldsymbol{\psi}_r \end{bmatrix} + Bu_s \tag{7.3-31}$$

式中的系数矩阵 A 由式(7.2-34)表示。矩阵 A 中含有状态变量 ω_r,所以模型是非线性的。如果将转子转速 ω_r 看作缓慢变化的时变参数,并假定控制器中重构的系数矩阵 A 的所有参数都与实际电动机的参数相等,根据状态观测器理论,依据上式构成的全维状态观测器为

$$\frac{\mathrm{d}}{\mathrm{d}t}\begin{bmatrix} \hat{i}_{s\alpha\beta} \\ \hat{\boldsymbol{\psi}}_{r\alpha\beta} \end{bmatrix} = A\begin{bmatrix} \hat{i}_{s\alpha\beta} \\ \hat{\boldsymbol{\psi}}_{r\alpha\beta} \end{bmatrix} + Bu_{s\alpha\beta} + G\begin{bmatrix} i_{s\alpha\beta} - \hat{i}_{s\alpha\beta} \\ \hat{\boldsymbol{\psi}}_{r\alpha\beta} \end{bmatrix} \tag{7.3-32}$$

上式中的矩阵 A 由式(7.2-34)表示,所以在设计观测器时需要得到所有的电动机参数 $\{L_s, L_M, L_r, R_s, R_r, \omega_r\}$。

反馈矩阵 G 的一般式可写为

$$G = \begin{bmatrix} g_1 I + g_2 J & 0 \\ g_3 I + g_4 J & 0 \end{bmatrix} \tag{7.3-33}$$

其中,系数 g_2, g_4 中含有时变参数 ω_r。这是由于在设计矩阵 G 时需要考虑式(7.3-32)的 A 中时变参数 ω_r 的影响。

② 降维的磁链观测器。事实上,由于电动机的定子电流也可以可看作已知的输入量,而需要求解的只是电动机转子磁链 $\boldsymbol{\psi}_{r\alpha\beta}$ 的两个分量,据此可将 4 维方程降维,构成磁链的降维观测器(reduced order observer)。为了讨论方便将式(7.2-35)展开、并将转子磁链换为观测量 $\hat{\boldsymbol{\psi}}_r$ 后可得

$$\frac{\mathrm{d}}{\mathrm{d}t}\begin{bmatrix} i_{s\alpha\beta} \\ \hat{\boldsymbol{\psi}}_{r\alpha\beta} \end{bmatrix} = \begin{bmatrix} a_{11} I & a_{12} I + a'_{12} J \\ a_{21} I & a_{22} I + a'_{22} J \end{bmatrix}\begin{bmatrix} i_{s\alpha\beta} \\ \hat{\boldsymbol{\psi}}_{r\alpha\beta} \end{bmatrix} + \begin{bmatrix} 1/(\sigma L_s) \\ 0 \end{bmatrix} u_{s\alpha\beta} \tag{7.3-34}$$

式中,$a_{11}, a_{12}, a_{21}, a_{22}, a'_{12}, a'_{22}$ 由式(7.2-34)定义。把 i_s 作为输入时,由式(7.3-34)的第 2 行可构成观测器

$$\dot{\hat{\boldsymbol{\psi}}}_{r\alpha\beta} = a_{21}\boldsymbol{i}_{s\alpha\beta} + (a_{22}\boldsymbol{I} + a'_{22}\boldsymbol{J})\,\hat{\boldsymbol{\psi}}_{r\alpha\beta} + \boldsymbol{G}_{\text{Reduced}}(\boldsymbol{i}_{s\alpha\beta} - \hat{\boldsymbol{i}}_{s\alpha\beta}) \tag{7.3-35}$$

式中，$\boldsymbol{G}_{\text{Reduced}}$ 为反馈系数矩阵。将式（7.3-35）中的 $\mathrm{d}l\,\hat{i}_s/\mathrm{d}t$ 由式（7.3-34）的第 1 行，即

$$\dot{\hat{\boldsymbol{i}}}_{s\alpha\beta} = a_{11}\boldsymbol{i}_{s\alpha\beta} + (a_{12}\boldsymbol{I} + a'_{12}\boldsymbol{J})\,\hat{\boldsymbol{\psi}}_{r\alpha\beta} + 1/(\sigma L_s)\boldsymbol{u}_{s\alpha\beta} \tag{7.3-36}$$

代入后，可以构成降维磁链观测器如图 7.3.11 所示。考虑了转子时间常数变动下 $\boldsymbol{G}_{\text{Reduced}}$ 的设计见参考文献[7-3]。

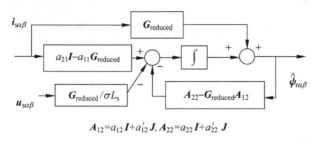

$$\boldsymbol{A}_{12} = a_{12}\boldsymbol{I} + a'_{12}\boldsymbol{J},\ \boldsymbol{A}_{22} = a_{22}\boldsymbol{I} + a'_{22}\boldsymbol{J}$$

图 7.3.11　降维磁链观测器

由图 7.3.11 知，设计该观测器也需要得到所有的电动机参数 $\{L_s, L_m, L_r, R_s, R_r, \omega_r\}$。

2. 控制系统的构成

计算或观测出转子磁链 $\hat{\boldsymbol{\psi}}_{r\alpha\beta}$ 后，就可以直接用转子磁链的位置 θ_r 构成旋转坐标，并将转子磁链幅值 $|\hat{\boldsymbol{\psi}}_r|$ 构成闭环，或仿照图 7.3.7 进行 ψ^*_{rM}/L_M 运算后构成励磁电流 i^*_{sM} 的闭环。图 7.3.12 是基于 VSI 的直接型矢量控制系统结构图，可以看出与图 7.3.4 不同之处仅在于磁链观测环节。将图 7.3.12 的磁链控制环化简为励磁电流控制环，就是图 7.3.13。将该图与图 7.3.8 比较后不难看出两个系统的区别仅仅在于计算转子磁链位置 θ_r 的方法不同。

由于数字控制器的进步，现在图 7.3.12 和图 7.3.13 中虚线框的部分都可以用数字控制器实现。

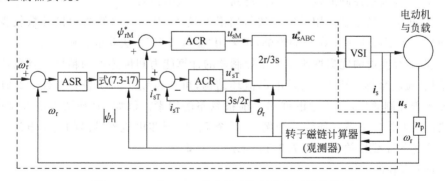

图 7.3.12　基于 VSI 的直接型矢量控制系统结构图

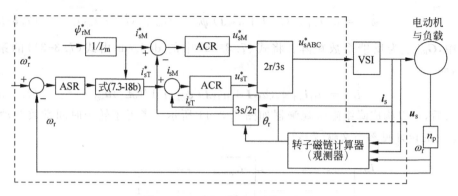

图 7.3.13　图 7.3.12 系统的变形

本节小结

（1）系统性能

无论是直接矢量控制还是间接矢量控制，都具有动态性能好、调速范围宽的优点。采用较高精度的光电码盘转速传感器时，该系统一般可以达到 100 以上的调速范围，已在实际中获得普遍的应用。

（2）分析矢量控制系统的一些收获

① 为了便于理解，将系统的理想实现（假定转子磁链可测）和工程实现分开讨论。

② 控制的核心仍然是对电磁转矩的控制，但电磁转矩不能直接测量，并与可测量如电流等的关系是非线性、耦合的，所以对比他励直流电动机的转矩控制，希望解耦并找到转矩和电流的线性关系。通过在转子磁链上的定向（坐标变换）并控制使转子磁链幅值一定，就可以得到转矩与定子电流的转矩分量之间的线性关系。

③ 所用到控制理论知识有坐标变换，状态变量的选取，观测器理论，系统对参数的鲁棒性等。

（3）工程实现方法

① 实现矢量控制的核心是如何得到转子磁链的位置。

② 间接矢量控制使用前馈方法得出滑差频率，因此所用的电动机参数较少，实现简单。为了减小参数误差的影响，可采用"参数辨识"方法获取正确的参数。

③ 工程实现的优劣取决于数字控制器的计算能力和传感器的精度。现阶段，大多采用"旋转坐标＋PI 控制器"的电流环结构，可获得较好的动静态特性。此外，如果要改善控制效果，需要考虑许多之前被忽略的因素。例如，要补偿磁链和励磁电流之间的非线性关系。作为一个例子，某个 750W 异步电机测试出的励磁电流、电感以及磁链的非线性关系如图 7.3.14 所示。

（4）存在的问题

① 控制器中所用电动机参数与真值不符时，将使得控制性能变差。为了解决这

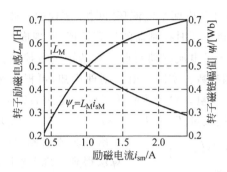

图 7.3.14　某 750W 异步电机励磁电流与电感、磁链的关系

个问题,在参数辨识和自适应控制等方面都做过许多研究工作,获得了不少成果。对此本节没有展开,有兴趣的读者可参考文献[7-4]。

② 间接型矢量控制系统的问题点是,转矩的控制精度受转子参数变化的影响,但在一定范围内可用转速闭环抑制;直接型矢量控制系统控制的问题点是,由于反馈支路有"观测器",系统的动态特性不如间接型矢量控制方法。此外,由于需要更多的电动机参数以构成状态观测器,所以系统对参数的鲁棒性更差[7-5]。在实际系统中很少采用该方案。

(5) 相关研究状况

从 20 世纪末开始,有许多新的理论性成果。其中,针对时变参数的辨识方法,以及提高对参数的鲁棒性的方法已经得到了工程应用。

7.4　异步电动机的直接转矩控制系统

直接转矩控制系统简称 DTC (direct torque control)系统,是继矢量控制系统之后发展起来的另一种高动态性能的交流电动机变压变频调速系统。它的特点是**直接计算电动机的电磁转矩并由此构成转矩反馈**,因而得名为直接转矩控制,其最初的思想可参考文献[7-6]。

本节首先讨论直接转矩控制系统的基本原理,然后介绍最初的直接转矩控制系统的实现方法,最后在介绍近年提出的一种改进型系统的同时,揭示直接转矩控制的一些物理本质。

7.4.1　直接转矩控制系统的原理

1. 思路

矢量控制技术通过转子磁链定向实现磁链控制和转矩控制的解耦。其优点是,由于通过解耦将系统分为两个独立的线性系统、控制方法清晰,使得动、静态性能与直流调速系统相当。该方法的主要缺点是,使用电动机参数多,控制特性受转子参数变化的影响大；转矩环是由两个电流环"间接"实现的。此外按照 20 世纪 80 年代当时的技术水平，实现该方法时控制器的运算繁琐，实现成本高。

可不可以，①不对定子电流解耦而直接对转矩进行控制？②转矩控制的算法中不使用电动机的转子侧参数？实际上由控制理论知，可根据实际需求选择被控对象中合适的变量作为被控变量。对于按照转子磁链定向的矢量控制，选取的状态变量是 $\{i_s, \boldsymbol{\psi}_r\}$，此时转矩控制矢量 T_e 为 $T_e = n_p(L_M/L_r)(\boldsymbol{\psi}_{r\alpha\beta} \times i_{s\alpha\beta})$。由 7.3 节知，由于转子磁链 $\boldsymbol{\psi}_r$ 不可测，只能用间接或直接型矢量算法得到。现考察用定子磁链 $\boldsymbol{\psi}_s$ 表示的 T-Ⅱ型等效电路图 7.2.5(a)（重作于图 7.4.1）。由此图可知，由于定子电流 i_s 可测，定子磁链也可以计算，则依据电磁转矩的另一个表达式 $T_e = n_p(i_{s\alpha\beta} \times \boldsymbol{\psi}_{s\alpha\beta})$，就可以用定子磁链和定子电流获得电磁转矩并用其构成转矩闭环。这就是直接转矩控制的出发点。

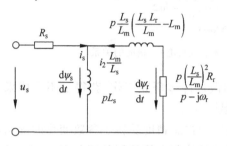

图 7.4.1　定子磁链和转子磁链

图 7.4.2 绘出了按定子磁链控制的直接转矩控制（DTC）系统的原理框图。和矢量控制系统相似，它也是分别控制异步电动机的转速和磁链。转速调节器 ASR 的输出作为电磁转矩的给定信号 T_e^*，与矢量控制系统相似，在 T_e^* 后面设置转矩控制内环。但是，由于存在后面将要叙述的状态变量电磁转矩和定子磁链幅值之间的耦合，系统不得不设置非线性的控制器以有效地实现两个环的控制。因此，从总体控制结构上看，直接转矩控制（DTC）系统和矢量控制（VC）系统是一致的，都能获得较高的静、动态性能。

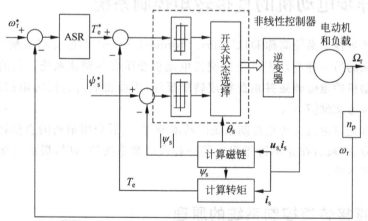

图中：⊞ 表示滞环比较器，θ_s 为定子磁链转角

图 7.4.2　按定子磁链控制的直接转矩控制系统

此外，由图也可以看出系统的关键是如何设计虚框中的非线性控制器。

2. 原理分析

（1）转矩方程

由 7.2 节的式(7.2-32e)知

$$T_e = n_p \frac{L_M}{\sigma L_s L_r} (\boldsymbol{\psi}_{s\alpha\beta}^T \boldsymbol{J} \boldsymbol{\psi}_{r\alpha\beta})$$
$$= k_{Te} \boldsymbol{\psi}_{s\alpha\beta}^T \boldsymbol{J} \boldsymbol{\psi}_{r\alpha\beta} = k_{Te} (\psi_{s\beta}\psi_{r\alpha} - \psi_{s\alpha}\psi_{r\beta}) \tag{7.4-1}$$

式中，$k_{Te} = n_p \dfrac{L_M}{\sigma L_s L_r}$。如果用极坐标表示变量 $\{\boldsymbol{\psi}_{s\alpha\beta}, \boldsymbol{\psi}_{r\alpha\beta}\}$，有

$$\begin{cases} \boldsymbol{\psi}_{s\alpha\beta} = |\boldsymbol{\psi}_{s\alpha\beta}(t)| [\cos\theta_s \quad \sin\theta_s]^T \\ \boldsymbol{\psi}_{r\alpha\beta} = |\boldsymbol{\psi}_{r\alpha\beta}(t)| [\cos\theta_r \quad \sin\theta_r]^T \end{cases} \tag{7.4-2}$$

式中，$|\boldsymbol{\psi}_{\alpha\beta}(t)| = \sqrt{(\psi_\alpha)^2 + (\psi_\beta)^2}$，$\theta = \arcsin(\psi_\beta/|\boldsymbol{\psi}_{\alpha\beta}|)$。

将式(7.4-2)代入式(7.4-1)，有

$$T_e = k_{Te} \boldsymbol{\psi}_{s\alpha\beta}^T \boldsymbol{J} \boldsymbol{\psi}_{r\alpha\beta}$$
$$= k_{Te} |\boldsymbol{\psi}_{s\alpha\beta}| |\boldsymbol{\psi}_{r\alpha\beta}| \sin(\theta_s - \theta_r) = k_{Te} |\boldsymbol{\psi}_{s\alpha\beta}| |\boldsymbol{\psi}_{r\alpha\beta}| \sin\theta_{sr} \tag{7.4-3}$$

式中，$\theta_{sr} = \theta_s - \theta_r$。

由后面的 7.4.3 节式(7.4-18)知，如果定子磁链的幅值 $|\boldsymbol{\psi}_{s\alpha\beta}|$ 发生变化，转子磁链幅值 $|\boldsymbol{\psi}_{r\alpha\beta}|$ 的响应要经过一个惯性环节后才能得到，也即转子磁链 $\boldsymbol{\psi}_{r\alpha\beta}$ 的变化慢于定子磁链 $|\boldsymbol{\psi}_{s\alpha\beta}|$ 的变化。定性地由上式可知，如果定子磁链幅值被控制为一定，则电磁转矩的控制可以通过控制定子磁链的角度 θ_s 来实现。由此按式(7.4-3)控制转矩时要做两件事：

① 将定子磁链的幅值 $|\boldsymbol{\psi}_{s\alpha\beta}|$ 控制为一定，这一策略还可以保证电动机工作在设计的额定励磁值附近。

② 通过控制定子磁链角度 θ_s 来控制 θ_{sr}，于是也就控制了电磁转矩 T_e。实际上，由后面 7.4.3 节的式(7.4-19)知，如果控制使得转子磁链幅值 $|\boldsymbol{\psi}_{s\alpha\beta}|$ 为常值，在电角度 $-\pi/4 \leqslant \theta_{sr} \leqslant \pi/4$ 范围内电磁转矩与角度 θ_{sr} 成单增函数关系。

需要注意的是，上述两项控制之间是耦合的，因此采用线性控制律难以得到满意的控制结果。

（2）定子磁链幅值和角度的控制

对于模拟系统，由图 7.4.1 知，

$$\boldsymbol{\psi}_{s\alpha\beta} = \int (\boldsymbol{u}_{s\alpha\beta} - R_s \boldsymbol{i}_{s\alpha\beta}) dt \tag{7.4-4}$$

忽略定子电阻压降 $R_s \boldsymbol{i}_{s\alpha\beta}$，有

$$\boldsymbol{\psi}_{s\alpha\beta} \approx \int \boldsymbol{u}_{s\alpha\beta} dt \tag{7.4-5}$$

一般地，调节 $\boldsymbol{u}_{s\alpha\beta}$ 的幅值和频率需要用 PWM 调制的电压型逆变器实现。由第 6 章知该电压的本质是离散的，所以将上式改为开关频率为 $1/T_{sw}$ 的离散系统表达式

$$\boldsymbol{\psi}_{s\alpha\beta}(t_{K+1}) \approx \boldsymbol{\psi}_{s\alpha\beta}(t_K) + \boldsymbol{U}_{s\alpha\beta}(t_K) T_{sw} \tag{7.4-6}$$

式中，$\boldsymbol{U}_s(t_K)$ 是时刻 t_K 电压型逆变器施加于电动机端子上的电压矢量。式(7.4-6)说明可以用逆变器输出的离散电压直接控制**定子磁链幅值和角度**，也就是控制**定子磁链幅值和输出转矩**。所以定子磁链的控制问题本质上是空间电压矢量的控制(生成)问题。

7.4.2　基本型直接转矩控制系统

迄今已经研发了多种控制方案，本节讲述最基本的一种控制方案。

1. 电动机定子磁链和电磁转矩的获取

由于电动机的端电压 $\boldsymbol{u}_{s\alpha\beta}=\begin{bmatrix}u_{s\alpha} & u_{s\beta}\end{bmatrix}^T$ 和定子电流 $\boldsymbol{i}_{s\alpha\beta}=\begin{bmatrix}i_{s\alpha} & i_{s\beta}\end{bmatrix}^T$ 在线可测，如果定子电阻已知，可用式(7.4-4)求得定子磁链。式(7.4-4)的结构如图 7.4.3 所示，显然，这是一个电压模型。如前所述，由于该式为纯积分运算，适合于以中、高速

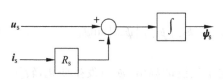

图 7.4.3　基于电压模型计算定子磁链

运行的系统，在低速时由于模拟电路零漂或数字实现中的量化误差等原因的影响使得计算结果误差较大，甚至无法应用。在实际应用中，一般采用大时间常数的低通滤波器代替该式的积分运算。采用低通滤波器的模拟和数字计算式分别为

$$\boldsymbol{\phi}_{s\alpha\beta}\approx\frac{1}{Ts+1}(\boldsymbol{u}_{s\alpha\beta}-R_s\boldsymbol{i}_{s\alpha\beta}) \tag{7.4-7}$$

$$\boldsymbol{\phi}_{s\alpha\beta}(n+1)=\delta\boldsymbol{\phi}_{s\alpha\beta}(n)+\{\boldsymbol{u}_{s\alpha\beta}(n)-R_s\boldsymbol{i}_{s\alpha\beta}(n)\} \tag{7.4-8}$$

式中，T 为低通滤波器的时间常数，$\delta=\exp(-T_{sw}/T)$，T_{sw} 为数字控制器的控制周期。

用于反馈的电动机电磁转矩的计算比较简单。由检测到的定子电流和由式(7.4-7)(或式(7.4-8))得到定子磁链，基于式(7.2-32b)，即

$$T_e=n_p(\boldsymbol{\phi}_{s\alpha\beta}{}^T\boldsymbol{J}\boldsymbol{i}_{s\alpha\beta})=n_p(\psi_{s\beta}i_{s\alpha}-\psi_{s\alpha}i_{s\beta}) \tag{7.4-9}$$

可以计算出电磁转矩。

2. 定子磁链和电磁转矩的非线性控制律

以下讨论如何根据式(7.4-6)，用电压矢量控制定子磁链的幅值和电磁转矩的大小，同理也可讨论基于式(7.4-8)的算法。

(1) 磁链和转矩的非线性控制律

由 6.2.3 节知道，静止坐标系上的电压型逆变器的输出电压由图 7.4.4(a)所示的 6 个非零基本电压矢量和 2 个零电压矢量组成。同样，也可以用一个平面表示定子磁链的空间。首先将定子磁链矢量空间按图 7.4.4(b)划分为 6 个区域。

设第 t_K 时刻的定子磁链 $\boldsymbol{\phi}_s(t_K)$ 在区域 1，如图 7.4.5(a)所示。图中以 $\boldsymbol{\phi}_s(t_K)$ 的

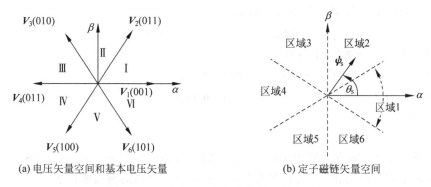

(a) 电压矢量空间和基本电压矢量　　　　　　(b) 定子磁链矢量空间

图 7.4.4　电压矢量空间和定子磁链矢量空间

幅值 $|\psi_s(t_K)|$ 为半径的圆的切线方向为磁链幅值保持不变的方向。所以在第 t_{K+1} 时刻,向电动机施加基本电压矢量 V_2、V_6,将使得磁链幅值增加(图中标注为缩写 FI,即 flux increase);施加 V_3、V_5 使得磁链幅值减小(图中为 FD,即 flux decrease)。此外,与图示电动机运行方向一致的 V_2、V_3 将使得定子磁链角度 θ_s 增加。由式(7.4-3)知,θ_s 增加也就是转矩 T_e 增加(图中标注为缩写 TI,即 torque increase);反之,V_5、V_6 使得转矩减小(图中为 TD,即 torque decrease)。由此,定子电压 $u_s(t_{K+1})$ 可唯一地选取上述 4 个基本电压矢量之一以使得磁链幅值和电磁转矩发生所希望的变化。

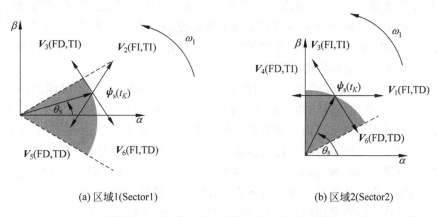

(a) 区域1(Sector1)　　　　　　　　　　(b) 区域2(Sector2)

图 7.4.5　决定 $\psi_s(t_{K+1})$ 的 4 个基本电压矢量

同样,图 7.4.5(b)表示了在区域 2 内可选择的 4 个基本电压矢量以及相应的磁链幅值和电磁转矩变化趋势。这些内容可表示为

$$\begin{cases} V_3 \text{ 使得} \{\text{FI and TI}\} \\ V_4 \text{ 使得} \{\text{FD and TI}\} \\ V_6 \text{ 使得} \{\text{FD and TD}\} \\ V_1 \text{ 使得} \{\text{FI and TD}\} \end{cases} \quad (\text{当} \psi_s(t_K) \text{ 在区间 2 内}) \qquad (7.4\text{-}10)$$

在实现磁链幅值和电磁转矩闭环控制的条件下,依据上述逻辑,可根据第 t_K 次 4 种不同的磁链幅值和电磁转矩误差的组合求出 t_{K+1} 次输出电压 $u_{s\alpha\beta}(t_{K+1})$,并可以

采用"if…,then…"判别式来表示。例如,令

$$d|\boldsymbol{\psi}_s| = |\boldsymbol{\psi}_{sREF}| - |\boldsymbol{\psi}_s|, \quad dT_e = T_{eREF} - T_e$$

对于图 7.4.5(a)所示区间 1,有

$$\begin{cases} \text{if}\{d\psi_s = FI\} \text{and} dT_e = TD, & \text{then} \quad \boldsymbol{u}_s(t_{K+1}) = V_6 \\ \text{if}\{d\psi_s = FI\} \text{and}\{dT_e = TI\}, & \text{then} \quad \boldsymbol{u}_s(t_{K+1}) = V_2, \quad (\boldsymbol{\psi}_s(t_K) \text{ 在区间 1}) \\ \cdots\cdots \end{cases}$$

$$(7.4\text{-}11)$$

枚举 $\boldsymbol{\psi}_s(t_K)$ 在所有区域内的磁链幅值误差、电磁转矩误差以及所对应的 t_{K+1} 时刻发出的基本电压矢量,可以制成表 7.4.1 所示的控制器的输入输出表。

表 7.4.1　t_{K+1} 时刻需要发出的基本电压矢量

		$\psi_s(t_K)$ 所在区间(由 θ_s 定)			
		1	2	3	···
$d\psi(t_K)$	$dT_e(t_K)$	$u_s(t_{g+1})$			
FI	TI	V_2	V_3	V_4	···
	TD	V_6	V_1	V_2	
FD	TI	V_3	V_4	V_5	···
	TD	V_5	V_6	V_1	

由于只要输入有误差,输出电压就在各个基本电压矢量之间"砰-砰"式地切换,所以磁链幅值和转矩波动可以被控制在允许的范围之内。这种采用"砰-砰"式控制方法("Bang-Bang" controller)常常被用于一些具有耦合和非线性性质的控制系统。

(2) 非线性控制器的实际结构

事实上,按表 7.4.1 构成的控制器由于是"砰-砰"动作,所以不可能消除闭环的输入误差,这样就使得输出电压以非常高的频率在各个基本矢量之间切换,从而造成逆变器的开关频率过高而不能正常工作。为了使切换不要过于频繁,工程实现中需要采用图 7.4.2 所示的滞环比较器并设定一个合理的滞环宽度。设磁链和转矩滞环的宽度分别为 $\Delta\psi_s$ 和 ΔT,则误差在滞环 $\{|d\psi_s| < \Delta\psi_s\}$ 或 $\{|dT_e| < \Delta T\}$ 范围内时控制器的输出电压将维持不变。以下先设计磁滞比较器。

如果滞环比较器采用硬件实现,则系统的电路如图 7.4.2 所示。图中的开关表可用可编程逻辑器件等电路实现。如果滞环比较器采用软件实现,则需要推导出滞环比较器的输入输出关系。先定义以下关系。

对于磁链幅值的误差

$$\begin{cases} d\psi_s = 1, \text{if } |\psi_s^*| \geqslant |\psi_s| + \Delta\psi_s \\ d\psi_s = 0, \text{if } |\psi_s^*| \leqslant |\psi_s| \end{cases} \tag{7.4-12}$$

对于转矩误差,在正转时

$$dT_e = 1, \text{if } |T_e^*| \geqslant |T_e| + \Delta T; \quad dT_e = 0, \text{if } |T_e^*| \leqslant |T_e| \tag{7.4-13a}$$

在反转时

$$dT_e = -1, \text{if } |T_e^*| \leqslant |T_e| + \Delta T; \quad dT_e = 0, \text{if } |T_e^*| \geqslant |T_e| \tag{7.4-13b}$$

　　由此可以制作出"砰-砰"控制器（"Bang-Bang" controller）所依据的开关表如表 7.4.2。表中还引入零电压矢量，用于使 dT_e 在允许误差之内时输出零电压矢量。详细推导可参考文献[7-7]。

表 7.4.2　电压开关矢量表

$d\psi_s$	dT_e	$\psi_s(t_K)$ 所在区间（由 θ_s 判定）					
		1	2	3	4	5	6
1	1	V_2	V_3	V_4	V_5	V_6	V_1
	0	V_7	V_0	V_7	V_0	V_7	V_0
	−1	V_6	V_1	V_2	V_3	V_4	V_5
0	1	V_3	V_4	V_5	V_6	V_1	V_2
	0	V_0	V_7	V_0	V_7	V_0	V_7
	−1	V_5	V_6	V_1	V_2	V_3	V_4

　　图 7.4.6 为由上述控制算法构成的数字式 DTC 控制系统结构图。图中的定子磁链幅值指令为常数。当需要弱磁调速时，需要设计函数 $\psi_s^* = f(\omega^*)$ 的程序，由其给出不同转速时磁链的给定值。

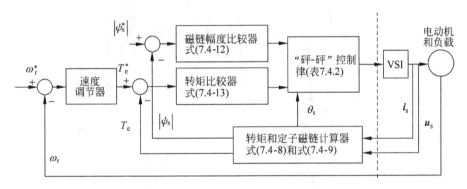

图 7.4.6　数字式 DTC 控制系统结构图

　　例 7.4.1　图 7.4.6 的系统中各个环节的参数如下：

　　（1）感应电动机　$L_s = L_r = 0.47\text{H}, L_m = 0.44\text{H}, R_s = 8.0\Omega, R_r = 3.6\Omega, J = 0.06\text{kg} \cdot \text{m}^2$，极对数 $n_p = 1$；

　　（2）控制器　$|\psi_s| = 0.9\text{Wb}, T_e^* = 4\text{N} \cdot \text{m}$，滞环宽度 $\Delta\psi_s = 2\% \, |\psi_s^*|$，$\Delta T = 10\% T_e^*$。

　　设定速度指令以三角波方式变化，对该系统用 MATLAB 仿真并给出电磁转矩和定子磁链响应曲线。

　　解　MATLAB 框图如图 7.4.7(a)所示，图 7.4.7(a) 中的 switch table（电压矢量选择表）如表 7.4.3 所示。仿真结果示于图 7.4.7(b)。由转矩响应波形可以看出，电动机的转矩响应含有一个较大的脉动转矩分量。由于所采用的"砰-砰"控制器可看作是增益很大并具有限幅的 P 调节器，所以输出电压的响应很快，但电压的开关周期不定，电压中的谐波也没有像 SPWM 方式那样得到控制。

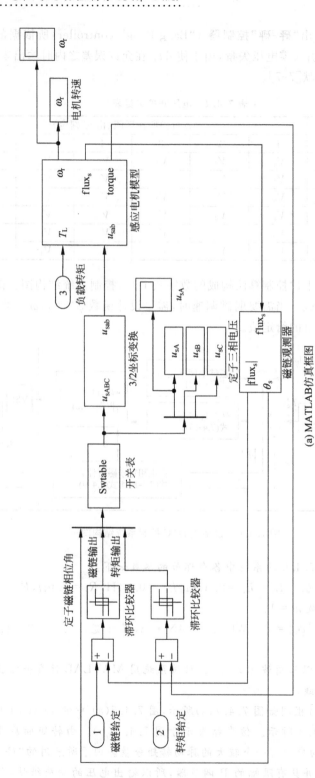

(a) MATLAB仿真框图

图 7.4.7 对图 7.4.6 系统的 MATLAB 仿真框图及结果

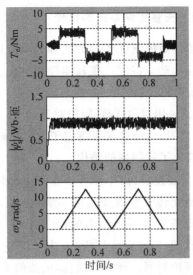

(b) 仿真结果(从下往上：速度，磁链幅值，转矩)

图 7.4.7　（续）

表 7.4.3　图 7.4.7(a) 中的开关表

```
function [sys,x0,str,ts] =
Swtable(t,x,u,flag)
switch flag,
  case 0,
    [sys,x0,str,ts] =
    mdlInitializeSizes;
  case 3,
    sys = mdlOutputs(t,x,u);
  case { 1, 2, 4, 9 }
    sys = [];
  otherwise
    error(['Unhandled flag =
',num2str(flag)]);
end
function [sys,x0,str,ts] =
mdlInitializeSizes()
sizes = simsizes;
sizes.NumContStates = 0;
sizes.NumDiscStates = 0;
sizes.NumOutputs = 3;
sizes.NumInputs = 3;
sizes.DirFeedthrough = 1;
sizes.NumSampleTimes = 1;
sys = simsizes(sizes);
x0   = [];
str  = [];
ts   = [0 0];
```

```
function sys = mdlOutputs(t,x,u)
citas = mod(u(1),2 * pi);
k = ceil((citas + (pi/6))/(pi/3));

if(k > 6)
  k = k - 6;
end
if(u(2)> = 0&u(3)> = 0)
  vk = k + 1;
elseif(u(2)> = 0&u(3)< 0)
  vk = k - 1;
elseif(u(2)< 0&u(3)> = 0)
  vk = k + 2;
elseif(u(2)< 0&u(3)< 0)
  vk = k - 2;
end
if(vk < = 0)
  vk = vk + 6;
end

if(vk > 6)
  vk = vk - 6;
End

switchvk,
    case 1,
    SA = 1;
    SB = 0;
        SC = 0;
```

```
case 2,
    SA = 1;
    SB = 1;
    SC = 0;
case 3,
    SA = 0;
    SB = 1;
    SC = 0;
case 4,
    SA = 0;
    SB = 1;
    SC = 1;
case 5,
    SA = 0;
    SB = 0;
    SC = 1;
case 6;
    SA = 1;
    SB = 0;
    SC = 1;
end
Udc = 380;
sys = Udc * [SA;SB;SC];
```

3. 直接转矩控制系统与矢量控制系统的比较

从控制目标来看，直接转矩控制（DTC）方法和矢量控制（VC）方法是一致的，都是要获得较高的电磁转矩静、动态特性。在具体控制方法上，由以上分析可以看出，与 VC 系统相比 DTC 系统有以下特点：

（1）转矩和磁链的控制采用双位式砰-砰控制器，并在逆变器中直接用这两个控制信号产生电压的 PWM 波形，从而避开了将定子电流分解成转矩和磁链分量，省去了旋转变换和电流控制，简化了控制器的结构。

（2）选择定子磁链作为被控量，而不像 VC 系统中那样选择转子磁链。这样一来，计算磁链的模型可以不受转子参数变化的影响，提高了控制系统的鲁棒性。但是可以证明，DTC 的本质是按定子磁链定向的，并且按定子磁链定向的控制规律要比按转子磁链定向时复杂（见 7.4.3 节分析）。为了避免了采用复杂的控制算法，DTC 采用了非线性的砰-砰控制器。砰-砰控制器虽然简单，但同时在转矩响应中增加了一个较大的脉动转矩分量。

（3）由于采用了直接转矩控制，在加减速或负载变化的动态过程中，可以获得快速的转矩响应（详见 7.4.3 节分析）。但由于系统中没有电流环，也就没有作电流保护。所以在实际系统中必须采用相关措施限制过大的冲击电流，以免损坏功率开关器件，因此实际的转矩响应速度也是有限的。

*7.4.3　DTC 特点分析以及一种新型 DTC

上节所述的原理型 DTC 系统存在的问题是：

（1）由于磁链计算采用了带积分环节的电压模型，积分初值、累积误差和定子电阻的变化都会影响磁链计算的准确度；

（2）由于转矩闭环采用"砰-砰"控制器，实际转矩必然在设定的误差上下限内脉动。

上述两个问题的影响在低速时尤为显著，因而使 DTC 系统的调速范围受到限制。对于问题（1），一种解决方法在低速时采用电流模型、或构成定子磁链观测器得到定子磁链。例如由式（7.2-30）和式（7.2-24a）可得以定子电压、电流和转子转速 ω_r 为输入的电流模型为

$$\frac{R_r - \omega_r L_r \boldsymbol{J}}{\sigma L_s L_r} \boldsymbol{\psi}_{sa\beta} = \left(p + \frac{R_s L_r + R_r L_s}{\sigma L_s L_r} - \omega_r \boldsymbol{J} \right) \boldsymbol{i}_{sa\beta} - \frac{\boldsymbol{u}_{sa\beta}}{\sigma L_s}$$

由于上式使用转子参数，本方案中对**转子参数的鲁棒性**的优点就不得不丢弃了。

对问题（2），有许多改进方法，可参考有关文献如参考文献[7-9]。为了深入认识以电磁转矩和定子磁链反馈为特征的 DTC 的本质以及有关的改进方法，以下讨论用定、转子磁链极坐标表示的感应电动机模型以及相关的控制特点。

1. 基于磁链极坐标的异步电动机模型和 DTC 特点分析

由 7.2.3 节已知，如果选择 $\boldsymbol{\psi}_{s\alpha\beta}$，$\boldsymbol{\psi}_{r\alpha\beta}$ 作为状态变量，则有式（7.2-39）。定义

$$a = (L_s L_r - L_m^2)^{-1}$$

式（7.2-39）可改写为

$$\begin{bmatrix} \boldsymbol{u}_{s\alpha\beta} \\ 0 \end{bmatrix} = \begin{bmatrix} (p + aR_s L_r)\boldsymbol{I} & -aR_s L_M \boldsymbol{I} \\ -aR_r L_M \boldsymbol{I} & (aR_r L_r + p)\boldsymbol{I} - \omega_r \boldsymbol{J} \end{bmatrix} \begin{bmatrix} \boldsymbol{\psi}_{s\alpha\beta} \\ \boldsymbol{\psi}_{r\alpha\beta} \end{bmatrix} \qquad (7.4\text{-}14)$$

此时，电动机的电磁转矩由式（7.4-3）表示。

由于 DTC 方法必须控制定子磁链的幅值和幅角，同时出于化简方程的考虑，可选用定、转子磁链极坐标表示。定义 $\psi_s = |\boldsymbol{\psi}_s|$、$\psi_r = |\boldsymbol{\psi}_r|$ 分别表示定子和转子磁链的幅值，θ_s，θ_r 分别表示定子和转子磁链的幅角，同时，将定子电压矢量用其在定子磁链方向上的分量 $u_{\psi s}$ 以及其垂直方向上的分量 u_{Te} 表示，则

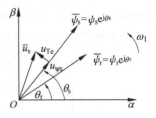

图 7.4.8　基于定子磁链定
　　　　　向和基于转子磁
　　　　　链定向

$$\bar{\psi}_{s\alpha\beta} = \psi_s e^{j\theta_s},\ \bar{\psi}_{r\alpha\beta} = \psi_r e^{j\theta_r}$$

$$\bar{u}_s = u_{\psi s} + j u_{Te}$$

上述各个变量以及相互关系如图 7.4.8 所示。

基于上述变换，式（7.4-14）可以被变换为

$$\begin{cases} \bar{u}_s = \left(\dfrac{d\psi_s}{dt} + j\psi_s \dfrac{d\theta_s}{dt} + aR_s L_r \psi_s + aR_s L_M \psi_r e^{j\theta_{sr}} \right) e^{j\theta_s} \\[3mm] 0 = \left\{ -aR_r L_M \psi_s e^{j\theta_{sr}} + (aR_r L_s - j\omega_r)\psi_r + \dfrac{d\psi_r}{dt} + j\psi_r \dfrac{d\theta_r}{dt} \right\} e^{j\theta_r} \end{cases} \qquad (7.4\text{-}15)$$

式中，$\theta_{sr} = \theta_s - \theta_r$ 表示定子、转子磁链矢量之间的夹角。

式（7.4-15）的第 1 式小括号中的内容实际上是在定子磁链轴上（**定子磁链方向**）得到的定子方程，而第 2 式大括号中的内容则是在转子磁链轴上（**转子磁链方向**）得到的转子方程。整理式（7.4-15）得到以下标量方程组

$$\begin{cases} \dfrac{d\psi_s}{dt} = -aR_s L_r \psi_s + aR_s L_M \psi_r \cos\theta_{sr} + u_{\psi s} \\[3mm] \psi_s \dfrac{d\theta_s}{dt} = -aR_s L_M \psi_r \sin\theta_{sr} + u_{Te} \\[3mm] \dfrac{d\psi_r}{dt} = -aR_r L_s \psi_r + aR_r L_M \psi_s \cos\theta_{sr} \\[3mm] \psi_r \dfrac{d\theta_r}{dt} = aR_r L_M \psi_s \sin\theta_{sr} + \psi_r \omega_r \end{cases} \qquad (7.4\text{-}16)$$

以下讨论式（7.4-16）所反映出的几个特性。

（1）第 1 式为决定定子磁链幅值的方程式，而转矩的动态方程通过将式（7.4-16）的第 2 式代入式（7.4-3）得到。将这两个公式整理如下，

$$\begin{cases} \dfrac{\mathrm{d}\psi_s}{\mathrm{d}t} = -aR_sL_r\psi_s + aR_sL_M\psi_r\cos\theta_{sr} + u_{\psi s} \\ T_e = \dfrac{n_p}{R_s}\left(-\psi_s^2\dfrac{\mathrm{d}\theta_s}{\mathrm{d}t} + \psi_s u_{Te}\right) \end{cases} \tag{7.4-17}$$

由式(7.4-17)知,通过电压分量 $u_{\psi s}$ 可以控制定子磁链幅值 ψ_s,但存在由 ψ_r 和 θ_{sr} 构成的非线性耦合项。同样,通过 u_{Te} 可以控制电磁转矩 T_e,但也存在复杂的非线性关系。

式(7.4-17)揭示了采用 $\{\psi_s, T_e\}$ 作为被控量时,电动机的输入电压与被控量之间的非线性关系。据此,可将 $\{\psi_s, T_e\}$ 的控制策略分为两种类型:第一类是将 $\{\psi_s, T_e\}$ 作闭环控制并采用非线性调节器进行校正;第二类则可用前馈等方法解耦式中的非线性项,然后在 $\{\psi_s, T_e\}$ 闭环中用线性控制器校正。

(2) 根据式(7.4-16),如果控制使得定子磁链幅值 ψ_s 为常数,则可以得到图 7.4.9 所示电动机的转矩关系模型。由此模型可知:

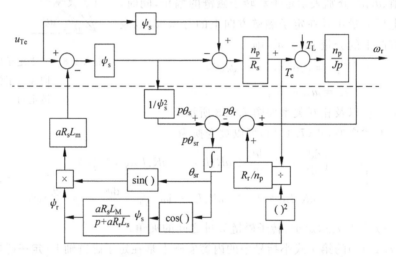

图 7.4.9　基于定子磁链定向 $\varPhi_s = \text{const}$ 条件下感应电动机模型

① 控制电压分量 u_{Te} 到转矩 T_e 之间的传递函数中,前向通道的传递函数十分简单。可以看作是干扰项的反馈通道,由于积分环节的存在其响应较慢。由此可以看出 $\psi_s = \text{const}$ 条件下转矩 T_e 的响应基本上正比于控制电压 u_{Te}。

② 与 DTC 控制 $\psi_s = \text{const}$ 条件下 T_e 与 u_{Te} 的关系相比,在转子磁链定向且 $\psi_r = \text{const}$ 的电动机模型中(如图 7.3.3 所示),从控制电压 u_{Te} 到转矩输出 T_e 之间的传递函数中的动态环节要多一些,因此采用 PI 调节器时该系统 T_e 的响应要比采用"砰-砰"控制器的 DTC 的 T_e 响应要慢一些。

(3) 转矩环的稳定性

由式(7.4-16)第 3 式知

$$\psi_r = \frac{aR_rL_M}{p + aR_rL_s}\psi_s\cos\theta_{sr} \tag{7.4-18}$$

上式说明,如果 $\psi_s e^{\mathrm{j}\theta_s}$ 发生变化,则转子磁链幅值 ψ_r 的响应要经过一个惯性环节后才能得到。将式(7.4-18)代入式(7.4-3)得电磁转矩 T_e 和夹角 θ_{sr} 之间的关系为

$$T_e = \frac{n_p}{2} \frac{R_r}{p + aR_r L_s} (aL_M)^2 \psi_s^2 \sin 2\theta_{sr} \tag{7.4-19}$$

式(7.4-19)说明,在 ψ_s 被控制为常数的条件下,电角度

$$-\pi/4 \leqslant \theta_{sr} \leqslant \pi/4 \tag{7.4-20}$$

范围内电磁转矩与角度 θ_{sr} 成单增函数关系,所以可以通过调节 θ_{sr} 来调节电磁转矩。在该角度范围以外,由于 $|\theta_{sr}|$ 的增大并不能保证增加电磁转矩,所以有可能使得控制不稳定。这说明在采用 7.4.2 节所述的原理型 DTC 控制方法时,**还需要注意θ_{sr} 的范围**。

2. 基于变结构控制和空间电压矢量调制的新型 DTC

基于式(7.4-17),可以设计变结构控制器(variable structure controller)。由于内容超出本书范围,这里仅给出一例。

文献[7-8]采用式(7.4-21)所示的变结构控制器,通过 $u_{\psi s}$ 和 u_{Te} 分别控制定子磁链和转矩,同时控制器的输出 $\{u_{\psi s}, u_{Te}\}$ 再用空间电压矢量方法进行调制。由于空间电压矢量调制方法可以将调制频率设定为一个定值,输出转矩的脉动就可以被限制在较小的范围。

$$\begin{cases} u_{\psi s} = K_\psi e_{\psi s} + \varepsilon_\psi \mathrm{sgn} e_{\psi s} \\ u_{Te} = \dfrac{R_s T_{eREF}}{\psi_{sREF}} + K_{Te} e_{Te} + \varepsilon_{Te} \mathrm{sgn} e_{Te} \end{cases} \tag{7.4-21}$$

式中,$e_{\psi s} = \psi_s^* - \psi_s$,$e_{Te} = T_e^* - T_e$,$K_\psi \geqslant 0$,$K_{Te} \geqslant 0$,sgn 为符号函数,常数 ε_ψ 和 ε_{Te} 满足下列不等式

$$\begin{cases} \varepsilon_\psi \geqslant \dfrac{2R_s}{\sigma L_s} \psi_s^* \\ \varepsilon_{Te} \geqslant |\omega_r| \psi_s^* + \left| \dfrac{2\sigma L_s^2 L_r}{M^2 \psi_s^*} \left(\dfrac{\mathrm{d} T_e^*}{\mathrm{d} t} + \dfrac{R_r T_e^*}{\sigma L_r} \right) \right| \end{cases} \tag{7.4-22}$$

该方法的控制框图如图 7.4.10 所示。采用与例 7.4.1 中相同的电动机参数和参考值,对该控制方法采用 MATLAB 仿真,仿真结果如图 7.4.11 所示。可见由于采用 PWM 方法,转矩脉动大大减少。

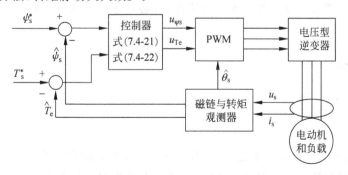

图 7.4.10　基于变结构控制和空间电压矢量调制的 DTC 原理框图

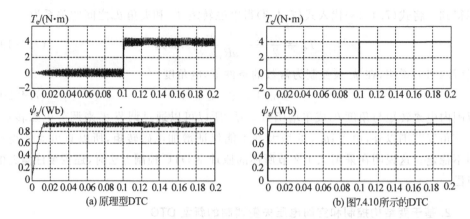

图 7.4.11　原理型 DTC 与图 7.4.10 所示 DTC 仿真比较

对于 DTC 的其他改进方法,可参考文献[7-9,7-10]。

本节小结

(1) DTC 选择定子磁链和电磁转矩作为状态变量,通过闭环将定子磁链幅值 $|\boldsymbol{\psi}_s|$ 控制为一定,使电磁转矩跟随转矩指令。控制使得"$|\boldsymbol{\psi}_s|$＝常数",不但可以使得稳态时的磁链工作在电动机的额定励磁点附近而不至于发生磁饱和,由图 7.4.10 知还使得转矩环的结构大大简化。

(2) 由于磁链和电磁转矩两个变量的非线性和耦合特征,一般在闭环中使用非线性控制器。所讨论的"砰-砰"控制器可看作是增益很大具有限幅的 P 调节器,所以使得被控量响应快、同时产生较大的脉动分量。

"砰-砰"控制是一种典型的非线性控制策略。如果在明确控制目标(如上述的"$|\boldsymbol{\psi}_s|$＝常数"和对指令转矩的追踪)并定性地得到输入输出特性(如存在表 7.4.1 所示关系),则可试图采用"砰-砰"控制器以解决这类非线性问题。

但是,要注意采用该控制方法时系统的稳定性问题。例如,无论做何种方式的 DTC 控制,都要保证定、转子磁链夹角 θ_{sr} 满足式(7.4-20)。

(3) 该系统由于没有电流环作电流保护,必须注意限制过大的冲击电流对逆变电源的危害。

本章习题

有关 7.1 节

7-1　思考:

(1)"变换前后总功率不变"是本节所述各种变换的前提条件吗?

(2) 用复变量 $x＝a＋jb$ 也可以表示平面上的矢量。依据图 7.1.4,试写出 $i＝$

$[i_\alpha,i_\beta]^T$ 和 $i=[i_M,i_T]^T$ 的复变量表示,再写出两者之间旋转变换 $C_{2r/2s}$,$C_{2s/2r}$ 的复数形式。

有关 7.2 节

7-2　在建立异步电动机数学模型时,有数个假定条件。其中有②忽略磁路饱和,各绕组的自感和互感都是恒定的;③忽略铁心损耗;④不考虑频率变化和温度变化对绕组电阻的影响。这些条件分别在建立哪个数学式时被用到?

7-3　异步电动机的强耦合性体现在哪里? 异步电动机的非线性体现在哪里?

7-4　三相异步电动机在三相静止坐标系上的数学模型可变换为两相静止坐标系($\alpha\beta$ 坐标系)上的数学模型的条件是什么?

7-5　为什么说调速用感应电动机长期工作在定子电压频率为零($\omega_1=0$)的状态时式(7.2-35)不再成立?

有关 7.3 节

7-6　思考:

(1) 对于异步电动机在静止坐标上的模型式(7.2-30)作 MT 变换后为式(7.3-4),变换前为 4 个状态变量,变换后有几个状态变量,为什么?

(2) 请说明:矢量控制如何使得定子电流解耦为励磁分量和转矩分量? 如何使得电磁转矩与转矩电流分量成为线性关系。

(3) 为什么作转子磁链定向? 有没有其他对转矩控制的方法? 将这些方法与 VC 方法做比较。

(4) 从控制电磁转矩和转子磁链的角度,说明条件式 $\psi_{rm}=|\boldsymbol{\psi}_r|=$ const 的意义。

(5) 根据图 7.2.7、图 7.3.2 和图 7.3.3,说明下面三种情况下转差频率 $\omega_s=\omega_1-\omega_r$ 的表达式有什么不同?

① 非矢量控制下;

② 磁场定向但 $|\boldsymbol{\psi}_r|\neq$ const 条件下;

③ 矢量控制下。

(6) 为什么将采用式(7.3-12)计算转子磁链位置的控制方法称为间接型矢量控制?

7-7　对于间接型矢量控制系统,即使再好的电流闭环也不能使得在 i_1^* 突变时有 $i_1^*=i_1$,此时采用式(7.3-11)计算滑差频率有什么问题?

7-8　试比较图 7.3.7 和图 7.3.8 两个方案的异同。

7-9*　试述为什么全阶磁链观测器可以使观测值收敛于真值?

有关 7.4 节

7-10　思考:

(1) DTC 的基本出发点是什么?

(2) 试比较观测转子磁链(VC 方法)和观测定子磁链(DTC 方法)的难易?

(3) 有人说"传统 DTC(即基于表 7.4.2 实施控制)是减小转矩误差的趋势性的控制"。这句话对吗?

7-11　试回答：

（1）由图 7.4.9 说明控制使"$|\boldsymbol{\psi}_s|$＝常数"的意义。

（2）式(7.4-20)是系统稳定的必要条件，还是充分条件？

7-12　从"基本控制思想和控制器的设计"这两个方面试比较 VC 和 DTC 各自的特点。

综合练习

7-13　采用二维静止坐标系下鼠笼式异步电动机数学模型，利用 MATLAB/Simulink 完成该电动机的间接型矢量控制。推荐使用题图 7.13 所示的化简系统模型。仿真中选取的电动机参数如下：

电动机额定值　三相 200V，50Hz，2.2kW，1430r/min，14.6Nm，

电动机参数 $R_s=0.877\Omega$，$R_r=1.47\Omega$，$L_s=165$mH，$L_r=L_s$，$L_M=160$mH，$n_P=2$，$J=0.015$。

要求两位同学一组作下列仿真：

（1）$t=0$ 时转子磁链阶跃指令 0.54Wb；$t=0.1$s，转速阶跃命令 150rad/s；$t=0.5$s 时阶跃负载转矩 0.73Nm。该条件下的转子磁链幅值、电磁转矩、速度响应波形。

（2）$R_r^*=R_r/2$ 时的上述响应。试分析这两组结果。

仿真报告包括仿真模型框图（有程序的请贴上源程序），绘制的图形以及实验结论。

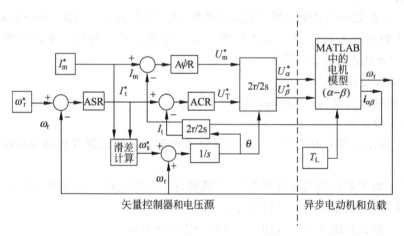

题图　7.13

第 8 章

同步电动机及其调速系统

>>>>

一直以来,大型同步电动机主要作为商业发电厂的设备。近 50 年来,随着变频变压电源技术的成熟,采用同步电动机调速系统得到了快速发展。特别是在近 20 年里,由于永磁同步电动机的种种特点,其在几十个千瓦以下的小容量电动机调速系统以及位置伺服系统中得到了越来越多的应用。

本章首先介绍同步电动机的基本原理以及典型结构,然后讨论稳态电压源供电条件下三相同步电动机原理以及运行特性。在此基础上在 8.3 节建立同步电动机的动态数学模型,并简单介绍励磁式同步电动机的两种控制方法,最后在 8.4 节讨论永磁同步电动机的动态控制方法以及一种性能不高的梯形波供电的永磁同步电动机。

8.1 同步电动机原理和结构

8.1.1 同步电动机基本原理回顾

同步电动机的实物示意如第 5 章的图 5.1.4,其抽象后的结构示意图如图 8.1.1。定子三相绕组与 5.1 节的图 5.1.11(b)相同,分别由 AX、BY、CZ 表示。定子电路也常被称为电枢回路,其电路模型由图 8.1.1(b)表示。由 5.2.1 节可知,若在同步电机定子绕组 AX、BY、CZ 中通入三相对称电流,则定子三相对称绕组将产生圆形旋转磁动势和磁场。定子旋转磁场中基波分量的转速(即同步转速)为

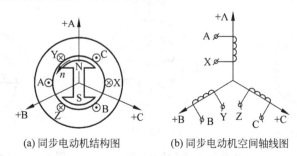

(a)同步电动机结构图   (b)同步电动机空间轴线图

图 8.1.1 同步电动机的示意图

$$n = \frac{60f}{n_p} \qquad\qquad (8.1\text{-}1)$$

式中，n 的单位为 r/min，n_p 为同步电动机的极对数。上式表明，定子电流频率 f 与电机自身的极对数 n_p 共同决定了同步电动机的同步转速 n。在图 8.1.1(a) 中用一个永磁铁表示同步电动机的转子，其典型结构将在 8.1.2 节详细介绍。无论同步电动机处于何种稳态运行，定转子旋转磁场、气隙合成磁场、转子磁极均以相同转速旋转，该转速便是同步转速，同步电动机也因此得名。

8.1.2　同步电动机的典型结构

同步电机定子结构与其他交流电机的定子结构基本相同，即由定子三相对称分布绕组与定子铁心组成。同步电机转子结构，具有自身明显的特征。一般地，按照转子励磁方式不同，同步电机分为永磁式同步电机（permanent magnet synchronous motor，PMSM）和转子带直流励磁绕组的同步电机（electrically excited synchronous motor，EESM）；按照转子铁心结构不同，同步电机又分为凸极同步电机（salient pole synchronous motor，SPSM）和非凸极同步电机（non-salient pole SM）。

1. 励磁式同步电机的结构

带直流励磁绕组的非凸极式与凸极式转子的结构示意如图 8.1.2 所示。图中，转子上有一个滑环和电刷结构，以确保旋转的转子绕组能够加入由外部电源提供的直流励磁电流。

对于图 8.1.2(b) 的凸极转子，在 N（或 S）极正对的部分与 N、S 极之间部分，磁动势或磁通的大小不同。于是，一般将转子主磁极轴线定义为直轴或 d 轴，将与 d 轴垂直的方向定义为交轴或 q 轴，它们均与转子一起以同步转速旋转。这样就便于今后对相关物理量的量化分析。在本领域有两种定义交轴或 q 轴的方法。一种是传统惯例，定义 q 轴滞后 d 轴 90°电角度，常用于电力系统和传统电机学分析；另一种为控制惯例，与 7.1 节所述一样定义 q 轴超前 d 轴 90°电角度，用于控制系统分析，如图 8.1.3 所示。图 8.1.3 还给出了转子基波磁动势矢量 $\overline{F}_f$ 的方向以及定子电流产生的电枢基波磁动势矢量 $\overline{F}_a$ 的方向。

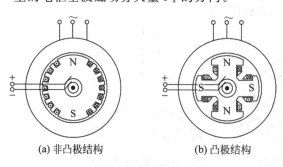

(a) 非凸极结构　　　　　　(b) 凸极结构

图 8.1.2　同步电动机两种典型的转子结构

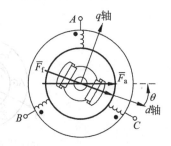

图 8.1.3　同步电动机的直轴与交轴
与交轴（q 轴）

由图 8.1.3 可知,由于交轴方向的磁阻比直轴方向的大,可以认为直轴磁通量比交轴方向的磁通量大,也就是直轴方向的磁通在定子回路产生的感应电动势大于交轴方向磁通在定子回路产生的感应电动势。由 8.2 节可知,电机模型中的直轴电感大于交轴电感,记为 $x_{sd}>x_{sq}$ 或 $L_{sd}>L_{sq}$。

同步电机转子也有无刷励磁的方案。如图 8.1.4 所示,大型同步发电机一般配置一个同轴的励磁发电机,该励磁发电机转子侧所发出的电压经过安装在同轴上的二极管整流装置变换为直流电压,从而实现不需要碳刷等部件的励磁。

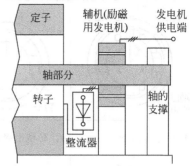

图 8.1.4　大型同步发电机的励磁系统示意图(剖面)

2. 永磁式同步电机转子的结构

永磁式同步电机转子可以采用永磁体建立磁场以省去电刷和滑环结构。永磁转子的两个典型结构如图 8.1.5 所示,图 8.1.5(a) 为表贴磁极式(surface permanent)转子,图 8.1.5(b) 为隐极式或内嵌式(interior permanent)转子。对于磁极有一定程度嵌入的也称为内装式(inset)转子。图中按控制惯例标注了直轴(d 轴)和交轴(q 轴)。此外,对内嵌式和内装式转子,磁极存在凸

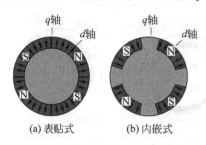

(a) 表贴式　　(b) 内嵌式

图 8.1.5　永磁转子的结构示意
(深色为永磁铁,浅色为导磁体)

极效应。但由于永磁体内的导磁率很低(近似于空气导磁率),一般地 $L_{sd}<L_{sq}$。这与电励磁凸极同步电机直、交轴电感之间的 $L_{sd}>L_{sq}$ 关系刚好相反。于是把这种结构称为逆凸极(inverse saliency)。但是,根据永磁铁的配置,也有设计使得 $L_{sd}>L_{sq}$ 的情况,被称为通常凸极(normal saliency)。表贴式转子相当于将永磁体安装在气隙中,所以 $L_{sd}=L_{sq}$,即为非凸极(non saliency)转子。

此外,转子也可以采用特殊结构的非永磁体,形成无绕组、无永磁体结构的同步变磁阻电机(synchronous variable reluctance motor,VRM)。这类电动机近年来得到了工业界的关注,详细内容可参考资料[8-1]和[8-2]。

近年,多种永磁电动机的转子结构问世。文献[8-3]将这些典型的转子结构做了归纳,并将它们与两种典型的励磁式同步电机的转子结构以及三种同步磁阻电机的转子结构做了比较,如表 8.1.1 所示。表中还用控制惯例标注了 d 轴和 q 轴的位置。图①和③为励磁式同步机转子;图②、⑤、⑥和⑧是同步磁阻电机的典型构造;图④、⑦和⑩是内嵌式的凸极永磁电机的结构。但需要注意的是,图⑦的转子结构的 $L_{sd}>L_{sq}$,图⑨是非凸极的永磁电机。

表 8.1.1　转子的三类不同结构(细线表示磁力线的路径)

通常的凸极电机		圆筒型电机	逆凸极型电机
$L_{sd} > L_{sq}$		$L_{sd} = L_{sq}$	$L_{sd} < L_{sq}$
① 转子励磁型	② 传统型磁阻电机	③ 转子励磁型(用于高速电机)	④ 内嵌式永磁转子
⑤ 表贴式永磁转子	⑥ 弱化凸极型磁阻电机	—	⑦ 永磁铁辅助型磁阻电机
⑧ 内嵌永磁转子	⑨ 栅栏(barrier)型磁阻电机	⑩ 表贴式永磁转子	⑪ 内嵌永磁转子

3. 同步电动机的额定值

同步电机的额定值又称为铭牌值,是选择同步电机型号的依据。同步电机在额定状态下可以获得最佳的运行特性。同步电机的额定值包括:

(1) 额定功率 P_N(kW 或 MW):对于同步电动机,额定功率 P_N 指额定状态下转子轴输出的机械功率;对于同步发电机,额定功率 P_N 指额定状态下定子侧发出的有功电功率。

(2) 额定电压 U_N(V 或 kV):额定状态下定子绕组的线电压。

(3) 额定电流 I_N(A 或 kA):额定状态下定子绕组的线电流。

(4) 额定功率因数 $cos\varphi_N$:额定状态下定子侧的功率因数。

(5) 额定频率 f_N(Hz):额定状态下定子电压、电流的频率,我国的工作频率为 50Hz。

（6）额定转速 n_N(r/min)：额定状态下转子的转速。稳态时的转子转速为同步速度。

（7）额定效率 η_N：额定状态下同步电机的输出功率与输入功率之比。

此外，同步电机的铭牌数据还包括：额定励磁功率 P_{fN}(W)、额定励磁电压 U_{fN}(V)以及额定温升(℃)。

8.2　同步电动机的稳态模型和特性

本节讨论在三相正弦稳态电压源供电条件下三相同步电机原理以及运行特性。要点为：①两种不同转子结构的同步电机(隐极同步电机与凸极同步电机)的电磁关系以及对应的数学描述(包括基本方程、等效电路与时空矢量图)；②同步电动机的功(矩)角特性，功率传递以及功(矩)角的物理意义；③同步电动机的稳态运行特性。如不特别说明，讨论基于线性磁路，且只涉及各个物理变量的基波分量。所以可使用 5.2 节所述的空间矢量、时间相量以及相量进行建模。

此外，本节使用的是传统惯例下的直轴和交轴坐标系，即 q 轴滞后 d 轴 90°电角度。

8.2.1　同步电动机的电磁关系

同步电机运行时其内部的磁场由两部分构成：一部分是由转子直流励磁磁动势或永磁体磁动势产生的主磁场，该磁动势称为**主磁极磁动势矢量**，用 $\overline{F}_f$ 表示；在转子直流励磁为额定不变或转子为永磁体时，转子主磁场始终存在。另一部分是由定子电枢绕组电流对应的电枢磁动势所产生的电枢磁场。当同步电机空载时，定子电枢绕组中无电流，电机不存在电枢磁场，气隙磁场即为转子主磁场，磁路如图 8.2.1 所示。

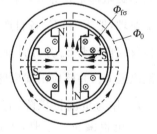

图 8.2.1　主磁路结构

根据 5.2 节，主磁动势 $\overline{F}_f$ 的空间矢量表示为

$$\overline{F}_f = \frac{3}{2}F_f\,\mathrm{j}\mathrm{e}^{\mathrm{j}\omega t} \qquad (8.2\text{-}1)$$

式中，F_f 为等效的单相主磁动势的幅值，为常数。与 $\overline{F}_f$ 对应的三相主磁通矢量(或者称为时间相量)$\dot{\Phi}_0^t$ 以及在 A 相定子绕组上交链的主磁通相量 $\dot{\Phi}_0$ 分别为

$$\dot{\Phi}_0^t = \frac{3}{2}\dot{\Phi}_0\,\mathrm{e}^{\mathrm{j}\omega t}, \quad \dot{\Phi}_0 = \Phi_0\cos\omega t \qquad (8.2\text{-}2)$$

A 相定子绕组中由该主磁通感应的主电动势为

$$\dot{E}_0 = -\mathrm{j}4.44W_{1\mathrm{eff}}f\dot{\Phi}_0 \qquad (8.2\text{-}3)$$

式中，W_{1eff} 为 5.2.3 节所述的绕组等效匝数，f 为同步频率。当转子直流励磁电流 I_f 不变时，主磁通幅值 Φ_0 也不变，于是定子绕组中对应于 Φ_0 主感应电动势的有效值 E_0 也不变。

同步电机运行在非空载条件(电动运行、发电运行、补偿运行)下，定子电流将产生电枢磁场，该磁场与主磁场合成气隙磁场。这种电枢磁场对气隙磁场的影响称为**电枢反应**。产生电枢磁场的磁动势称为**电枢磁动势**，其基波分量用矢量 $\bar{F}_a$ 表示。由 5.2 节可知 $\bar{F}_a$ 幅值为

$$F_a = 1.35 \frac{W_{1eff}}{n_p} I_a \tag{8.2-4}$$

主磁极磁动势矢量 $\bar{F}_f$ 与电枢磁动势矢量 $\bar{F}_a$ 均以同步转速旋转，叠加为一个合成基波磁动势矢量 $\bar{F}_\Sigma$

$$\bar{F}_\Sigma = \bar{F}_f + \bar{F}_a \tag{8.2-5}$$

上述矢量的空间关系如图 8.2.2 所示。由合成基波磁动势 $\bar{F}_\Sigma$ 产生基波气隙磁场。由于隐极同步电机与凸极同步电机磁极结构的不同，导致合成磁动势在电机内形成的气隙磁场也不同，故下面分别介绍这两种电机在稳态条件下不同的电磁关系。

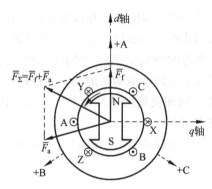

图 8.2.2　同步电动机的合成磁动势

1. 隐极同步电机的电磁关系

隐极同步电机无明显磁极，气隙均匀，所以合成磁动势在气隙圆周任何位置遇到的磁阻都是相等的，所产生的气隙磁场是均匀的。若不考虑磁饱和，则可应用叠加原理，把 $\bar{F}_f$ 和 $\bar{F}_a$ 各自产生的主磁通 $\dot{\Phi}_0$ 与电枢反应磁通 $\dot{\Phi}_a$，激磁电动势 $\dot{E}_0$ 与电枢反应电动势 $\dot{E}_a$ 分开计算且相加得到合成量。另一方面，电枢各相电流将产生电枢漏磁通 $\dot{\Phi}_\sigma$，并感应出漏磁感应电动势 $\dot{E}_\sigma$。把 $\dot{E}_\sigma$ 作为负漏抗压降，有 $\dot{E}_\sigma = -jx_\sigma \dot{I}_a$，$x_\sigma$ 为电枢漏抗。于是，上述物理量在电枢回路反映出的关系可以表述为图 8.2.3。

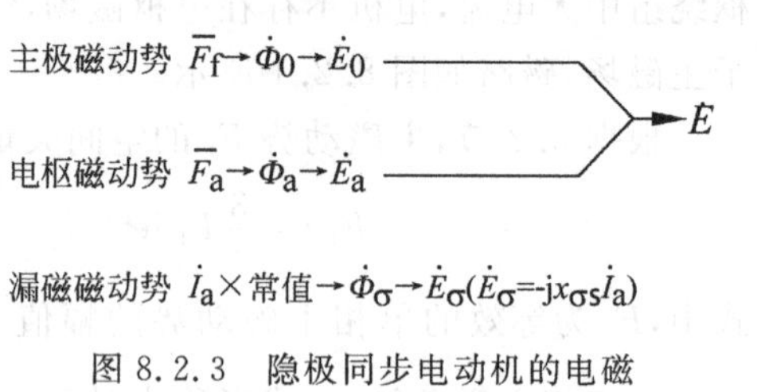

发电机惯例下，根据图 8.2.3 以及电枢电流在定子电阻 r_a 上的电压降，隐极同步电机的单相电枢回路电压方程为

主极磁动势　$\bar{F}_f \rightarrow \dot{\Phi}_0 \rightarrow \dot{E}_0$

电枢磁动势　$\bar{F}_a \rightarrow \dot{\Phi}_a \rightarrow \dot{E}_a$ $\Big\rangle \rightarrow E$

漏磁磁动势　$i_a \times$ 常值 $\rightarrow \dot{\Phi}_\sigma \rightarrow \dot{E}_\sigma (\dot{E}_\sigma = -jx_\sigma \dot{i}_a)$

图 8.2.3　隐极同步电动机的电磁关系示意图

$$\dot{E}_0 + \dot{E}_a + \dot{E}_\sigma - r_a \dot{I}_a = \dot{U} \tag{8.2-6}$$

由 5.2.2 节可知，电枢反应电动势和漏电动势可以分别表示为 $\dot{E}_a = -jx_a \dot{I}_a$ 和 $\dot{E}_\sigma =$

$-jx_\sigma\dot{I}_a$。代入上式并整理得

$$\dot{U} = \dot{E}_0 - jx_t\,\dot{I}_a - r_a\,\dot{I}_a \tag{8.2-7}$$

式中，x_t 为隐极同步电机的同步电抗

$$x_t = x_a + x_\sigma = \omega_1(L_a + l_\sigma) \tag{8.2-8}$$

式中，ω_1 为电机的同步电角频率。根据式(8.2-7)可得出电机定子侧的单相等效电路如图 8.2.4 所示。

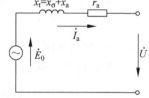

图 8.2.4　隐极同步发电机的
等效电路

隐极同步电机作发电运行时，主磁动势矢量 $\overline{F}_f$ 超前于**合成磁动势矢量** $\overline{F}_\Sigma$，再根据图 8.2.3 与式(8.2-8)可得出隐极同步发电机的"时间相量-空间矢量图"(简称时空图)如图 8.2.5(a)所示。注意到图中的时间相量与相量的关系为

$$\dot{\Phi}_\Sigma^t = \frac{3}{2}\dot{\Phi}_\Sigma e^{j\omega t}, \quad \dot{\Phi}_0^t = \frac{3}{2}\dot{\Phi}_0 e^{j\omega t} \tag{8.2-9}$$

再注意到 $\dot{E}_0$ 落后 $\dot{\Phi}_0$ 90°电角度，于是对应于图 8.2.5(a)的 A 相电枢回路的相量图如图 8.2.5(b)所示。

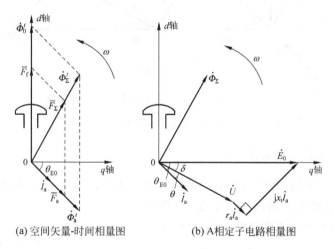

(a) 空间矢量-时间相量图　　　(b) A相定子电路相量图

图 8.2.5　隐极同步发电机的时空图与相量图

图 8.2.5(b)中，$\dot{U}$ 与 $\dot{I}_a$ 之间的夹角称为**功率因数角**(power-factor angle)，用 θ 表示；$\dot{E}_0$ 与 $\dot{I}_a$ 之间的夹角称为**内功率因数角**，用 θ_{E0} 表示；$\dot{E}_0$ 与 $\dot{U}$ 之间的夹角称为**功角**(load angle)，用 δ 表示。由图可知三个角度之间的关系为

$$\theta_{E0} = \theta + \delta \tag{8.2-10}$$

功角 δ 是同步电机中一个很重要的物理量，将在 8.2.2 节中详细介绍。

改变电压方程式(8.2-6)中电流的符号，也即将电机看作电动运行，得出电动机惯例下隐极同步电机的电枢回路电压方程

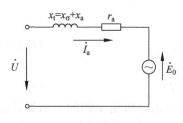

图 8.2.6　隐极同步电动机的
等效电路

$$\dot{U} = \dot{E}_0 + \dot{E}_a + \dot{E}_\sigma + r_a \dot{I}_a$$
$$\dot{U} = \dot{E}_0 + j x_t \dot{I}_a + r_a \dot{I}_a \tag{8.2-11}$$

式中，$\dot{E}_a = -j x_a \dot{I}_a$，$\dot{E}_\sigma = -j x_\sigma \dot{I}_a$，同步电抗 x_t 由式(8.2-8)表示。根据上式可得出隐极同步电动机的等效电路如图 8.2.6 所示。

隐极同步电机作电动运行时，主磁动势矢量 $\overline{F}_f$ 滞后于**合成磁动势矢量** $\overline{F}_\Sigma$，根据图 8.2.3 与式(8.2-11)可得出图 8.2.7(a)所示的隐极同步电动机的时空矢量图以及图 8.2.7(b)所示的 A 相电枢电路的相量图。

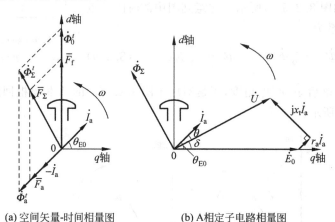

(a) 空间矢量-时间相量图　　　　(b) A相定子电路相量图

图 8.2.7　隐极同步电动机的时空图与相量图

2. 同步电机的三种运行状态

对于连接于无穷大电网(即电网的容量远远大于同步电动机的容量，且电网电源的电压 U 与频率 f 均可视为不变)且稳态运行的大型电励磁同步电动机，常常忽略其定子电阻即略去式(8.2-11)中 $r_a \dot{I}_a$ 项。在电力系统运行时，一般通过调节同步电机直流励磁电流 I_f 的大小，即调节相量 $\dot{E}_0$ 的长度而得到 $\dot{U}$ 与 $\dot{I}_a$ 之间不同的相位关系，从而改变同步电机运行时的功率因数，也就是进行无功调节。这个原理用图 8.2.8 的电动运行(将图 8.2.7(b)的电压调整为纵轴方向得到)说明。在正常励磁($\dot{E}_0$)时，同步电动机从电源吸收全部有功功率(图中实线)；欠励磁($\dot{E}_0''$)时，同步电动

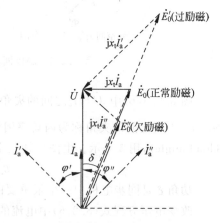

图 8.2.8　隐极同步电动机三种励磁下的
相量图

从电源吸收感性无功(图中点划线)；过励磁($\dot{E}_0'$)时，同步电动机从电源吸收容性无功，可使同步电动机在拖动负载做功的同时对电网又呈电容性(图中虚线)，以改善电网功率因数。

于是，可以将同步电机运行状态总结为电动状态、发电状态和补偿状态这三种状态。电动状态时气隙合成磁场超前转子的主磁极磁场一定角度，于是转子磁极在气隙合成磁场的拖动下产生电磁转矩，并与机械负载转矩平衡；发电状态稳态运行时，转子主磁极磁场拖动气隙合成磁场旋转，因而在定子绕组中感应电动势，并输出电功率；补偿状态运行时，转子磁极与气隙合成磁场的轴线重合，电磁转矩为零，电机内没有有功功率的转换，但存在无功功率交换。上述状态可以从同步电机的功角 δ 看出。在发电状态，$\dot{E}_0$ 超前于 $\dot{U}$ 角 δ；在电动状态，$\dot{E}_0$ 滞后于 $\dot{U}$ 角 δ。无论对于隐极同步电机还是凸极同步电机，这一结论均适用。

3. 凸极同步电机的电磁关系

凸极同步电机的气隙不均匀，极面下气隙较小，两极之间气隙较大。磁动势处于气隙圆周不同位置时遇到的磁阻不同，于是所对应的电枢反应电抗 x_a 不再是常值。

如图 8.2.9 所示，当电枢磁动势的轴线与直轴重合时，所对应的电枢反应称直轴电枢反应。此时磁路的气隙最小，磁阻最小，磁导最大，电抗最大，称为直轴电枢反应等效电抗，用 x_{ad} 表示。

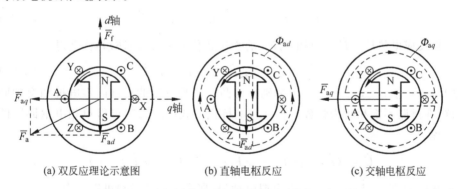

(a) 双反应理论示意图　　　(b) 直轴电枢反应　　　(c) 交轴电枢反应

图 8.2.9　凸极同步电动机的电枢磁动势与电枢磁通

当电枢磁动势的轴线与交轴重合时，对应的电枢反应称交轴电枢反应。此时磁路的气隙最大，磁阻最大，磁导最小，电抗最小，称为交轴电枢反应等效电抗，用 x_{aq} 表示。

很明显，上述电抗的关系为

$$x_{ad} > x_{aq} \text{ 也就是 } L_{ad} > L_{aq} \tag{8.2-12}$$

当电枢磁动势的轴线位于上述两位置之间时，相应的电枢反应电抗也处于两者之间并随位置不同而变化。电抗随转子位置的变化导致上述隐极同步电机的方程式不再适用,故将电枢反应磁动势 $\overline{F}_a$ 分为直轴电枢反应磁动势 $\overline{F}_{ad}$ 与交轴电枢反应磁动势 $\overline{F}_{aq}$ 进行分析。这种按照 d 轴与 q 轴分别分析的理论称为双反应理论(two-reaction theory)。

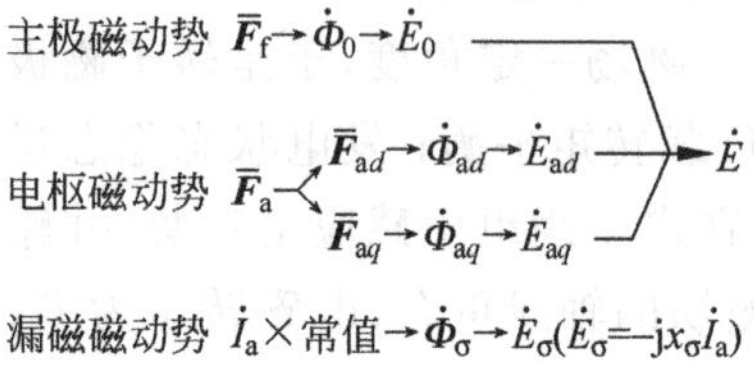

主极磁动势 $\overline{F}_f \rightarrow \dot{\Phi}_0 \rightarrow \dot{E}_0$

电枢磁动势 $\overline{F}_a$ $\begin{cases} \overline{F}_{ad} \rightarrow \dot{\Phi}_{ad} \rightarrow \dot{E}_{ad} \\ \overline{F}_{aq} \rightarrow \dot{\Phi}_{aq} \rightarrow \dot{E}_{aq} \end{cases} \rightarrow \dot{E}$

漏磁磁动势 $\dot{I}_a \times$ 常值 $\rightarrow \dot{\Phi}_\sigma \rightarrow \dot{E}_\sigma(\dot{E}_\sigma = -jx_\sigma \dot{I}_a)$

图 8.2.10　凸极同步电机的电磁关系示意图

若不考虑磁饱和,根据双反应理论,把电枢磁动势 $\overline{F}_a$ 分解为直轴和交轴磁动势 $\overline{F}_{ad}$、$\overline{F}_{aq}$,分别求出所产生的直轴、交轴电枢反应所感应的电动势 $\dot{E}_{ad}$、$\dot{E}_{aq}$,再与主磁通 $\dot{\Phi}_0$ 所产生的激磁电动势 $\dot{E}_0$ 相量相加,得到合成电动势 $\dot{E}$。上述物理量的关系表述为图 8.2.10。

电枢磁动势 $\overline{F}_a$ 可表示为

$$\overline{F}_a = \overline{F}_{ad} + \overline{F}_{aq} \tag{8.2-13}$$

式中,$F_{ad} = F_a \sin\theta_{E0}$,$F_{aq} = F_a \cos\theta_{E0}$。相应的电枢电流为

$$\dot{I}_a = \dot{I}_d + \dot{I}_q$$

其中,$I_d = I_a \sin\theta_{E0}$,$I_q = I_a \cos\theta_{E0}$。电枢反应电势为

$$\dot{E}_a = \dot{E}_{ad} + \dot{E}_{aq}, \quad \dot{E}_{ad} = -jx_{ad}\dot{I}_d, \quad \dot{E}_{aq} = -jx_{aq}\dot{I}_q \tag{8.2-14}$$

漏电势为

$$\dot{E}_\sigma = -jx_\sigma(\dot{I}_d + \dot{I}_q) \tag{8.2-15}$$

于是,发电机惯例下,凸极同步电机的单相电枢回路电压方程为

$$\dot{E}_0 + \dot{E}_{ad} + \dot{E}_{aq} + \dot{E}_\sigma - r_a\dot{I}_a = \dot{U} \tag{8.2-16}$$

将电枢反应电势 $\dot{E}_{ad}$、$\dot{E}_{aq}$ 与漏电势 $\dot{E}_\sigma$ 的表达式代入式(8.2-16)并整理得

$$\dot{U} = \dot{E}_0 - jx_d\dot{I}_d - jx_q\dot{I}_q - r_a\dot{I}_a \tag{8.2-17}$$

式中,$x_d = x_{ad} + x_\sigma$,$x_q = x_{aq} + x_\sigma$ 分别称为凸极同步电机的直轴同步电抗和交轴同步电抗,在磁路不饱和时为常数。将这些电抗代入式(8.2-17)可得单相电枢回路的电压方程

$$\dot{U} = (\dot{E}_0 - jx_d\dot{I}_d + jx_q\dot{I}_d) - (jx_q\dot{I}_d + jx_q\dot{I}_q) - r_a\dot{I}_a \tag{8.2-18}$$

若定义 $\dot{E}_Q = \dot{E}_0 - j\dot{I}_d(x_d - x_q)$ 为虚拟电动势,那么式(8.2-18)可以写作

$$\dot{U} = \dot{E}_Q - jx_q\dot{I}_a - r_a\dot{I}_a \tag{8.2-19}$$

根据式(8.2-19)可得出如图 8.2.11 所示的凸极同步发电机的单相等效电枢电路。

凸极同步发电机稳定运行时,电枢磁动势 $\overline{F}_a$、主磁动势 $\overline{F}_f$ 以及合成磁动势 $\overline{F}_\Sigma$ 的空间关系与隐极同步发电机相似,即主磁动势矢量 $\overline{F}_f$ 超前于**合成磁动势矢量 $\overline{F}_\Sigma$**,根据图 8.2.10 与式(8.2-18)可得出凸极同步发电机的时空矢量图以及对应的 A

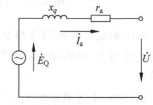

图 8.2.11　用虚拟电动势 $\dot{E}_Q$ 表示的凸极同步发电机的单相等效电路

相定子电路相量图,如图 8.2.12 所示。

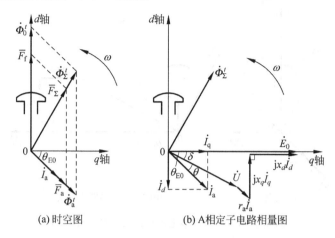

(a) 时空图　　　　　　　(b) A相定子电路相量图

图 8.2.12　凸极同步发电机的时空图与相量图

改变电压方程式(8.2-17)中电流的符号,也即将输入电机的方向作为正方向,得电动机惯例下凸极同步电机的电枢回路电压方程

$$\dot{U} = \dot{E}_0 + \mathrm{j}x_d\dot{I}_d + \mathrm{j}x_q\dot{I}_q + r_a\dot{I}_a \tag{8.2-20}$$

同理,若定义 $\dot{E}_Q = \dot{E}_0 + \mathrm{j}\dot{I}_d(x_d - x_q)$ 为虚拟电动势,那么式(8.2-20)可以写作

$$\dot{U} = \dot{E}_Q - \mathrm{j}x_q\dot{I}_a - r_a\dot{I}_a \tag{8.2-21}$$

根据式(8.2-21)可得出图 8.2.13 所示的凸极同步电动机的等效电路。

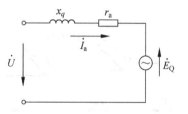

图 8.2.13　凸极同步电动机的等效电路

凸极同步电动机稳定运行时,电枢磁动势 $\overline{F}_a$、主磁动势 $\overline{F}_f$ 以及合成磁动势 $\overline{F}_\Sigma$ 的空间关系与隐极同步电动机相似,即主磁动势矢量 $\overline{F}_f$ 滞后于合成磁动势矢量 $\overline{F}_\Sigma$。再根据图 8.2.10 与式(8.2-20)可得出图 8.2.14 所示的凸极同步电动机的时空矢量图以及对应的 A 相定子电路相量图。

8.2.2　同步电动机的功率、转矩和功(矩)角特性

以下讨论同步电动机的电磁转矩变化规律以及与负载转矩如何平衡。

我们已知,直流电动机和异步电动机的机械特性表示这些电机的转速与电磁转矩的静态关系。同步电动机在正常稳态运行时,由于其转速不随电磁转矩变化,所以常常不讨论所谓的"机械特性",转而讨论同步电动机电磁转矩随功角 δ 变化的曲线 $T_e = f_T(\delta)$。由于在同步电动机正常稳态运行时,机械角速度 Ω_1 是常数,电磁功率 P_M 与电磁转矩 T_e 成正比,也就是说功角特性 $P_M = f_P(\delta)$ 与矩角特性 $T_e = f_T(\delta)$ 有相同的形状。所以,也可以讨论功率随功角 δ 变化的曲线 $P_M = f_P(\delta)$。

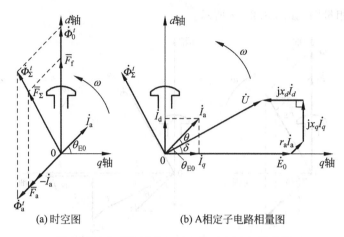

(a) 时空图　　　　　　(b) A相定子电路相量图

图 8.2.14　凸极同步电动机的时空图与相量图

1. 同步电动机的功率传递与转矩平衡

同步电动机的功率流图如图 8.2.15 所示。同步电动机从电网吸收电功率 P_1，这一输入总功率除一小部分变为定子铜损耗 p_{Cu} 外，其余功率通过气隙传到转子，成为电磁功率 P_M。因此有如下关系

$$P_1 = p_{Cu} + P_M \tag{8.2-22}$$

电磁功率 P_M 去掉铁损耗 p_{Fe}、机械损耗 p_m 和附加损耗 p_{add} 之后就是电动机轴上输出的机械功率 P_2，即

$$P_M = P_2 + p_{Fe} + p_m + p_{add} = P_2 + p_0 \tag{8.2-23}$$

式中，$p_0 = p_{Fe} + p_m + p_{add}$ 为空载损耗。

图 8.2.15　同步电动机功率流图

将功率等式(8.2-23)两端除以同步角速度 Ω_1，则得到同步电动机的转矩平衡方程式

$$T_e = T_2 + T_0 \tag{8.2-24}$$

式中，$T_e = P_M/\Omega_1$ 为电磁转矩，$T_2 = P_2/\Omega_1$ 为输出机械转矩，$T_0 = p_0/\Omega_1$ 为空载转矩。

2. 同步电动机的功(矩)角特性

同步电动机的功角特性，是指在外加电压和励磁电流不变的条件下，电磁功率随功角 δ 的变化关系曲线。对于大容量同步电动机，定子铜损耗所占比例相对很小。如果略去同步电动机的定子铜损耗，则可认为电磁功率 P_M 等于输入功率 P_1。对于凸极同步电动机，有

$$P_{Msalient} \approx P_1 = 3UI_a\cos\theta = 3UI_a\cos(\theta_{E0} - \delta)$$
$$= 3UI_q\cos\delta + 3UI_d\sin\delta \tag{8.2-25}$$

式中，U、I_a 分别为定子相电压和相电流。在忽略定子电阻 r_a 的条件下，由图 8.2.14 中的几何关系可以得出 $x_q I_q = U \sin\delta, x_d I_d = E_0 - U \cos\delta$，由此可得

$$I_q = \frac{U \sin\delta}{x_q}, \quad I_d = \frac{E_0 - U \cos\delta}{x_d} \tag{8.2-26}$$

将以上两式代入式(8.2-25)可以得出

$$\begin{aligned} P_{\text{Msalient}} &= 3 \frac{U E_0}{x_d} \sin\delta + \frac{3U^2}{2}\left(\frac{1}{x_q} - \frac{1}{x_d}\right) \sin 2\delta \\ &= P'_{\text{M}} + P''_{\text{M}} \end{aligned} \tag{8.2-27}$$

上式为凸极同步电动机功角特性的表达式，电磁功率 P_{M} 分为两项，第一项是功角 δ 的正弦函数，第二项 P''_{M} 是 2δ 的正弦函数。从功率关系可以推出对应的稳态电磁转矩

$$\begin{aligned} T_{\text{esalient}} &= \frac{P_{\text{Msalient}}}{\Omega_1} = 3 \frac{U E_0}{\Omega_1 x_d} \sin\delta + \frac{3U^2}{2\Omega_1}\left(\frac{1}{x_q} - \frac{1}{x_d}\right) \sin 2\delta \\ &= T'_e + T''_e \end{aligned} \tag{8.2-28}$$

对于隐极同步电动机，由于 $x_d = x_q = x_t$，所以 $P''_{\text{M}} = 0$、$T''_e = 0$，可以看作凸极同步电动机的特例，有

$$P_{\text{M}} = 3 \frac{U E_0 \sin\delta}{x_t} \cos\delta \tag{8.2-29}$$

$$T_e = \frac{P_{\text{M}}}{\Omega_1} = 3 \frac{U E_0}{\Omega_1 x_t} \sin\delta \tag{8.2-30}$$

依据式(8.2-28)和式(8.2-30)可分别绘出上述两种同步电机的矩角特性曲线，如图 8.2.16 所示。

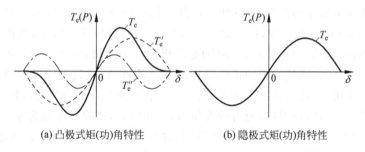

图 8.2.16　凸极式、隐极式同步电动机矩(功)角特性曲线

3. 功角的物理意义

图 8.2.5 中的功角 δ 也称矩角(torque angle)，是电压 $\dot{U}$ 与 $\dot{E}_0$ 之间的夹角。如果略去 r_a 和 x_σ，则可认为 $\dot{U} = \dot{E}$（$\dot{E}$ 是合成磁动势 $\bar{F}_\Sigma$ 感应的电动势）。这样功角 δ 可以看成是 $\dot{E}$ 和 $\dot{E}_0$ 之间的夹角，也是合成磁动势 $\bar{F}_\Sigma$ 和转子主磁极磁动势 $\bar{F}_0$ 之间的夹角，如图 8.2.17 所示。

以下讨论转矩公式(8.2-28)。该式第一项

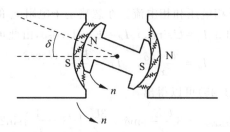

图 8.2.17　功角 θ 示意图

$$T'_e = 3 \frac{UE_0}{\Omega_1 x_d} \sin\delta \tag{8.2-31}$$

是合成磁动势 $\bar{F}_\Sigma$ 对应的磁极对转子磁极磁拉力所形成的转矩,如果外加电压 U_1 与励磁电流不变,该转矩与功角 δ 的正弦成正比,如图 8.2.16(b)。当 $\delta = 0°$ 时,定、转子磁极在同一轴线上,磁拉力最大,但无切向力,所以转矩为零;当 δ 角增大时,转矩与 δ 角成正弦关系;当 $\delta = 90°$ 时,转矩最大;到 $\delta = 180°$ 时,定、转子磁极在同一轴线上,两对磁极同性相斥,但无切向力,所以转矩为零;当 $\delta > 180°$ 时,转矩变为负值且按正弦规律变化。

式(8.2-28)的第二项

$$T''_e = \frac{3U^2}{2\Omega_1}\left(\frac{1}{x_q} - \frac{1}{x_d}\right)\sin 2\delta \tag{8.2-32}$$

只在凸极同步电动机中有,称为反应转矩(reaction torque)。由于它与直流励磁无关,与凸极同步电动机 x_d 和 x_q 的差异有关,所以也称为磁阻转矩(reluctance torque)。显然,这是转子结构气隙不均匀引起的。

磁阻转矩可表示为图 8.2.18 所示的几个简单模型。其中,图 8.2.18(a)是凸极同步电动机 $\delta = 0°$ 时的情况,这时磁力线由定子合成磁极进入转子,气隙最小,无扭斜,没有切向力,无转矩;图 8.2.18(b)是凸极同步电动机 $\delta \neq 0°$ 时的情况,这时磁力线进入转子,由于磁力线有力图走磁阻最小路径的性质,故磁力线发生扭斜,转子受到磁阻转矩作用,把这一转矩称为反应转矩。当 $\delta = 90°$ 时,磁力线进入转子所经气隙最大,磁阻最大,但磁路对称,磁力线无扭斜,无切向力,该项转矩也为零。当 $\delta = 180°$ 与 $\delta = 0°$ 时的情况完全一样,完成一个周期,故 T''_e 是 2δ 的正弦函数。该磁阻转矩总是向减小气隙、降低磁阻的方向作用,而与直流励磁无关,完全是凸极结构的气隙不

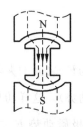

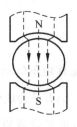
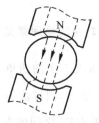

(a)凸极电机 $\delta = 0°$　　(b)凸极电机 $\delta \neq 0°$　　(c)隐极电机 $\delta = 0°$　　(d)隐极电机 $\delta \neq 0°$

图 8.2.18　同步电动机反应转矩示意图

均匀引起的。变磁阻同步电机利用特制的定、转子凸极结构与外部给定的特殊电源,时刻保持合成磁极与转子凸极存在角度差,从而产生推动转子向降低磁阻方向运动的、持续不断的反应转矩。

8.2.3　同步电动机稳定运行的必要条件

同步电动机的静态稳定,可描述为处于某一运行点的电力拖动系统,若在外界的扰动(如供电电压的波动、负载的变化等)作用下系统偏离原来的运行点,一旦扰动消除,系统若能回到原来的运行点则称为静态稳定的。如果系统是静态不稳定的,或称同步电动机处于"失步"状态。下面以隐极同步电动机为例说明同步电动机的稳定运行问题。

1. 励磁式同步电动机

图 8.2.19 表示隐极同步电动机的矩角特性,以最大值 T_{emax} 为界,可将特性分为稳定运行区和不稳定运行区。在负载转矩为恒转矩负载 T_L 的条件下,由图可知 A、B 两点都是系统的平衡工作点。根据 3.2.3 节的方法或由以下的例题,可以判定系统是否可在这些点上稳定运行。结论是,在第 I 象限,$0<\delta<90°$ 是隐极同步电动机的稳定工作区;$90°<\delta<180°$ 是不稳定工作区。

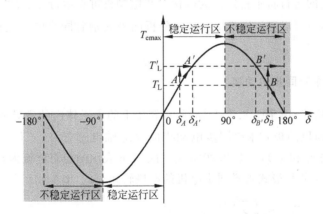

图 8.2.19　隐极式同步电动机稳定工作区示意图

例 8.2-1　试根据隐极同步电机的矩角特性(式(8.2-31))和运动方程说明图 8.2.19 中工作点 A、A' 两点是系统的稳定工作点以及 B、B' 两点是系统的不稳定工作点。

解　隐极同步电动机的运动方程为 $T_e-T_L=J\dfrac{d\Omega_1}{dt}$,式中,$\Omega_1$ 为同步转速。

假定系统工作在平衡点 A 时,负载突然变大至水平直线 T'_L,根据运动方程电机转速不突变,所以动转矩 $T_e-T'_L$ 小于零,使得电机转子转速降低。由于同步电动机中的功角 δ 为合成气隙磁动势与转子磁动势的差值,故转子转速的降低使得功角 δ

加大,根据式(8.2-35)知在 $0° < \delta < 90°$ 区间内电磁转矩也加大,由此工作点沿功角特性曲线逐渐移动至新的平衡点 A' 点稳定运行。当负载的变动消失,负载转矩回到直线 T_L 时,同样分析方法可知系统的工作点也将移至 A 点。故 A、A' 两点是系统的稳定工作点。

假定系统工作在 B 点,负载突然变大至水平直线 T'_L,根据运动方程电机转速不突变,所以动转矩 $T_e - T'_L$ 小于零,使得电机转子转速降低,功角 δ 逐渐增大,但在 $90° < \delta < 180°$ 区间内电磁转矩却减小,导致转子转速进一步降低,功角 δ 进一步增大,系统无法进入工作点 B' 运行。当负载的变动消失,负载转矩回到直线 T_L 时,系统也无法回到 B 点。故假设错误,即系统无法在 B 点稳定运行,B、B' 两点是系统的不稳定工作点。也即,同步电动机由于某种原因(例如,负载突然过大)运行在 $90° < \delta < 180°$ 区间后,以至其无法稳定地同步运行,这称作同步电动机的"失步"。

此外,为保证电动机有一定的过载能力,应使最大转矩 T_{em} 与额定转矩 T_{eN} 之比

$$T_{em}/T_{eN} \tag{8.2-33}$$

为大于1的数值,通常这个比值为 $2\sim3$。因此可以算得同步电动机额定工作时,δ 一般在 $20°\sim30°$ 之间。

综上所述可总结为,隐极同步电动机的稳定运行范围是 $0 \leqslant \delta < 90°$;超过该范围,同步电动机的运行将不稳定。为确保同步电动机可靠运行,通常取 $0 \leqslant \delta < 75°$。

据此方法,也可以基于图8.2.16(a)分析凸极式励磁同步电动机稳定运行的必要条件。

2. 凸极式永磁同步电动机

如8.1节所述,由于图8.2.20(a)所示转子上的永磁体内的磁导率很低(近似于空气磁导率),所以凸极式永磁同步电动机的 d、q 轴电感有 $L_{sd} < L_{sq}$。在图8.2.17的假设下(略去 r_a 和 x_σ),图8.2.20(a)中用矩角 δ 表示的稳态电流为 $i_d = I\cos\delta$,$i_q = I\sin\delta$。代入8.4节凸极式永磁同步电机的电磁转矩公式(8.4-4)可得

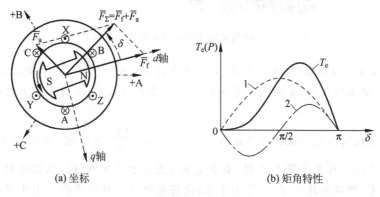

(a) 坐标　　　　　　　　　(b) 矩角特性

图8.2.20　凸极式永磁电机的矩角特性

$$T_e = n_p \left[\psi_r I \sin\delta + \frac{1}{2}(L_{sd} - L_{sq}) I^2 \sin 2\delta \right] \qquad (8.2\text{-}34)$$

式中,常数 ψ_r 为转子磁链幅值,I 为 dq 坐标系上电流矢量的幅值。由上式以做出该电动机的矩角特性如图 8.2.20(b)。由此可知,其稳定运行区域大于凸极式励磁同步电动机的稳定运行区域。

对于逆凸极式的永磁同步电机,可知其稳定运行区域与凸极式励磁同步电动机的相同。

本节小结

(1) 隐极同步电机中,转子对电枢回路(定子回路)的作用表现在主感应电动势 $\dot{E}_0$ 上。于是有用单相电枢回路表示的电路模型以及对应的时空图和相量图;对于凸极同步电机,可采用双反应原理将磁动势、磁通分解为 d 轴分量和 q 轴分量,据此也可以建立单相电枢回路模型;

(2) 对应于直流电机、交流感应电机的机械特性,同步电机的稳态输出特性为功角特性或矩角特性,该特性因电机的转子结构不同而不同。据此特性,有同步电机稳定运行的必要条件。

8.3　同步电动机的动态模型以及控制方法

8.3.1　励磁式同步电动机的动态模型

为了进行动态控制,需要得到同步电动机的动态模型。建模方法与 7.2 节中讨论的异步电动机动态建模方法一样。由于永磁同步电动机的动态模型是励磁式同步电动机模型的特例,以下以励磁同步电动机为例建模。建模中忽略磁化曲线、饱和等非线性因素以及磁路损耗。

一个理想的三相两极凸极式励磁同步电动机的模型如图 8.3.1(a)所示,其转子以 ω_1 逆时针旋转。图中的直轴和交轴方向按控制系统惯例设定,即转子 N 极的方向为 d 轴,q 轴超前 d 轴 $90°$ 电角度。此外,有些电动机在转子上加有阻尼绕组,这里把它等效成在 d 轴和 q 轴各自短路的两个独立绕组。阻尼绕组是为了抑制转子绕组在转子转速变化时产生的变动转矩。相关分析可参考文献[8-3]中的 4.2 节。

考虑到漏抗和阻尼绕组,定子上的合成磁链矢量 ψ_s(与电枢电流矢量 i_s 同空间位置),阻尼绕组磁链 ψ_{DQ} 矢量和励磁绕组产生的磁链 ψ_f 的空间位置如图 8.3.1(b)所示。

考虑同步电动机的凸极效应,同步电动机的动态电压方程式可写成

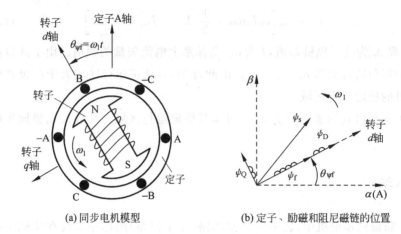

(a) 同步电机模型 　　　　　　　(b) 定子、励磁和阻尼磁链的位置

图 8.3.1　三相两极突极式转子励磁同步电机模型

$$
\begin{bmatrix} u_{\mathrm{A}} \\ u_{\mathrm{B}} \\ u_{\mathrm{C}} \\ U_{\mathrm{f}} \\ 0 \\ 0 \end{bmatrix} = \begin{bmatrix} R_{\mathrm{s}} & 0 & 0 & 0 & 0 & 0 \\ 0 & R_{\mathrm{s}} & 0 & 0 & 0 & 0 \\ 0 & 0 & R_{\mathrm{s}} & 0 & 0 & 0 \\ 0 & 0 & 0 & R_{\mathrm{f}} & 0 & 0 \\ 0 & 0 & 0 & 0 & R_{\mathrm{D}} & 0 \\ 0 & 0 & 0 & 0 & 0 & R_{\mathrm{Q}} \end{bmatrix} \begin{bmatrix} i_{\mathrm{A}} \\ i_{\mathrm{B}} \\ i_{\mathrm{C}} \\ I_{\mathrm{f}} \\ i_{\mathrm{D}} \\ i_{\mathrm{Q}} \end{bmatrix} + p \begin{bmatrix} \psi_{\mathrm{A}} \\ \psi_{\mathrm{B}} \\ \psi_{\mathrm{C}} \\ \psi_{\mathrm{f}} \\ \psi_{\mathrm{D}} \\ \psi_{\mathrm{Q}} \end{bmatrix} \tag{8.3-1}
$$

式中，p 表示微分算子，u_{A}，u_{B}，u_{C}、i_{A}，i_{B}，i_{C} 和 ψ_{A}，ψ_{B}，ψ_{C} 分别为定子电压、电流和磁链，R_{s} 为定子电阻；i_{D}，i_{Q}，R_{D}，R_{Q} 分别为阻尼绕组中的电流和电阻；U_{f}，I_{f}，R_{f} 分别为转子励磁线圈的励磁电压、电流和回路电阻。

式(8.3-1)中前三行是静止坐标下定子 A、B、C 三相的电压方程，第四行是 dq 坐标下励磁绕组直流电压方程(永磁同步电动机无此方程)，最后两个方程是 dq 坐标下转子阻尼绕组的等效电压方程。

与 7.2 节所述的方法相同，可将式(8.3-1)的同步电机模型(ABC 坐标系和 dq 坐标上)变换到 dq 同步旋转坐标系上用电机参数(电阻、电感)表示的模型。需要说明的是，由于采用实际电机参数表述电机模型比较复杂，一般采用参数的标幺值表述。目前常用的是被称为"x_{ad} 基准"的方法。这个变换过程比较繁杂，以下仅给出变换后的由文献[8-5]给出的采用标幺值表述的电动机模型。

三个定子电压方程变换成如下的两个方程

$$
\begin{bmatrix} u_{\mathrm{sd}} \\ u_{\mathrm{sq}} \end{bmatrix} = \begin{bmatrix} R_{\mathrm{s}} & 0 \\ 0 & R_{\mathrm{s}} \end{bmatrix} \begin{bmatrix} i_{\mathrm{sd}} \\ i_{\mathrm{sq}} \end{bmatrix} + \begin{bmatrix} p & -\omega_1 \\ \omega_1 & p \end{bmatrix} \begin{bmatrix} \psi_{\mathrm{sd}} \\ \psi_{\mathrm{sq}} \end{bmatrix} \tag{8.3-2}
$$

三个转子电压方程已在 dq 轴上，所以不变

$$
\begin{cases} U_{\mathrm{f}} = R_{\mathrm{f}} I_{\mathrm{f}} + p\psi_{\mathrm{f}} \\ 0 = R_{\mathrm{D}} i_{\mathrm{D}} + p\psi_{\mathrm{D}} \\ 0 = R_{\mathrm{Q}} i_{\mathrm{Q}} + p\psi_{\mathrm{Q}} \end{cases} \tag{8.3-3}
$$

由式(8.3-2)可以看出,从三相静止坐标系变换到二相旋转坐标系以后,dq 轴的电压方程等号右侧由电阻压降、脉变电动势和旋转电动势三项构成,其物理意义与异步电动机相同。因为转子转速就是同步转速,转差 $\omega_s = 0$,在式(8.3-3)所示的转子 dq 方程中没有旋转电动势项。

上述两式中各个磁链方程为式(8.3-4)。需要注意的是,由于有凸极效应,在 d 轴和 q 轴上的电感是不一样的。

$$
\begin{bmatrix} \psi_{sd} \\ \psi_{sq} \\ \psi_f \\ \psi_D \\ \psi_Q \end{bmatrix} = \begin{bmatrix} L_{sd} & 0 & L_{md} & L_{md} & 0 \\ 0 & L_{sq} & 0 & 0 & L_{mq} \\ L_{md} & 0 & L_{rf} & L_{md} & 0 \\ L_{md} & 0 & L_{md} & L_{rD} & 0 \\ 0 & L_{mq} & 0 & 0 & L_{rQ} \end{bmatrix} \begin{bmatrix} i_{sd} \\ i_{sq} \\ I_f \\ i_D \\ i_Q \end{bmatrix} \tag{8.3-4}
$$

式中的各个电感均为标幺值,其物理意义如下:

L_{sd} 为等效 d 轴定子绕组自感,L_{sq} 为等效 q 轴定子绕组自感,设等效定子绕组漏感为 L_{ls},则

$$
L_{sd} = L_{ls} + L_{md}, \quad L_{sq} = L_{ls} + L_{mq} \tag{8.3-5}
$$

L_{md} 为 d 轴定子与转子绕组间的互感,相当于同步电动机原理中的 d 轴电枢反应电感;

L_{mq} 为 q 轴定子与转子绕组间的互感,相当于 q 轴电枢反应电感;

L_{rf} 为励磁绕组自感,设励磁绕组漏感为 L_{1f},则

$$
L_{rf} = L_{1f} + L_{md} \tag{8.3-6}
$$

L_{rQ}、L_{rD} 分别为 q 轴和 d 轴阻尼绕组自感。设等效的 q 轴和 d 轴阻尼绕组漏感分别为 L_{1Q},L_{1D},则

$$
L_{rD} = L_{1D} + L_{md}, \quad L_{rQ} = L_{1Q} + L_{mq} \tag{8.3-7}
$$

将上述三式代入式(8.3-3)和式(8.3-4),整理后得同步电动机的电压方程式

$$
\begin{bmatrix} u_{sd} \\ u_{sq} \\ U_f \\ 0 \\ 0 \end{bmatrix} = \begin{bmatrix} R_s + L_{sd}p & -\omega_1 L_{sq} & L_{md}p & L_{md}p & -\omega_1 L_{mq} \\ \omega_1 L_{sd} & R_s + L_{sq}p & \omega_1 L_{md} & \omega_1 L_{md} & L_{mq}p \\ L_{md}p & 0 & R_f + L_{rf}p & L_{md}p & 0 \\ L_{md}p & -(\omega_1 - \dot{\theta}_r)L_{md} & L_{md}p & R_D + L_{rD}p & -(\omega_1 - \dot{\theta}_r)L_{rD} \\ (\omega_1 - \dot{\theta}_r)L_{md} & L_{mq}p & 0 & (\omega_1 - \dot{\theta}_r)L_{rD} & R_Q + L_{rQ}p \end{bmatrix} \begin{bmatrix} i_{sd} \\ i_{sq} \\ I_f \\ i_D \\ i_Q \end{bmatrix}
$$

$$
\tag{8.3-8}
$$

式中,项"$\omega_1 - \dot{\theta}_r$"是在动态时,由于阻尼绕组中产生感应电流,从而引起的同步频率 ω_1 与转子频率 $\dot{\theta}_r$(为机械角频率的 n_P 倍)之间的差。

有关阻尼绕组对系统动态影响的讨论不属于本书范围,故假定 $\omega_1 - \dot{\theta}_r = 0$。所以上式简化为

$$\begin{bmatrix} u_{sd} \\ u_{sq} \\ U_f \\ 0 \\ 0 \end{bmatrix} = \begin{bmatrix} R_s + L_{sd}p & -\omega_1 L_{sq} & L_{md}p & L_{md}p & -\omega_1 L_{mq} \\ \omega_1 L_{sd} & R_s + L_{sq}p & \omega_1 L_{md} & \omega_1 L_{md} & L_{mq}p \\ L_{md}p & 0 & R_f + L_{rf}p & L_{md}p & 0 \\ L_{md}p & 0 & L_{md}p & R_D + L_{rD}p & 0 \\ 0 & L_{mq}p & 0 & 0 & R_Q + L_{rQ}p \end{bmatrix} \begin{bmatrix} i_{sd} \\ i_{sq} \\ I_f \\ i_D \\ i_Q \end{bmatrix}$$

$$(8.3\text{-}9)$$

任意状态下,d-q 轴上采用定子磁链和定子电流表示的电磁转矩为

$$T_e = n_P(\psi_{sd}i_{sq} - \psi_{sq}i_{sd}) \tag{8.3-10}$$

式中,n_P 为电动机的极对数。把式(8.3-4)中的 ψ_{sd} 和 ψ_{sq} 的表达式代入上式后得

$$T_e = n_P[L_{md}I_f i_{sq} + (L_{sd} - L_{sq})i_{sd}i_{sq} + (L_{md}i_D i_{sq} - L_{mq}i_Q i_{sd})] \tag{8.3-11}$$

以下说明式(8.3-11)各项转矩的物理意义。

第一项是转子励磁磁动势 $L_{md}I_f$ 和定子电枢电流的转矩分量相互作用所产生的转矩,是同步电动机主要的电磁转矩。

第二项是由凸极效应造成的磁阻变化产生的转矩,称作磁阻转矩。由 8.1 节知,励磁式凸极电动机中 $L_{sd} > L_{sq}$,隐极电动机中 $L_{sd} = L_{sq}$,凸极永磁电动机中 $L_{sd} < L_{sq}$。

第三项 $n_P(L_{md}i_D i_{sq} - L_{mq}i_Q i_{sd})$ 是电枢反应磁动势与阻尼绕组磁动势相互作用产生的转矩,如果没有阻尼绕组,或者在稳态运行时阻尼绕组中没有感应电流,该项都是零;只有在动态中,产生阻尼电流,才有阻尼转矩,帮助同步电动机尽快达到新的稳态。

依据式(8.3-9),同步电动机模型还可以用图 8.3.2 所示的定子侧等效电路来表示。图中,转子侧参数已经做了绕组折算。

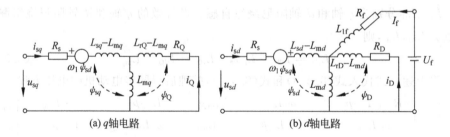

图 8.3.2　采用 d-q 轴等效电路表示的同步电机模型(假定 $\omega_1 - \dot{\theta}_r = 0$)

同其他电动机一样,同步电动机拖动负载 T_L 时的运动方程为

$$T_e = \frac{J}{n_P}\frac{d\omega_1}{dt} + T_L \tag{8.3-12}$$

8.3.2　励磁式同步电动机的控制方法

同步电动机变压变频调速系统所用的变压变频电源和异步电动机变压变频调速系统的电源基本相同,但由于同步电动机与异步电动机的结构不同,两者的调速

系统还各有特色[8-6]。由后面的内容可知同步电动机的速度控制系统比异步电动机调速系统复杂,这主要是因为如下原因:

(1) 同步电动机存在失步问题,因此一般不适宜速度开环工作;

(2) 对于转矩闭环控制方式,控制器中选定的 d 轴必须与同步机的励磁轴精确一致,因此需要准确测量转子磁场位置;凸极同步机的 d、q 轴磁路不等,增加了矢量控制计算的复杂性;励磁同步机控制系统比异步机控制系统还多了功率因数控制以及励磁电流控制环节。

根据使位置同步的控制方法的不同,同步电动机变压变频调速系统可以分为他控变频(open loop V/F control mode)和自控变频(self-control mode)两大类。和异步电动机变压变频调速一样,用独立的变压变频装置给同步电动机供电的系统称作他控变频调速系统。用电动机本身轴上所带转子磁场位置检测器或电动机反电动势波形提供的转子磁场位置信号来控制变压变频装置换相时刻的系统是自控变频调速系统。对于这类系统,由于同步电动机转子结构不同,需要分别讨论。本节书只简单介绍励磁式同步电动机的结构,在 8.4 节中讨论永磁转子的正弦波永磁同步机和梯形波永磁同步机的调速系统。

1. 基于变频电压源的开环控制

本节仅基于同步电动机的稳态模型,简单说明采用变频电压源开环控制同步电动机的原理以及问题。

由式(8.3-9)可以得到同步电动机稳态模型

$$\begin{cases} \boldsymbol{U}_{sdq} = (R_s + \mathrm{j}\omega_1 L_{sd})\boldsymbol{I}_{sdq} + \mathrm{j}\omega_1 M I_f \\ U_f = R_f I_f \end{cases} \tag{8.3-13}$$

式中,$\boldsymbol{U}_{sdq} = \sqrt{3}U_1 \mathrm{e}^{\mathrm{j}(\omega_1 t + \theta)}$,$\boldsymbol{I}_{sdq} = \sqrt{3}I_1 \mathrm{e}^{\mathrm{j}\omega_1 t}$,$U_1$ 和 I_1 分别为相电压和相电流的有效值,θ 为电压与电流之间的相位角。注意这个电压、电流表达式的系数是基于变换前后功率不变的方法得到的。将上式改写可得

$$\boldsymbol{I}_{sdq}\left(1 + \frac{R_s}{\mathrm{j}L_{sd}\omega_1}\right) = \frac{1}{\mathrm{j}L_{sd}}\frac{\boldsymbol{U}_{sdq}}{\omega_1} - \frac{M}{L_{sd}}I_f \tag{8.3-14}$$

由上式可知,按照“$\boldsymbol{U}_{sdq}/\omega_1 = $ 常数”来控制同步电动机时,如果能够使得电动机的定子电流幅值一定,则电动机的电磁转矩一定,在矩角特性上的工作点也一定,于是系统可以满足 8.2.3 节所述的稳定运行的必要条件。于是,对于不随转速变化的负载而言,系统就可以在整个转速变化范围内稳定工作。但是,如果为了在调速过程中得到较好的动转矩、或者负载转矩发生剧烈变化时,使得矩角发生的变化较大,而单纯的“$\boldsymbol{U}_{sdq}/\omega_1$”控制方法又不能及时调整电磁转矩,就可能使得转子“失步”,也就是系统不再工作在稳定工作区内。

由此可知,为了保证同步电机调速系统在任何情况下工作在稳定区域,必须对电机进行电磁转矩控制。所以,上述开环控制方法只用于一些特殊场合。

2. 具有转矩闭环的控制

同步电动机变频调速系统的一般性结构如图 8.3.3 所示。其特点是：①在电动机轴上装有一台用于检测转子位置的传感器，并据此计算出转子磁链位置 θ_ψ；②根据 θ_ψ 和定子电流反馈构成转矩环以便保证矩角在稳定范围内；③同时，需要控制励磁电流的大小以保证得到所需的磁链或功率因数。注意，当图 8.3.3 中的同步电动机是永磁同步电动机时，就不需要电励磁控制系统了。

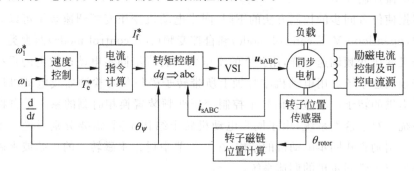

图 8.3.3　同步电动机调速系统的一般性结构

同在 6.3 节分析异步电动机的磁场一样，励磁式同步电动机的磁场也可以分为定子磁场、气隙磁场和转子磁场。因此，对于不同类型(凸极、隐极)同步电动机，可根据要求选择不同的某种磁场定向控制(或称为矢量控制)方案。具体内容可参考文献[8-6,8-7]，本书不再展开。

8.4　永磁同步电动机调速系统

以下讨论永磁同步电动机变频调速系统。由于不同结构的永磁同步电动机的转矩不同，对应的控制方法也略有不同。以下介绍目前比较常用的两种系统：正弦波(sinusoidal)系统和梯形波(trapezoidal)系统，所建立的数学模型都基于忽略铁心饱和、不计铁心损耗以及永磁材料的电导率为零的假设。

8.4.1　正弦波永磁同步电动机变频调速系统

正弦波永磁同步电动机的磁路结构和绕组分布可保证定子绕组中的感应电动势具有正弦波形，所以外施的定子电压和电流也应为正弦波。由于谐波少，转矩的精度高，多用于伺服系统和高性能的调速系统。

永磁同步电动机中没有阻尼绕组，其转子磁链(磁通)ψ_r 由永久磁钢决定，是恒定不变的，即相当于式(8.3-4)中的 $\psi_r = L_{md}I_f$ 为常数。于是转子磁链矢量为

$$\boldsymbol{\phi}_r = \psi_r \mathrm{e}^{-\mathrm{j}\theta_\psi}, \quad \psi_r = \mathrm{const} \tag{8.4-1}$$

于是，在采用转子磁链定向控制(将两相旋转坐标系的 d 轴定在转子磁链 ψ_r 方向上)

时,无须再采用任何计算转子磁链的模型。根据式(8.3-4),永磁同步电动机在 dq 坐标系上的定子磁链方程简化为

$$\begin{cases} \psi_{sd} = L_{sd}i_{sd} + \psi_r \\ \psi_{sq} = L_{sq}i_{sq} \end{cases} \tag{8.4-2}$$

而式(8.3-9)的电压方程简化为

$$\begin{bmatrix} u_{sd} \\ u_{sq} \end{bmatrix} = \begin{bmatrix} R_s + L_{sd}p & -\omega_1 L_{sq} \\ \omega_1 L_{sd} & R_s + L_{sq}p \end{bmatrix} \begin{bmatrix} i_{sd} \\ i_{sq} \end{bmatrix} + \omega_1 \begin{bmatrix} 0 \\ \psi_r \end{bmatrix} \tag{8.4-3}$$

转矩方程的式(8.3-10)变成

$$T_e = n_P(\psi_{sd}i_{sq} - \psi_{sq}i_{sd}) = n_P[\psi_r i_{sq} + (L_{sd} - L_{sq})i_{sd}i_{sq}] \tag{8.4-4}$$

式中的后一项是由 d 轴和 q 轴磁路的磁阻差产生的电磁转矩。

基于式(8.4-2)~式(8.4-4)以及运动方程式(8.3-12),可做出 dq 坐标系上的正弦波永磁同步电动机动态模型如图 8.4.1 所示。

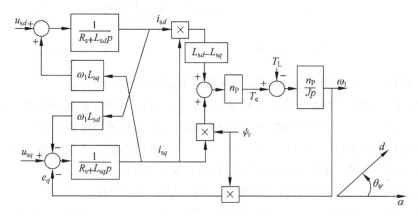

图 8.4.1 dq 坐标上正弦波永磁同步电动机的动态模型

基于图 8.4.1 可以设计控制系统。以下讨论表贴式转子永磁同步电机调速系统的例子。

在 L_{sd} 与 L_{sq} 接近时(例如表 8.1.1 中的表贴式转子),可令 $L_{sd} = L_{sq}$ 以化简模型。以下讨论这种结构系统的两种控制方法。

1. 恒转矩控制

在基频以下的恒转矩工作区中,最为简单的恒转矩控制方案是控制使得 $i_{sd} = 0$,此时磁链、电压和转矩方程成为

$$\begin{cases} \psi_{sd} = \psi_r, \psi_{sq} = L_{sq}i_{sq} \\ u_{sd} = -\omega_1 L_{sq}i_{sq} = -\omega_1 \psi_{sq} \\ u_{sq} = R_s i_{sq} + L_{sq}pi_{sq} + \omega_1 \psi_r \end{cases} \tag{8.4-5}$$

$$T_e = n_P\psi_r i_{sq} \tag{8.4-6}$$

由于转子磁链 ψ_r 恒定,电磁转矩 T_e 与定子电流的幅值即 i_{sq} 成正比,控制定子电

流幅值就能很好地控制转矩。也就是说这种控制方法下,电磁转矩与定子电流的关系和他励直流电动机中的电磁转矩与电枢电流的关系完全一样。

按转子磁链定向并使 $i_{sd}=0$ 的永磁同步电动机变频调速系统结构框图示于图 8.4.2。该图的结构与表示异步电动机矢量控制系统的图 7.3.4、图 7.3.7 的结构类似。3s/2r 和 2r/3s 分别是"三相静止→两相旋转"和"两相旋转→三相静止"变换。图中虚线的左部都可以用数字控制器实现。

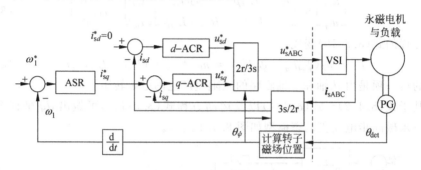

图 8.4.2　转子磁链定向并使 $i_d=0$ 的 PMSM 变频调速系统结构图

比较图 8.4.2 和图 7.3.4 可知,该系统与异步电动机矢量控制系统最明显的区别在于:用于**旋转坐标变换的转子磁场位置**$θ_r$ **信息是直接从同步电动机的轴上测得的**。所以,系统的动态特性和低速特性对磁场位置 $θ_r$ 的检测精度依赖性很大。

为了精确检测转子磁链位置 $θ_r$,一般采用分辨率较高的光电编码器或旋转变压器作为位置传感器。值得注意的是,在安装位置传感器时不能保证将其零位置与转子磁场的零位置完全吻合,所以如果位置传感器输出的电角度为 $θ_{det}$,则需要在控制器中按照下式计算实际转子磁场的电角度 $θ_ψ$。式中,$Δθ$ 为安装引起的电角度误差。

$$θ_ψ = θ_{det} - Δθ \tag{8.4-7}$$

例 8.4-1　试给出图 8.4.2 中"3s/2r"和"2r/3s"两个变换的具体算式。

解　对 3s/2r 变换,根据式(7.1-3)和式(7.1-13)有下式

$$\begin{bmatrix} i_{sd} \\ i_{sq} \end{bmatrix} = \sqrt{\frac{2}{3}} \begin{bmatrix} \cosθ_ψ & \sinθ_ψ \\ -\sinθ_ψ & \cosθ_ψ \end{bmatrix} \begin{bmatrix} 1 & -\dfrac{1}{2} & -\dfrac{1}{2} \\ 0 & \dfrac{\sqrt{3}}{2} & -\dfrac{\sqrt{3}}{2} \end{bmatrix} \begin{bmatrix} i_A \\ i_B \\ i_C \end{bmatrix} \tag{8.4-8}$$

对 2r/3s 变换,根据 7.1 节的式(7.1-11)和式(7.1-5)有下式

$$\begin{bmatrix} u_A \\ u_B \\ u_C \end{bmatrix} = \sqrt{\frac{2}{3}} \begin{bmatrix} 1 & 0 \\ -1/2 & \sqrt{3}/2 \\ -1/2 & -\sqrt{3}/2 \end{bmatrix} \begin{bmatrix} \cosθ_ψ & -\sinθ_ψ \\ \sinθ_ψ & \cosθ_ψ \end{bmatrix} \begin{bmatrix} u_d \\ u_q \end{bmatrix} \tag{8.4-9}$$

在上述按转子磁链定向并使 $i_d=0$ 的永磁同步电动机调速系统中,定子电流与转子永磁磁通互相独立,控制系统简单,转矩恒定性好,脉动小,可以获得很宽的调

速范围。但是,负载增加时,定子电压矢量和电流矢量的夹角也会增大,造成功率因数降低。因此还有将功率因数控制为一的控制方法。

2. 恒功率控制

上面讨论的恒转矩控制方案,其定子电流和转子磁链的矢量图如图 8.4.3(a)所示。

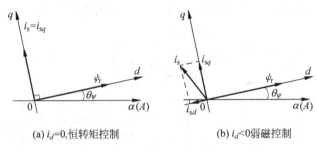

(a) $i_d=0$,恒转矩控制　　　　　(b) $i_d<0$弱磁控制

图 8.4.3　恒转矩和弱磁控制下的矢量关系

由图 8.4.1 可知,反电势 e_q 随转速的增大而增大,所以在基速以上增速时,需要弱磁调速。最简单的控制办法是利用电枢反应削弱励磁,使定子电流的直轴分量 $i_{sd}<0$。由于其励磁方向与 ψ_r 相反,**起去磁作用**,相应的矢量图如图 8.4.3(b)所示。但是,由于稀土永磁材料的磁导率与空气相仿,磁阻很大,相当于定转子间有很大的等效气隙。利用定子电流直轴去磁分量弱磁时需要较大的电流值。因此常规的永磁同步电动机在弱磁区运行的效果很差。此外,系统有效的弱磁区受到电机最大供电电压和系统最大允许电流的限制,相关分析方法请参考文献[8-8][8-9]。

隐极式永磁电动机控制的基本思路与表贴式转子永磁电动机相同,只是需要考虑式(8.4-4)中第二项表示的转矩分量。

此外,对正弦波永磁同步电动机的变频调速,还有最大转矩/电流比控制方法,最大功率因数付出控制等方法。相关内容可参考文献[8-8]。

8.4.2　梯形波永磁同步电动机的变频调速系统

所谓梯形波永磁同步电动机实质上是一种特定类型的同步电动机,其转子磁极采用瓦形磁钢,经专门的磁路设计,可获得梯形波的气隙磁场,定子采用集中整距绕组,因而感应的电动势也是梯形波。为了使其运行,必须由逆变器提供与电动势严格同相的方波电流。由于各相电流都是方波,逆变器的电压只需按直流 PWM 的方法进行控制。然而由于绕组电感的作用,换相时电流波形不可能突跳,其波形实际上只能是近似梯形的,因而通过气隙传送到转子的电磁功率也是梯形波。

由三相桥式逆变器供电的 Y 接梯形波永磁同步电动机的等效电路如图 8.4.4 所示。从电动机本身看,它是一台同步电动机,但是如果把它和逆变器、转子位置检测器合起来,由于电源侧仅提供直流电压和电流,该组合就像是一台直流电动机,所以在商业领域称这个组合为无刷直流电动机(brushless DC motor,BLDM)。直流电动机电枢里面的电流本来就是交变的,只是经过机械式的换向器和电刷才在外部电路表现为直流,这时,直流电动机换向器相当于逆变器,电刷相当于磁极位置检测器。与此相应,在BLDM系统中则采用电力电子逆变器和转子位置检测器。稍有不同的是,直流电动机的磁极在定子上,电枢是旋转的,而同步电动机的磁极一般都在转子上,电枢却是静止的,这只是相对运动不同,没有本质上的区别。

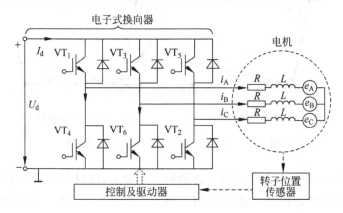

图 8.4.4　梯形波永磁同步电动机调速系统的构成示意图

1. 工作原理

按照图 8.4.4 所示,以下以 120°电角度导电模式为例,分别分析梯形波永磁电动机的换向过程、转子磁场的位置检测和电力电子逆变电源的供电方式。

（1）换向过程

以图 8.4.5(a)所示的两极电机为例讨论。图(a)中的定子磁场位置和转子位置为 $\omega_1 t = 60°(0_-)$ 时刻前的位置。在 $\omega_1 t = 60°(0_+)$ 时刻进行电流换相,假定换相瞬间完成,电流波形如图 8.4.5(g)中区间"$60°(0_+) \sim 120°(0_-)$"所示,则定子磁场旋转至图 8.4.5(b)位置,于是在动转矩的作用下转子旋转至图 8.4.5(c)所示位置。同理可以讨论其他换相过程。分析可知,这些换相是由逆变器和检测转子位置的传感器共同完成的。

（2）转子磁场的位置检测

由图 8.4.5(a)可知,只需要每隔 60°电角度变换一次控制电流(或电压),所以对位置检测的分辨率要求不高,一般采用霍尔效应传感器就可以了。通常,将三个霍尔传感器以空间相差 120°电角度方式安装在电动机的气隙内,例如,可以将霍尔装在图 8.4.5(a)的 A、B 和 C 区域。

（3）逆变器的供电及 PWM 电压(或电流)的控制模式

三相的电动势 $e_{A,B,C}$ 和电流 $i_{A,B,C}$ 波形图示于图 8.4.5(g)。6 个开关 VT$_1$～VT$_6$ 的动作使得直流母线的电流 I_d 以 120°电角度的宽度,以与各相反电势同步并以反电势波形的中轴线对称的波形分配给各相电流。因此,在任意瞬间两相导通而另一相断开。

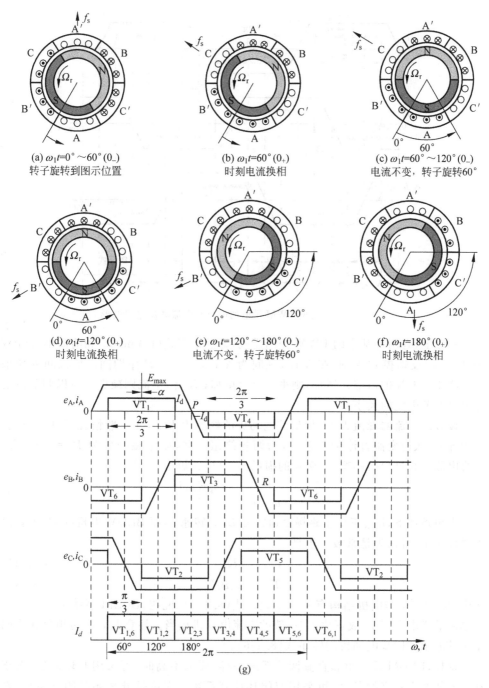

图 8.4.5　梯形波永磁同步电动机的换向以及电流和反电势波形

　　实际上在 120° 电角度内,逆变器可采用 PWM 斩波器模式控制电动机的端电压或电流的大小。图 8.4.6 给出了采用电流控制型逆变器并使用 PWM 控制时,定子电流和电动机反电势的波形。图中的 I_{av} 为平均电流,与直流母线电流 I_d 相等。

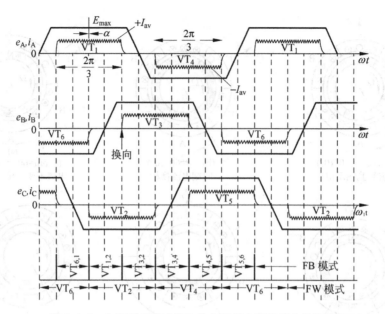

图 8.4.6 电流型 PWM 供电的电机侧电流和反电势波形

一般地，有两种基本的 PWM 控制模式，即反馈模式（FB mode）和前馈模式（FW mode）。以反馈模式为例，在 $VT_{6,1}$ 区间为 VT_1，VT_6 的动作期间。该区间内如果 VT_1，VT_6＝ON 的占空比增加，则平均电流增加；反之，电流则减少。所以调节占空比可以调节电流的大小。

设方波电流的峰值为 I_d，梯形波电动势的峰值为 E_{max}，在一般情况下，同时只有两相导通，从逆变器直流侧看进去，为两相绕组串联，则电磁功率为 $P_M = 2E_{max}I_d$。忽略电流换相过程的影响、逆变器的损耗等，电磁转矩为

$$T_e = \frac{P_M}{\omega_1/n_p} = \frac{2n_p E_{max} I_d}{\omega_1} \tag{8.4-10}$$

理想条件下，E_{max} 正比于磁场磁通密度 B_f 和转速 n，而 BLDM 电机的 B_f 主要由永磁体决定，可认为是常数。于是

$$E_{max} = K_e \omega_1 \tag{8.4-11}$$

$$T_e = K_B B_f I_d \tag{8.4-12}$$

式中，K_e、K_B 是与电机结构有关的常数。式（8.4-12）说明，BLDM 系统的转矩与直流电源的供电电流 I_d 成正比，和一般的直流电动机相当。注意此时的转矩公式不同于正弦波永磁同步电动机的转矩式（8.4-6）。

这样，BLDM 系统也和直流调速系统一样，要求不高时，可采用开环调速，对于动态性能要求较高的负载，可采用双闭环控制系统。无论是开环还是闭环系统，都必须具备转子位置检测、发出换相信号、对直流电压的 PWM 控制等功能。

2. 系统的动态模型

对于梯形波的电动势和电流，由于三相在同一时刻不都导通（不对称）且有谐

波,不能简单地用矢量表示。因而旋转坐标变换也不适用,只能在静止的 ABC 坐标上建立电动机的数学模型。假定转子磁阻不随位置变化(例如表贴式转子),电动机的电压方程可以用下式表示[8-10]

$$
\begin{bmatrix} u_{A} \\ u_{B} \\ u_{C} \end{bmatrix} = \begin{bmatrix} R_{s} & 0 & 0 \\ 0 & R_{s} & 0 \\ 0 & 0 & R_{s} \end{bmatrix} \begin{bmatrix} i_{A} \\ i_{B} \\ i_{C} \end{bmatrix} + \begin{bmatrix} L_{s} & L_{m} & L_{m} \\ L_{m} & L_{s} & L_{m} \\ L_{m} & L_{m} & L_{s} \end{bmatrix} p \begin{bmatrix} i_{A} \\ i_{B} \\ i_{C} \end{bmatrix} + \begin{bmatrix} e_{A} \\ e_{B} \\ e_{C} \end{bmatrix} \tag{8.4-13}
$$

式中,$u_{A,B,C}$ 为三相输入对地电压,$i_{A,B,C}$ 为三相定子电流,$e_{A,B,C}$ 为三相电动势;R_{s} 为定子每相电阻,L_{s} 为定子每相绕组的自感,L_{m} 为定子任意两相绕组间的互感。

由于三相定子电流有 $i_{A}+i_{B}+i_{C}=0$,则

$$
\begin{cases} L_{m}i_{B}+L_{m}i_{C} = -L_{m}i_{A} \\ L_{m}i_{C}+L_{m}i_{A} = -L_{m}i_{B} \\ L_{m}i_{A}+L_{m}i_{B} = -L_{m}i_{C} \end{cases} \tag{8.4-14}
$$

代入式(8.4-13),定义各相定子漏感为 $L_{\sigma}=L_{s}-L_{m}$,整理后得

$$
\begin{bmatrix} u_{A} \\ u_{B} \\ u_{C} \end{bmatrix} = \begin{bmatrix} R_{s} & 0 & 0 \\ 0 & R_{s} & 0 \\ 0 & 0 & R_{s} \end{bmatrix} \begin{bmatrix} i_{A} \\ i_{B} \\ i_{C} \end{bmatrix} + \begin{bmatrix} L_{\sigma} & 0 & 0 \\ 0 & L_{\sigma} & 0 \\ 0 & 0 & L_{\sigma} \end{bmatrix} p \begin{bmatrix} i_{A} \\ i_{B} \\ i_{C} \end{bmatrix} + \begin{bmatrix} e_{A} \\ e_{B} \\ e_{C} \end{bmatrix} \tag{8.4-15}
$$

不考虑换相过程及 PWM 波等因素的影响,当图 8.4.4 中的 VT_1 和 VT_6 导通时,A、B 两相导通而 C 相关断,则

$$
i_{A} = -i_{B}, \quad i_{C} = 0, \quad e_{A} = -e_{B} = E_{max} \tag{8.4-16}
$$

代入式(8.4-15),可得无刷直流电动机的动态电压方程为

$$
u_{A} - u_{B} = 2R_{s}i_{A} + 2L_{\sigma}pi_{A} + 2E_{max} \tag{8.4-17}
$$

其中的"$u_{A}-u_{B}$"是 A、B 两相之间输入的平均线电压。若 PWM 控制的占空比为 ρ,则 $u_{A}-u_{B}=\rho U_{d}$,于是式(8.4-17)可改写成

$$
\rho U_{d} - 2E_{max} = 2R_{s}(T_{l}p+1)i_{A} \tag{8.4-18}
$$

式中,$T_{l}=L_{\sigma}/R_{s}$ 为电枢漏磁时间常数。

根据式(8.4-11)、式(8.4-12)、式(8.4-18)和运动方程(8.3-12),可以绘出 BLDM 系统的动态结构图如图 8.4.7 所示。

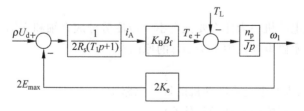

图 8.4.7　梯形波永磁同步电动机的动态模型

实际上,换相过程中电流的变化、关断相电动势所引起的瞬态电流、PWM 调压对电流和电势的影响等等都会使转矩特性变差,造成转矩和转速的脉动。例如,由于定子漏感的作用定子电流不能突变,所以每次换相时平均电磁转矩都会降低一

些,实际的转矩波形每隔 $60°$ 电角度都出现一个缺口,而用 PWM 调压调速又使平顶部分出现纹波,这样的转矩脉动使梯形波永磁同步电动机的调速性能低于正弦波永磁同步电动机。

3. 机械特性

在稳态条件下,由式(8.4-18)可知

$$\rho U_d = 2R_s I_d + 2E_{max} \tag{8.4-19}$$

而 E_{max} 与电机的转速 n 成正比。可以看出,其机械特性与他励直流电动机的机械特性在形式上完全一致。

本节小结

(1) 因永磁转子的结构不同,各种永磁同步电动机的数学模型略有不同。准确地检测转子磁场位置是实现较好的转矩控制特性的必要条件。

(2) 对于正弦波永磁同步机,在转子磁场定向下为恒转矩控制方式,此时转矩与定子电流的幅值成正比;在弱磁控制时使定子电流的直轴分量 $i_{sd}<0$。矩角特性给出了电机转矩的稳定工作区。

(3) 梯形波永磁同步机(商业上称之为无刷直流电动机)的结构简单、控制方便。但是电磁转矩的脉动分量较大。

本章习题

有关 8.1 节

8-1　同步电动机电源频率为 $50\,Hz$ 和 $60\,Hz$ 时,10 极同步电动机转速是多少?18 极同步电动机转速又是多少?

8-2　回答下列问题:

(1) 转子的直轴和交轴的概念是什么,励磁式转子中直轴电抗为什么大于交轴电抗?

(2) 在凸极电动机中为什么要把电枢反应磁势分成直轴和交轴两个分量?

(3) 凸极式永磁电动机中 $L_{sd}<L_{sq}$ 的原因?

有关 8.2 节

8-3　隐极同步发电机或电动机的等效电路中:

(1) 表示转子影响的物理量是什么?

(2) 发电运行和电动运行时的相量图有何不同?

8-4　试回答:

(1) 隐极同步电动机电磁功率与功角有什么关系?

(2) 电磁转矩与功角有什么关系?

（3）如何通过一个时空图判断隐极同步电机工作在电动或发电状态？

8-5　参考图 8.2.8，做出隐极励磁同步发电机三种励磁下单相电枢回路的相量图。

8-6　一台励磁式隐极同步电动机增大励磁电流时，其最大电磁转矩是否增大？其最大电磁功率是否增大（忽略绕组电阻和漏电抗的影响）？

8-7　一台励磁式凸极同步电动机，当转子绕组中无电流时，它的功角特性和矩角特性是什么样的？请画出示意图。

8-8　一台凸极同步电动机空载运行时，如果忽然失去励磁电流，电动机转速怎样？

有关 8.3 节

8-9　在同步电动机的动态数学模型中，磁链方程、电压矩阵方程、转矩方程中各项的物理意义是什么？

8-10　同步电动机变频调速系统是如何组成的？为什么要用转子位置传感器？

8-11　同步电动机调速系统中，为何必须做电磁转矩控制？

有关 8.4 节

8-12　试比较图 8.4.1 所示的在 d-q 坐标系上的正弦波供电永磁同步机模型：（1）与直流他励电动机模型的异同；（2）与 7.3 节所示鼠笼式异步电机在矢量控制下的模型的异同。

8-13　梯形波永磁同步电动机和正弦波永磁同步电动机构成的特点是什么？两者在调速系统组成上的区别是什么？

附录 A

专业术语中英文对照

第 1 章

电气机器(electrical machines)

电力拖动控制系统(control system of electric drive)

运动控制系统(motion control system)

第 2 章

磁感应强度 B, magnetic flux density

磁感应通量(或磁通), flux

磁场强度 H, magnetic field density

电磁力, electro-magnetic force

电磁转矩, electromagnetic corque

感应电动势, induced e. m. f

速度电动势, motional e. m. f

变压器电动势, transformer e. m. f

反电势, counter e. m. f

安培环路定律, Ampere's circuit law

楞次定律, Lenz's law

磁路, magnetic circuit

磁场, magnetic field

B-H 曲线, B-H characteristic

磁滞, magnetic hysteresis

磁化曲线, magnetization curve

永久磁铁, permanent magnet materials

磁链, number of flux linkage

磁动势, magneto motive force, mmf

磁路 magnetic circuits

电枢反应 armature reaction

漏感 leakage inductance

互感 mutual inductance

自感 self inductance

励磁电流 exciting current

等效电路, equivalent circuit

变压器, transformer

磁共能, magnetic co-energy

磁能, magnetic energy

铜损, copper loss

铁损, core loss

电能, electric energy

机械能, mechanical energy

虚位移, virtual displacement

第 3 章

定子, stator

转子, rotor

机械功率, mechanical power

电磁功率, electro-magnetic power

额定, rated

输入功率, input power

输出功率, output power

效率, efficiency

稳定, Stable

电枢反应, armature reaction

机械特性, torque-speed characteristic

电枢串电阻调速, armature resistance control

电压调速, voltage control

弱磁控制, field weakening control

恒转矩特性, constant torque characteristic

恒功率负载, constant power characteristic

恒转矩调速, constant-torque operation

恒功率调速, constant-power operation

四象限运行, four-quadrant operation

制动, brake

匹配, matching

电动、发电、堵转运行状态, motoring, generating, plugging

第 4 章

晶闸管可控整流器，thyristor converter

V-M 系统，static Ward-Leonard system

脉宽调制，PWM：Pulse Width Modulation

稳态，steady state

动态，transient/dynamic state

跟随，tracking

扰动，disturbance

闭环，closed-loop

开环，open-loop

稳态指标，steady-state performance index

动态指标，transient/dynamic state performance index

负反馈，negative feedback

传递函数，transfer function

串联校正，cascade compensation

波特图方法，bode diagram

罗斯判据，Routh-Hurwitz criterion

相角裕量，phase margin

幅值裕量，magnitude margin

速度控制，speed control

转矩控制，torque control

电流控制，current control

速度调节器，ASR：adjustable speed regulator

电流调节器，ACR：adjustable current regulator

状态变量反馈，state-variable feedback

扰动计算器，disturbance calculator

两自由度控制，two degree-of-freedom control

严格真有理，strictly proper

加速度负反馈，acceleration feedback

代数环，algebraic loop

第 5 章

同步电动机，synchronous machine/synchronous motor

异步电动机，asynchronous machine

感应(异步)电动机，induction (asynchronous) machine

鼠笼式，squirrel-cage type

永磁同步电动机，permanent magnetic synchronous motor (PMSM)

磁动势，magneto motive force

旋转磁场，rotating magnetic field

有效匝数，effective number of turns

极对数，number of pole pairs

同步转速，synchronous speed

感应电势，electromotive force

空间谐波，space harmonics

时间谐波，time harmonics

转差，slip

转差频率，slip frequency

功率因数，power factor

转差功率，slip power

等效电路，equivalent circuit

机械特性，torque-speed characteristic

空载实验，no-load test

堵转实验，lock test

第 6 章

双馈式异步电机，double fed induction machine

脉宽调制，PWM：pulse-width modulation

串级调速系统，Scherbius system

正弦波脉宽调制，SPWM：sinusoidal pulse width modulation

空间电压矢量，space voltage vector

恒压恒频，CVCF：constant voltage constant frequency

电压幅值和频率可变，VVVF：variable voltage variable frequency

电流幅值和频率可变，VCVF：variable current variable frequency

电压源型逆变器，VSI，voltage source inverter

电流源型逆变器，CSI，current source inverter

中点嵌位的三电平电压逆变电路，NPC-Inv.：neutral point clamped inverter

串级多电平逆变电路，cascade multilevel inverter

载波，carrier wave

调制波，modulation wave

次谐波，sub-harmonics

恒压频比控制，Volts per Hertz control，V/F control

矢量控制，vector control

磁场定向控制，field-oriented control

时间谐波，time harmonics

共模电流，common mode current

EMC, electromagnetic compatibility

转矩脉动，torque vibration

死区时间，dead time

第 7 章

静止坐标 static transfer

旋转坐标 rotational axis transfer

极坐标变换（K/P 变换），polar coordinates

双轴原型电机，two axis primitive machine

可观的，observable

解耦，decoupling

矢量控制系统，vector control system

磁场定向控制，FOC, field orientation control

间接型矢量控制，indirect vector control

直接型矢量控制，direct vector control

参考模型，reference model

状态观测器，observer

全维状态观测器，full order observer

降维观测器，reduced order observer

直接转矩控制，DTC: direct torque control

"砰-砰"式控制器，"bang-bang" controller

变结构控制器，variable structure controller

第 8 章

永磁同步电机，PMSM, permanent-magnet synchronous motor

隐极同步电动机，non-salient pole synchronous motor

凸极同步电动机，salient pole synchronous motor

通常凸极，normal saliency

逆凸极，inverse saliency

变磁阻同步电机，variable reluctance motor

失步，pull out

双反应理论，two-reaction theory

功率因数角，power factor angle

功（矩）角，power angle/torque angle

反应转矩，reaction torque

他控变频，open loop V/F control mode

自控变频，self-control mode

斩波器模式，chopping mode

无刷直流电动机，BLDM: brushless DC Motor

反馈模式，FB mode

前馈模式，FW mode

1. 元件和装置用的文字符号(按国家标准 GB/T 7159—1987)

A	放大器、调节器、电枢绕组,A 相绕组	L	电感,电抗器
ACR	电流调节器	M	电动机(总称)
AFR	励磁电流调节器	MA	异步电动机
APR	位置调节器	MD	直流电流机
ASR	转速调节器	MS	同步电动机
ATR	转矩调节器	R	电阻器,变阻器
ACR	电流调节器	RP	电位器
AΨR	磁链调节器	SM	伺服电机
B	B 相、B 相绕组	T	变压器
C	电容器,C 相	TA	电流互感器
DLC	逻辑控制环节	TG	测速发电机
DSP	数字转速信号形成环节	TVD	直流电压隔离变换器
F	励磁绕组	U	变换器,调制器
FA	具有瞬时动作的限流保护	UCR	可控整流器
FBC	电流反馈环节	UI	逆变器
FBS	测速反馈环节	UPE	电力电子变换器
G	发电机	UR	整流器
GD	驱动电路	VD	二极管
GE	励磁发电机	VS	稳压管
GT	触发装置	VT	晶闸管,功率开关器件

2. 常用缩写符号

CSI	电流源(型)逆变器(Current Source Inverter)
CVCF	恒压恒频(Constant Voltage Constant Frequency)
IGBT	绝缘栅双极晶体管(Insulated Gate Bipolar Transistor)
PD	比例微分(Proportion-differentiation)
PI	比例积分(Proportion-integration)

续表

PID	比例积分微分(proportion-integration-differentiation)
PWM	脉宽调制(Pulse Width Modulation)
SOA	安全工作区(Safe Operation Area)
SPWM	正弦波脉宽调制(Sinusoidal PWM)
SV	空间电压矢量(Space vector)
VSI	电压源(型)逆变器(Voltage Source Inverter)
VVVF	变压变频(Variable Voltage Variable Frequency)

3. 参数和物理量文字符号(大写为平均值或有效值,小写为瞬时值)

符号	含义	符号	含义
A_d	动能	I,i	电流
a	线加速度;特征方程系数	i	减速比
B	磁通密度,B 相	I_a,i_a	电枢电流
C	电容;输出被控变量,C 相	I_d,i_d	整流电流,直流平均电流
C_E	直流电机在额定磁通下的电动势系数	I_{dL}	负载电流
C_T	直流电机在额定磁通下的转矩系数	I_f,i_f	励磁电流
D	直径;调速范围;摩擦转矩阻尼系数	J	转动惯量
E,e	反电动势,感应电动势;误差	K	控制系统各环节的放大系数(以环节符号为下角标);闭环系统的开环放大系数;扭转弹性转矩系数
e_{error}	检测误差	K_e	直流电机电动势的结构常数
F	磁动势,扰动量	K_m	直流电机转矩的结构常数
f	力;磁动势瞬时值;频率	K_p	比例放大系数
f_{sw}	开关频率	K_{PI}	比例积分放大系数
g	重力加速度	K_s	电力电子变换器放大系数
GD^2	飞轮惯量	k	常数
h	开环对数频率特性中频宽	k_N	绕组系数
M	闭环系统频率特性幅值;调制度 M_r	L	电感,自感;对数幅值;导体长度
m	整流电压(流)一周内的脉冲数;典型 I 型系统两个时间常数比	L_σ	漏感
N	匝数;载波比;传递函数分子	L_m,L_M	互感
n	转速	P,p	功率
n_0	理想空载转速;同步转速	$p=\dfrac{\mathrm{d}}{\mathrm{d}t}$	微分算子
$n_{syn}n_0$	同步转速	P_M	电磁功率
n_P	极对数	P_s	转差功率
R	电阻;电枢回路总电阻;输入变量	Q	无功功率
R_a	直流电机电枢电阻	S	视在功率;静差率

续表

R_L	电抗器电阻	s	转差率；Laplace 变量
R_{pc}	电力电子变换器内阻	U,u	电压，电枢供电电压
R_{rec}	整流装置内阻	U_2	变压器二次侧（额定）相电压
R_0	限流电阻	U_c	控制电压
T	时间常数；开关周期	U_d,u_d	整流电压；直流平均电压
t	时间	U_{d0},u_{d0}	理想空载整流电压
T_e	电磁转矩	U_f	励磁电压
T_1	电枢回路电磁时间常数	U_g	栅极驱动电压
T_L	负载转矩	U_m	峰值电压
T_m	机电时间常数	U_s	电源电压
t_m	最大动态降落时间	U_x	变量 x 的反馈电压（x 可用变量符号替代）
T_o	滤波时间常数	U_x^*	变量 x 的给定电压（x 可用变量符号替代）
t_{on}	开通时间	v	速度，线速度
t_{off}	关断时间	$W(s)$	传递函数；开环传递函数
t_p	峰值时间	$W_d(s)$	闭环传递函数
t_r	上升时间	$W_{obj}(s)$	控制对象传递函数
T_s	电力电子变换器平均失控时间，电力电子变换器滞后时间常数	W_m	磁场储能
t_v	恢复时间	$W_x(s)$	环节 x 的传递函数
α	转速反馈系数；可控整流器的控制角	X	电抗
β	电流反馈系数；可控整流器的逆变角	Z	电阻抗
γ	相角裕度；PWM 电压系数	Δn	转速降落
δ	转速微分时间常数相对值；脉冲宽度	ΔU	偏差电压
θ	电角位移；相位角，阻抗角；相频	$\Delta\theta$	角差
θ_m	机械角位移	ξ	阻尼比
φ	磁通，磁通的瞬态值	η	效率
ω	角转速，角频率	Φ	磁通的幅值
ω_b	闭环频率特性带宽	Φ_m	每极气隙磁通量幅值
ω_c	开环频率特性截止频率	Φ_σ	漏磁通
ω_r	电机转子转速	ψ	磁链
ω_m	机械角转速	Ψ	磁链的幅值，稳态值
ω_n	二阶系统的自然振荡频率	ω_1	同步角转速，同步角频率
ω_s	转差角转速	λ	电机允许过载倍数
μ	导磁率	ρ	占空比；电位器的分压系数
μ_0	真空的磁导率	τ	时间常数
Λ	电导，磁导	Ω	机械角速度

4. 常见下角标

add	附加(additional)	inv	逆变器(inverter)
av	平均值(average)	L	负载(Load)
bias	偏压(bias)；基准(basic)；镇流(ballast)	l	线值(line)；漏磁(leakage)
b，bal	平衡(balance)	lim	极限，限制(limit)
bl	堵转，封锁(block)	m	峰值，励磁(magnetizing)
br	击穿(break down)	max	最大值(maximum)
c	环流(circulating current)；控制(control)	min	最小值(minimum)
cl	闭环(closed loop)	N	额定值，标称值(nominal)
cur	铜	d	延时，延滞(delay)；驱动(drive)
com	比较(compare)；复合(combination)	obj	控制对象(object)
cr	临界(critical)	off	断开(off)
d	d 轴	on	闭合(on)
e	电磁转矩	eff	有效(匝数)
error	偏差(error)	ex	输出，出口(exit)
f	正向(forward)；磁场(field)；反馈(feedback)	g	气隙(gap)；栅极(gate)
in	输入，入口(input)	op	开环(open loop)
p	p 轴	q	q 轴
r	转子(rotator)；上升(rise)；反向(reverse)	rec	整流器(rectifier)
ref	参考(reference)	s	定子(stator)；电源(source)
sam	采样(sampling)	ser	串联(series)
start	起动(starting)	syn	同步(synchronous)
t	力矩(torque)；触发(trigger)	∞	稳态值，无穷大处(infinity)
α	α 轴	β	β 轴
σ	漏感	$\sum$	和(sum)

参 考 文 献

第 1 章：

1-1 戴先中著.自动化科学与技术学科的内容、地位与体系.北京：高等教育出版社,2003

1-2 Kouro S, Rodriguez J, Bin Wu, et al. Powering the Future of Industry: High-Power Adjustable Speed Drive Topologies, *IEEE Industry Applications Magazine*, 2012, 18(4): 26~39

1-3 Richard M. Murray, et al. Future Directions in Control in an Information-Rich World, *IEEE Control System Magazine*, 2003, 23(2): 22~33

第 2 章：

2-1 汤蕴璆,史乃编.电机学.北京：机械工业出版社,1999

2-2 Fitzgerald A E 等著,刘新正等译. Electric Machinery (Sixth Edition).北京：电子工业出版社,2004

2-3 李发海等编著.电机学.北京：科学出版社,1995

2-4 邱阿瑞主编.电机拖动与控制.北京：清华大学出版社,2004

2-6 汤蕴璆主编.电机内的电磁场.第 2 版.北京：科学出版社,1998

2-7 范钦珊主编.工程力学教程(Ⅱ).北京：高等教育出版社,1998

2-8 邱关源,罗先觉.电路.第 5 版.北京：高等教育出版社,2006

第 3 章：

3-1 许实章主编.电机学上册.第 2 版.北京：机械工业出版社,1990

3-2 Leonhard M 著,吕嗣杰译.电气传动控制.北京：科学出版社,1988

3-3 李发海,王岩编著.电机与拖动基础.第 2 版.北京：清华大学出版社,1993

3-4 刘丽兰等.机械系统中摩擦模型的研究进展,力学进展,35(2):201~213,2008

第 4 章：

4-1 王兆安主编.电力电子技术.第 4 版.北京：机械工业出版社,2000

4-2 夏德黔主编.自动控制原理.北京：机械工业出版社,1990

4-3 陈伯时主编.电力拖动自动控制系统——运动控制系统.第 3 版.北京：机械工业出版社,2003

4-4 戴忠达编.自动控制理论基础.北京：清华大学出版社,1991

4-5 Leonhard M 著,吕嗣杰译.电气传动控制.北京：科学出版社,1988,第 7 章

4-6 黄忠霖编著.控制系统 MATLAB 计算及仿真.北京：国防工业出版社,2001

4-7 耿华,杨耕.控制系统仿真的代数环问题及其消除方法.电机与控制学报,10(6):632~635,2006

4-8 Nakao M, Ohnishi K, Miyachi K. A Robust Decentralized Joint Control Based on Interference Estimation. *Proc. IEEE Int. Conf. Robotics and Automation*,1987:326~331

4-9 Takaji Umeno, Yoichi Hori. Robust speed control of DC servomotors using modern two degrees-of-freedom controller design, *IEEE Transaction on Industrial Electronics*,38(5):363~368,1991

4-10 Jingqing Han. From PID to Active Disturbance Rejection Control, *IEEE Transaction on*

Industrial Electronics，2009，56(3)：900～906

4-11　于艾，杨耕，徐文立.具有扰动观测器调速系统的稳定性分析及转速环设计.清华大学学报（自然科学版），45(4)：521～524，2005

第 5 章：

5-1　汤蕴璆，史乃编，电机学.北京：机械工业出版社，1999

5-2　Fitzgerald A E 等著，刘新正等译. Electric Machinery (Sixth Edition).北京：电子工业出版社，2004

5-3　李发海，王岩编著.电机与拖动基础.第 2 版.北京：清华大学出版社，1993

5-4　江辑光主编.电路原理.北京：清华大学出版社，1996

5-5　刘锦波，张承慧等编著.电机与拖动.北京：清华大学出版社，2006

5-6　金东海著.现代电气机器理论.日本电气学会，2010

5-7　Takahiko Kobayashi, et al. Motor Constants Measurement for Induction Motors without Rotating, *The Institute of Electrical Engineers of Japan*, D-128(1)：3～26 (In Japanese)（译文见：感应电机离线参数辨识方法《电力电子》2009 年第 3 期）

第 6 章：

6-1　马小亮编著.大功率交-交变频调速及矢量控制技术. 第 3 版.北京：机械工业出版社，2004

6-2　孙凯等编著.矩阵式变换器技术及其应用. 北京：机械工业出版社，2007

6-3　陈坚编著.电力电子学——电力电子变换和控制技术. 第 2 版.北京：高等教育出版社，2004

6-4　Heinz Willi Van Der Broeck. etc, Analysis and Realization of a Pulse-width Modulator Based on Voltage Space Vectors, *IEEE Trans. on Industrial Application*, 1988，24(1)：142～150

6-5　陈国呈编著.新型电力电子变换技术.北京：中国电力出版社，2004

6-6　Yu Z Y. Space-Vector PWM with TMS320C24x Using H/W & S/W Determined Switching Patterns. Texas Instruments Literature, 1999, No. SPRA524（http://focus. ti. com/docs/apps/catalog/resources/）

6-7　何罡，杨耕，窦曰轩. 基于非标准正交基分解的空间电压矢量的快速算法. 电力电子技术，2003，37(6)：1～3

6-8　Brendan Peter, McGrath. Multi-carrier PWM strategies for multilevel inverters，*IEEE Trans. on Industrial Electronics*，2002，49(4)：858～868

6-9　Hyun Soo Kim, et al. On-Line Dead-Time Compensation Method Based on Time Delay Control. *IEEE Trans. on Control Systems Technology*，2003，11(2)：279～285

6-10　Naomitsu Urasaki, et al. On-Line Dead-Time Compensation Method for Voltage Source Inverter fed Motor Drives. *Conference record of IEEE-APEC*，2004：122～127

6-11　Bin Wu 著，卫三民译.大功率变频器及交流传动.北京：机械工业出版社，2011

6-12　David M. Bezesky & Scott Kreitzer. Selecting ASD systems—the NEMA application guide for AC adjustable speed drive systems, *IEEE Industry Applications Magazine*，July/Aug. 2003

6-13　Bimal K. Bose. Modern Power Electronics and AC Drives. Prentice Hall PTR Prentice - Hall Inc. , 2002, Chapter 5

6-14　杨耕，郑伟，陆城，陈伯时.弱磁运行下异步电动机调速系统的转矩和功率特性分析，清华大学学报自然科学版，51(7)：873-878. 2011

6-15　Bin Wu 著，卫三民译.风力发电系统的功率变换与控制.北京：机械工业出版社，2012

6-16　Takahiko Kobayashi, et al. Motor Constants Measurement for Induction Motors without Rotating, *The Institute of Electrical Engineers of Japan*, D-128(1)：3～26 (In Japanese)

（译文见：感应电机离线参数辨识方法《电力电子》2009 年第 3 期）

6-17　F Z. Peng, et al. Special session on multi-level inverters，*The 2010 International Power Electronics Conference*，Sapporo，Japan

6-18　L Rossetto, et al. Electromagnetic Compatibility Issues in Industrial Equipment，*IEEE Industry Application Mag.* Nov, 1999，pp. 34～46

6-19　赵争鸣，袁立强. 电力电子与电机系统集成分析基础. 北京：机械工业出版社，2009

第 7 章：

7-1　Blaschke F. The principle of field orientation as applied to the new TRANSVEKTOR closed loop control system for rotating field machines. *Siemens Review*，1972：217

7-2　Bin Wu 著，卫三民译. 大功率变频器及交流传动. 北京：机械工业出版社，2011

7-3　Hori Y，Umeno T. Robust Flux Observer Based Field Orientation（FOFO）Controller -Its Theoretical Development on the Complex Number System and Implementation using DSP，*IFAC 11th World Congress*，8，pp. 197～202，1990，Tallinn，USSR

7-4　Mamid A，et al. A Review of RFO Induction Motor Parameter Estimation Techniques，*IEEE Trans. on Energy Conversion*，2003，18(2)：271～283

7-5　Lorenz R D，et al. Motion Control with Induction Motors，*Proceedings of the IEEE*，1994，82(8)：1215～1240

7-6　Depenbrock M. Direct self control（DSC）of inverter-fed induction machine，*IEEE Trans. on Power Electronics*，1988，3：420～429

7-7　P Vas. Sensor-less Vector and Direct Torque Control. *Oxford University Press*，1998

7-8　Wang Huangang，Xu Wenli，Yang Geng. Variable-Structure Torque Control of Induction Motors Using Space Vector Modulation. *Electrical Engineering*，2005，87（2）：93～102

7-9　Monmasson E，Nassani A A，Louis J P. Extension of the DTC Concept. *IEEE Trans. on Industrial Electronics*，2001，48(3)：715～717

7-10　Habetler T G，et al. Direct torque control of induction machines using space vector modulation. *IEEE Trans. on Industrial Applications*，1992，28(5)：1045～1053

第 8 章：

8-1　汤蕴璆，史乃编著. 电机学. 北京：机械工业出版社，1999

8-2　刘锦波，张承慧等编著. 电机与拖动. 北京：清华大学出版社，2006

8-3　金东海著. 现代电气机器理论. 日本电气学会，2010

8-4　高景德，王祥珩，李发海. 交流电机及其系统分析. 第 2 版. 北京：清华大学出版社，2005

8-5　Bose B K. Modern Power Electronics and AC Drives. Prentice Hall PTR Prentice-Hall Inc.，2002

8-6　马小亮编著. 高性能变频调速及其控制系统. 北京：机械工业出版社，2010

8-7　李崇坚. 交流同步电机调速系统. 北京：科学出版社，2006

8-8　王成元，夏加宽等. 现代电机控制技术. 北京：机械工业出版社，2009

8-9　杨耕，郑伟，陆城，陈伯时. 弱磁运行下异步电动机调速系统的转矩和功率特性分析. 清华大学学报自然科学版，51(7)：873～878. 2011

8-10　Progasen P，et al. Modeling，simulation，and analysis of permanent-magnet motor drives，II. The brushless DC motor drive，*IEEE Trans. on Industrial Electronics*，1989，25(2)：274～279

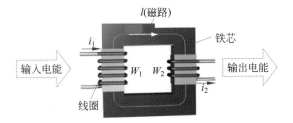

图 2.1.1　单相变压器示意图

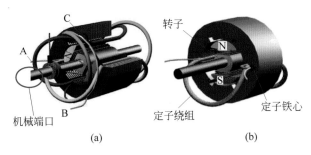

(a)　　　　　　　　　　　　(b)

图 2.1.2　旋转电机示意图

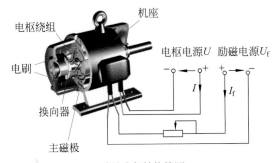

(a) 直流电机结构简图

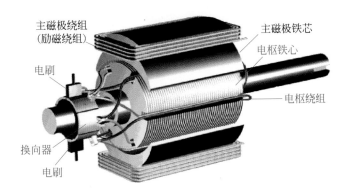

(b) 直流电机主要结构部件图

图 3.1.1　直流电机的结构

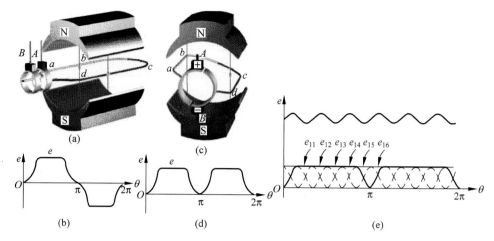

图 3.1.2　直流电机换向器的作用

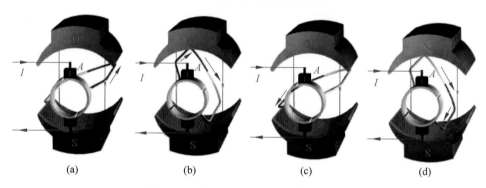

图 3.1.3　直流电动机电磁转矩的产生

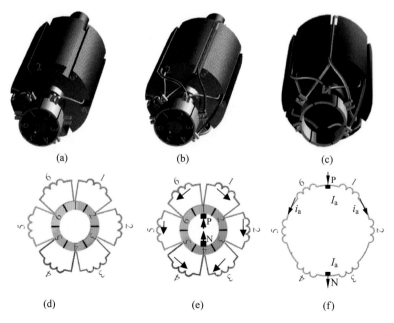

图 3.1.7　直流电枢绕组连接示意图

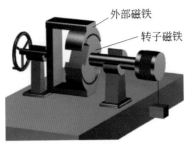

(a) 模拟装置　　　　　　　(b) 一个实际转子的永磁磁铁

图 5.1.1　交流同步电动机原理模拟装置

(a) 模拟装置　　　　　　　(b) 鼠笼转子的导体部分

图 5.1.2　鼠笼式异步电机的转子导体部分示意图

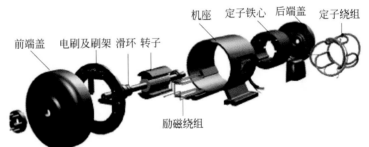

图 5.1.4　同步电机外观以及主要部件

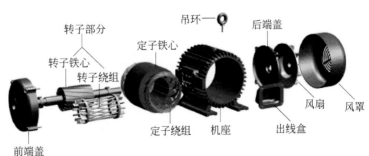

图 5.1.5　鼠笼式异步电机外观以及主要部件

图 5.1.6　三相交流电机的定子铁心和定子绕组

(a) 励磁式转子

(b) 多对极永磁体转子

图 5.1.7　同步电动机的转子结构

(a) 鼠笼型转子的铁心

(b) 鼠笼导体

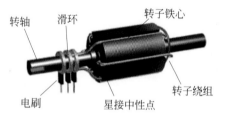

(c) 绕线式转子的结构

图 5.1.8　异步电机的转子结构

图 5.1.9　三相绕组的外观图

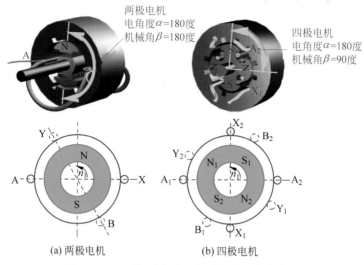

(a) 两极电机

(b) 四极电机

图 5.1.12 两极电机与四极电机的磁极与绕组

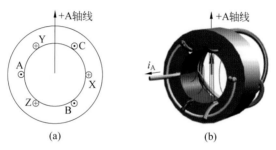

(a)

(b)

图 5.2.1 绕组轴线的位置与方向

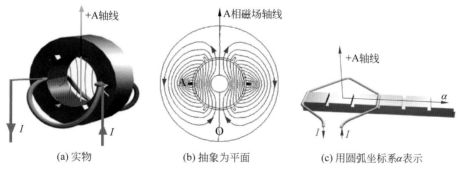

(a) 实物

(b) 抽象为平面

(c) 用圆弧坐标系 α 表示

图 5.2.2 直流电流建立的磁场

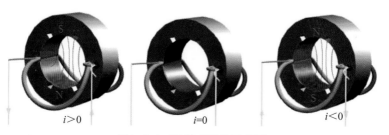

图 5.2.4 脉振磁场的示意图

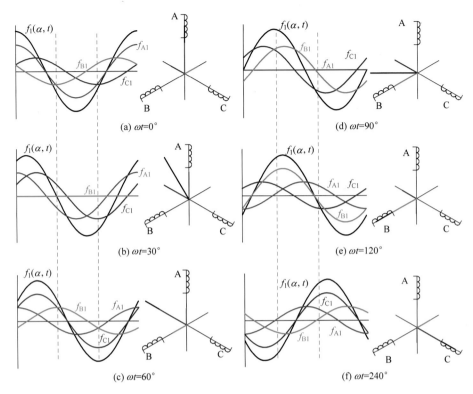

图 5.2.11　基波磁动势的圆弧坐标表示和矢量表示

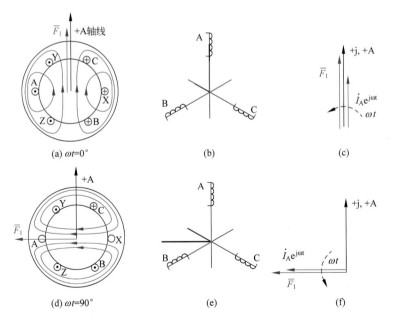

图 5.2.12　矢量、时间相量与"时-空矢量图"

(a)(d)：实际电机中的电流与合成的磁动势空间矢量

(b)(e)：各相电流瞬态值(红/黄/蓝)以及所合成的磁动势空间矢量(黑)

(c)(f)：电流时间相量－磁动势空间矢量图

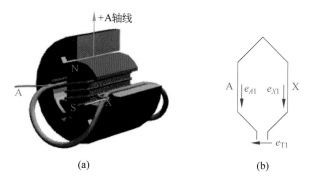

(a)   (b)

图 5.2.13 研究感应电势所用磁场及绕组模型

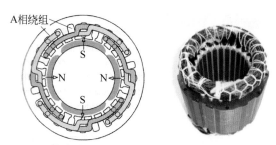

(a) 24槽4极定子，A相分布式绕组(左)及实物(右)

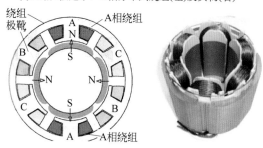

(b) 6槽4极定子，集中式绕组构成(左)及实物(右)

图 5.2.19 两种定子绕组的构成示意及实物

(a)   (b)

图 5.2.20 整距绕组与短距绕组

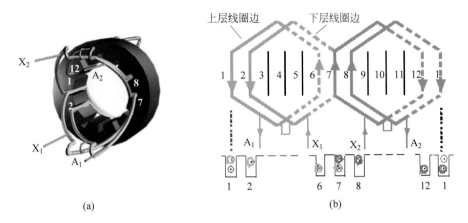

图 5.2.21　双层短距分布绕组的示意图

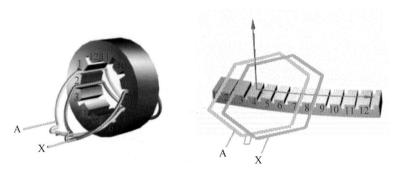

图 5.2.22　整距分布绕组示例